高等院校电气信息类规划教材
国家新闻出版改革发展项目库入库项目

U0161761

电器与可编程控制技术

主　编　付艳清　刘　旭　司夏岩
　　　　薛　丹　高　凯
副主编　沙　莎　许淑伟
主　审　黄艳秋

北京邮电大学出版社
www.buptpress.com

内 容 简 介

　　本书全面论述了常用低压电器与可编程控制器的结构及原理、三菱和西门子 PLC 的编程语言及指令系统、联机通信以及相关实践应用及设计实例。本书共 12 章。第 1 章介绍了常用低压电器的结构、原理及用途；第 2 章到第 6 章介绍了三菱 FX$_{2N}$ 系列机型、FX$_{3U}$ 系列机型 PLC，重点介绍了硬件、编程语言及指令系统、实例应用设计；第 7 章到第 12 章介绍了西门子 S7-1200 系列 PLC，重点放在 S7-1200 硬件、编程语言及指令系统、实例应用设计上，以适应 PLC 技术的发展和当前各行业企业需求及各高校实验设备多样化的需要。本书每章末尾附有适量的习题，供学生课后训练。

　　本书可作为普通高校应用型本科电气工程及其自动化专业、自动化专业、轨道信号与控制专业、机电专业、过程控制专业、自动化仪表及相关专业的教材，同时可供有关工程人员、科技人员、研究生等参考使用。

图书在版编目（CIP）数据

电器与可编程控制技术 / 付艳清等主编 . -- 北京：北京邮电大学出版社，2023.6
ISBN 978-7-5635-6918-2

Ⅰ.①电… Ⅱ.①付… Ⅲ.①低压电路②可编程序控制器 Ⅳ.①TM52②TM571.61

中国国家版本馆 CIP 数据核字（2023）第 099710 号

策划编辑：刘纳新　姚　顺　　**责任编辑**：刘　颖　　**责任校对**：张会良　　**封面设计**：七星博纳

出版发行：北京邮电大学出版社
社　　址：北京市海淀区西土城路 10 号
邮政编码：100876
发 行 部：电话：010-62282185　　传真：010-62283578
E-mail：publish@bupt.edu.cn
经　　销：各地新华书店
印　　刷：保定市中画美凯印刷有限公司
开　　本：787 mm×1 092 mm　　1/16
印　　张：25.5
字　　数：637 千字
版　　次：2023 年 6 月第 1 版
印　　次：2023 年 6 月第 1 次印刷

ISBN 978-7-5635-6918-2　　　　　　　　　　　　　　　　　　　　　　**定价**：68.00 元

· 如有印装质量问题，请与北京邮电大学出版社发行部联系 ·

前　言

　　电气控制技术是以各类电动机为动力的传动装置与系统为研究对象,以实现生产过程自动化为目标的控制技术。电气控制系统是其中的主干部分,在国民经济各行业中的许多部门得到广泛应用,是实现工业生产自动化的重要技术手段。

　　随着科学技术的不断发展、生产工艺的不断改进,特别是计算机技术的应用,新型控制策略的出现,不断改变着电气控制技术的面貌。在控制方法上,从手动控制发展到自动控制;在控制功能上,从简单控制发展到智能化控制;在操作上,从笨重的手工操作发展到信息化处理;在控制原理上,从单一的有触头硬接线继电器逻辑控制系统发展到以微处理器或微型计算机为中心的网络化自动控制系统。现代电气控制技术综合应用了计算机技术、微电子技术、检测技术、自动控制技术、智能技术、通信技术、网络技术等先进的科学技术成果。

　　作为生产机械动力源的电动机,经历了漫长的发展过程。20 世纪初,电动机直接取代了蒸汽机。开始是成组拖动,用一台电动机通过中间机构(天轴)实现能量分配与传递,拖动多台生产机械,这种拖动方式的电气控制线路简单,但机构复杂,能量损耗大,生产灵活性差,不适应现代化生产的需要。20 世纪 20 年代,出现了单电机拖动,即由一台电动机拖动一台生产机械,相对成组拖动,机械设备的结构简化,传动效率提高,灵活性增大。这种拖动方式在一些机床中至今仍在使用。随着生产发展及自动化程度的提高,又出现了多台电动机分别拖动各运动机构的多电机拖动方式,进一步简化了机械结构,提高了传动效率,而且使机械的各运动部分能够选择最合理的运动速度,缩短了工时,也便于分别控制。

　　继电接触器控制系统至今仍是许多生产机械设备广泛采用的基本电气控制形式,也是学习各种先进电气控制的基础。它主要由继电器、接触器、按钮、行程开关等组成,由于其控制方式是断续的,故称为断续控制系统。它具有控制简单、方便实用、价格低廉、易于维护、抗干扰能力强等优点。但由于其接线方式固定、灵活性差,难以适应复杂和程序可变的控制对象的需要,且工作频率低、触点易损坏、可靠性差。

　　以软件手段实现各种控制功能、以微处理器为核心的可编程控制器(Programmable Logic Controller,PLC)是 20 世纪 60 年代诞生并开始发展起来的一种新型工业控制装置。它具有通用性强、可靠性高、能适应恶劣的工业环境、指令系统简单、编程简单易学、易于掌握、体积小、维修工作少、现场连接安装方便等一系列优点,正逐步取代传统的继电-接触器控制系统,广泛应用于冶金、采矿、建材、机械制造、石油、化工、汽车、电力、造纸、纺织、装卸、环保等各个行业。

在自动化领域,可编程控制器与 CAD/CAM、工业机器人并称为加工业自动化的三大支柱,其应用日益广泛。可编程控制器技术是以硬接线的继电-接触器控制为基础,逐步发展为既有逻辑控制、定时、计数,又有运算、数据处理、模拟量调节、联网通信等功能的控制装置。它可通过数字量或者模拟量的输入、输出满足各种类型机械控制的需要。可编程控制器及有关外部设备,均按既易于与工业控制系统连成一个整体,又易于扩充其功能的原则设计。可编程控制器已成为生产机械设备中开关量控制的主要电气控制装置。

数控技术在电气自动控制中占有十分重要的地位,它综合了计算机、自动控制、伺服驱动、精密检测与新型机械结构等多方面的最新技术成就。随着微电子技术和机、电、光、仪一体化等交叉学科的发展,数控技术也得到了飞速的发展。在机械制造、电气控制及自动控制领域相继出现了具有自动更换刀具功能的数控加工中心机床(MC)、由计算机控制与管理多台数控机床和数控加工中心完成多品种多工序产品加工的直接数字控制(DDC)系统、柔性制造系统(FMS)、计算机集成制造系统(SIMS),综合运用计算机辅助设计(CAD)、计算机辅助制造(CAM)、集散控制系统(DCS)、智能机器人和智能制造等高新技术,形成了从产品设计与制造的智能化生产的完整体系,将自动控制和自动制造技术推进到更高的水平。

"电气控制与 PLC"是电气工程、自动化、机电一体化等专业的一门实用性很强的专业课。由于电气控制技术的应用领域很广,本课程主要介绍机械制造过程中所用生产设备的电气控制原理、线路、设计方法和可编程控制器的工作原理、指令、编程方法、系统设计、联网通信以及在生产机械中的应用等有关知识。现在 PLC 控制系统应用十分普遍,已成为实现工业自动化的重要手段,所以本课程的教学重点是可编程序控制器控制系统。但这并不意味着继电-接触器控制系统就不重要了,它仍然是机械设备最常用的电气控制方式,而且控制系统所用的低压电器正在向小型化、智能化发展,出现了功能多样的电子式、智能化电器,使继电-接触器控制系统性能不断提高。因此,它在今后的电气控制技术中仍占有相当重要的地位,也是学习和掌握 PLC 应用技术所必需的基础。

通过本门课程的学习,学生应达到下列基本要求。

- 熟悉常用控制电器的结构、工作原理、用途,了解其型号规格并能正确选用。
- 熟悉电气控制线路的基本环节,具备阅读和分析电气控制线路的能力。
- 具有对不太复杂的电气控制系统进行改造和设计的能力。
- 熟悉可编程控制器的基本工作原理,能根据生产工艺过程和控制要求正确选型。
- 掌握可编程控制器基本指令及其使用方法。
- 熟悉可编程控制器功能指令及其使用方法。
- 了解可编程控制器的网络和通信方法。
- 掌握可编程控制器实际应用程序的设计方法和步骤,初步具备一定的工程设计能力。

为了贯彻国家"十四五"普通高等教育教材建设的相关要求,结合长春电子科技学院相关专业发展及建设的实际情况,积极开展新工科背景下的课程建设,切实提高高等教育教学的质量,收获良好教学效果,适应高校学科专业发展,适应并服务于区域经济建设,特组织相关教师进行教材编写。

　　本书为普通高等教育"十四五"规划及新工科建设背景下,应用型本科适用教材。

　　本书既注意反映电气控制领域的最新技术,又注意应用型本科学生的知识结构,强调理论联系实际,注重学生分析和解决实际问题的能力、工程设计能力和创新能力的培养,具有很强的实用性。本书具有保证基础、体现先进、加强应用的特点。

　　本书编写者有多年应用型本科教学经验,本着结合学科专业特点及兼顾"低压电器""三菱 FX_{2N}、FX_{3U}"和"西门子 S7-1200"等机型进行编写。内容由浅入深,循序渐进,层次清楚,通俗易懂,深入浅出,力求简单,便于学习和掌握,能够使学生在短时间内学习和掌握 PLC 的主要应用,具备解决工程实际问题的能力。

　　本书是长春电子科技学院立项的重点规划教材编写项目,编写人员进行了广泛的调研及科学合理规划,对教材内容及体系结构进行了细致认真的审定和推敲,在确定编写大纲的基础上,由付艳清教授、刘旭副教授、司夏岩副教授、薛丹讲师、高凯讲师主编。参加本书编写的还有沙莎讲师、许淑伟讲师。全书由付艳清教授统稿,黄艳秋教授主审。

　　本书参考了大量相关文献和著作,在此对相关作者致以诚挚的谢意,对关怀和支持本书编写的领导和同事表示感谢。教材的编定和出版得到了北京邮电大学出版社的鼎力支持,在此表示衷心感谢。

　　由于编者水平有限,本书在内容的选择、文字表述等方面难免存在不妥及错误之处,敬请读者和专家批评赐教。

《电器与可编程控制技术》编写组

目　　录

第1章 常用低压电器

低压电器分为配电电器和控制电器两大类,其用途是对供电、用电系统进行开关、变换、检测、控制和保护。配电电器主要用于低压配电系统和动力回路,常用的有刀开关、转换开关、熔断器、断路器等;控制电器主要用于电力传输系统和电气自动控制系统中,常用的有主令电器、接触器、继电器、起动器、控制器、电阻器、变阻器、电磁铁等。本章主要介绍常用接触器、继电器、熔断器、主令电器、低压开关类电器等的结构、原理、用途及应用,对近年发展迅速的智能化电器也做了简要介绍。

1.1 电器基本知识

1.1.1 低压电器分类

低压电器的种类很多,其功能多样,用途广泛,结构各异。按用途可分为以下几种。

1) 低压配电电器。用于供、配电系统中,进行电能输送和分配的电器,如刀开关、熔断器、低压断路器等。要求分断能力强,限流效果好,动稳定及热稳定性能好。

2) 低压控制电器。用于各种控制电路和控制系统的电器,如按钮、接触器、继电器、热继电器、转换开关、熔断器、电磁阀等。要求有一定的通断能力,操作频率高,电气和机械寿命长。

3) 低压主令电器。用于发送控制指令的电器,如按钮、主令开关、行程开关、主令控制器、转换开关等。要求操作频率高,电气和机械寿命长,抗冲击等。

4) 低压保护电器。用于对电路及用电设备进行保护的电器,如熔断器、热继电器、电压继电器、电流继电器等。要求可靠性高,反应灵敏,具有一定的通断能力。

5) 低压执行电器。用于完成某种动作或传送功能的电器,如电磁铁、电磁离合器等。

6) 可通信电器。带有计算机接口和通信接口,可与计算机网络连接的电器,如智能化断路器、智能化接触器及电动机控制器等。

上述电器还可按使用场合分为一般工业用电器、特殊工况用电器、航空用电器、船舶用电器、建筑用电器、农用电器等;按操作方式分为手动电器、自动电器;按工作原理分为电磁式电器、非电量控制电器等,其中电磁式电器是低压电器中应用最广泛、结构最典型的一种。

关于低压电器的工作电压划分在文献中有多个版本。本书采用中国标准出版社 2007 年编写并出版的《低压电器标准汇编》一书的说法,即工作在 AC1200V、DC1500V 及以下电路中的电器。

1.1.2 电磁式电器的结构及工作原理

电器一般都具有感受、执行两个基本组成部分。感受部分接收外界输入信号,通过转换、放大、判断做出有规律的反应,使执行部分动作,实现控制目的。对于有触头的电磁式电器,感受部分是电磁机构,执行部分是触头系统。

1. 电磁机构

电磁机构由吸引线圈(励磁线圈)和磁路两个部分组成。磁路包括铁心、衔铁和空气隙。吸引线圈通以一定的电压或电流,产生磁场及吸力,通过空气隙转换成机械能,从而带动衔铁运动使触头动作,实现电路的分断和接通。图 1-1 是几种常用的电磁机构结构示意图。由图可见,衔铁可以直动,也可以绕某一支点转动。根据衔铁相对铁心的运动方式,电磁机构有直动式〔如图 1-1(a)~(c)所示〕和拍合式两种,拍合式又有衔铁沿棱角转动〔如图 1-1(d)所示〕和衔铁沿轴转动〔如图 1-1(e)所示〕两种。

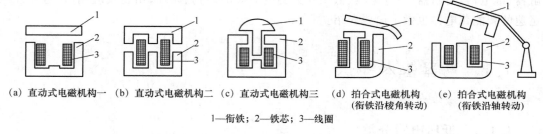

(a) 直动式电磁机构一　(b) 直动式电磁机构二　(c) 直动式电磁机构三　(d) 拍合式电磁机构　　(e) 拍合式电磁机构
　　　　　　　　　　　　　　　　　　　　　　　　　　　　　　　　　　　　　(衔铁沿棱角转动)　　(衔铁沿轴转动)

1—衔铁；2—铁芯；3—线圈

图 1-1　常用电磁机构的结构形式

吸引线圈用以将电能转换为磁能,按通入电流种类不同分为交流电磁线圈和直流电磁线圈。对于交流电磁线圈,为了减小因磁滞和涡流损耗造成的能量损失和温升,铁心和衔铁用硅钢片叠成,且线圈做成有骨架、短而厚的矮胖型。对于直流电磁线圈,铁心和衔铁可用整块电工软钢做成,线圈一般做成无骨架、高而薄的瘦高型,且与铁心接触,以利散热。

根据线圈在电路中的连接方式,又有串联线圈和并联线圈之分。串联线圈又称电流线圈,特点是导线粗、匝数少、阻抗小。并联线圈又称电压线圈,特点是导线细、匝数多、阻抗较大。

2. 电磁机构的工作原理

电磁机构的工作特性常用反力特性和吸力特性来表达。电磁机构使衔铁释放(复位)的力与气隙的关系曲线称为反力特性;电磁机构使衔铁吸合的力与气隙的关系曲线称为吸力特性。

(1) 反力特性

电磁机构使衔铁释放的力一般是利用弹簧的反力,由于弹簧反力与其机械变形的位移量 x 成正比,其反力特性可写成:

$$F_{\mathrm{f}}= K_1 x \tag{1-1}$$

式中,K_1 为弹簧的倔强系数。考虑到常开触头闭合时超行程机构的弹力作用,电磁机构的反力特性如图 1-2(a)所示。其中,δ_1 为电磁机构气隙的初始值,δ_2 为动、静触头开始接触时的气隙长度。由于超行程机构的弹力作用,反力特性在 δ_2 处有一突变。

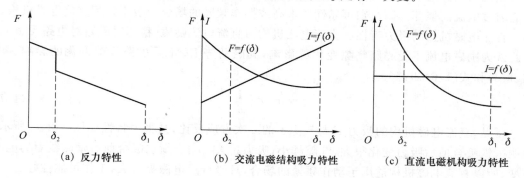

(a)　反力特性　　　(b)　交流电磁结构吸力特性　　　(c)　直流电磁机构吸力特性

图 1-2　电磁机构的反力特性与吸力特性

（2）吸力特性

电磁机构的吸力与很多因素有关,当铁心与衔铁端面互相平行,且气隙 δ 较小时,吸力可按下式求得:

$$F=4\times10^5 B^2 S \tag{1-2}$$

式中:F 为电磁吸力(单位为 N);B 为气隙磁感应强度(单位为 T);S 为吸力处端面积(单位为 m^2)。

当端面积 S 为常数时,吸力 F 与 B^2 成正比,也可认为 F 与磁通 Φ^2 成正比,反比于端面积 S,即:

$$F\propto\frac{\Phi^2}{S} \tag{1-3}$$

电磁机构的吸力特性反映的是其电磁吸力与气隙的关系。励磁电流种类不同,其吸力特性也不一样,下面分别进行讨论。

交流电磁机构的吸力特性。交流电磁机构吸引线圈的电阻比其感抗值要小得多,则:

$$U\approx E=4.44f\Phi N \tag{1-4}$$

$$\Phi=\frac{U}{4.44fN} \tag{1-5}$$

式中:U 为线圈电压(单位为 V);E 为线圈感应电动势(单位为 V);f 为线圈电压频率(单位为 Hz);Φ 为气隙磁通(单位为 Wb);N 为线圈匝数。

当外加电压 U、频率 f、线圈匝数 N 为常数时,气隙磁通 Φ 亦为常数,由式(1-3)可知,此时电磁吸力 F 平均值为常数。这是因为交流励磁时,电压、磁通均随时间按正弦规律变化,电磁吸力也做周期性变化。由于线圈外加电压 U 与气隙 δ 的变化无关,所以其吸力 F 亦与气隙 δ 的大小无关。考虑到漏磁通的影响,吸力 F 随气隙 δ 减小略有增大,其吸力特性如图 1-2(b)所示。虽然交流电磁机构的气隙磁通 Φ 近似不变,但气隙磁阻随气隙度 δ 而变化,根据磁路欧姆定律有:

$$\Phi=\frac{IN}{R_{\mathrm{m}}}=\frac{IN}{\dfrac{\delta}{\mu_0 S}}=\frac{IN\mu_0 S}{\delta} \tag{1-6}$$

式中：μ_0 为磁导率；R_m 为磁阻。

由式(1-6)可知，交流励磁线圈的电流 I 与气隙 δ 成正比。一般 U 形交流电磁机构的励磁电流在线圈已通电而衔铁尚未动作时，其电流可达衔铁吸合后额定电流的 5～6 倍；E 形电磁机构则高达 10～15 倍额定电流。若衔铁卡住不能吸合或频繁动作，交流励磁线圈很可能因过电流而烧坏。因此在可靠性要求高或操作频繁的场合一般不采用交流电磁机构。

直流电磁机构的吸力特性。直流电磁机构由直流电流励磁，稳态时磁路对电路无影响，因此认为励磁电流不受磁路气隙变化的影响，其磁动势 IN 不受磁路气隙变化的影响。由式(1-3)和式(1-6)知：

$$F \propto \Phi^2 \propto \left(\frac{1}{\delta}\right)^2 \tag{1-7}$$

可见，直流电磁机构的吸力 F 与气隙 δ 的二次方成反比，其吸力特性如图 1-2(c)所示。表明衔铁吸合前后吸力变化很大，气隙越小，吸力越大。由于衔铁吸合前后励磁线圈的电流不变，所以直流电磁机构适用于动作频繁的场合，且吸合后电磁吸力大，工作可靠性好。

必须注意，当直流电磁机构的励磁线圈断电时，由于电磁感应，将会在线圈中产生很大反电动势，此反电动势可达线圈额定电压的 10～20 倍，使线圈因过电压而损坏。为此，常在励磁线圈上并联一个由电阻和硅二极管组成的放电回路。正常励磁时，二极管处于截止状态，放电回路不起作用，而当励磁线圈断电时，放电回路使原先储存于磁场中的能量消耗在电阻上，不致产生过电压。放电电阻的阻值通常为线圈直流电阻的 6～8 倍。

由于铁磁物质有剩磁，它使电磁机构的励磁线圈断电后仍有一定的磁性吸力存在，剩磁的吸力随气隙 δ 增大而减小。剩磁的吸力特性如图 1-3 曲线 4 所示。

（3）吸力特性与反力特性的配合

电磁机构欲使衔铁吸合，应在整个吸合过程中，使吸力始终大于反力。但吸力也不能过大，否则会影响电器的机械寿命。反映在特性图上，就是保证吸力特性在反力特性的上方且尽可能靠近。在衔铁释放时，其反力特性必须大于剩磁吸力，以保证衔铁可靠释放。所以在特性图上，电磁机构的反力特性必须介于电磁吸力特性和剩磁吸力特性之间，如图 1-3 所示。

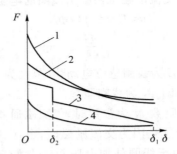

1—直流吸力特性；2—交流吸力特性；3—反力特性；4—剩磁吸力特性

图 1-3　吸力特性与反力特性

（4）交流电磁机构短路环的作用

对于交流电磁机构，线圈通以交流电流，气隙磁感应强度 B 按正弦规律变化，由式(1-2)知，其电磁吸力 F 是一个周期函数，可分解成直流分量和 2ω 频率的正弦分量。虽

然磁感应强度 B 是正、负交变的,但电磁吸力 F 总是正的。在磁通每次过零时,即 $t=0,\pi/2$,T(T 为磁通的周期)时,吸力为零。此时,弹簧反力大于电磁吸力,衔铁释放。而在 $\pi/2\sim T$ 之间,吸力又大于反力,衔铁又被吸合。这样,在电源频率为 f 时,电磁机构出现频率为 $2f$ 的持续抖动和撞击,发出噪声,并容易损坏铁心。

为了避免衔铁振动,通常在铁心端面上开一小槽,在槽内嵌入一个铜质的分磁环或称短路环,如图 1-4 所示。它将端面 S 分成两部分,即环内部分 S_1 和环外部分 S_2,短路环仅包围主磁通 ϕ 的一部分。这样,铁心端面处有两个不同相位的磁通 ϕ_1 和 ϕ_2,它们分别产生电磁吸力 F_1 和 F_2,电磁机构的总吸力 F 为 F_1 和 F_2 之和。只要总吸力始终大于反力,衔铁的振动现象就会消除。

（5）电磁机构的输入-输出特性

将电磁机构励磁线圈的电压(或电流)作为输入量 x,衔铁的位置为输出量 y,则衔铁位置(吸合与释放)与励磁线圈的电压(或电流)的关系称为电磁机构的输入-输出特性,通常称为"继电特性"。

若将衔铁处于吸合位置记作 $y=1$,释放位置记作 $y=0$。由上面分析可知,当吸力特性处于反力特性上方时,衔铁被吸合;当吸力特性处于反力特性下方时,衔铁被释放。若使吸力特性处于反力特性上方的最小输入量用 x_0 表示,一般称其为电磁机构的动作值;使吸力特性处于反力特性下方的最大输入量用 x_r 表示,称为电磁机构的复归值。

电磁机构的输入-输出特性如图 1-5 所示。当输入量 $x<x_0$ 时,衔铁不动作,输出量 $y=0$;当 $x=x_0$ 时,衔铁吸合,输出量 y 从"0"跃变为"1";进一步增大输入量使 $x>x_0$,输出量仍为 $y=1$。当输入量 x 从 x_0 减小时,在 $x>x_r$ 的过程中,虽然吸力特性向下降低,但因衔铁吸合状态下的吸力仍比反力大,衔铁不会释放,输出量 $y=1$。当 $x=x_r$ 时,因吸力小于反力,衔铁才释放,输出量由"1"突变为"0";再减小输入量,输出量仍为"0"。可见,电磁机构的输入-输出特性或"继电特性"为一矩形曲线。电磁机构的继电特性是继电器的重要特性,其动作值与复归值是继电器的动作参数。

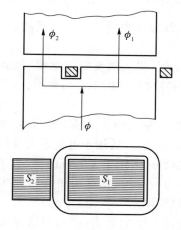

图 1-4　交流电磁机构的短路环

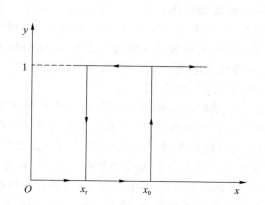

图 1-5　电磁机构的继电特性

5

1.1.3　电器的触头系统与电弧

1. 电器的触头系统

（1）触头的接触电阻

触头亦称触点，是电器的主要执行部分，起接通和分断电路的作用。因此，要求触头导电导热性能良好，通常用铜、银、镍及其合金材料制成，有的是在铜触头表面上镀锡、银或镍。由于铜的表面容易氧化生成一层氧化铜，增大触头的接触电阻，使触头损耗增大，所以有些特殊用途的电器（如微型继电器和小容量电器），触头采用银质材料制成。

触头闭合且有工作电流通过时的状态称为电接触状态，电接触状态时触头之间的电阻称为接触电阻，其大小直接影响电路工作情况。接触电阻大，电流流过触头时会造成较大的电压降落，对弱电控制系统影响尤为严重。另外，电流流过触头时电阻损耗大，将使触头发热而致温度升高，严重时可使触头熔焊，造成电气系统事故。触头接触电阻大小主要与触头的接触形式、接触压力、触头材料及触头表面状况等有关。

（2）触头的接触形式

触头的接触形式有点接触、线接触和面接触三种，如图1-6所示。

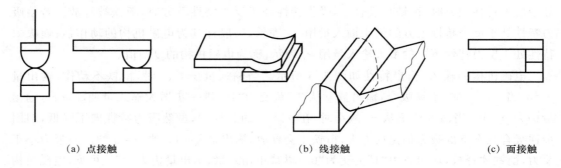

(a) 点接触　　　　　　　　　　　(b) 线接触　　　　　　　　(c) 面接触

图1-6　触头的接触形式

点接触由两个半球形触头或一个半球形与一个平面形触头构成，常用于小电流的电器中，如继电器触头、接触器的辅助触头等，如图1-6(a)所示。

线接触常做成指形触头结构，其接触区是一条直线，触头通断时产生滚动接触，适用于通电频繁、电流大的中等容量电器，如图1-6(b)所示。

面接触触头的表面一般镶有合金，以减小触头接触电阻，提高触头的抗熔焊、抗磨损能力，它允许较大电流，中小容量接触器的主触头多采用这种结构，如图1-6(c)所示。

（3）触头的结构形式

触头的结构形式如图1-7所示，主要有桥式触头和指形触头两种。桥式触头又分为点接触桥式和面接触桥式，图1-7(a)左图为两个点接触的桥式触头，适用于电流不大且压力小的场合，如辅助触头；图1-7(a)右图为两个面接触的桥式触头，适用于大电流的控制，如接触器的主触头。图1-7(b)为线接触指形触头，其接触区域为一直线，在触头闭合时产生滚动接触，适用于动作频繁、电流大的场合，如作为接触器主触头用。

为使触头接触更紧密，减小接触电阻，消除开始接触时产生的有害振动，桥式触头或指形触头都安装有压力弹簧，随着触头的闭合加大触头间的互压力。此外，选用电阻率小的材料或改善触头表面状况，避免触头表面氧化膜形成，也可减小触头接触电阻。

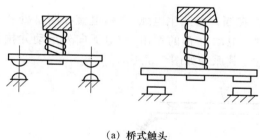
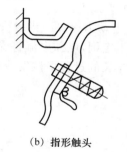

（a）桥式触头　　　　　　　　　　　（b）指形触头

图 1-7　触头的结构形式

按其原始状态,触头可分为常开触头和常闭触头。原始状态(线圈未通电)时断开,线圈通电后闭合的触头叫常开触头(动合触头)。原始状态闭合,线圈通电后断开的触头叫常闭触头(动断触头)。线圈断电后所有触头回复到原始状态。按所控制的电路,触头可分为主触头和辅助触头。主触头用于接通或断开主电路,允许通过较大电流;辅助触头用于接通或断开控制电路,只允许通过较小的电流。

2. 电弧的产生及灭弧方法

（1）电弧的产生

在自然环境中开断电路时,如果被开断电路的电流(电压)超过某一数值(根据触头材料不同,其值在 0.25～1 A,12～20 V 之间),触头间隙中就会产生电弧。电弧实际上是触头间气体在强电场作用下产生的放电现象。在动、静触头脱离接触时,强电场使触头间隙中气体游离,产生大量的电子和离子,做定向运动,使绝缘气体变成了导体。电流通过这个游离区时所消耗的电能转换成热能和光能,产生高温并发出强光,烧损触头金属表面,降低电器寿命,延长电路分断时间,甚至不能断开,造成严重事故。

电弧的产生主要经历以下四个物理过程。

1）强电场放射。触头在通电状态下开始分离时,其间隙很小,电路电压全部降落在很小的间隙上,强电场将触头阴极表面的自由电子拉出到气隙中,使间隙气体中存在较多的电子,这种现象称为强电场放射。

2）撞击电离。触头间隙中的自由电子在电场作用下加速运动,获得动能撞击气体原子,将气体原子分裂成电子和正离子,使触头间隙中气体电荷越来越多,这种现象称为撞击电离。

3）热电子发射。撞击电离产生的正离子向阴极运动,撞击阴极使其温度升高,并使阴极中电子动能增加,当阴极温度达到一定时,一部分电子从阴极表面逸出,再参与撞击电离。这种由于高温使电极发射电子的现象称为热电子发射。

4）高温游离。当电弧温度达到或超过 3 000 ℃时,气体分子发生强烈的不规则运动造成相互碰撞,使中性分子游离成电子和正离子。这种因高温使分子撞击所产生的游离称为高温游离。

可见,在触头分断过程中,上面四个过程引起电离的原因是不同的。刚开始分断时,首先是强电场放射。触头完全打开时,维持电弧主要靠撞击电离、热电子发射和高温游离,其中以高温游离作用最大。伴随着电离的进行,也存在消电离(正负带电粒子相互结合成为中性粒子)作用。电离和消电离作用同时存在,当消电离速度大于电离速度时,电弧就会熄灭。因此,通过降低电场强度、冷却电弧,或将电弧挤入绝缘的窄缝迅速导出电弧内部热量,减小离子的运动速度,降低温度,可加强正、负带电粒子的复合过程,加速电弧的熄灭。

（2）灭弧方法

1）电动力灭弧。当触头断开电路时,在断口处产生电弧,电弧电流在断口处产生磁场。根据左手定则,电弧电流将受到指向外侧的电动力 F 的作用,使电弧向外运动并拉长,电弧热量在拉长的过程中散发冷却而迅速熄灭,其原理如图1-8所示。

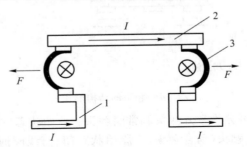

1—静触头；2—动触头；3—电弧

图1-8　双断口点动力灭弧

此外,桥式触头还具有将一个电弧分成两段削弱电弧的作用,这种灭弧方法常用于小容量交流接触器中。

2）纵缝灭弧。采用一个纵缝灭弧装置来完成灭弧任务,如图1-9所示。灭弧罩内有一条纵缝,下宽上窄。下宽便于放置触头,上窄有利于电弧压缩,并和灭弧室壁有很好的接触。当触头分断时,电弧被外界磁场或电动力横吹进入缝内,其热量传递给室壁而迅速冷却熄灭。

3）栅片灭弧。栅片灭弧装置的结构及原理如图1-10所示,主要由灭弧栅和灭弧罩组成。灭弧栅用镀铜的薄铁片制成,各栅片之间互相绝缘。灭弧罩用陶土或石棉水泥制成。当触头分断电路时,在动触头与静触头间产生电弧,电弧产生磁场。由于薄铁片的磁阻比空气小得多,因此,电弧上部的磁通容易通过灭弧栅形成闭合磁路,使得电弧上部的磁通很稀疏,而下部的磁通则很密。这种上稀下密的磁场分布对电弧产生向上运动的力,将电弧拉到灭弧栅片当中。栅片将电弧分割成若干短弧,一方面使栅片间的电弧电压低于燃弧电压,另一方面栅片将电弧的热量散发,使电弧迅速熄灭。

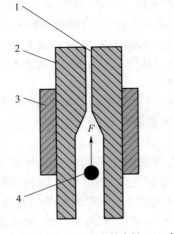

1—纵缝；2—介质；3—磁性夹板；4—电弧

图1-9　窄缝灭弧

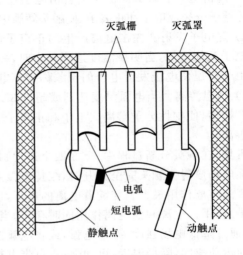

图1-10　栅片灭弧装置

4）磁吹灭弧。利用电弧在磁场中受力将电弧拉长，并使电弧在冷却的灭弧罩窄缝中运动，产生强烈的消电离作用，将电弧熄灭，其原理如图 1-11 所示。

图 1-11（a）中，导磁体（软钢）固定于薄钢板 a 和 b 之间，在它上面绕有与触头电路串联的线圈（吹弧线圈）。电流 I 通过线圈产生磁通 Φ，根据右手螺旋定则可知，该磁通从导磁体通过导磁夹片 b、两夹片间隙到达夹片 a，在触头间隙中形成磁场。图 1-11（b）中"＋"号表示 Φ 方向为进入纸面。触头间隙中的电弧也产生一个磁场，该磁场在电弧上侧的方向为从纸面出来，用"⊙"符号表示它与线圈产生的磁场方向相反。而在电弧下侧的磁场方向进入纸面，用"⊕"符号表示它与线圈的磁场方向相同。

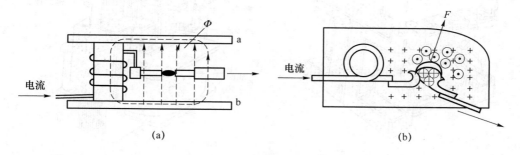

图 1-11　磁吹灭弧原理

这样，两个磁场在电弧下侧方向相同（叠加），在电弧上侧方向相反（相减）。弧柱下侧磁场强于上侧磁场，电弧受力方向为 F 所指方向。在 F 作用下，电弧吹离触头，经引弧角进入灭弧罩而很快熄灭。这种灭弧装置利用电弧电流本身灭弧，电弧电流越大，吹弧能力也越强，广泛应用于直流灭弧装置中。

1.2　电磁式接触器

接触器是通过电磁机构动作，频繁地接通和分断交、直流主电路的中远距离操纵电器。按其主触头通过电流种类的不同，分为交流接触器和直流接触器。由于其控制容量大，且具有低电压保护功能，在电气设备中应用十分广泛。

接触器的图形符号和文字符号如图 1-12 所示。

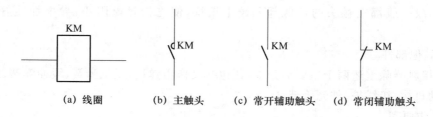

(a) 线圈　　　(b) 主触头　　　(c) 常开辅助触头　　　(d) 常闭辅助触头

图 1-12　接触器的图形、文字符号

1.2.1　接触器的结构及工作原理

1. 交流接触器的外形及结构

交流接触器主要由电磁系统、触头系统、灭弧装置等部分组成,其外形及结构如图 1-13 所示。

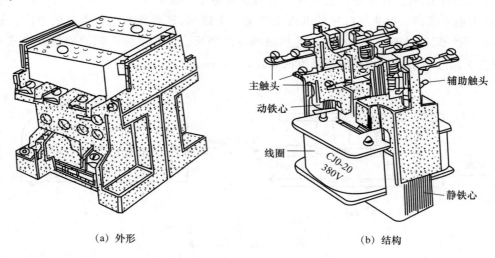

（a）外形　　　　　　　　　　（b）结构

图 1-13 交流接触器的外形及结构

（1）电磁系统

交流接触器的电磁系统由线圈、静铁心、动铁心(衔铁)等组成,其作用是操纵触头的闭合与分断。

交流接触器的铁心一般用硅钢片叠压铆成,以减少交变磁场在铁心中产生的涡流及磁滞损耗,避免铁心过热。通常,在铁心上装有一个短路铜环(又称减振环),以减少接触器吸合时产生的振动和噪声。

（2）触头系统

接触器的触头按功能分为主触头和辅助触头两类。主触头用于接通和分断电流较大的主电路,体积较大,一般由三对常开触头组成;辅助触头用于接通和分断小电流的控制电路,体积较小,有常开和常闭两种。例如,CJ0-20 系列交流接触器有三对常开主触头、两对常开辅助触头和两对常闭辅助触头。触头通常用纯铜制成,由于铜的表面容易氧化生成不良导体氧化铜,故一般都在触头的接触部分镶上银块,使之接触电阻小,导电性能好,使用寿命长。

（3）其他部件

交流接触器除上述两个主要部分外,还包括反作用弹簧、复位弹簧、缓冲弹簧、触头压力弹簧、传动机构、接线桩、外壳等部件。

2. 工作原理

当电磁线圈接通电源时,线圈电流产生磁场,使静铁心产生足以克服弹簧反作用力的吸力,将动铁心向下吸合,使常开主触头和常开辅助触头闭合,常闭辅助触头断开。主触头将主电路接通,辅助触头则接通或分断与之相连的控制电路。当线圈断电时,静铁心吸力消失,动铁心在反力弹簧的作用下复位,各触头也随之复位,将有关的电路分断。

1.2.2　常用典型交流接触器介绍

1. 空气电磁式交流接触器

空气电磁式交流接触器的产品系列、品种最多,应用最为广泛,其结构和工作原理基本相同,典型产品有 CJ20、CJ21、CJ26、CJ29、CJ35、CJ40、NC、B、LC1-D、3TB、3TF 系列等。其中 CJ20 是 20 世纪 80 年代国内统一设计的产品,CJ40 是在 CJ20 基础上于 20 世纪 90 年代更新设计的产品。CJ21 是引进德国芬纳尔公司技术生产的产品,3TB 和 3TF 是引进德国西门子公司技术生产的产品,B 系列是引进德国 ABB 公司技术生产的产品,LC1-D 是引进法国 TE 公司技术生产的产品。此外,还有 CJ12、CJ15、CJ24 等系列大功率重任务交流接触器以及许多国外进口或独资生产的品牌,如法国施耐德、美国 GE、英国 GEC、日本三菱等。

2. 切换电容器接触器

切换电容器接触器专用于低压无功补偿设备中投入或切除并联电容器组,以调整用电系统的功率因数。它带有抑制浪涌装置,能有效抑制接通电容器组接通时出现的合闸涌流对电容的冲击和开断时的过电压。常用产品有 CJ16、CJ19、CJ41、CJX4、CJX2A、LC1-D、6C 系列等。

3. 真空交流接触器

真空交流接触器以真空为灭弧介质,其主触头密封在真空开关管(又称真空灭弧室)内。由于熄弧过程是在密封的真空容器中完成的,电弧和炽热的气体不会向外界喷溅,所以开断性能稳定,不会污染环境,特别适用于条件恶劣的危险环境中。常用的产品有 CKJ、EVS 系列等。

4. 智能化接触器

智能化接触器的主要特征是装有智能化电磁系统,并具有与数据总线及与其他设备之间相互通信的功能,本身还具有对运行工况自动识别、控制和执行的能力。

目前国产的智能化接触器产品不多,国外产品有日本富士电机公司的 NewSC 系列交流接触器、美国西屋公司的 A 系列智能化接触器、ABB 公司的 AF 系列智能化接触器、金钟-默勒公司的系列智能化接触器等。

1.2.3　接触器主要技术参数

接触器的主要技术参数有极数、电流种类、额定工作电压、额定工作电流或额定功率、额定通断能力、线圈额定电压、允许操作频率、机械寿命和电寿命等。其中:极数有两极、三极、四极之分。根据接通与断开主电路电流种类,分为交流接触器和直流接触器。

额定工作电压指主触头所在电路的电源电压,直流接触器有 110 V、220 V、440 V、660 V、交流接触器有 127 V、220 V、380 V、500 V、660 V。

额定工作电流指主触头正常工作电流值,直流接触器有 40 A、80 A、100 A、150 A、250 A、400 A、600 A,交流接触器有 10 A、20 A、40 A、60 A、100 A、150 A、250 A、400 A、600 A。

额定通断能力指主触头在规定条件下能可靠接通和分断的电流值。

线圈额定电压指电磁吸引线圈正常工作电压值,如交流线圈有 127 V、220 V、380 V、直流线圈有 110 V、220 V、440 V。

允许操作频率指每小时可实现的最高操作次数,交、直流接触器有 600 次/小时、1 200 次/小时。部分 CJ0、CJ10 系列交流接触器的主要技术数据见表 1-1。

表 1-1 CJ0、CJ10 系列交流接触器的主要技术数据

型号	触头额定电压/V	主触头额定电流/A	辅助触头额定电流/A	可控电动机最大功率/kW			额定操作频率/(次/小时)	吸引线圈电压/V	线圈功率/(V·A)	
				127 V	220 V	380 V			起动	吸持
CJ0-10		10		1.5	2.5	4			77	14
CJ0-20		20		3	5.5	10	1 200		156	33
CJ0-40		40		6	11	20			280	33
CJ0-75		75		13	22	40		交流 36,110, 127,220, 380	660	55
CJ10-10	500	10	5		2.2	4			65	11
CJ10-20		20			5.5	10			140	22
CJ10-40		40			11	20	600		230	32
CJ10-60		60			17	30			495	70
CJ10-100		100			29	50				

3TB 型交流接触器的主要技术数据见表 1-2。

直流接触器主要用于直流电力线路中,远距离接通与分断电路及直流电动机的频繁起动、停止、反转或反接制动控制,以及 CD 系列电磁操作机构合闸线圈或频繁接通和断开起重电磁铁、电磁阀、离合器和电磁线圈等。常用产品有 CZ18、CZ21、CZ22 和 CZO 等。

直流接触器的结构、工作原理与交流接触器基本相同,其结构如图 1-14 所示。它主要由线圈、铁心、衔铁、触头、灭弧装置等组成。不同的是除触头电流和线圈电源为直流外,其触头大都采用滚动接触的指形触头,辅助触头采用点接触的桥式触头,铁心采用整块铸钢或铸铁制成,线圈做成长而薄的圆筒状。为保证衔铁能可靠释放,磁路中通常夹有非磁性垫片,以减小剩磁影响。

表 1-2 3TB 型交流接触器的主要技术数据

型号	约定发热电流/A	380 V 时额定工作电流/A	660 V 时额定工作电流/A	可控电动机功率/kW		在 AC-3 使用类别下的操作频率和电寿命/次		在 AC-4 使用类别下电寿命数据		
								可控电动机功率/kW		电寿命/次
				380 V	660 V	操作频率	操作频率	380 V	660 V	操作频率
						750 次/小时	1 200 次/小时			300 次/小时
3TB40	22	9	7.2	4	5.5		1.2×10^6	1.4	2.4	
3TB41	22	12	9.5	5.5	7.5		1.2×10^6	1.9	3.3	
3TB42	35	16	13.5	7.5	11		1.2×10^6	3.5	6	2×10^5
3TB43	35	22	13.5	11	11		1.2×10^6	4	6.6	
3TB44	55	32	18	15	15	1.2×10^6		7.5	11	

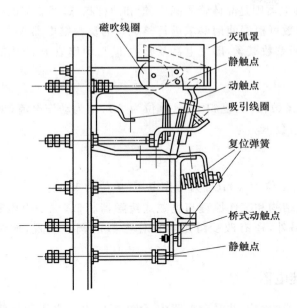

磁吹线圈

灭弧罩

静触点

动触点

吸引线圈

复位弹簧

桥式动触点

静触点

图 1-14　直流接触器结构示意图

直流接触器的主触头在断开直流大电流时,也会产生强烈的电弧,由于直流电弧的特殊性,通常采用磁吹式灭弧。

1.3　继电器

继电器是一种利用电流、电压、时间、温度和速度等信号的变化,在控制系统中控制其他电器动作,或在主电路中作为保护用电器的控制元件。由于继电器的触头一般用在控制电路中,而控制电路的功率不大,因此对继电器触头的额定电流与转换能力要求不高,一般不采用灭弧装置。

继电器的种类很多。按输入信号可分为温度(热)继电器、电流继电器、电压继电器、时间继电器、压力继电器、速度继电器、中间继电器等。按动作原理可分为电磁式继电器、磁电式继电器、感应式继电器、电动式继电器、温度继电器、光电式继电器、压电式继电器、时间继电器等。

1.3.1　继电器的结构原理

任何一种继电器,不论它们的动作原理、结构形式、使用场合如何变化,都具有两个基本结构:一是能反映外界输入信号的感应机构;二是对被控电路实现通断控制的执行机构。感应机构由变换机构和比较机构组成,变换机构将输入的电量或非电量变换成适合执行机构动作的某种特定物理量,如电磁式继电器中的铁心和线圈,能将输入的电压或电流信号变换为电磁力;比较机构用于对输入量的大小进行判断,当输入量达到规定值时才发出命令使执行机构动作,如电磁式继电器中的返回弹簧,由于事先的压缩产生了一定预压力,使得只有当电磁力大于此力时触头系统才动作。至于执行机构,对有触头继电器则是触头的吸合、释放动作,对无触头半导体继电器则是晶体管的截止、饱和两种状态,都能实现对电路的通、断控制。

继电器的动作参数可根据使用要求进行整定。为反映继电器吸力特性与反力特性配合的紧密程度,引入返回系数概念,即继电器复归值 I_r 与动作值 I_c 的比值。

$$K_I = \frac{I_r}{I_c} \tag{1-8}$$

式中:K_I 为直流返回系数;I_r 为复归电流(单位为 A);I_c 为动作电流(单位为 A)。

同理,电压返回系数 K_U 为

$$K_U = \frac{U_r}{U_c} \tag{1-9}$$

式中:U_r 为复归电压(单位为 V);U_c 为动作电压(单位为 V)。

电磁式继电器的结构和工作原理与电磁式接触器相似,也是由电磁机构和触头系统组成,但无灭弧装置。另外,还有改变继电器动作参数的调节装置,如调节螺母和非磁性垫片等。

1.3.2 电压继电器

电磁式电压继电器的线圈并联在电路中,用来反映电路电压的高低,其触头动作与线圈电压大小直接有关,在电力拖动控制系统中起电压保护和控制作用。按吸合电压相对额定电压大小分为过电压继电器和欠电压继电器。

1. 过电压继电器

过电压继电器在电路中用于过电压保护。当线圈为额定电压 U_N 时,衔铁不吸合,线圈电压高于其额定电压时,衔铁才吸合动作。过电压继电器的释放值小于动作值,其电压返回系数 $K_U < 1$。

由于直流电路一般不会出现过电压,所以只有交流过电压继电器,其吸合电压调节范围为 $U_0 = (1.05 \sim 1.2)U_N$。

2. 欠电压继电器

欠电压继电器又称零电压继电器,用于电路的欠电压或零电压保护。以交流为例,电路正常工作时,继电器吸合。当电路电压降低到 $(0.1 \sim 0.35)U_N$ 时,继电器释放,对电路实现欠电压保护。

零电压继电器是当电路电压降低到 $(0.05 \sim 0.25)U_N$ 时释放,对电路实现零电压保护。欠电压继电器的图形、文字符号如图 1-15 所示。

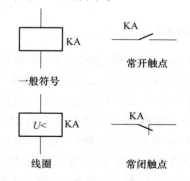

图 1-15　欠电压继电器的图形、文字符号

1.3.3 电流继电器

电磁式电流继电器的线圈串接在电路中,用来反映电路电流的大小,其触头动作与否与线圈电流大小直接有关。按线圈-电流种类分为交流电流继电器与直流电流继电器;按吸合电流大小分为过电流继电器和欠电流继电器。

1. 过电流继电器

过电流继电器主要用于频繁、重载起动场合作为电动机的过载和短路保护。常用的过电流继电器有 JT4、JL12 及 JL14 等系列。

JT4 系列为交流通用继电器,即加上不同的线圈或阻尼圈后便可作为电流继电器、电压继电器或中间继电器使用。JT4 系列过电流继电器的外形结构和动作原理如图 1-16 所示,它由线圈、圆柱静铁心、衔铁、触头系统及反作用弹簧等组成。

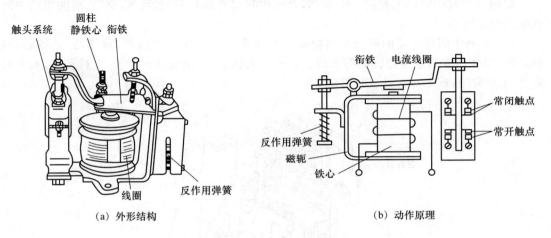

（a）外形结构 （b）动作原理

图 1-16 JT4 系列过电流继电器的外形结构及动作原理

过电流继电器的线圈串接在主电路中,当通过线圈的电流为额定值 I_N 时,它所产生的电磁吸力不足以克服反作用弹簧力,常闭触头保持闭合状态;当通过线圈的电流超过整定值后,电磁吸力大于反作用弹簧力,铁心吸引衔铁使常闭触头分断,切断控制回路,使负载得到保护。调节反作用弹簧力,可整定继电器动作电流。这种过电流继电器是瞬时动作的,常用于桥式起重机电路中。为避免它在起动电流较大的情况下误动作,通常把动作电流整定在起动电流的 1.1～1.3 倍,只能用作短路保护。

过电流继电器的图形、文字符号如图 1-17 所示。

通常,交流过电流继电器的吸合电流为 $I_0=(1.1～3.5)I_N$,直流过电流继电器的吸合电流为 $I_0=(0.75～3)I_N$。由于过电流继电器在出现过电流时衔铁吸合动作,并切断电路,故过电流继电器无释放电流值。

正常工作时,继电器线圈流过负载额定电流,衔铁吸合动作;当负载电流降低至继电器释放电流时,衔铁释放,带动触头复原。欠电流继电器在电

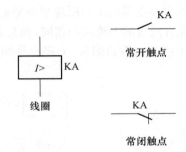

图 1-17 过电流继电器的图形、文字符号

路中起欠电流保护作用,常用其常开触头进行保护。当继电器欠电流释放时,常开触头断开控制电路。

在直流电路中,负载电流的降低或消失,往往会导致严重后果。例如,直流电动机的励磁电流过小会使电动机超速,甚至"飞车"。因此,电器产品中有直流欠电流继电器,而交流电路不需欠电流保护,也就没有交流欠电流继电器了。

直流欠电流继电器的吸合电流 $I_0 = (0.3 \sim 0.65)I_N$,释放电流 $I_r = (0.1 \sim 0.2)I_N$。

1.3.4　中间继电器

电磁式中间继电器实质上是一种电磁式电压继电器,其特点是触头数量较多,在电路中起增加触头数量以及信号的放大、传递作用,有时也代替接触器控制额定电流不超过 5A 的电动机系统。

常用的交流中间继电器有 JZ7 系列,直流中间继电器有 JZ12 系列,交、直流两用的中间继电器有 JZ8 系列。

JZ7 系列中间继电器的外形及结构如图 1-18 所示。它主要由线圈、静铁心、动铁心、触头系统、反作用弹簧及复位弹簧等组成。它有 8 对触头,可组成 4 对常开、4 对常闭,或 6 对常开、2 对常闭,或 8 对常开三种形式。

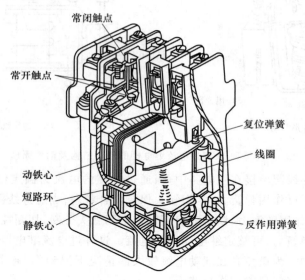

图 1-18　JZ7 系列中间继电器的外形及结构

中间继电器的工作原理与小型交流接触器基本相同,只是它的触头没有主、辅之分,每对触头允许通过的电流大小相同,触头容量与接触器的辅助触头差不多,其额定电流一般为 5A。

中间继电器的图形、文字符号如图 1-19 所示。

图 1-19　中间继电器的图形、文字符号

表 1-3 JZ7 系列中间继电器的主要技术数据

型号	额定电压/V		吸引线圈电压/V	额定电流/A	触头数量/副		最高操作频率/(次/小时)	机械寿命（万次）	电寿命（万次）
	交流	直流			常开	常闭			
JZ7-22			36,127,220,380,500		2	2			
JZ7-41			36,127,220,380,500		4	1			
JZ7-44	500	440	12,36,127,220,380,500	5	4	4	1 200	300	100
JZ7-62			12,36,127,220,380,500		6	2			
JZ7-80			12,36,127,220,380,500		8	0			

1.3.5 时间继电器

时间继电器是一种利用电磁原理或机械动作原理来延迟触头闭合或分断的自动控制电器。它的种类很多,按其工作原理可分为直流电磁式时间继电器、空气阻尼式时间继电器、电子式时间继电器、电动式时间继电器等,本节介绍前面三种。

1. 直流电磁式时间继电器

直流电磁式时间继电器是在电磁式电压继电器铁心上加一个阻尼铜套后构成,如图 1-20 所示。当线圈接通电源时,在阻尼铜套内产生感应电动势,流过感应电流。感应电流产生的磁通阻碍穿过铜套内的原磁通变化,对原磁通起阻尼作用,使磁路中的原磁通增加缓慢,达到吸合磁通值的时间加长,衔铁吸合时间后延,触头延时动作。由于线圈通电前,衔铁处于打开位置,磁路气隙大,磁阻大,磁通小,阻尼作用也小,衔铁吸合的延时只有 0.1～0.5 s,延时作用可不计。

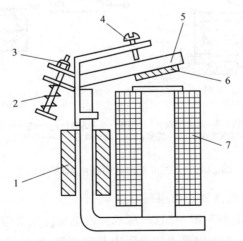

1—阻尼套筒; 2—释放弹簧; 3—调节螺母;
4—调节螺钉; 5—衔铁; 6—非磁性垫片; 7—电磁线圈

图 1-20 直流电磁式时间继电器

但当衔铁已处于吸合位置,在断开线圈电源时,因磁路气隙小,磁阻小,磁通变化大,铜套的阻尼作用大,线圈断电后衔铁延时释放的时间可达 0.3～5 s。改变铁心与衔铁间非磁性垫片的厚薄(粗调)或改变释放弹簧的松紧(细调)可调节延时时间的长短。垫片厚则延时短,垫片薄则延时长;释放弹簧紧则延时短,释放弹簧松则延时长。直流电磁式时间继电器的特点是结构简单、寿命长、允许操作频率高,但延时准确度较低、延时时间较短,仅能获得断电延时,常用产品有 JT3、JT18 等系列。

2. 空气阻尼式时间继电器

空气阻尼式时间继电器在机床中应用最多,其型号主要有 JS7-A 系列。根据触头的延时特点,可分为通电延时(如 JS7-1A 和 JS7-2A)与断电延时(如 JS7-3A 和 JS7-4A)两种。

(1) JS7-A 系列时间继电器的结构

JS7-A 系列时间继电器的结构如图 1-21 所示,它主要由电磁机构、延时机构、工作触头等组成。电磁机构有交流、直流两种,延时方式有通电延时型和断电延时型。当衔铁(动铁心)位于静铁心和延时机构之间时为通电延时型;当静铁心位于衔铁和延时机构之间时为断电延时型。

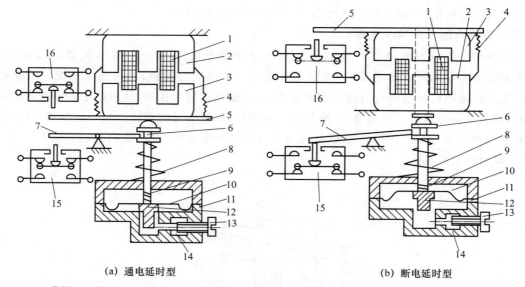

(a) 通电延时型　　　　　　　　　　(b) 断电延时型

1—线圈;2—铁心;3—衔铁;4—反力弹簧;5—推板;6—活塞杆;7—杠杆;8—塔形弹簧;9—弱弹簧;10—橡皮膜;11—空气室壁;12—活塞;13—调节螺钉;14—进气孔;15、16—微动开关

图 1-21　JS7-A 系列时间继电器的结构

(2) JS7-A 系列时间继电器的工作原理

1) 通电延时型时间继电器。图 1-21(a)所示为通电延时型时间继电器的结构图。当线圈 1 通电时,产生磁场,衔铁 3 克服反力弹簧阻力与铁心吸合,活塞杆 6 在塔形弹簧 8 作用下带动活塞 12 及橡皮膜 10 向上移动,橡皮膜下方空气室空气变得稀薄形成负压,活塞杆只能缓慢移动,其移动速度由进气孔气隙大小来决定。经一段延时后,活塞杆通过杠杆 7 压动微动开关 15,使其触头动作,起到通电延时作用。

当线圈断电时,衔铁释放,橡皮膜下方空气室内的空气通过活塞肩部所形成的单向阀迅速排出,使活塞杆、杠杆、微动开关等迅速复位。从线圈得电到触头动作的一段时间即为时间继电器的延时时间,延时长短通过调节螺钉 13 调节进气孔气隙大小来改变。

　　2) 断电延时型时间继电器。将图 1-21(a)所示通电延时型时间继电器的电磁铁翻转 180°安装,即变成图 1-21b 所示的断电延时型时间继电器。它的动作原理与通电延时型时间继电器基本相似,在此不再赘述,读者可自行分析。

　　空气阻尼式时间继电器结构简单、价格低廉、延时范围较大(0.4～180 s),但延时误差较大,难以精确地整定延时时间,常用于对延时精度要求不高的场合。

　　日本生产的一种空气阻尼式时间继电器,其体积比 JS7 系列小 50% 以上,延时时间可达几十分钟,延时精度为 ±10%。时间继电器的图形及文字符号如图 1-22 所示。

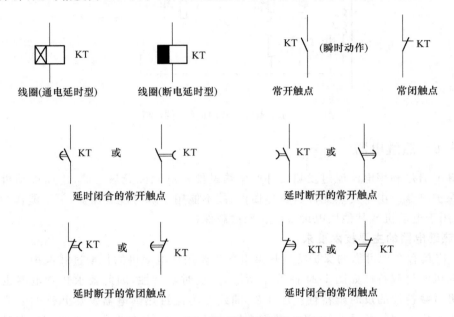

图 1-22　时间继电器的图形、文字符号

3. 电子式时间继电器

　　电子式时间继电器又称半导体时间继电器,是利用 *RC* 电路电容器充放电原理实现延时的。以 JSJ 系列时间继电器为例,其电路原理图如图 1-23 所示。

　　电路有两个电源:主电源由变压器二次侧的 18 V 电压经整流、滤波获得;辅助电源由变压器二次侧的 12 V 电压经整流、滤波获得。当变压器接通电源时,晶体管 VT1 导通,VT2 截止,继电器 KA 线圈中电流很小,KA 不动作。两个电源经可调电阻 RP、R、KA 常闭触头向电容 C 充电,a 点电位逐渐升高。当 a 点电位高于 b 点电位时,VT1 截止,VT2 导通,VT2 集电极电流流过继电器 KA 的线圈,KA 动作,输出控制信号。在图 1-23 中,KA 的常闭触头断开充电电路,常开触头闭合将电容放电,为下次工作做好准备。

　　调节 RP,可改变延时时间。这种时间继电器体积小、延时范围大(0.2～300 s)、延时精度高、寿命长,在工业控制中得到广泛应用。

　　电子式时间继电器的输出有两种形式:有触头式和无触头式。前者是用晶体管驱动小型电磁式继电器,后者是采用晶体管或晶闸管输出。

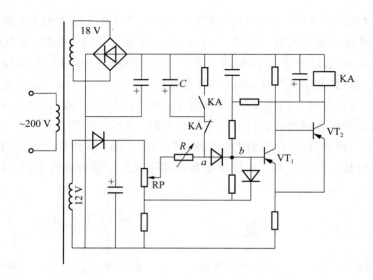

图 1-23　JSJ 型电子式时间继电器原理图

1.3.6　热继电器

热继电器是利用电流流过发热元件产生热量使检测元件受热弯曲,进而推动机构动作的一种保护电器。由于发热元件具有热惯性,故不能用于瞬时过载保护,更不能作为短路保护,只能用于电动机或其他用电设备的长期过载保护。

1. 热继电器的主要技术要求

(1) 应具有合理可靠的保护特性热继电器主要用作电动机的长期过载保护

电动机的过载特性如图 1-24 曲线 1 所示,为反时限特性,因此要求热继电器也具有形同电动机过载特性的反时限特性。图 1-24 曲线 2 为流过热继电器发热元件的电流与热继电器触头动作时间的关系曲线,称为热继电器的保护特性,其位置居于电动机过载特性之下并相邻近。这样,当发生过载时,热继电器在电动机尚未达到其允许过载值之前动作,切断电动机电源,实现过载保护。图中曲线画成曲带,是考虑各种误差影响的结果,误差越大,带越宽。

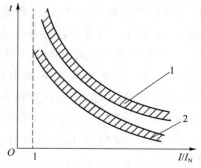

1—电动机的过载特性;2—热继电器的保护特性

图 1-24　热继电器保护特性与电动机过载特性的配合

（2）具有一定的温度补偿

为避免环境温度变化引起双金属片弯曲而带来的误差，应引入温度补偿装置。

（3）动作电流可方便调节

为减少热继电器热元件的规格，热继电器动作电流应可在热元件额定电流 66％～100％的范围内调节。

（4）有手动复位与自动复位功能

热继电器保护动作后，可在其后 2 min 内按下手动复位按钮进行复位，或在 5 min 内可靠地自动复位。

2. 双金属片热继电器的结构及工作原理

（1）外形及结构

双金属片热继电器的外形及结构如图 1-25 所示，由热元件、触头、动作机构、复位按钮和整定电流装置五部分组成。热元件由双金属片及绕在双金属片外面的电阻丝组成，双金属片由两种热膨胀系数不同的金属片复合而成。使用时，将电阻丝直接串联在异步电动机的电路上，如图 1-26 中的 1-1′及 2-2′所示。热元件有两相结构和三相结构两种。

热继电器有两副触头，由一个公共动触头 12、一个常开触头 14 和一个常闭触头 13 组成。图 1-25（a）中，31 为公共动触头 12 的接线柱，33 为常开触头 14 的接线柱，32 为常闭触头 13 的接线柱。动作机构由导板 6、补偿双金属片 7、推杆 10、杠杆 12、拉簧 15 等组成。复位按钮 16 是热继电器动作后进行手动复位的按钮。

整定电流装置由旋钮 18 和偏心轮 47 组成，通过它们来调节整定电流（热继电器长期不动作的最大电流）的大小。在整定电流调节旋钮上刻有整定电流的标尺，旋动调节旋钮，使整定电流的值等于电动机额定电流即可。

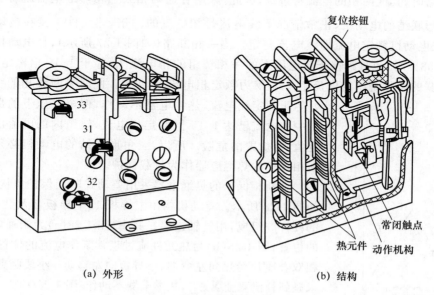

（a）外形　　　　　　　　　（b）结构

图 1-25　热继电器的外形及结构

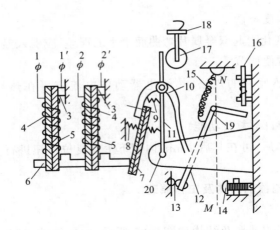

图 1-26　热继电器动作原理图

（2）工作原理

当电动机过载时,过载电流通过串联在定子电路中的电阻丝 4,使之发热过量,双金属片 5 受热膨胀,因膨胀系数不同,膨胀系数较大的左边一片的下端向右弯曲,通过导板 6 推动补偿双金属片 7 使推杆 10 绕轴转动,带动杠杆 12 使它绕轴 19 转动,将常闭触头 13 断开。常闭触头 13 通常串联在接触器的线圈电路中,当它断开时,接触器的线圈断电,主触头释放,使电动机脱离电源得到保护。

3.　具有断相保护的热继电器

三相异步电动机运行时,若发生一相断路,电动机各相绕组的电流将发生变化,其变化情况与电动机三相绕组的接法有关。对于星形联结的电动机,由于相电流等于线电流,当电源一相断路时,其他两相的电流将过载,因此,采用普通两相或三相热继电器就可保护。而对于三角形联结的电动机,正常情况下线电流是相电流的 $\sqrt{3}$ 倍,热元件串接在电动机电源进线中,按电动机额定电流即线电流整定。当一相断路(如图 1-27 所示),且电动机仅为额定负载的 58% 时,流过跨接于全电压下的一相绕组的相电流 I_{P3} 等于 1.15 倍额定相电流,而流过串联的两相绕组的电流 I_{P1}、I_{P2} 仅为额定相电流的 58%。此时未断线相的线电流正好等于额定线电流,热继电器不动作,但全电压下的那一相绕组中的电流已达 1.15 倍额定相电流,绕组内的电流已超过额定值,有烧毁的危险。所以,三角形联结的电动机必须采用带断相保护的热继电器作为过载保护。

带断相保护的热继电器采用差动式断相保护机构,其原理如图 1-28 所示。差动机构由上导板 1、下导板 2 及装有顶头 4 的杠杆 3 组成,用转轴连接。其中,图 1-28(a)为未通电时导板的位置;图 1-28(b)为热元件流过正常工作电流的位置,此时三相双金属片受热向左弯曲,下导板向左移动一小段距离,顶 4 尚未碰到补偿双金属片 5,热继电器不动作;图 1-28(c)为三相同时过载,三相双金属片同时向左弯曲,推动下导板向左移动,顶头 4 碰到补偿双金属片,使热继电器动作;图 1-28(d)为 W 相断路时的情况,W 相双金属片冷却,端部向右弯曲,推动上导板

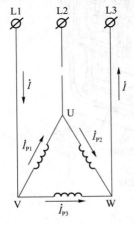

图 1-27　电动机三角形联结
U 相断线时的电流情况

右移,另外两相双金属片仍受热,端部向左弯曲,推动下导板继续向左移动。上、下导板的一右一左移动,产生差动作用,通过杠杆放大,迅速推动补偿双金属片,使热继电器动作。差动作用使热继电器在断相故障时加速动作,保护了电动机。

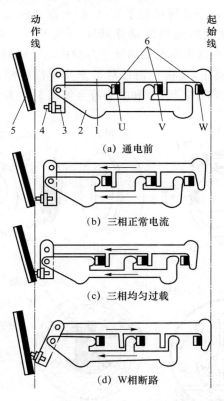

1—上导板；2—下导板；3—杠杆；4—顶头；
5—补偿双金属片；6—主双金属片

图 1-28　差动式断相保护机构及工作原理

1.3.7　信号继电器

信号继电器是指输入非电信号,且当非电信号达到一定值时才动作的电器,常用的有速度继电器、温度继电器、液位继电器等。

1. 速度继电器

又称反接制动继电器,其作用是与接触器配合,对笼型异步电动机进行反接制动控制。

(1) 外形及结构

图 1-29 为 JY1 系列速度继电器的外形及结构示意图。它主要由永久磁铁制成的转子、用硅钢片叠成的铸有笼型绕组的定子、可动支架、胶木摆杆和触头系统等组成,其中转子与被控电动机的转轴相连接。

(2) 工作原理

由于速度继电器与被控电动机同轴连接,电动机制动时惯性旋转,带动速度继电器的转子一起转动。该转子的旋转磁场在速度继电器定子绕组中感应出电动势和电流,由左手定则可以确定。此时,定子受到与转子转向相同的电磁转矩的作用,使定子和转子沿着同一方向转动。定子上固定的胶木摆杆也随着转动,推动簧片(端部有动触头)与静触头闭合(按轴的转动方向而定)。触头又起挡块作用,限制胶木摆杆继续转动。因此,转子转动时,定子只能转过一个不大的角度。当转子转速接近于零时,胶木摆杆恢复原来状态,触头断开,切断电动机的反接制动电路。速度继电器的动作转速一般不低于 300 r/min,复位转速约在 100 r/min 以下。使用时,应将速度继电器的转子与被控电动机同轴连接,而将其触头(一般用常开触头)串联在控制电路中,通过控制接触器来实现反接制动。常用的速度继电器有 JY1、JFZ0 系列。速度继电器的图形符号和文字符号如图 1-30 所示。

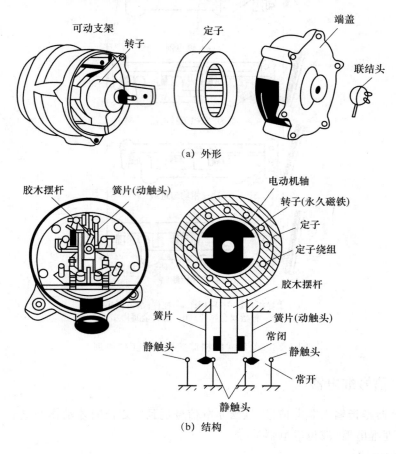

(a) 外形

(b) 结构

图 1-29 JY1 系列速度继电器的外形及结构

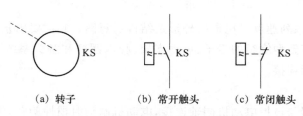

(a) 转子   (b) 常开触头   (c) 常闭触头

图 1-30 速度继电器的图形、文字符号

24

2．温度继电器

温度继电器是一种可埋设在电动机发热部位，如定子槽内、绕组端部等，直接反映该处发热情况的过热保护元件。无论是电动机出现过电流引起温度升高，还是其他原因引起电动机温度升高，它都能起到保护作用。

温度继电器大体上有两种类型，一种是双金属片式温度继电器，另一种是热敏电阻式温度继电器。前者的工作原理与热继电器相似，在此不再重复，下面介绍热敏电阻式温度继电器。

热敏电阻式温度继电器的外形与一般晶体管式时间继电器相似。但作为温度感测元件的热敏电阻不装在继电器中，而是装在电动机定子槽内或绕组端部。热敏电阻是一种半导体器件，根据材料性质分为正温度系数和负温度系数两种。由于正温度系数热敏电阻具有明显的开关特性，且具有电阻温度系数大、体积小、灵敏度高等优点，得到了广泛应用和发展。

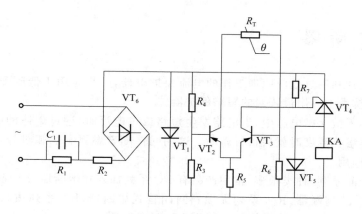

图 1-31　热敏电阻式温度继电器原理图

图 1-31 所示为正温度系数热敏电阻式温度继电器的原理电路图。图中，R_T 表示各绕组内埋设的热敏电阻串联后的总电阻，它同电阻 R_7、R_4、R_6 构成一电桥，由晶体管 VT_2、VT_3 构成的开关电桥接在电桥的对角线上。当温度在 65 ℃以下时，R_T 大体为一恒值，且比较小，电桥处于平衡状态，VT_2、VT_3 截止，晶闸管 VT_4 不导通，执行继电器 KA 不动作。当温度上升到动作温度时，R_T 的阻值剧增，电桥出现不平衡状态，使 VT_2 及 VT_3 导通，晶闸管 VT_4 获得门极电流也导通，KA 线圈得电吸合，其常闭触头分断接触器线圈使电动机断电，实现了电动机的过热保护。当温度下降至返回温度时，R_T 阻值锐减，电桥恢复平衡使 VT 关断，继电器 KA 线圈断电而使衔铁释放。

3．液位继电器

液位继电器是根据液体液面高低使触头动作的继电器，常用于锅炉和水柜中控制水泵电动机的起动和停止。

图 1-32 为液位继电器的结构示意图。它由浮筒及相连的磁钢、与动触头相连的磁钢以及两个静触头组成。浮筒置于锅炉或水柜中，当水位降低到极限值时，浮筒下落使磁钢绕支点 A 上翘。由于磁钢同性相斥，动触头的磁钢端被斥下落，通过支点 B 使触头 1-1 接通，触头 2-2 断开。触头 1-1 接通控制水泵电动机的接触器线圈，电动机工作，向锅炉供水，液面

上升。反之,当水位升高到上限位置时,浮筒上浮,触头 2-2 接通,触头 1-1 断开,水泵电动机停止。显然,液位的高低是由液位继电器的安装位置决定的。

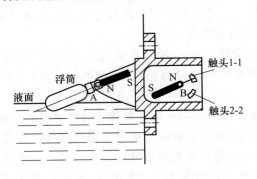

图 1-32　液位继电器结构示意图

1.4　熔　断　器

　　熔断器是一种利用热效应原理工作的电流保护电器,广泛应用于低压配电系统和控制电路中,是电工技术中应用最普遍的短路保护器件。

　　熔断器串接于被保护电路中,当电路发生短路或过电流时,通过熔体的电流使其发热,当达到熔体金属熔化温度时就会自行熔断。这期间伴随着燃弧和熄弧过程,随之切断故障电路,起到保护作用。

　　熔断器的产品系列、种类很多,常用产品有 RC 系列插入式熔断器、RL 系列螺旋式熔断器、R 系列玻璃管式熔断器、RM 系列无填料封闭管式熔断器、RT 系列填料封闭管式熔断器、RLS/RST/RS 系列半导体器件保护用快速熔断器等。

1.4.1　熔断器的保护特性

　　熔断器的主要特性为熔断器的保护特性,又称安秒特性,即熔断器的熔断时间 t 与熔断电流 I 的关系曲线,如图 1-33 所示。图中 I_{min} 为最小熔化电流或称临界电流,即通过熔体的电流小于此值时不会熔断,所以选择的熔体额定电流 I_N 应小于 I_{min}。通常,$I_{min}/I_N \ll 1.5 \sim 2$,称为熔化系数,该系数反映熔断器在过载时的保护特性。若要使熔断器能保护小过载电流,则熔化系数应小些;若要避免电动机起动时的短时过电流,则熔化系数应大些。

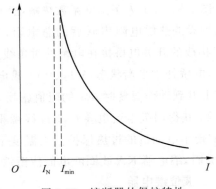

图 1-33　熔断器的保护特性

1.4.2　插入式熔断器

　　插入式熔断器主要用于 380 V 三相电路和 220 V 单相电路和 220 V 单相电路作为短路保护,其外形及结构如图 1-34 所示。

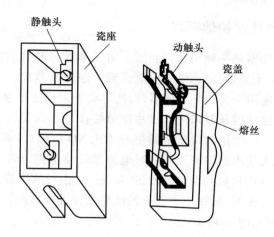

图 1-34　RC1 插入式熔断器的结构

　　这种熔断器主要由瓷座、瓷盖、静触头、动触头、熔丝等组成,瓷座中部有一个空腔,与瓷盖的凸出部分组成灭弧室。60 A 以上的在空腔中垫有编织石棉层,加强灭弧功能。它具有结构简单、价格低廉、熔丝更换方便等优点,应用非常广泛。

1.4.3　螺旋式熔断器

　　螺旋式熔断器用于交流 380 V、电流 200 A 以内的线路和用电设备作为短路保护,其外形和结构如图 1-35 所示。

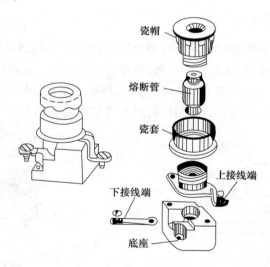

图 1-35　螺旋式熔断器的结构

　　这种熔断器主要由瓷帽、熔断管(熔芯)、瓷套、上/下接线端及底座等组成。熔芯内除装有熔丝外,还填有灭弧的石英砂。熔芯上盖中心装有标有红色的熔断指示器,当熔丝熔断时,指示器脱出,从瓷盖上的玻璃窗口可检查熔芯是否完好。它具有体积小、结构紧凑、熔断快、分断能力强、熔丝更换方便、使用安全可靠、熔丝熔断后能自动指示等优点,在机床电路中广泛使用。

1.4.4 半导体器件保护熔断器

半导体器件保护熔断器是一种快速熔断器。由于半导体器件的过电流能力极低,只能在极短时间(数毫秒至数十毫秒)内承受过电流。而一般熔断器的熔断时间是以秒计的,不能用来保护半导体器件,所以必须采用能迅速动作的半导体熔断器,这种熔断器采用以银片冲制的有 V 形深槽的变截面熔体。

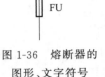

图 1-36 熔断器的
图形、文字符号

常用的快速熔断器有 RS、NGT 和 CS 系列等。RS0 系列用于大功率硅整流元件的过电流和短路保护,RS3 系列用于晶闸管的过电流和短路保护。RLSl 和 RLS2 系列的螺旋式快速熔断器,其熔体为银丝,适用于小功率的硅整流元件和晶闸管的短路和过电流保护。

熔断器的图形、文字符号如图 1-36 所示。

1.5 主令电器

主令电器是自动控制系统中用于发送或转换控制指令的电器,利用它控制接触器、继电器或其他电器,使电路接通或分断来实现对设备的自动控制。常用的主令电器有控制按钮、行程开关、接近开关、万能转换开关、凸轮控制器、主令控制器等。本节着重介绍其中的控制按钮和行程开关。

1.5.1 控制按钮

控制按钮是一种用于短时接通或分断小电流电路的手动控制电器。在控制电路中,通过它发出"指令"控制接触器、继电器等电器,再由它们去控制主电路的通断。

控制按钮的外形和结构如图 1-37 所示。控制按钮主要由按钮帽、复位弹簧、常开触头、常闭触头、接线柱、外壳等组成。它的图形符号和文字符号如图 1-38 所示。

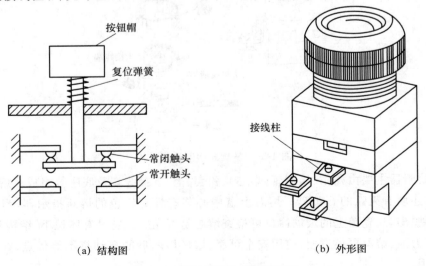

(a) 结构图   (b) 外形图

图 1-37 控制按钮结构及外形图

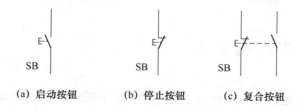

(a) 启动按钮　　(b) 停止按钮　　(c) 复合按钮

图 1-38　控制按钮的图形、文字符号

为了标明各个按钮的作用,避免误操作,通常将按钮帽做成不同的颜色,有红、绿、黑、黄、蓝、白等,如红色表示停止,绿色表示起动等。按钮的种类很多,常用的有 LA10、LA18、LA19、LA20、LAY3、LAY6、NP1 等系列。其中,LA18 系列按钮是积木式结构,触头数目可按需要拼装,结构形式有揿按式、紧急式、钥匙式和旋钮式;LA19 系列在按钮内装有信号灯,除作为控制电路的主令电器使用外,还可兼作信号指示灯使用。

1.5.2　行程开关

行程开关又称限位开关或位置开关,其作用与控制按钮相同,只是触头的动作不是靠手动操作,而是利用机械运动部件的碰撞使触头动作来接通或分断电路,从而限制机械运动的行程、位置或改变其运动状态,达到自动控制之目的。

为了适应机械对行程开关的碰撞,行程开关有多种构造形式,常用的有直动式(按钮式)、滚轮式(旋转式)。其中滚轮式又有单滚轮式和双滚轮式两种。直动式和滚轮式行程开关的外形和结构分别如图 1-39、图 1-40 所示,图形符号和文字符号如图 1-41 所示。

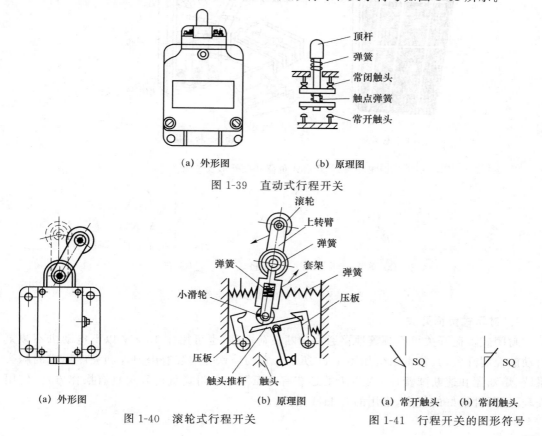

图 1-39　直动式行程开关

图 1-40　滚轮式行程开关　　图 1-41　行程开关的图形符号

1.6 低压开关类电器

常用低压开关类电器包括刀开关、组合开关、低压断路器三类,下面分别对其结构、原理等进行介绍。

1.6.1 刀开关

常用的刀开关主要有开启式负荷开关(也称胶盖闸刀开关)、封闭式负荷开关(也称铁壳开关)。

1. 开启式负荷开关

开启式负荷开关广泛用作照明电路和小容量(5.5 kW 及以下)动力电路不频繁起动的控制开关,其外形及结构如图1-42所示。刀开关的图形、文字符号如图1-43所示。

开启式负荷开关具有结构简单,价格低廉,安装、使用、维修方便的优点,常用的有 HK系列。

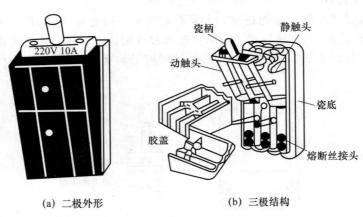

(a) 二极外形   (b) 三极结构

图 1-42 开启式负荷开关外形及结构

(a) 单极   (b) 双极   (c) 三极

图 1-43 刀开关的图形、文字符号

2. 封闭式负荷开关

封闭式负荷开关可不频繁地接通和分断负荷电路,也可用作15 kW 以下电动机不频繁启动的控制开关,其基本结构如图1-44所示。它的铸铁壳内装有由刀片和夹座组成的触头系统、熔断器和速断弹簧,30 A 以上的还装有灭弧罩。封闭式负荷开关具有操作方便、使用安全、通断性能好的优点,常用的有 HH系列。

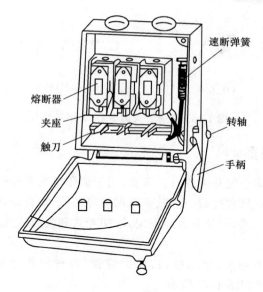

图 1-44　铁壳开关内部结构

1.6.2　组合开关

组合开关由多节触头组合而成,是一种手动控制电器。它可用作电源引入开关,也可用作 5.5 kW 以下电动机的直接起动、停止、反转和调速控制开关,主要用于机床控制电路中。组合开关的外形及结构如图 1-45 所示。它的内部有三对静触头,分别用三层绝缘板相隔,各自附有连接线路的接线柱。三个动触头相互绝缘,与各自的静触头相对应,套在共同的绝缘杆上,绝缘杆的一端装有操作手柄,转动手柄,即可完成三组触头间的开合或切换。开关内装有速断弹簧,以提高触头的分断速度。组合开关的图形、文字符号如图 1-46 所示。

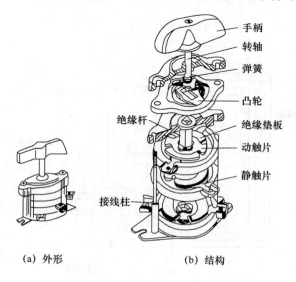

（a）外形　　　　　　　　（b）结构

图 1-45　组合开关的外形及结构

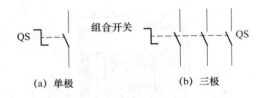

图 1-46　组合开关的图形、文字符号

(a) 单极　　　　(b) 三极

1.6.3　低压断路器

低压断路器又称自动空气开关或自动开关,用于低压电路中分断和接通负荷电路,控制电动机的运行和停止。它具有过载、短路、失压保护等功能,能自动切断故障电路,保护用电设备的安全。按其结构形式,可分为万能框架式、塑壳式和模数式三种。

1. 结构和工作原理

低压断路器主要由主触头、启动按钮、保护装置(各种脱扣器)等部分组成,其外形如图 1-47 所示,结构及原理如图 1-48 所示。

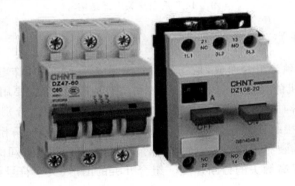

图 1-47　低压断路器外形图

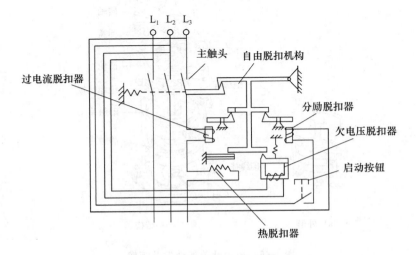

图 1-48　低压断路器结构及原理示意图

低压断路器主触头依靠操作机构手动或电动合闸。主触头闭合后，自由脱扣机构将主触头锁在合闸位置上。过电流脱扣器的线圈和热脱扣器的热元件与主电路串联，欠电压脱扣器的线圈与电源并联。当电路发生短路或严重过载时，过电流脱扣器的衔铁吸合，使自由脱扣机构动作，主触头断开主电路。当电路过载时，热脱扣器的热元发热使双金属片弯曲变形，顶动自由脱扣机构动作。当电路欠电压时，欠电压脱扣器的衔铁释放，也使自由脱扣机构动作。分励脱扣器则用作远距离分断电路。

2. 万能框架式断路器

万能框架式断路器由具有绝缘衬垫的框架结构底座将所有的构件组装在一起，主要用于配电网络的总开关和保护。这种断路器的容量较大，可装设较多的脱扣器，辅助触头的数量也较多，极限通断能力较高的还采用储能操作机构，以提高通断速度，主要产品有 DW10、DW15 等系列。

3. 塑壳式断路器

塑壳式断路器通过用模压绝缘材料制成的封闭型外壳将所有构件组装在一起，用于电动机及照明系统的控制、供电线路的保护等。其接线方式分为板前接线和板后接线两种，大容量产品的操作机构采用储能式，小容量（50 A 以下）则常采用非储能式闭合，操作方式多为手柄扳动式，主要产品有 DZ5、DZ10、DZ15、DZ20 等系列。低压断路器的图形、文字符号如图 1-49 所示。

图 1-49　低压断路器的图形、文字符号

习　题

1-1　常用低压电器怎样分类？它们各有哪些用途？

1-2　电磁式电器由哪几部分组成？各有何作用？

1-3　电磁式电器的触头有哪几种接触形式？各有何特点？

1-4　交流接触器由哪几大部分组成？说明各部分的作用。

1-5　过电流继电器和欠电流继电器有什么作用？

1-6　简述热继电器的组成和工作原理。

1-7　按钮由哪几部分组成？按钮的作用是什么？

1-8　为保证电磁机构可靠吸合和释放，它的吸力特性与反力特性应如何配合？

第2章 可编程控制器的组成与工作原理

第 2 章 PPT

2.1 概 述

可编程控制器是 20 世纪 60 年代开始发展起来的一种新型工业控制装置,用于取代传统的继电器控制系统,实现逻辑控制、顺序控制、定时、计数等功能。高档 PLC 还能实现数字运算、数据处理、模拟量调节以及联网通信。它具有通用性强、可靠性高、指令系统简单、编程简单易学、易于掌握、体积小、维修工作量小、现场连接安装方便等优点,广泛应用于冶金、采矿、建材、石油、化工、机械制造、汽车、电力、造纸、纺织、装卸、环保等领域,尤其在机械加工、机床控制上应用广泛。在自动化领域,它与 CAD/CAM、工业机器人并称为加工业自动化的三大支柱。

可编程控制器的诞生是生产发展需要与技术进步结合的产物。在它诞生之前,生产过程及各种生产机械的控制主要是继电器控制系统。继电器控制简单、实用,但由于使用机械触点,可靠性不高;当生产工艺流程改变时,需要改变大量的硬件接线,甚至重新设计系统,周期长、成本高,不能适应激烈的市场竞争;而且它的体积庞大,功能只限于一般的布线逻辑、定时等。

生产发展迫切需要使用方便灵活、性能完善、功能可靠的新一代生产过程自动控制系统。

基于此,美国通用汽车公司(GM)于 1968 年提出了公开招标研制新型工业控制器的设想。第二年,美国数字设备公司(DEC)就研制出了世界上第一台可编程控制器。它虽然采用了计算机的设计思想,但实际上只能完成顺序控制,仅有逻辑运算、定时、计数等顺序控制功能。所以,人们把它称为 PLC(Programmable Logic Controller),即可编程序逻辑控制器。随后,有哥德(GOULD)、爱伦-布瑞德雷(A-B)公司,以及德国、日本的公司相继推出自己的产品,适应激烈竞争的生产需要。

随着微处理器技术日趋成熟,可编程控制器的处理速度大大提高,功能不断完善,性能不断提高,不但能进行逻辑运算、处理开关量,还能进行数字运算、数据处理、模拟量调节,并且体积缩小,实现了小型化。因此,美国电气制造协会(National Electrical Manufacturers

Association, NEMA) 将之正式命名为 PC(Programmable Controller)。为了避免与个人计算机(Personal Computer, PC)混淆,在很多文献中以及人们习惯上仍将可编程控制器称为 PLC。

PLC 的种类繁多,按其结构形式可分为整体箱式和模块组合式两种。

1) 整体箱式:PLC 的各组成部分安装在几块印制电路板上,与电源一起装配在一个机壳内,形成一个整体。特点是结构简单、体积小,多为小型 PLC 或低档 PLC。其 I/O 点数固定且较少,使用不很灵活。如果 I/O 点数不够用,可增加扩展箱扩充点数。含 CPU 主板的部分称为主机箱,主机箱与扩展箱之间由信号电缆连接。

2) 模块组合式:将 PLC 分成相对独立的几部分,制成标准尺寸模块,主要有 CPU 模块(含存储器)、输入模块、输出模块、电源、模块等几种类型的模块,组装在一个机架内,成一个 PLC 系统。这种结构形式可按用户需要灵活配置,对现场应变能力强,维修方便。

PLC 的总点数称为 PLC 的容量。按 I/O 点数多少,可分为小型、中型、大型三类。

1) 小型:I/O 点数少于 256 点。

2) 中型:I/O 点数在 256～2 048 点。

3) 大型:I/O 点数多于 2 048 点。

各类 PLC 的性能有差异。例如,CPU 的个数,一般小型 PLC 为单个,中型 PLC 为两个,大型 PLC 有多个;在扫描速度上,中型优于小型,大型优于中型;大、中型 PLC 有智能 I/O;大、中型 PLC 的指令及功能、联网能力均优于小型。编程语言除梯形图外,还有流程图、语句表、图形语言、BASIC 等高级语言。

2.1.1　PLC 的特点

1. 使用灵活,通用性强

PLC 用程序代替了布线逻辑,当生产工艺流程改变时,只需修改用户程序,不必重新安装布线,十分方便。PLC 采用了模块组合式结构,可像搭积木那样扩充控制系统规模,增减其功能,以满足系统要求。

2. 编程简单,易于掌握

PLC 采用了专门的编程语言,指令少,简单易学。通用的梯形图语言,直观清晰,对于熟悉继电器线路的工程技术人员和现场操作人员来说很容易掌握。PLC 还为熟悉计算机的人提供了语句表编程语言,语句表编程语言类似于计算机的汇编语言,使用非常方便。

3. 可靠性高,能适应各种工业环境

PLC 面向工业生产现场,采取了屏蔽、隔离、滤波、联锁等安全防护措施,可有效地抑制外部干扰,能适应各种恶劣的工业环境,具有极高的可靠性。PLC 内部处理过程不依赖于机械触点,所用元件、器件都经过了严格的筛选,其寿命几乎不用考虑,在软件上有故障诊断与处理功能。以三菱 Fl、F2 系列 PLC 为例,其平均无故障时间可达 30 万个小时,A 系列的可靠性又比之高几个数量级。多机冗余系统和表决系统的开发,更进一步提高了可靠性。这是继电器控制系统无法比拟的。

4. 接口简单,维护方便

PLC 的输入、输出接口设计成可直接与现场强电相接,有 24 V、48 V、110 V、220 V 交流或直流等电压等级产品,组成系统时可直接选用。接口电路一般为模块式,便于维修更换。

有的 PLC 的输入、输出模块可带电插拔,这实现了不停机维修,大大地缩短了故障修复时间。

2.1.2 PLC 的发展趋势

PLC 是针对工业顺序控制发展而研制的。经过 30 多年的迅速发展,现在的 PLC 不仅能进行开关量控制,还能进行模拟量控制、位置控制、联网通信。特别是通信网络技术的发展,给 PLC 提供了更广阔的发展空间。从单机控制向多机控制,从集中控制向多层次分布式控制系统发展,形成了满足各种需要的 PLC 应用系统。

PLC 的主要应用领域是自动化。美国一家公司曾经对美国石油化工、冶金、机械、食品、制药等行业 400 多家工厂企业进行调查,结果表明,PLC 的需求量占各类自动化仪表或自动化控制设备之首,有 82% 的厂家使用 PLC。业内专家认为,PLC 已成为工业控制领域中占主导地位的基础自动化设备。从我国目前正在开展的以高新技术带动传统产业发展的形势来看,不仅要大力发展适合于大、中型企业的高水准的 PLC 网络系统,而且要发展适合小型企业技术改造的性能价格比高的小型 PLC 控制系统。目前,PLC 及其控制系统的发展主要在以下几个方面。

1. 小型、廉价、高性能

小型化、微型化、低成本、高性能是 PLC 的发展方向。作为控制系统的关键设备,小型、超小型 PLC 的应用日趋增多。据统计,美国机床行业应用超小型 PLC 几乎占据了市场的 1/4。许多 PLC 厂家都在积极研制开发各种小型、微型 PLC。例如,日本三菱公司的 FX_{2N}-16M,能提供 8 个输入点、8 个输出点,既可单机运行,也可联网实现复杂的控制;德国西门子公司生产的"LOGO!",能提供 6 个输入点、4 个输出点,尺寸仅为 72 mm(4PU)× 90 mm×55 mm,跟继电器的大小差不多。毋庸置疑,PLC 正朝着体积更小、速度更快、功能更强、价格更低的方向发展。

2. 大型、多功能、网络化

多层次分布式控制系统与集中型相比,具有更高的安全性和可靠性,系统设计、组态也更为灵活方便,是当前控制系统发展的主流。为适应这种发展,各 PLC 生产厂家不断研制开发功能更强的 PLC 网络系统。这种网络一般是多级的,最底层是现场执行级,中间是协调级,最上层是组织管理级。

现场执行级通常由多台 PLC 或远程 I/O 工作站组成,中间级由 PLC 或计算机构成,最上层一般由高性能的计算机组成。它们之间采用工业以太网、MAP 网与工业现场总线相连构成一个多级分布式控制系统。这种多级分布式控制系统除了控制功能外,还可以实现在线优化、生产过程的实时调度、统计管理等功能,是一种多功能综合系统。

3. 与智能控制系统相互渗透和结合

PLC 与计算机的结合,使它不再是一个单独的控制装置,而成为控制系统中的一个重要组成部分。随着微电子技术和计算机技术的进一步发展,PLC 将更加注重与其他智能控制系统的结合。PLC 与计算机的兼容,可以充分利用计算机现有的软件资源。通过采用速度更快、功能更强的 CPU 以及容量更大的存储器,可以更充分地利用计算机的资源。PLC 与工业控制计算机、集散控制系统、嵌入式计算机等系统将进一步渗透与结合,进一步拓宽 PLC 的应用领域和空间。

2.2 可编程控制器的组成

2.2.1 PLC 的组成

PLC 是专为工业生产过程控制而设计的控制器,实际上就是一种工业控制专用计算机。不同厂家的产品有不同的结构,但都包含硬件和软件两部分,本节以三菱 FX_{2N} 系列 PLC 为例进行介绍。

1. PLC 的硬件

PLC 的核心是单片机,其外围配置了相应的接口电路(硬件),内部配置了监控程序(软件)。其组成框图如图 2-1 所示。

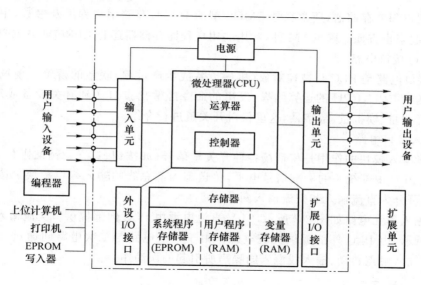

图 2-1 PLC 组成框图

PLC 的硬件包括基本组成部分、I/O 扩展部分、外部设备三大部分。基本组成部分是构成 PLC 的最小系统,包括 CPU、存储器、I/O 接口、电源、扩展接口、存储器接口、外设接口等。各部件功能如下。

(1) CPU

CPU 即微处理器,实际就是一台单片机,上面除 CPU 外还有存储器、并行接口、串行接口、时钟。它是 PLC 的核心部件,其作用是对整个 PLC 的工作进行控制。它是 PLC 的运算、控制中心,实现逻辑运算、算术运算,并对整机进行协调、控制,按系统程序赋予的功能工作。

1) 对系统进行管理,如自诊断、查错、信息传送、时钟、计数、刷新等。

2) 进行程序解释,根据用户程序执行输入、输出操作等。

CPU 的芯片随机型不同而有所不同,如 F1、F2 系列为 8031,K 系列为 8085,A 系列为 8086,A 系列的高速系统 A3H 中包含一片 80286 及一片 48 位三菱专用逻辑处理芯片。

PLC 的运算速度越高,信息处理量越大,CPU 的位数也越多,速度也越快。随着超大规模集成电路制造技术的提高,PLC 的芯片越来越高档。以 FX$_{2N}$ 系列为例,大部分芯片都采用表面封装技术,CPU 板上有两片超大规模集成电路(双 CPU),运算处理速度为 $0.08\ \mu s$/基本指令。因此,无论在速度、集成度等方面,FX$_{2N}$ 都极高。

串行接口与并行接口用于 CPU 与接口器件交换信息,其数量取决于系统规模的大小。

定时器/计数器用于产生系统时钟及用户时钟信息。在一台单片机中,CTC(单片机中具有定时/计数功能的部件)的数量很有限,经过系统监控程序的处理,可产生几十个,甚至数百个相对独立的计数器和定时器,供用户编程时调用。

(2) 存储器

PLC 的存储器有两种。

一是单片机上带的存储器,主要用于存储系统监控程序及系统工作区间,生成用户环境。

二是用户程序存储器,通常都是 CMOS 型的 RAM,存储用户程序及参数,用锂电池做后备,调试起来也方便。除 RAM 外,常用的用户程序存储器还有 EPROM 或 EEPROM。

(3) I/O 接口电路

I/O 接口电路是 PLC 与被控对象(机械设备或生产过程)联系的桥梁。现场信息经输入接口传送给 CPU,CPU 的运算结果、发出的命令经输出接口送到有关设备或现场。I/O 信号分为开关量、模拟量、数字量,这里仅对开关量进行介绍。

1) 输入接口电路

开关量输入模块的作用是将现场各种开关量信号(如按钮、选择、行程、限位、接近等开关)转换成 PLC 内部统一的标准信号电平,传送到内部总线的输入接口模块。按输入回路电流种类,可分为直流输入和交流输入两种。

直流输入单元电路如图 2-2 所示,24 V 直流电源由 PLC 内部提供。交流输入单元电路如图 2-3 所示,由 PLC 外部提供交流电源。由于一次电路与二次电路间通过光耦合器隔离,可防止输入触点抖动、输入线混入的噪声所引起的误动作。

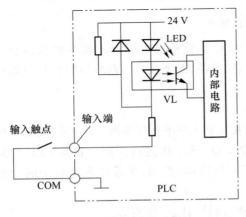
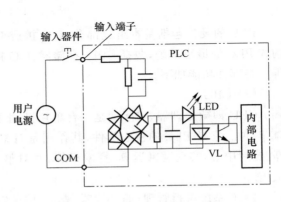

图 2-2　直流输入单元电路　　　　　　图 2-3　交流输入单元电路

由于光耦合器初、次级间无电路的直接联系,电路的绝缘电阻很大,且可耐高压(大于1 500 V),能将生产现场信号转换成 PLC 内部逻辑电平信号,并将生产现场与 PLC 内部电路隔离开,大大提高了 PLC 工作的可靠性。

　　按 PLC 输入模块与外部用户设备的接线,可分为汇点输入接线和独立输入接线两种基本形式。汇点输入接线可用于直流也可用于交流输入模块,如图 2-4 所示。各输入元件共用一个公共端(汇集端)COM,可以是全部输入点为一组,共用一个公共端和一个电源,如图 2-4(a)所示;也可将全部输入点分为若干组,每组有一个公共端和一个电源,如图 2-4(b)所示。直流输入模块的电源一般由 PLC 内部提供,交流输入模块的电源通常由用户提供。

　　独立输入接线如图 2-5 所示。每一个输入元件有两个接线端(注:图 2-5 中的 COM 端在 PLC 中是彼此独立的,后面不再说明),由用户提供的一个独立电源供电,控制信号通过用户输入设备的触点输入。

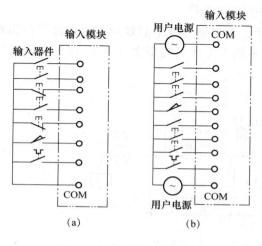

图 2-4　汇点输入接线示意图

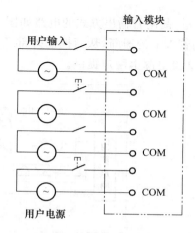

图 2-5　独立输入接线示意图

2) 输出接口电路

按输出开关器件的种类来分,PLC 通常有三种形式的输出电路。

　　① 继电器输出方式的电路如图 2-6 所示。图中仅画出一个输出点的电路,其他输出点的电路与此相同。由 CPU 控制继电器 KA 的线圈,KA 的一个常开触点控制外部负载,它可带交流负载也可带直流负载,属于交、直流输出方式,电源由用户提供。

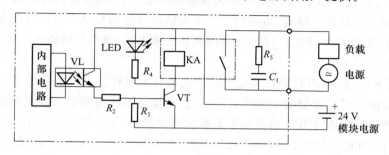

图 2-6　继电器输出电路

　　② 晶体管输出方式的电路如图 2-7 所示。通过光耦合使晶体管 VT 通断以控制外部电路。它只能带直流负载,属于直流输出方式,直流电源由用户提供。

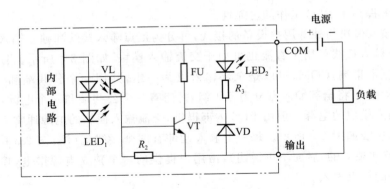

图 2-7　晶体管输出电路

③ 晶闸管输出方式的电路如图 2-8 所示。由光耦合器中的双向光敏二极管控制双向晶闸管 VT 的通断,从而控制外部负载。这种输出方式只能带交流负载,属于交流输出方式,交流电源由用户提供。

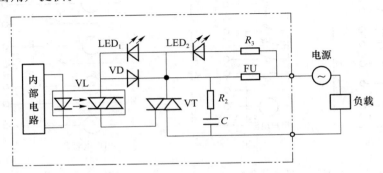

图 2-8　双向晶闸管输出电路

按输出模块与外部用户输出设备的接线,可分为汇点输出和独立输出两种接线形式。汇点输出的接线如图 2-9 所示。图 2-9(a)为全部输出点汇集成一组,共用一个公共端 COM 和一个电源;图 2-9(b)为将输出点分成若干个组,每组一个公共端 COM 和一个独立电源。两种形式的电源均由用户提供,根据实际情况确定选用直流或交流。

独立输出的接线如图 2-10 所示。每个输出点构成一个独立的回路,由用户单独提供一个电源,各个输出点间相互隔离,负载电源按实际情况可选用直流也可选用交流。

在 FX$_{2N}$ 系列 PLC 中,FX$_{2N}$-16M 型全部为独立输出,其他机型的输出均为每 4～8 点共用一个公共端。

下面介绍 FX$_{2N}$ 系列 PLC 输出接口电路的几项技术指标。

① 响应时间。继电器型响应速度最慢,从输出继电器线圈通电或断电到输出触点 ON(或 OFF)的响应时间均为 10 ms;晶体管型响应速度最快,从光耦合器动作(或关断)到晶体管 ON(或 OFF)的时间在 0.2 ms 以下;晶闸管型响应速度介于前两种之间,从光敏晶闸管驱动(或断开)到输出双向晶闸管开关元件 ON(或 OFF)的时间在 1 ms 以下。

② 输出电流。继电器型在 AC 250 V 以下电路电压时,可驱动负载:纯电阻 2 A/1 点;感性负载 80 V·A 以下(AC 100 V 或 AC 200 V);灯负载 100 W 以下(AC 100 V 或 AC 200 V)。对于感性负载,容量越大,触点寿命越短。直流感性负载要并联续流二极管,最大电压不超

过 DC30 V。晶闸管型每点的输出电流最大为 0.3 A,考虑温度上升因素,每 4 点的总电流必须在 0.8 A 以下(每点平均 0.2 A)。浪涌电流大的负载,开关频繁时,电流有效值要小于 0.2 A。晶体管型每点电流可达 0.5 A,考虑温度上升因素,每 4 点输出总电流不得超过 0.8 A(每点平均 0.2 A)。

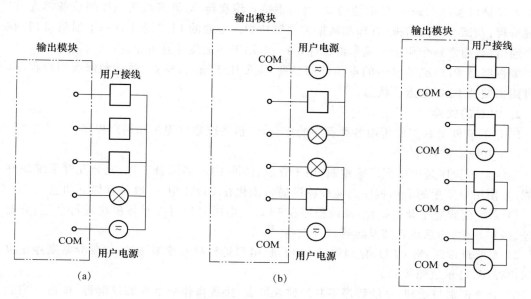

图 2-9　汇点输出接线示意图　　　　　　图 2-10　独立输出接线示意图

③ 开路漏电流。继电器型无开路漏电流;晶闸管型的开路漏电流较大(1 mA/AC 100 V,2 mA/AC 200 V),可能引起微小电流负载的误动作,所以负载应在 0.4 V·A/AC 100 V、1.6 V·A/AC 200 V 以上;晶体管型的开路漏电流在 100 μA 以下。

(4) 电源

电源是 PLC 整机的能源供给中心。PLC 系统中有两种电源。

一种是内部电源,是 PLC 主机内部电路的工作电源,要求性能稳定、工作可靠,一般使用开关稳压电源。与普通稳压电源相比,PLC 内部电源有如下优点:

① 体积小,重量轻;

② 功耗低,发热少;

③ 能适应较大范围内的电压波动,稳压效果好;

④ 具有良好的自动保护功能,且保护动作灵敏、可靠;

⑤ 电路集成化,外部元件少、成本低。

另一种是外部电源(或称用户电源),用于传送现场信号或驱动现场执行机构,通常由用户另备。

(5) 扩展接口

扩展接口用于系统扩展输入、输出点数。这种扩展接口实际为总线型,可配接开关量的 I/O 单元,也可配置如模拟量、高速脉冲等单元以及通信适配器等。若 I/O 点离主机较远,可设置一个 I/O 子系统将这些 I/O 点归纳到一起,通过远程 I/O 接口与主机相连。

（6）存储器接口

可根据使用需要扩展存储器，内部与总线相连，可扩展用户程序存储区、数据参数存储区。

（7）外设接口

外设接口实际上是 PLC 的通信口，可与手持式编程器、计算机或其他外围设备相连，以实现编程、调试、运行、监视、打印和数据传送等功能。一般的 PLC 至少有一个通信口，若有两个通信口，通常一个用于与编程器相连，另一个用于与上位计算机相连。

编程器是 PLC 必不可少的重要外围设备，主要用于输入、检查、调试和修改用户程序，也可用来监视 PLC 的运行状态。

2. PLC 的软件

PLC 的软件是其工作所用各种程序的集合，包括系统监控程序和用户程序。

（1）系统监控程序

系统监控程序是由生产厂家编制，用于管理、协调 PLC 各部分工作，充分发挥系统硬件功能，方便用户使用的通用程序。监控程序通常固化在 ROM 中，一般具有如下功能。

1）系统配置登记及初始化：系统程序在 PLC 上电或复位时先对各模块进行登记、分配地址、做初始化，为系统管理及运行做好准备。

2）系统自诊断：对 CPU、存储器、I/O 模块、电源进行故障诊断测试，发现异常则停止执行用户程序，显示故障代码。

3）命令识别与处理：系统程序不断地监视键盘，接收操作命令并加以解释，按指令完成相应的操作，并显示结果。

4）用户程序编译：系统编译程序对用户编写的工作程序进行翻译，变成 CPU 可识别执行的指令码程序，存入用户程序存储器；对用户输入的程序做语法检查，发现错误便返回并提示。

5）模块化子程序及调用管理：厂家为方便用户编程提供了一些子程序模块，需要时只需按调用条件调用。

（2）用户程序

用户程序又称为应用程序，由用户根据控制需要用 PLC 的编程语言（梯形图、指令表、高级语言、汇编语言等）编制而成。

同一厂家生产的同一型号 PLC，其监控程序相同。但不同用户，不同的控制对象其用户程序不同。

软件系统与硬件系统结合就构成了 PLC 系统。

3. PLC 的用户环境和内部等效电路

（1）PLC 的用户环境

用户环境是由监控程序生成的，包括用户数据结构、用户元件区分配、用户程序存储区、用户参数、文件存储区等。

1）用户数据结构。用户数据结构主要有以下三类。

第一类为 bit 数据，属于逻辑量，其值为"0"或"1"。用它表示触点的通、断，线圈的通、断，标志的 ON、OFF 状态等。最原始 PLC 处理的就是这类数据，现在仍有不少低档 PLC 只能做这类处理。

第二类为字数据,其数制、位长有多种形式。为使用方便,通常采用 BCD 码形式。

FX_{2N} 系列和 A 系列中为 4 位 BCD,双字节为 8 位 BCD 码。书写时,若为十进制数冠以 K(如 K789),若为十六进制数冠以 H(如 H789)。实际处理时还可用八进制、十六进制、ASCE 码的形式。在 FX_{2N} 系列内部,常数都是以原码二进制形式存储的,所有四则运算(+、-、×、÷)和加 1/减 1 指令等在 PLC 中全部按 BIN 运算。因此,BCD 码数字开关的数据输入 PLC 时,要用 BCD→BIN 转换传送指令;向 BCD 码的七段数码管或其他显示器输出时,要用 BIN→BCD 转换传送指令。但用功能指令如 FNC72(DSW)、FNC74(SEGL)、FNC75(ARWS)时,BCD/BIN 的转换由指令自动完成。也有的 PLC 采用浮点数,可大大提高数据运算的精度。

第三类为字与 bit 的泪合,即同一元件既有 bit 元件,又有字元件。例如,T(定时器)和 C(计数器),它们的触点为 bit,设定值寄存器和当前值寄存器则为字。

2) 元件。用户使用的每一个输入、输出端子及内部的存储单元都称为元件,每个元件有其固定的地址。元件的数量由监控程序规定,它的多少决定 PLC 整个系统的规模及数据处理能力。

(2) PLC 的内部等效电路

PLC 是专为工业控制设计的专用计算机,包含了 CPU、存储器、I/O 接口等硬件。但就电路作用而言,可看作由一般继电器、定时器、计数器等元件组成,可用图 2-11 所示的内部等效电路表示。它是由许多用编程软件实现的"软线圈""软接线""软接点"等部件构成的。

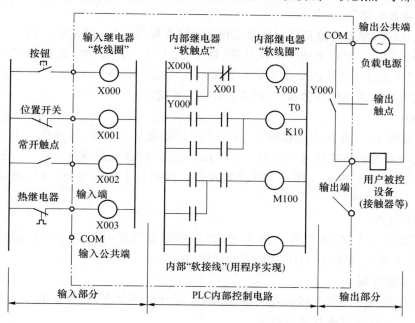

图 2-11　PLC 的内部等效电路

PLC 的输入端与用户输入设备(如按钮、位置开关、传感器等)连接,内连输入继电器 X 线圈,作用是收集被控设备的信息或操作指令。输入接线有汇点输入和独立输入两种接线方式,图 2-11 中采用的是汇点输入,公共端 COM 是机内直流电源负端,通常为 24 V。

PLC 的输出端外接用户输出设备(如接触器、电磁阀、信号灯等),内连输出继电器 Y 的接点,作用是驱动外部负载。输出接线有汇点输出和独立输出两种接线方式,公共端 COM 接机外负载电源,共用一个电源的负载的公共端可连接到一起。

内部控制电路的作用是对从输入部分得到的信息进行运算、处理,发出控制指令。

内部各种继电器(如输入/输出继电器、辅助继电器、定时器、计数器等)称为 PLC 的内部元素,每种元素包含若干可供使用的电子常开、常闭触点,供编程时调用。内部继电器的线圈、触点及接线均由用户程序实现,称为"软接线"。

2.2.2 PLC 的主要性能指标

1. 描述 PLC 性能的几个术语

描述 PLC 性能时,经常用到位、数字、字节及字等术语。

位指二进制的一位,仅有 0、1 两种取值。一个位对应 PLC 一个继电器,某位的状态为 0,对应该继电器线圈断电;状态为 1,则对应该继电器线圈通电。4 位二进制数构成一个数字,这个数字可以是 0000~1001(十进制),也可以是 0000~1111(十六进制)。两个数字或 8 位二进制数构成一个字节。两个字节构成一个字。在 PLC 术语中,字称为通道。一个字含 16 位,或者说一个通道含 16 个继电器。

2. PLC 的性能指标

各个厂家的 PLC 产品虽然各有特色,但从总体上来讲,可用下面几项主要指标来衡量对比其性能。

(1) 存储器容量

厂家提供的存储器容量指标通常是指用户程序存储器容量,它决定了 PLC 可以容纳的用户程序的长短。一般以字节为单位计算,每 1 024 B 为 1 KB。中、小型 PLC 的存储器容量一般在 8 KB 以下,大型 PLC 的存储器容量可达到 256 KB~2 MB。有些 PLC 的用户程序存储器需要另购外插的存储器卡,或者用存储卡扩充。

(2) I/O 点数

I/O 点数即 PLC 面板上连接输入、输出信号用的端子的个数,是评价一个系列的 PLC 可适用于何等规模的系统的重要参数。I/O 点数越多,控制的规模越大。厂家技术手册通常都会给出相应 PLC 的最大数字 I/O 点数及最大模拟量 I/O 通道数,以反映该类型 PLC 的最大输入、输出规模。

(3) 扫描速度

扫描速度是指 PLC 执行程序的速度,是对控制系统实时性能的评价指标。一般用 ms/KB 单位来表示,即执行 1KB 步所需的时间。

(4) 内部寄存器

内部寄存器用于存放中间结果、中间变量、定时计数等数据,其数量的多少及容量的大小直接关系到编程的方便及灵活与否。

(5) 指令系统

指令种类的多少是衡量 PLC 软件系统功能强弱的重要指标。指令越丰富,用户编程越方便,越容易实现复杂功能,说明 PLC 的处理能力和控制能力也越强。

(6) 特殊功能及模块

除基本功能外,特殊功能及模块也是评价 PLC 技术水平的重要指标,如自诊断功能、通信联网功能、远程 I/O 能力等。PLC 所能提供的功能模块有高速计数模块、位置控制模块、闭环控制模块等。近年来,智能模块的种类日益增多,功能也越来越强。

（7）扩展能力

PLC 的扩展能力反映在两个方面:大部分 PLC 用 I/O 扩展单元进行 I/O 点数的扩展,有的 PLC 使用各种功能模块进行功能的扩展。

2.3　可编程控制器的工作原理

2.3.1　扫描的概念

所谓扫描,是 CPU 依次对各种规定的操作项目进行访问和处理。PLC 运行时,用户程序中有许多操作需要执行,但 CPU 每一时刻只能执行一个操作而不能同时执行多个操作。因此,CPU 只能按程序规定的顺序依次执行各个操作,这种需要处理多个作业时依次按顺序处理的工作方式称为扫描工作方式。

扫描是周而复始、不断循环的,每扫描一个循环所用的时间称为扫描周期。

循环扫描工作方式是 PLC 的基本工作方式。它具有简单直观、方便用户程序设计;先扫描的指令执行结果马上可被后面扫描的指令利用;可通过 CPU 设置定时器监视每次扫描时间是否超过规定,避免进入死循环等优点,为 PLC 的可靠运行提供了保证。

2.3.2　PLC 的工作过程

PLC 的工作过程基本上就是用户程序的执行过程。在系统软件的控制下,依次扫描各输入点状态(输入采样),按用户程序解算控制逻辑(程序执行),然后顺序向各输出点发出相应的控制信号(输出刷新)。除此外,为提高工作可靠性和及时接收外部控制命令,每个扫描周期还要进行故障诊断(自诊断),处理与编程器、计算机的通信请求(与外设通信)。

PLC 的扫描工作过程如图 2-12 所示。

1. 自诊断

PLC 每次扫描用户程序前,对 CPU、存储器、I/O 模块等进行故障诊断,发现故障或异常情况则转入处理程序,保留现行工作状态,关闭全部输出,停机并显示出错信息。

图 2-12　PLC 的扫描
工作过程

2. 与外设通信

在自诊断正常后,PLC 对编程器、上位机等通信接口进行扫描,如有请求便响应处理。以与上位机通信为例,PLC 将接收上位机发来的指令并进行相应操作,如把现场的 I/O 状态、PLC 的内部工作状态、各种数据参数发送给上位机,以及执行启动、停机、修改参数等命令。

3. 输入采样

完成前两步工作后,PLC 扫描各输入点,将各点状态和数据(开关的通/断、A-D 转换值、BCD 码数据等)读入到寄存输入状态的输入映像寄存器中存储,这个过程称为采样。在一个扫描周期内,即使外部输入状态已发生改变,输入映像寄存器中的内容也不改变。

4．程序执行

PLC 从用户程序存储器的最低地址(0000H)开始顺序扫描(无跳转情况),并分别从输入映像寄存器和输出映像寄存器中获得所需的数据进行运算、处理,再将程序执行的结果写入输出映像寄存器中保存,但这个结果在全部程序执行完毕之前不会送到输出端口上。

5．输出刷新

在执行完用户所有程序后,PLC 将输出映像寄存器中的内容送到寄存输出状态的输出锁存器中,再去驱动用户设备,称为输出刷新。

PLC 重复执行上述 5 个步骤,按循环扫描方式工作,实现对生产过程和设备的连续控制,直至接收到停止命令、停电、出现故障等才停止工作。

设上述 5 步操作所需时间分别为 T_1,T_2,$\cdots$,T_5,则 PLC 的扫描周期为 5 步操作之和,用 T 表示:

$$T = T_1 + T_2 + T_3 + T_4 + T_5 \qquad (2\text{-}1)$$

不同型号的 PLC,各步的工作时间不同,根据使用说明书提供的数据和具体的应用程序可计算扫描时间。

2.3.3 PLC 的元件

前面提到,PLC 元件的种类和数量都是由系统监控程序规定的。下面以 FX$_{2N}$ 系列 PLC 为例,介绍部分元件的功能。

1．输入继电器(X000～X027)

PLC 的输入继电器专门用于接收从外部开关或敏感元件来的信号,其线圈与输入端相连,可提供多对电子常开、常闭触点,供编程时调用。

FX$_{2N}$ 系列 PLC 的输入继电器最多可达 64 个,FX$_{2N}$-48 MR 型为 24 个(X000～X007、X010～X017、X020～X027)。输入继电器电路如图 2-13 所示。

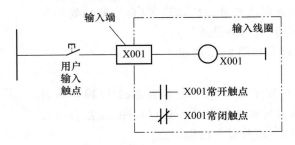

图 2-13　输入继电器电路示意图

必须注意,输入继电器只能由外部信号驱动。

2．输出继电器(Y000～Y027)

PLC 的输出继电器用于将输出信号传递给外部负载,其输出接点连接到 PLC 的输出端子,接点的通、断由程序执行结果决定。

输出继电器只能由程序内部指令驱动,它提供一个外部输出触点带负载,另外提供多对电子常开、常闭触点供编程时使用。FX$_{2N}$ 系列 PLC 的输出继电器最多可达 64 个,FX$_{2N}$-48MR

型为 24 个(Y000～Y007、Y010～Y017、Y020～Y027)。输出继电器电路如图 2-14 所示。

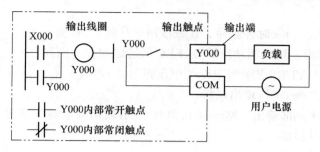

图 2-14　输出继电器电路示意图

3. 辅助继电器(M)

PLC 中有许多辅助继电器,这些辅助继电器只能由 PLC 内各软元件的触点驱动,PLC 内有多对电子常开、常闭触点供编程时使用。辅助继电器不能直接驱动外部负载,辅助继电器相当于继电器线路中的中间继电器,其电路如图 2-15 所示。

辅助继电器又分为通用型辅助继电器、掉电保护型辅助继电器和特殊辅助继电器三种,均用十进制数编号。

(1)通用型辅助继电器

通用型辅助继电器有 500 点,编号为 M0～M499,没有后备电池支持。

(2)掉电保护型辅助继电器

掉电保护型辅助继电器采用锂电池作为后备电源,用于运行中突然掉电时保持中断前控制状态,将某些状态或数据(如计数器、定时器等)存储起来。

掉电保护型辅助继电器有 2 572 点,编号为 M500～M3071。

失电数据保持电路如图 2-16 所示。在该电路中,当 X000 接通时,M600 动作。其后,即使 X000 再断开,M600 的状态也能保持。因此,如果 X000 因停电断开,再运行时 M600 也能保持动作。但 X001 的常闭触点若断开,M600 就复位。

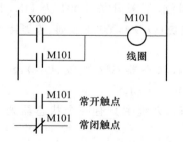

图 2-15　辅助继电器电路示意图

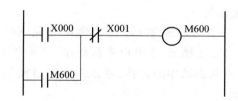

图 2-16　失电数据保持电路

(3)特殊辅助继电器(共 256 点)

特殊辅助继电器有 256 点,编号为 M8000～M8255,每一个均具有特定功能,分为两大类。

1)线圈由 PLC 自己驱动,用户只能利用其触点。例如:

M8000——运行(RUN)监控,PLC 运行时接通。

M8002——初始化脉冲,仅在运行开始瞬间接通,用于计数器、移位寄存器等的初始化(复位)。

M8012——产生 0.1 s 时钟脉冲。计数器用于计时,可提供 0.1 s 时钟脉冲。

2）可驱动线圈型。用户驱动线圈后,PLC 做特定动作。例如:

M8030——使 BATT LED(锂电池欠电压指示灯)熄灭。

M8033——PLC 停止时,输出保持。

M8034——禁止全部输出。M8034 接通时,所有输出继电器 Y 的输出自动断开。

M8039——定时扫描。

4. 状态继电器(S)

状态继电器简称状态器,是步进顺控程序编程中重要的软元件,与步进顺控指令 STL 组合使用。其编号为 S0～S999,共 1 000 点,每个均可提供多个电子常开、常闭触点供编程使用。不用步进顺控指令时,状态器可作为辅助继电器在程序中使用。状态器有下面 5 种类型。

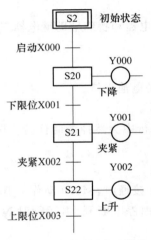

图 2-17　机械手抓取工件的
步进顺序控制流程图

初始化用:S0～S9,共 10 点。

回原点用:S10～S19,共 10 点。

通用:S20～S499,共 480 点。

掉电保持用:S500～S899,共 400 点。

报警用:S900～S999,共 100 点。

下面以机械手抓取工件的运动为例,说明状态器的功能和作用。

机械手抓取工件要完成"下降→夹紧→上升"3 个动作,是典型的步进顺序控制,其动作流程如图 2-17 所示。

机械手抓取工作的工作过程如下:

1）机械手处于原点(初始状态),当启动信号 X000 接通时,状态器 S20 置位(ON),Y000 接通,下降电磁阀动作。

2）机械手下降到位,下限开关 X001 为 ON,状态器 S21 置位(ON),S20 复位(OFF),Y001 接通,夹紧电磁阀动作,夹起工件。

3）工件可靠夹紧后,夹紧确认开关 X002 为 ON,状态器 S22 置位(ON),S21 复位(OFF),Y002 接通,上升电磁阀动作,机械手抓起工件向上运动。

随着状态动作的转移,原来的状态自动复位(OFF),系统中只有一个状态器处于置位(ON)状态。

可见,状态器是用来存储机械工作过程的各种状态,有序地控制机械设备动作的一种器件。

状态元件 S0～S999 可用作外部故障诊断输出。通过监控特殊数据寄存器 D8049 的内容将显示 S900～S999 中已置位(接通)的状态元件中序号最小的元件。当各种故障发生时,相应的状态就为 ON。当有多个故障同时发生时,最小元件号的故障排除后还可显示下一故障的地址。

5. 指针（P、I）

指针有分支用指针和中断用指针两种。

（1）分支用指针 P0～P127（128 点）

分支用指针的应用方法如图 2-18 所示，CJ、CALL 等分支指令是为了指定跳转目标，用指针 P0～P127 作为标号。其中，P63 表示跳转至 END 指令步。

在图 2-18（a）中，X020 一接通（ON），程序向标号为 P0 的步序跳转。在图 2-18（b）中，X021 一接通（ON），就执行在 FEND 指令后标号为 P1 的子程序，并根据 SRET 指令返回。

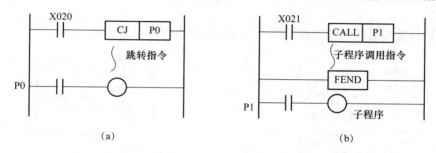

图 2-18　分支用指针的用法

（2）中断用指针

```
1 □ 0 □  输入中断(6点)
      └─── 0: 下降沿中断；1: 上升沿中断
  └─────── 输入号(0~5)，每个输入只能用1次
```

譬如，I001 为输入 X000 从 OFF→ON 变化时，执行由该指针作为标号后面的中断程序，并根据 IRET 指令返回。

```
1 □□□  定时器中断(3点)
    └─── 10~99 ms
  └───── 定时器中断号(6~8)，每个定时器只能用1次
```

譬如，I610 为每隔 10 ms 就执行标号 I610 后面的中断程序，并根据 IRET 指令返回。

```
1 0 □ 0  高速计数器中断(6点)
      └─── 计数器中断号(1~6)
```

使用中断指令时应注意：

1）中断指针必须编在 FEND 指令后作为标号；

2）中断点数不能多于 15 点；

3）中断嵌套不能多于 2 层；

4）中断指针中百位数上的数字不可重复使用；

5）用于中断的输入端子不能再用于 SPD 指令或其他高速处理。

中断的详细使用方法请查阅与中断有关的资料。

6. 定时器（T）

PLC 中设有定时器，用于延时控制，其作用相当于继电器系统中的时间继电器。不同型号的 PLC，定时器个数和延时的长短是不完全相同的。FX$_{2N}$ 系列 PLC 共有 256 个定时器，采用十进制编号，为 T0～T255。延时长短可以用用户程序存储器内的常数 K 作为设定值，也可将后述的数据寄存器（D）的内容作为设定值。

PLC 内定时器根据时钟脉冲累积计时，时钟脉冲有 1 ms、10 ms、100 ms，当所计时间达

到设定值时,输出触点动作。

(1) 通电延时定时器(T0～T245)

PLC 中定时器均为通电延时定时器,断电延时功能要利用通电延时定时器通过编程获得。

1) 100 ms 定时器(T0～T199)。以 100 ms 时钟脉冲作为计时基准,共 200 点,设定值为 0.1～3 276.7 s。

2) 10 ms 定时器(T200～T245)。以 10 ms 时钟脉冲作为计时基准,共 46 点,设定值为 0.01～327.67 s。

通电延时定时器的工作原理如图 2-19 所示,动作时序如图 2-20 所示。

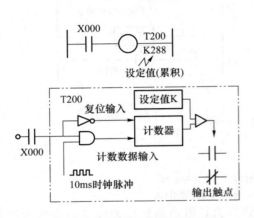

图 2-19　通电延时定时器原理示意图

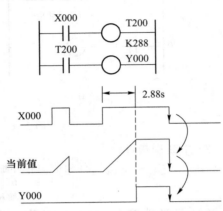

图 2-20　通电延时定时器动作时序图

当 X000 接通时,定时器 T200 的当前值计数器对 10 ms 的时钟脉冲累积计数,当该值与设定值 K288 相等时,定时器的输出触点动作,即输出触点是在驱动线圈后的 2.88 s 时动作。

X000 断开或发生停电时,计数器复位,输出触点也复位。

由时序图可见,这种定时器属于非积算定时器,当 X000 断开时,T200 的当前值不保持,X000 再接通时重新计数。

(2) 积算定时器(T246～T255)

1) 1 ms 积算定时器(T246～T249)。以 1 ms 时钟脉冲作为计时基准,共 4 点,设定值为 0.001～32.767 s。

2) 100 ms 积算定时器(T250～T255)。以 100 ms 时钟脉冲作为计时基准,共 6 点,设定值为 0.1～3 276.7 s。

积算定时器的工作原理如图 2-21 所示,动作时序如图 2-22 所示。

当输入 X001 接通时,定时器 T250 的当前值计数器开始累积 100 ms 的时钟脉冲个数,当该值与设定值 K28 相等时,定时器的输出触点动作。

由时序图可见,计数中途即使输入 X001 断开或发生停电,计数器的当前值也可保持,X001 再接通或复电时,计数继续进行,其累积时间为 2.8 s 时触点动作。

当复位输入 X002 接通时,计数器复位,定时器输出触点也复位。

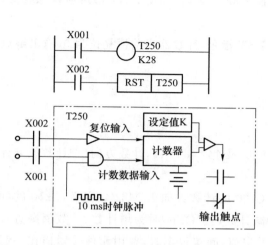

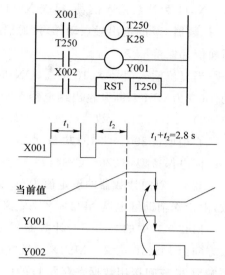

图 2-21　积算定时器原理示意图

图 2-22　积算定时器动作时序图

7. 计数器(C)

PLC 中的计数器用于计数。FX$_{2N}$ 系列 PLC 共有计数器 256 个,采用十进制编号,为 C0~C255。计数器的设定值除了可由常数 K 设定外,还可间接通过指定数据寄存器(D)中的内容来设定,如指定 D10,而 D10 的内容为 12,则与设定 K12 等效。

(1) 内部信号计数器(C0~C234)

执行扫描操作时对内部元件(如 X、Y、M、S、T、C)的信号进行计数的计数器。因此,其接通(ON)和断开(OFF)时间应比 PLC 的扫描周期略长,输入信号频率大约为几个扫描周期/秒。

1) 16 bit 增计数器(C0~C199)。

通用型:C0~C99,共 100 点。

掉电保持型:C100~C199,共 100 点。

16 bit 增计数器的设定值为 K1~K32767,其使用方法如图 2-23 所示,动作时序如图 2-24 所示。

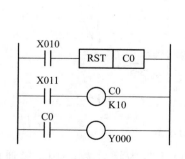

图 2-23　16 bit 增计数器的用法

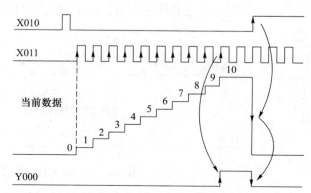

图 2-24　16 bit 增计数器动作时序图

51

X011 为计数输入信号,每次 X011 接通,计数器当前值增 1。当计数输入达到第 10 次时,计数器 C0 的输出触点动作,接通输出继电器 Y000。之后,即使 X011 再接通,计数器的当前值都保持不变。

当复位输入信号 X010 接通(ON)时,执行 RST 指令,计数器当前值复位为 0,输出触点动作(变为 OFF),断开输出继电器 Y000。

2) 32 bit 双向计数器(C200~C234)。

通用型:C200~C219,共 20 点。

掉电保持型:C220~C234,共 15 点。

32 bit 双向计数器的设定值为 -2 147 483 648~2 147 483 647,计数方向(增计数或减计数)由特殊辅助继电器 M82×× 来定义。

M82×× 中的"××"与计数器相对应,即 C200 的计数方向由 M8200 定义,C210 的计数方向由 M8210 定义。M82×× 置"ON"时为减计数,置"OFF"时为增计数;计数值则直接用常数 K 或间接用数据寄存器 D 的内容作为设定值,间接设定时,要用元件号紧连在一起的两个数据寄存器。

32 bit 双向计数器的使用方法如图 2-25 所示,动作时序如图 2-26 所示。

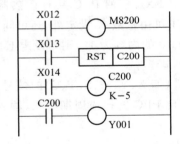

图 2-25　32 bit 双向计数器的用法

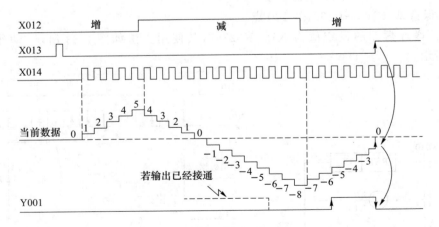

图 2-26　32 bit 双向计数器动作时序图

X012 控制计数方向,当 X012 断开时,M8200 置"OFF",为增计数;X012 接通时,M8200 置"ON",为减计数。

X014 作为计数输入端,驱动计数器 C200 线圈进行加计数或减计数。

当计数器 C200 的当前值由 −6→−5 增加时,其触点接通(置"ON"),输出继电器 Y001 接通;由 −5→−6 减少时,其触点断开(置"OFF"),输出继电器 Y001 断开。

当复位输入信号 X013 接通(ON)时,计数器当前值复位到 0,输出触点也复位。

如果使用掉电保持计数器,其当前值和输出触点状态在停电时均能保持。

(2) 高速计数器(C235～C255)

由于 PLC 应用程序的扫描周期一般在几十毫秒,普通计数器处理输入脉冲的频率在 20 Hz 左右。虽然在大多数情况下这个速度已经足够,但为扩展 PLC 的应用领域,还是专门设置了一些能处理高于上述频率脉冲的计数器。

计数器编号为 C235～C255,计数范围为 −2 147 483 648～+2 147 483 647 或 0～ +21 474 836 470。它们都是高速计数器,共享同一个 PLC 上的 6 个高速计数器输入端 (X000～X005)。因此,当指定的计数器占用了某个端子的时候,这个端子的功能就被固定下来,就不能再用于另一个计数器,也不能再用于其他用途。但这个端子允许分时使用,即在某个不使用计数器的时间段内,这个端子可用于其他目的。但这种方法容易造成混乱,一般不推荐使用。

高速脉冲输入的最高频率是受限的,其中 X000、X002、X003 为 10 kHz,X001、X004、X005 为 7 kHz。另外,X006 和 X007 也可参加高速计数的控制,但不能是高速脉冲信号本身。

上述 21 个高速计数器按特性的不同可分为下面 4 种类型。

单相无启动/复位端:C235～C240。

单相有启动/复位端:C241～C245。

双相:C246～C250。

鉴相式:C251～C255。

每个高速计数器的输入端子都不是任意的,详细分配情况见表 2-1。

所有高速计数器都是双向的,都可进行增计数或减计数。鉴相式高速计数器的增减计数方式取决于两个输入信号之间的相位差。增减计数脉冲由一个输入端子进入计数器,其工作方式与前面介绍的双向计数器类似,增减计数仍然用 M82×× 控制。当 M82×× 为"OFF"时,高速计数器 C2×× 为增计数;当 M82×× 为"ON"时,高速计数器 C2×× 为减计数。

当选用了某个高速计数器时,其对应的输入端子即被占用,这时就不能再选用该端子作为其他输入的计数器使用。同时,由于中断的输入也用 X000～X005,因此也就不能使用该端子上的中断。

例如,若选用 C235 作为高速计数器,则其输入端子必须是 X000,即 C235 的脉冲输入信号只能接在 X000 的端子上,其增减计数由 M8235 的状态决定。这时,不能再选用 C241、C244、C246、C247、C249、C251、C252、C254。同时,也不能再选用中断 I00×。

表 2-1　高速计数器的输入端子分配表

输入端子		X000	X001	X002	X003	X004	X005	X006	X007
单相无启动/复位端	C235	U/D							
	C236		U/D						
	C237			U/D					
	C238				U/D				
	C239					U/D			
	C240						U/D		
单相有启动/复位端	C241	U/D	R						
	C242			U/D	R				
	C243					U/D	R		
	C244	U/D	R					S	
	C245			U/D	R				S
两相双向	C246	U	D						
	C247	U	D	R					
	C248				U	D	R		
	C249	U	D	R				S	
	C250				U	D	R		S
鉴相式双向	C251	A	B						
	C252	A	B	R					
	C253				A	B	R		
	C254	A	B	R				S	
	C255				A	B	R		S

注:U—增计数输入;D—减计数输入;A—A相输入;B—B相输入;R—复位输入;S—启动输入

又如,选用 C242 作为高速计数器,其输入脉冲信号必须接在 X002 上,其增减计数由 M8242 的状态决定。这时的 X003 就是该计数器的复位端,当连接在 X003 上的开关闭合 (ON)时 C242 复位。这时,不能再选用 C237、C238、C245、C247、C248、C249、C250、C252、C253、C254、C255。同时,也不能再用中断口 I20× 和 I30×。

再如,选用 C249 作为高速计数器,其增计数的输入脉冲信号必须接在 X000 上,减计数输入脉冲信号必须接在 X001 上,X002 固定为复位信号,X006 是该计数器启动控制端。这时,不能再选用 C235、C236、C237、C241、C242、C244、C245、C246、C247、C251、C252、C254。同时,也不能再用中断 I00×、I10×、I20× 和 I6××。

由表 2-1 还可看出,X006、X007 只可用作计数器上的启动输入端。

总之,上述不同类型的高速计数器可以同时使用的条件是,不能多于 6 个和不能使用相同的输入端。高速计数器的具体使用方法可查阅相关资料。

8. 数据寄存器(D)

数据寄存器是存储数值数据的元件。FX$_{2N}$ 系列 PLC 有数据寄存器 8 256 个,采用十进制编号,为 D0~D8255。这些数据寄存器全是 16 位的(最高位为正、负位),用两个寄存器组合就可以处理 32 位(最高位为正、负位)数值。与其他元件一样,数据寄存器有通用、掉电保持用和特殊用三种。

通用 * 1:D0~D199,共 200 点。

掉电保持用 * 2:D200~D511,共 312 点。

掉电保持专用 * 3:D512~D7999,共 7 488 点。

特殊用:D8000~D8255,共 256 点。

必须注意:通用 * 1 为非电池备用区,可通过参数设定变更为保持型;掉电保持用 * 2 为电池备用区,可通过参数设定变更为通用型。在两台 PLC 做点对点通信时,D490~D509 被用作通信操作。掉电保持专用 * 3 为电池备用固定区,其区域特性不能变更。

数据寄存器在模拟量控制、位置量控制、数据 I/O 时,用于存储参数及工作数据。数据寄存器的数量随机型不同而异。较简单的只能进行逻辑控制的低档机没有数据寄存器,高档机中,数据寄存器的数量可达数千个。

在掉电保持专用 * 3 的数据寄存器中,D1000~D7999 可以 500 点为单位设置文件寄存器。文件寄存器实际上是一类专用数据寄存器,用于存储大量的数据,如采集数据、统计计算数据、多组控制参数等。它占用用户程序存储器(RAM、EPROM、EEPROM)内的一个存储区,用编程器可进行写入操作。在 PLC 运行时,用 BMOV 指令可以将文件寄存器中的数据读到通用数据寄存器中但不能用指令将数据写入文件寄存器。

9. 变址寄存器(V、Z)

变址寄存器的作用类似于 Z80 单板机中的变址寄存器 IX、IY,通常用于修改软元件的元件号。

FX$_{2N}$ 系列 PLC 的变址寄存器编号为 V0~V7、Z0~Z7,都是 16 位数据寄存器,可像其他的数据寄存器一样进行数据的读写。如进行 32 bit 操作,可将 V、Z 合并使用,指定 Z 为低位。

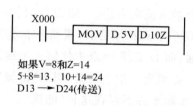

图 2-27　变址寄存器的用法

变址寄存器的操作如图 2-27 所示,MOV 是传送指令。用 V、Z 的内容改变软元件的元件号,称为软元件的变址。

2.4　可编程控制器的编程语言

用户程序是 PLC 的使用者针对具体控制对象编制的程序。在小型 PLC 中,用户程序有三种形式:梯形图、指令表和状态转移图。

PLC 提供了完整的编程语言,以适应 PLC 在工业环境中的使用。利用编程语言,按照不同的控制要求编制不同的控制程序,这相当于设计和改变继电器控制的硬接线线路,也就是所谓的"可编程"。程序既可由编程器写入 PLC 内部的存储器中,也能方便地读出、检查与修改。

　　由于 PLC 是专为满足工业控制需求而设计的,因而对于使用者来说,编程时完全可以不考虑微处理器内部的复杂结构,不必使用各种计算机语言,而把 PLC 内部看作由许多"软继电器"等逻辑部件组成,利用 PLC 提供的编程语言来编写控制程序。

　　下面以三菱 FX$_{2N}$ 系列 PLC 为例来说明。

2.4.1　梯形图语言

　　梯形图语言是在继电器控制系统中常用的接触器、继电器梯形图的基础上演变而来的,它与继电器控制系统原理图相呼应。PLC 的梯形图与继电器控制系统的梯形图的基本思想是一致的,只是在使用符号和表达方式上有一定区别。PLC 的梯形图使用的是内部继电器、定时器/计数器等,都是由软件实现的。其主要特点是使用方便、修改灵活,这是传统的继电器控制系统梯形图的硬件接线所无法比拟的。

　　图 2-28 为典型的梯形图示意图。

　　左、右两条垂直线称作左母线和右母线。在左、右两母线之间,触点在水平线上相串联,相邻的线也可以用一条垂直线连接起来,作为逻辑的并联。触点的水平方向串联相当于"与"(AND),如图 2-28 中第一条线,A、B、C 三者是"与"逻辑关系。垂直方向的触点并联相当于"或"(OR),如第二条线,D、E、F 三者是"或"逻辑关系。

　　PLC 梯形图的一个关键概念是"能流"。这仅是概念上的"能流"。在图 2-28 所示梯形图中,把左母线假想为电源"相线",而把右母线假想为电源"零线"。如果有"能流"从左至右流向线圈,则线圈被激励。如没有"能流",则线圈未被激励。梯形图母线"能流"可以通过被激励(ON)的常开触点和未被激励(OFF)的常闭触点自左向右流,也可以通过并联触点中的一个触点流向右边。"能流"在任何时候都不会通过触点自右向左流。如图 2-28 所示,当 A、B、C 触点都接通后,线圈 M1 才能接通(被激励),只要其中一个触点不接通,线圈就不会接通;而 D、E、F 触点中任何一个接通,线圈 M2 就被激励。

　　必须强调指出的是,引入"能流"概念仅仅是用于说明如何来理解梯形图各输出点的动作,实际上并不存在这种"能流"。

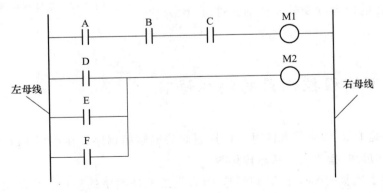

图 2-28　典型的梯形图

2.4.2　指令表语言

指令表语言类似于计算机中的助记符语言,它是 PLC 最基础的编程语言。所谓指令表编程,是用一个或几个容易记忆的字符来代表 PLC 的某种操作功能。PLC 的指令分为基本逻辑指令、步进顺控指令和应用指令,具体指令的说明将在后面详细介绍。

FX$_{2N}$ 系列 PLC 的基本指令包括"与""或""非"以及定时器、计数器等。图 2-29 是指令表编程的例子,图 2-29(a)是梯形图,图 2-29(b)是相应的指令表。

由图 2-29 可看出,梯形图是由一段一段组成的。每段的开始用 LD(LDI)指令,触点的串/并联用 AND/OR 指令,线圈的驱动总是放在最右边用 OUT 指令,用这些基本指令即可组成复杂逻辑关系的梯形图及指令表。

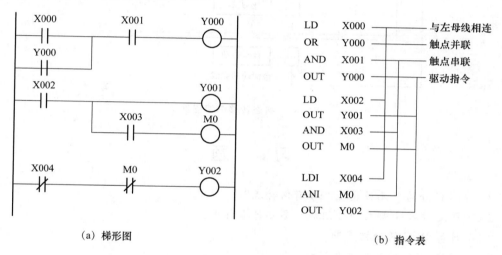

图 2-29　基本指令应用举例

2.4.3　状态转移图语言

状态转移图(SFC)语言是一种较新的编程语言。它的作用是用顺序功能流程图来表达一个顺序控制过程。本书将在"步进顺控指令"中详细介绍这种方法。目前国际电工协会(IEC)也正在实施发展这种新的编程标准。

SFC 作为一种步进顺控语言,用这种语言可以对一个控制过程进行控制,并显示该过程的状态。将用户应用的逻辑分成状态和转移条件,来代替一个长的梯形图程序。这些状态和转移条件的显示使用户可以看到在某个给定时间中机器处于什么状态。

图 2-30 所示为用状态转移图编程的例子,这是一个钻孔顺控的例子。每一方框表示一个状态,方框中的数字代表顺序步,每一状态对应于一个控制任务,每个状态的转移条件以及每个状态执行的功能可以写在方框右边。

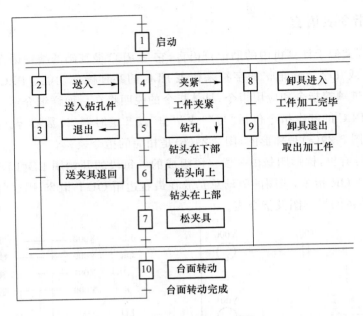

图 2-30　状态转移图编程例

习　　题

2-1　PLC 分为哪几种类型？各有何特点？

2-2　PLC 主要由哪几部分组成？各起什么作用？

2-3　计算 PLC 的扫描周期。

2-4　简述 PLC 的扫描工作过程。

第3章　可编程控制器的基本指令

第 3 章 PPT

　　FX$_{2N}$系列 PLC 有基本逻辑指令 27 条,步进顺控指令 2 条。基本逻辑指令是基于继电器、定时器、计数器类软元件,主要用于逻辑处理的指令;步进顺控指令是顺序功能图中的专用指令。FX$_{2N}$系列 PLC 的编程语言主要有梯形图和指令表,指令表由指令集合而成,且和梯形图有严格的对应关系。

3.1　基本逻辑指令

3.1.1　逻辑取指令及输出指令 LD、LDI、OUT

1. 指令的功能

LD(Load):取指令,表示常开触点与左母线连接。

LDI(Load Inverse):取反指令,表示常闭触点与左母线连接。

OUT:驱动线圈的输出指令。

2. 指令说明

1) LD、LDI 指令的操作目标元件:X、Y、M、S、T、C。

2) LD、LDI 指令也可以与块操作指令 ANB、ORB 配合使用于分支起点处。

3) OUT 指令编程元件:Y、M、S、T、C。OUT 指令可连续并联使用多次。注意:OUT指令不能用于 X。

　　图 3-1 给出了本组指令的梯形图实例,并配有指令表。需注意:OUT 指令用于 T 和 C,其后须跟常数 K(K 为延时时间或计数次数)或跟指定数据寄存器的地址号。

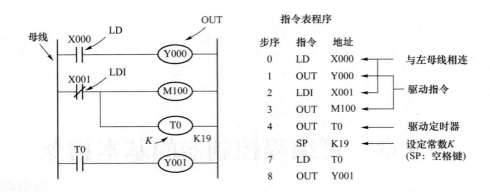

图 3-1 LD、LDI、OUT 指令的应用

3.1.2 触点串联指令 AND、ANI

1. 指令的功能

AND：与指令，用于串联单个常开触点。

ANI(And Inverse)：与非指令，用于串联单个常闭触点。

2. 指令说明

1）AND、ANI 指令的操作目标元件：X、Y、M、S、T、C。

2）用于单个触点与左边触点的串联，可连续使用。

3）执行 OUT 指令后，通过与指令可驱动其他线圈输出，连续输出时注意输出顺序，否则要用分支电路指令 MPS、MRD、MPP。

4）若是两个并联电路块（两个或两个以上触点并联连接的电路）串联，则需用 ANB 指令。

如图 3-2 所示，驱动线圈 M101 后，再通过串联触点 T1，驱动线圈 Y003，这种线圈输出称为纵接输出或连续输出，只要顺序正确，可连续多次使用，但应尽量做到一行不超过 10 个触点及 1 个线圈，总共不超过 24 行。

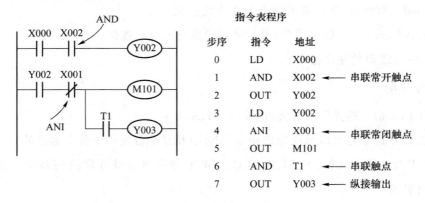

图 3-2 AND、ANI 指令的应用（一）

但是，若驱动顺序换成如图 3-3 所示顺序，即串联触点在上方，则必须用 MPS、MPP 指令进行处理。

指令表程序

步序	指令	地址
0	LD	Y002
1	ANI	X001
2	MPS	
3	AND	T1
4	OUT	M101
6	MPP	
7	OUT	Y003

图 3-3   AND、ANI 指令的应用(二)

3.1.3   触点并联指令 OR、ORI

1. 指令的功能

OR:或指令,用于并联单个常开触点。

ORI:或非指令,用于并联单个常闭触点。

2. 指令说明

1) OR、ORI 指令的操作目标元件:X、Y、M、S、T、C。

2) OR、ORI 指令仅用于单个触点与前面触点的并联,可连续使用,建议并联总共不超过 24 行。

3) 若是两个串联电路块(两个或两个以上触点串联连接的电路)相并联,则需用 ORB 指令。触点并联指令应用程序如图 3-4 所示。

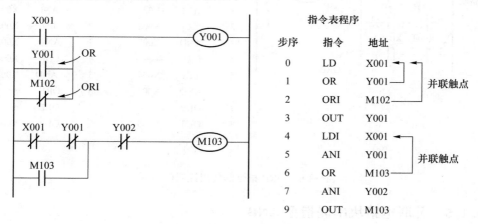

指令表程序

步序	指令	地址	
0	LD	X001	
1	OR	Y001	并联触点
2	ORI	M102	
3	OUT	Y001	
4	LDI	X001	
5	ANI	Y001	并联触点
6	OR	M103	
7	ANI	Y002	
9	OUT	M103	

图 3-4   OR、ORI 指令的应用

3.1.4   串联电路块并联指令 ORB

1. 指令的功能

ORB:电路块或指令,用于将串联电路块并联。

2. 指令说明

两个或两个以上接点串联连接的电路叫串联电路块。对串联电路块并联连接时,有如下说明。

61

1) ORB 指令为无操作目标元件指令,为一个程序步;它不表示触点,可以看成电路块之间的一段连接线。

2) 分支开始用 LD、LDI 指令,分支终点用 ORB 指令。

ORB 有时也称或块指令。ORB 指令的使用说明如图 3-5 所示。

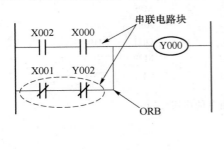

指令表程序

步序	指令	地址
0	LD	X002
1	AND	X000
2	LDI	X001 ← 分支起点
3	ANI	Y002
4	ORB	← 与上面电路并联
6	OUT	Y000

图 3-5 ORB 指令的使用说明(一)

3) ORB 指令的使用方法有两种:一种是在要并联的每个串联电路块后加 ORB 指令,指令表如图 3-6(b)所示;另一种是集中使用 ORB 指令,指令表如图 3-6(c)所示。对于前者分散使用 ORB 指令时,并联电路的个数没有限制,但对于后者集中使用 ORB 指令时,这种电路块并联的个数不能超过 8 个(重复使用 LD、LDI 指令的次数限制在 8 次以下)。

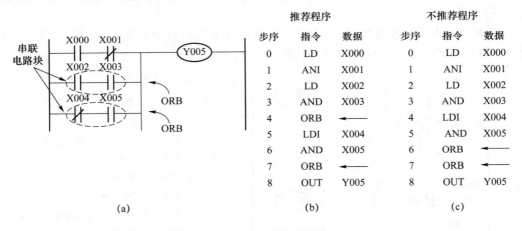

推荐程序			不推荐程序		
步序	指令	数据	步序	指令	数据
0	LD	X000	0	LD	X000
1	ANI	X001	1	ANI	X001
2	LD	X002	2	LD	X002
3	AND	X003	3	AND	X003
4	ORB ←		4	LDI	X004
5	LDI	X004	5	AND	X005
6	AND	X005	6	ORB ←	
7	ORB ←		7	ORB ←	
8	OUT	Y005	8	OUT	Y005

(a)　　　　　　　　　　　(b)　　　　　　　　　　　(c)

图 3-6 ORB 指令的使用说明(二)

3.1.5 并联电路块串联指令 ANB

1. 指令的功能

ANB:电路块与指令,用于将并联电路块串联。

2. 指令说明

两个或两个以上接点并联的电路称为并联电路块,分支电路并联电路块与前面电路串联连接时,应使用 ANB 指令。在使用时应注意如下问题。

1) ANB 也是无操作目标元件,是一个程序步指令,ANB 指令也简称与块指令。

2) 分支的起点用 LD、LDI 指令,并联电路块结束后,使用 ANB 指令与前面电路串联。例如,应用 PLC 实现的起动、保持和停止控制的梯形图如图 3-7 所示,X000 与 Y000 构成一个并联电路块,故应使用 ANB 指令与 X001 连接。

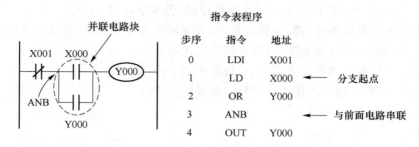

图 3-7　ANB 指令的使用说明

3)ANB 指令也可成批使用,但由于重复使用 LD、LDI 指令的次数限制在 8 次以内,因此集中(连续)使用 ANB 时也必须少于 8 次。但对每一并联电路块使用 ANB 指令时,ANB 使用次数无限制。图 3-8 是 ORB 和 ANB 指令的编程实例。编程时,首先要找出并联电路块和串联电路块,然后正确使用这两条指令。

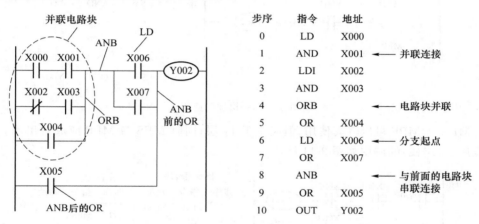

图 3-8　ANB、ORB 指令的使用说明

3.1.6　多重输出指令 MPS、MRD、MPP

1. 指令的功能

MPS(Push):进栈指令,将 MPS 指令前的运算结果送入栈中。

MRD(Read):读栈指令,读出栈的最上层数据。

MPP(POP):出栈指令,读出栈的最上层数据,并清除。

2. 指令说明

1)在 FX$_{2N}$系列 PLC 中有 11 个存储运算中间结果的存储器,称为栈存储器。栈指令操作如图 3-9 所示。每执行一次 MPS,将原有数据按顺序下移一层,留出最上层(栈顶)存放新的数据。每执行一次 MPP,弹出栈顶单元的数据(此数据在栈中消失),同时将原

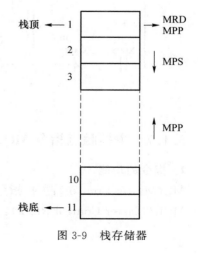

图 3-9　栈存储器

有数据按顺序上移一层。执行 MRD 指令是读出存入栈存储器的最上层的最新数据,栈内的数据不发生上、下移,MRD 指令可多次连续使用,但不能超过 24 次。

2)这组指令都是无操作目标元件的指令,可将触点先存储,用于多重输出电路。

3)MPS 和 MPP 必须成对使用,且连续使用次数应少于 11 次。

4)进栈和出栈指令遵循先进后出、后进先出的次序。

MPS、MRD、MPP 指令的使用(一层栈)如图 3-10 所示。

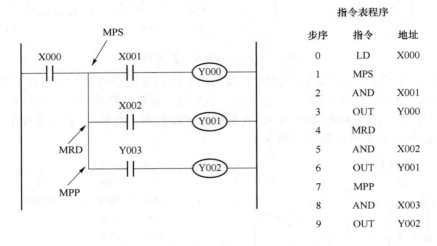

指令表程序

步序	指令	地址
0	LD	X000
1	MPS	
2	AND	X001
3	OUT	Y000
4	MRD	
5	AND	X002
6	OUT	Y001
7	MPP	
8	AND	X003
9	OUT	Y002

图 3-10 一层栈的应用

5)MPS 与 MPP 可以嵌套使用,但应小于 11 层;同时 MPS 与 MPP 应成对出现。多个分支程序(二层栈)的应用如图 3-11 所示。

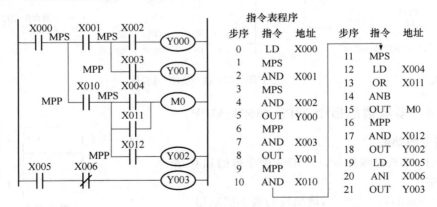

指令表程序

步序	指令	地址	步序	指令	地址
0	LD	X000	11	MPS	
1	MPS		12	LD	X004
2	AND	X001	13	OR	X011
3	MPS		14	ANB	
4	AND	X002	15	OUT	M0
5	OUT	Y000	16	MPP	
6	MPP		17	AND	X012
7	AND	X003	18	OUT	Y002
8	OUT	Y001	19	LD	X005
9	MPP		20	ANI	X006
10	AND	X010	21	OUT	Y003

图 3-11 二层栈的应用

3.1.7 主控触点指令 MC、MCR

1. 指令的功能

MC(Master Control):主控指令,用于公用串联触点的连接。

MCR(Master Control Reset):主控复位指令,即 MC 的复位指令。

2. 指令说明

1）两条指令的操作目标元件是 Y、M，但不允许使用特殊辅助继电器 M。

2）MC 指令不能直接从母线开始，即必须有控制触点。

在编程时，经常遇到多个线圈同时受一个或一组触点控制的情况。若在每个线圈的控制电路中都串入同样的触点，则将多占用存储单元，应用主控指令可以解决这一问题。使用主控指令的触点称为主控触点，它在梯形图中与一般的触点垂直，接在母线中间，是控制一组电路的总开关。MC、MCR 指令的使用说明如图 3-12 所示，其中 M100 是主控触点。

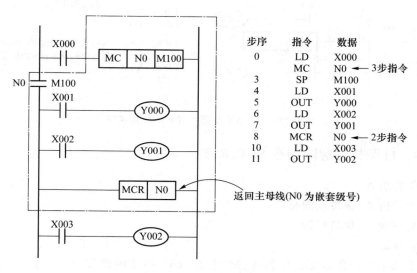

图 3-12　MC、MCR 指令的使用说明

3）当主控触点断开时，在 MC 至 MCR 之间的程序遵循扫描但不执行的规则 PLC 仍然扫描这段程序，不能简单地认为 PLC 跳过了这段程序。而且，在该程序段中不同的指令状态变化情况也有所不同。

当图 3-12 中的输入条件 X000 接通时，执行 MC 与 MCR 之间的指令；当输入条件 X000 断开时，不执行 MC 与 MCR 之间的指令，这时 MC/MCR 之间的梯形图电路中的非积算型定时器和用 OUT 指令驱动的元件复位，积算型定时器、计数器、用 SET/RST 指令驱动的元件保持断开前的状态。

4）使用 MC 指令后，母线移到主控触点的后面，与主控触点相连的触点必须用 LD 或 LDI 指令。MCR 使母线回到原来的位置。

5）MC 和 MCR 在程序中应成对出现，每对编号相同，且顺序不能颠倒。

6）在 MC 指令区内使用 MC 指令称为嵌套，嵌套级 N 的编号由小到大，返回时用 MCR 指令，从大的嵌套级开始解除，最多可嵌套 8 层（N0～N7）。

有嵌套结构的 MC、MCR 指令的使用说明如图 3-13 所示。

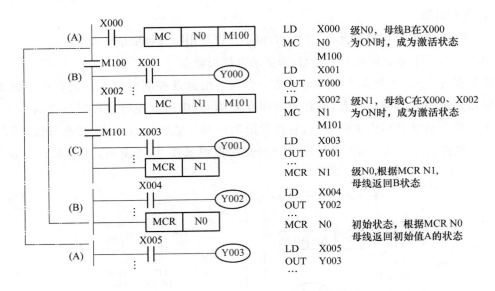

图 3-13　MC、MCR 指令嵌套的使用说明

3.1.8　自保持与解除指令 SET、RST

1. 指令的功能

SET：置位指令，保持线圈得电。

RST：复位指令，保持线圈失电。

2. 指令说明

1）SET 指令的操作目标元件为 Y、M、S，而 RST 指令的操作目标元件为 Y、M、S、T、C、D、V、Z。

2）对同一元件可以多次使用 SET、RST 指令，最后一次执行的指令决定当前的状态。

3）RST 指令可以对定时器 T、计数器 C、数据寄存器 D、变址寄存器 V 和 Z 的内容清零，还可用来复位积算定时器 T246～T255 和计数器。

4）若二者对同一软元件操作的执行条件同时满足，则 RST 指令优先。

图 3-14 是 SET 和 RST 指令的编程实例，X000 一旦接通，Y000 就得电，即使再断开，Y000 仍继续保持得电。同理，X001 接通即使再断开，Y000 也将保持失电。

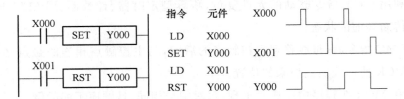

图 3-14　SET、RST 指令的编程应用

图 3-15 给出了 SET 指令和 RST 指令用于 T、C 的使用说明。当 X000 接通时，输出触点 T246 复位，定时器的当前值也成为 0。输入 X001 接通期间，T246 接收 1 ms 时钟脉冲并计数，计数到 1234 时 Y000 就启动。32 位计数器 C200 根据 M8200 的开、关状态进行递加

或递减计数,它对 X004 触点的开关数计数。输出触点的置位或复位取决于计数方向及是否达到 D0 中所存的设定值。输入 X003 接通后,输出触点复位,计数器 C200 当前值清零。

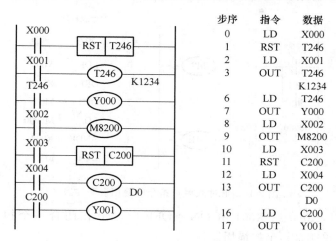

步序	指令	数据
0	LD	X000
1	RST	T246
2	LD	X001
3	OUT	T246
		K1234
6	LD	T246
7	OUT	Y000
8	LD	X002
9	OUT	M8200
10	LD	X003
11	RST	C200
12	LD	X004
13	OUT	C200
		D0
16	LD	C200
17	OUT	Y001

图 3-15　SET 指令和 RST 指令用于 T、C 的使用说明

3.1.9　脉冲式触点指令 LDP、LDF、ANDP、ANDF、ORP、ORF

1. 指令的功能

LDP:取脉冲上升沿指令,用于上升沿检测运算开始。

LDF:取脉冲下降沿指令,用于下降沿检测运算开始。

ANDP:与脉冲上升沿指令,用于上升沿检测串联连接。

ANDF:与脉冲下降沿指令,用于下降沿检测串联连接。

ORP:或脉冲上升沿指令,用于上升沿检测并联连接。

ORF:或脉冲下降沿指令,用于下降沿检测并联连接。

2. 指令说明

1)上述 6 条指令的操作目标元件都为 X、Y、M、S、T、C。

2)指令中的操作元件仅在上升沿/下降沿时使驱动的线圈导通一个扫描周期。

图 3-16 是 LDP、ANDP、ORP 指令的编程实例。

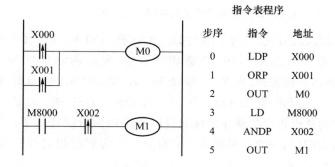

指令表程序

步序	指令	地址
0	LDP	X000
1	ORP	X001
2	OUT	M0
3	LD	M8000
4	ANDP	X002
5	OUT	M1

图 3-16　脉冲式触点指令的使用说明(一)

在上面的程序里,X000 或 X001 由 OFF→ON 时,M0 仅闭合一个扫描周期;X002 由

OFF→ON 时,M1 仅闭合一个扫描周期。

图 3-17 是 LDF、ANDF、ORF 指令的编程实例。

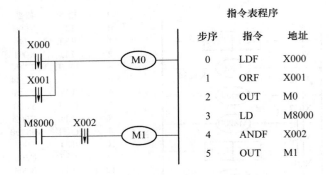

指令表程序

步序	指令	地址
0	LDF	X000
1	ORF	X001
2	OUT	M0
3	LD	M8000
4	ANDF	X002
5	OUT	M1

图 3-17 脉冲式触点指令的使用说明(二)

在这个程序里,X000 或 X001 由 ON→OFF 时,M0 仅闭合一个扫描周期;X002 由 ON→OFF时,M1 仅闭合一个扫描周期。

所以上述两个程序都可以使用下面所讲的 PLS、PLF 指令来实现,如图 3-18 所示。

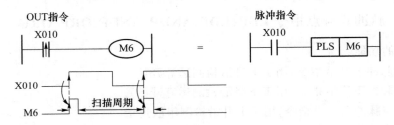

图 3-18 两种梯形图具有同样的动作效果(一)

图 3-18 中两种情况都在 X010 由 OFF→ON 变化时,M6 接通一个扫描周期。

同样,图 3-19 中两种情况都在 X020 由 OFF→ON 变化时,只执行一次 MOV 指令。

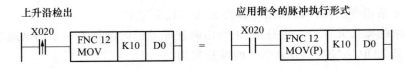

图 3-19 两种梯形图具有同样的动作效果(二)

3) 在将辅助继电器(M)指定为 LDP、LDF、ANDP、ANDF、ORP、ORF 指令的操作目标元件时,目标元件的编号范围不同,会造成图 3-20 所示的动作差异。图 3-20(a)中,M0~M2799 作为操作目标元件,在 X000 驱动 M0 后,M0 的所有触点都动作。即当 M0 由 OFF→ON 时,M50~M52 都为 ON;当 M0 由 ON→OFF 时,M53、M54 为 ON。而 M2800~M3071 作为这组指令的操作目标元件时程序的执行就特殊了,当 M2800~M3071 的状态发生变化时,在其后一个扫描周期内只有第一个碰到的相应辅助继电器的脉冲触点起作用,如图 3-20(b)所示。

X000 驱动 M2800 后,只有在 OUT M2800 线圈之后编程的最初上升沿或下降沿检测指令导通,其他检测指令不导通,因此当 M2800 由 OFF→ON 时只有 SETM51 被执行,

M51 为 ON；当 M2800 由 ON→OFF 时只有 SET M53 被执行，M53 为 ON。另外，由于 SETM55 的驱动触点为 M2800 的普通触点，所以当 M2800 接通后，M55 为 ON。

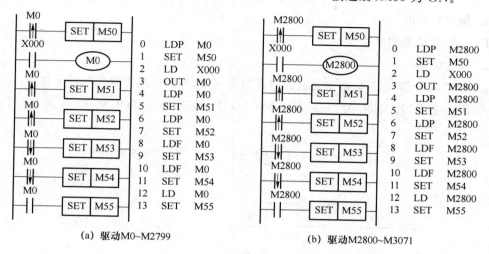

(a) 驱动M0~M2799　　　　　　　　(b) 驱动M2800~M3071

图 3-20　脉冲式触点指令对辅助继电器的动作差异

3.1.10　脉冲输出指令 PLS、PLF

1. 指令的功能

PLS：上升沿微分输出指令。

PLF：下降沿微分输出指令。

2. 指令说明

1）两条指令的操作目标元件是 Y 和 M，但特殊辅助继电器不能作为目标元件。

2）使用 PLS 指令时，仅在驱动输入为 ON 后的一个扫描周期内，相应的目标元件 Y、M 动作。

3）使用 PLF 指令时，仅在驱动输入为 OFF 后的一个扫描周期内，相应的目标元件 Y、M 动作。

PLS、PLF 指令的使用说明如图 3-21 所示。使用 PLS 指令时，元件 Y、M 仅在驱动输入接通后的一个扫描周期内动作（置 1），即 PLS 指令使 M0 产生一个扫描周期脉冲；而使用 PLF 指令，元件 Y、M 仅在驱动输入断开后的一个扫描周期内动作，即 PLF 指令使元件 M1 产生一个扫描周期脉冲。

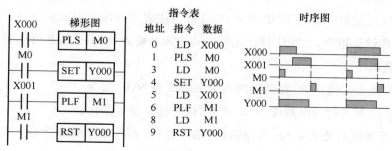

图 3-21　PLS、PLF 指令的使用说明

3.1.11 取反指令 INV

1. 指令的功能

INV:运算结果取反指令。

2. 指令说明

1) INV 指令是将 INV 指令之前的运算结果取反,不需要指定操作目标元件号。

在图 3-22 中,若 X000 为 OFF,则 Y000 为 ON;若 X000 为 ON,则 Y000 为 OFF。

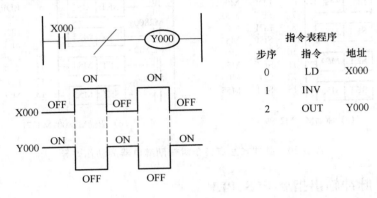

图 3-22　INV 指令的使用说明

2) 编写 INV 取反指令需要前面有输入量,不能像 LD、LDI、LDP、LDF 那样与母线直接连接,也不能像 OR、ORI、ORP、ORF 指令那样单独并联使用。

3) 在能输入 AND 或 ANI、ANDP、ANDF 指令步的相同位置处,可编写 INV 指令。

4) 在含有 ORB、ANB 指令的电路中,INV 是将执行 INV 之前存在的 LD、LDI、LDP 和 LDF 指令以后的运算结果取反。

3.1.12 空操作指令 NOP,程序结束指令 END

1. 指令的功能

NOP:空操作指令,无任何操作目标元件。其主要功能是在调试程序时,用其取代一些不必要的指令,即删除由这些指令构成的程序;另外在程序中使用 NOP 指令,可延长扫描周期。若在普通指令之间加入空操作指令,PLC 可继续工作,就如没有加入 NOP 指令一样;若在程序执行过程中加入 NOP 指令,则在修改或追加程序时可减少步序号的变化。

END:程序结束指令,无操作目标元件。其功能是输入/输出处理和返回到 0 步程序。

2. 指令说明

1) 在将程序全部清除时,存储器内指令全部成为 NOP 指令。

2) 若将已经写入的指令换成 NOP 指令,则电路会发生变化。

3) PLC 反复进行输入处理、程序执行、输出处理,若在程序的最后写入 END 指令,则 END 以后的其余程序步不再执行,而直接进行输出处理。

4）在程序中没有 END 指令时，PLC 处理完其全部的程序步。

5）在调试期间，在各程序段插入 END 指令，可依次调试各程序段程序的动作功能，确认后再删除 END 指令。

6）PLC 在 RUN 开始时，首次执行从 END 指令开始。

7）执行 END 指令时，也刷新监视定时器，检测扫描周期是否过长。

3.1.13　编程规则及注意事项

1）触点只能与左母线相连，不能与右母线相连。

2）线圈只能与右母线相连，不能直接与左母线相连。

3）线圈可以并联，但不能串联连接。

4）程序的编写应按照自上而下、从左到右的方式编写。为了减少程序的执行步数，程序应"左大右小、上大下小"，尽量避免电路块在右边或下边的情况，如图 3-23 所示。

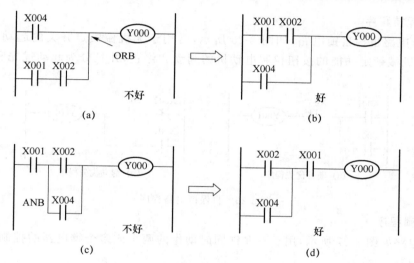

图 3-23　规则 4）说明

5）重新安排不能编程的电路，如图 3-24 所示。

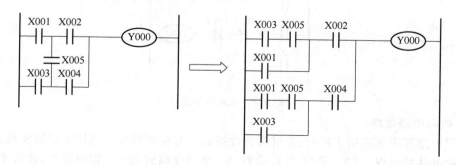

图 3-24　规则 5）说明

6）应尽量避免双线圈输出，如图 3-25 所示。

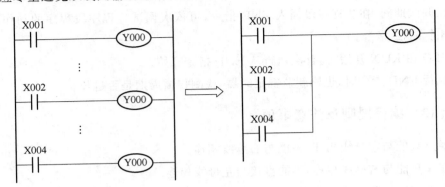

图 3-25　规则 6）说明

3.1.14　典型控制程序

1. 自保持程序

自保持电路也称自锁电路，如图 3-26 所示，常用于无机械锁定开关的起动、停止控制中，如用无机械锁定功能的按钮控制电动机的起动和停止，并且分为起动优先和断开优先两种。

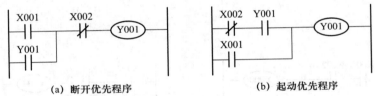

　　(a) 断开优先程序　　　　　　　　(b) 起动优先程序

图 3-26　自保持电路程序

2. 互锁程序

互锁电路如图 3-27 所示，用于不允许同时动作的两个或多个继电器的控制，如电动机的正反转控制。

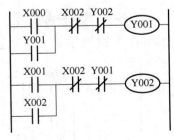

图 3-27　互锁电路程序

3. 时间电路程序

时间电路程序主要用于延时、定时和脉冲控制。时间电路既可以用定时器实现，也可以用标准时钟脉冲实现。FX$_{2N}$系列 PLC 除有第 4 章所介绍的 256 个定时器外，还有 4 种由特殊辅助继电器振荡产生的标准时钟脉冲（1 min（M8014）、1 s（M8013）、100 ms（M8012）、10 ms（M8011））可用于时间控制，编程时使用方便。

1）接通延时程序，如图 3-28 所示。

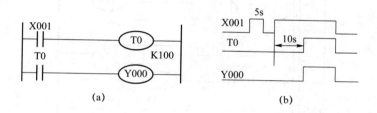

(a)　　　　　　　　　　(b)

图 3-28　接通延时程序

2）限时控制程序，如图 3-29 所示。

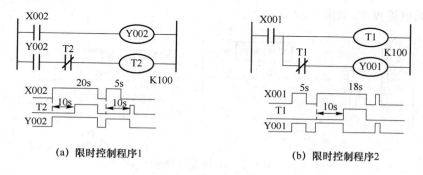

(a) 限时控制程序1　　　　　　(b) 限时控制程序2

图 3-29　限时控制延时程序

3）断电延时和长延时程序，如图 3-30 所示。

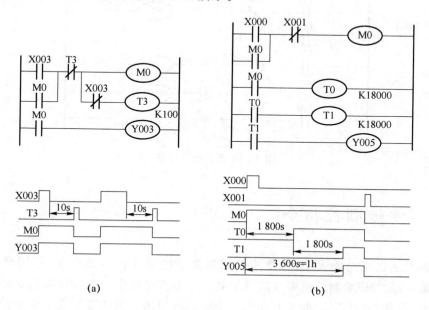

(a)　　　　　　　　　　(b)

图 3-30　断开延时和长延时程序

4）计数器配合计时程序，如图 3-31 所示。

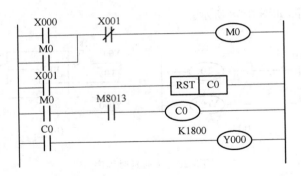

图 3-31　计数器配合计时程序

5）分频电路程序，如图 3-32 所示。

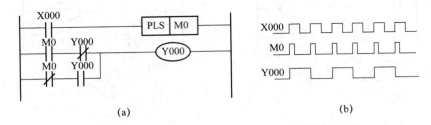

(a)　　　　　　　　　　　　　　(b)

图 3-32　分频电路程序

6）振荡电路程序，如图 3-33 所示。

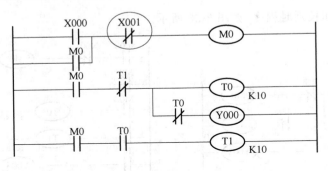

图 3-33　振荡电路程序

3.2　步进顺控指令

　　状态编程法也叫功能表图法，常用来编制复杂的顺序控制类程序，它用状态转移图（SFC）来编程，是程序编制的重要方法及工具。一个步进操作的全过程往往划分为若干个典型的过程，简称为"状态"。每个状态用一个状态器指示。用状态器表示步进操作的各工作状态，根据各工作状态的工作细节及总的控制顺序要求，将这些状态联系起来，就构成了状态转移图。状态转移图是状态编程的重要工具，包含了状态编程的全部要素。进行状态编程时，一般先绘出状态转移图，再转换成状态梯形图或指令表。

3.2.1 状态转移图

1. FX₂ₙ系列步进指令及使用说明

FX₂ₙ系列 PLC 的步进指令有两条,它们的功能如下。

STL:步进触点指令,用于步进触点的编程,STL 指令仅仅对状态器有效。

RET:步进返回指令,用于步进程序结束时返回原母线。

STL 指令的意义为激活某个状态,在梯形图上体现为从母线上引出步进触点。步进触点只有常开触点,没有常闭触点,用—∥┠—表示。STL 指令有建立子母线的功能,以使该状态的所有操作均在子母线上进行,与 STL 触点直接连接的线圈用 OUT/SET 指令,连接步进触点的其他继电器触点用 LD 或 LDI 指令表示。

RET 指令用于返回主母线。执行此指令,意味着步进梯形图回路的结束,在希望中断一系列的工序而在主程序编程时,同样需要 RET 指令。状态转移程序的结尾必须使用RET 指令。

RET 指令可多次编程。

步进指令在状态转移图和状态梯形图中的表示如图 3-34 所示。

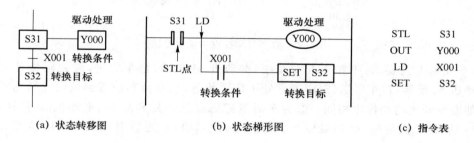

(a) 状态转移图	(b) 状态梯形图	(c) 指令表

图 3-34 步进指令表示方法

图 3-34 中每个状态的子母线上将提供以下三种功能。

1)驱动负载。状态可以驱动 M、Y、T、S 等线圈,可以直接驱动和用置位 SET 指令驱动,也可以通过触点联锁条件来驱动。例如,状态 S31 置位后,它可以直接驱动 Y000。

2)给出转移条件。状态转移的条件用连接两状态之间的线段上的短线来表示。当转移条件得到满足时,转移的状态被置位,而转移前的状态(转移源)自动复位。例如,图 3-34(a)中,当 X001 常开触点瞬间闭合时,状态 S31 将转移到 S32,这时 S32 被置位而 S31 自动复位,S31 的输出 Y000 自动停止。

3)指定转移目标。状态转移目标由连接状态之间的线段指定,线段所指向的状态即为指定转移目标。例如,S31 转移目标为 S32。

上述三种功能称为状态的三要素,其中后两种功能是必不可少的。

使用步进指令时应先设计状态转移图,再由状态转移图转换成状态梯形图。

2. 状态转移图的建立方法

一个步进顺序控制系统进行状态编程时,一般先绘出状态转移图(SFC)。SFC 可在备有 A7PHP/HGP 等图示图像外围设备和与其对应编程软件的个人计算机编写,根据 SFC 再转换成状态梯形图或指令表。

绘制状态转移图的步骤如下。

1）将复杂的任务或过程分解为若干个工序（状态）。

2）对每个工序分配状态元件。FX$_{2N}$系列PLC共有1 000个状态元件（或称状态器），它们是构成步进顺控指令的重要元素，也是构成状态转移图的基本组件。状态器S0～S9用作SFC的初始状态；S10～S19用作多运行模式中返回原点状态；S20～S499用作SFC的中间状态；S500～S899是电池后备，即使在掉电时也能保持其动作；S900～S999用作报警组件。

3）弄清各工作状态的工作细节，确定状态的三要素。

4）根据总的控制顺序要求，将各个工作状态联系起来，构成状态转移图。

下面介绍图3-35中某台车自动往返运动状态转图的建立。

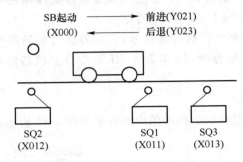

图3-35　台车自动往返运动示意图

台车控制工艺要求：①按下起动按钮，电动机M正转，台车前进，碰到限位开关SQ1后，电动机M反转，台车后退（SQ1通常处于接通状态，只有台车前进到位时才转为断开状态，其他限位开关的动作也相同）；②台车后退碰到限位开关SQ2后，电动机M停转，台车停车5 s后，第二次前进，碰到限位开关SQ3，再次后退；③当后退再次碰到限位开关SQ2时，台车停止。

根据系统功能，整个系统动作分为初始状态、前进（工序一）、后退（工序二）、延时（工序三）、再前进（工序四）、再后退（工序五）六个状态。对每个状态分配状态元件，并确定它们的三要素，见表3-1。

表3-1　工序状态元件分配、三要素确定

工序	分配的状态元件	驱动的负载	转移条件	转移目标
0 初始状态	S0	无负载	X000（SB）	S20
1 第一次前进	S20	输出线圈 Y021，（M 正转）	X011（SQ1）	S21
2 第一次后退	S21	输出线圈 Y023，（M 反转）	X012（SQ2）	S22
3 暂停5秒	S22	定时器线圈 T0	T0	S23
4 第二次前进	S23	输出线圈 Y021	X013（SQ3）	S24
5 第二次后退	S24	输出线圈 Y023	X012	S0

根据表3-1绘出台车自动往返运动状态转移图如图3-36所示，图中初始状态S0要用双框表示。

在STOP→RUN转换时，特殊辅助继电器M8002是初始状态S0置位（ON）。按下前进起动按钮SB（X000常开触点闭合），则小车由初始状态转移到前进步，驱动对应的输出继电器 Y021,当小车前进至前限位 SQ1 时(X011 常闭触点闭合),则由工序一转移到工序二,驱动对应的输出继电器 Y023,小车后退。当后退至限位 SQ2 时(X012 常闭触点闭合),则由工序二转移到工序三,起动定时器开始计时 5 s。5 s 后定时器常开触点闭合,则由工序三转移到工序四,再次前进。当小车前进至前限位 SQ3 时(X013 常闭触点闭合),则由工序四转移到工序五,开始后退。当后退至限位 SQ2 时(X012 常闭触点闭合),则由工序五转移到初始状态,等待再次按下起动按钮进行下一轮循环。

由图 3-36 可看出,状态转移图容易理解,可读性强,能清晰地反映全部控制工艺过程。

下面介绍状态转移图(SFC)如何转换成状态梯形图、指令表程序。

仍以图 3-36 的 SFC 为例,将其转换成状态梯形图和指令表程序,如图 3-37 所示。

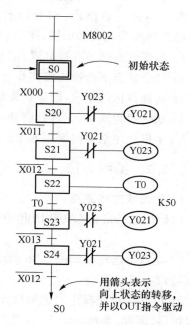

图 3-36　台车自动往返状态转移图

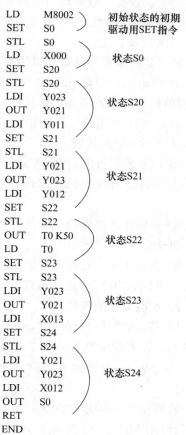

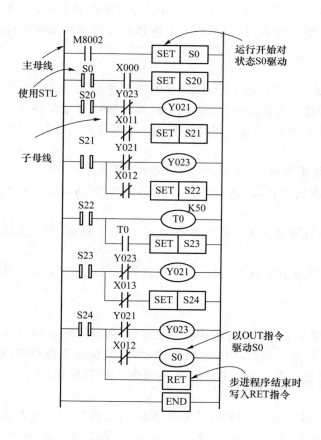

图 3-37　台车自动往返运动状态梯形图和指令表

由图 3-37 可看出,从 SFC 转换为状态梯形图后,再写出指令表程序是非常容易的。状态转移图转换为状态梯形图、指令表程序的要点如下。

1)步进触点除了并联分支/汇合的情况外,都与左母线相连。

2)每个状态下的操作接在步进触点之后的临时母线上。

3)转移目标的指定:顺序连续状态转移用 SET 指令,顺序不连续转移用 OUT 指令。

4)状态编程顺序:先进行驱动,再进行转移,不能颠倒。

5)步进程序结束时要写入 RET 指令。

3.2.2 编程方法

1. 初始状态的编程

初始状态是指状态转移图起始位置的状态。S0~S9 可用作初始状态。初始状态的作用如下。

① 止双重起动。如图 3-36 所示,在状态 S21 作用时,即使再按下起动开关,也是无效的(因为 S0 不工作)。

② 可作为逆变换用的识别软元件。在从指令表向 SFC 进行逆变换时,需要识别流程的起始段,因此,要将 S0~S9 用作初始状态。若采用其他编号,就不能进行逆变换。

初始状态有一般驱动和用初始状态指令 IST 驱动。图 3-36 中,台车自动往返运动采用的是一般驱动,即在 PLC 由 STOP→RUN 切换时,利用只有瞬间动作的特殊辅助继电器 M8002 来驱动。

初始状态编程应注意的事项如下。

① 初始状态的软元件用 S0~S9,并用双框表示;中间状态软元件用 S20~S899 等状态,用单框表示。若需在停电恢复后继续原状态运行,可使用 S500~S899 停电保持状态元件。S10~S19 在采用状态初始化指令 IST 时,可用于特殊目的。必须注意,在同一程序中状态元件不能重复使用。

② 在开始运行前,初始状态必须预先驱动(图 3-36 中由 M8002 驱动)。

③ 程序运行后,初始状态也可由其他状态元件(图 3-36 中为 S24)驱动,此时用 OUT 指令。

④ 初始状态以外的一般状态一定要通过来自其他状态的 STL 指令驱动,不能从状态以外驱动。

⑤ 初始状态一定在流程的最前面表述。此外,对应初始状态的 STL 指令,必须在其之后的一系列 STL 指令之前编程。

2. 状态复位的编程

用 SFC 编制用户程序时,若需使某个处在运行的状态停止运行,则可用图 3-38 所示方法编程。在流程中要表示状态的自复位处理时,用"↓"符号表示,自复位状态在程序中用 RST 指令表示;若要对某区间状态进行复位,可用区间复位指令 ZRST 处理,如图 3-38 所示。

若要使某个状态中的输出禁止,可按图 3-39(a)所示方法处理;若要使 PLC 的全部输出断开,可用 M8034 接成图 3-39(b)所示电路。图中 X000、X001 为禁止输出的条件,当 X000＝ON 时,置位 M10,其常闭触点断开,Y005、M30、T3 断开;当 X001＝ON 时,M8034

线围得电,PLC 继续进行程序运算,但所有输出继电器都断开。

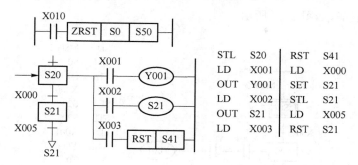

图 3-38 状态复位的编程

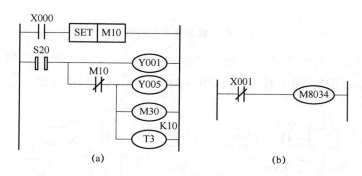

图 3-39 状态运行中输出禁止的编程

3. 状态内详细动作的编程

1) 允许同一元件的线圈在不同的步进触点后多次使用(因它们不同时激活),如图 3-40(a)所示。此外,相邻状态使用的 T、C 元件,编号不能相同,如图 3-40(b)所示。但对分隔的两个状态(图 3-40(b)中 S40 和 S42)可以使用同一定时器(T1)。在同一程序段中,同一状态器编号只能使用一次。

2) 在状态转移过程中,仅在瞬间(一个扫描周期)两种状态同时接通。因此,为了避免不能同时接通的一对输出同时接通,需设计互锁,如图 3-41 所示。

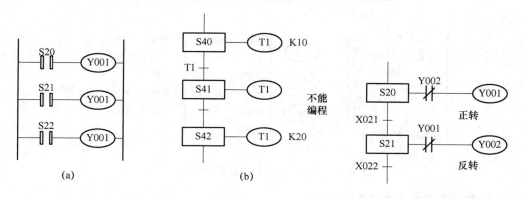

图 3-40 多重输出、定时器的应用   图 3-41 两个状态间负载的互锁编程

3）负载的驱动、状态转移条件可能为多个元件的逻辑组合，视具体情况，按串联、并联关系处理，不能遗漏，如图 3-42 所示。

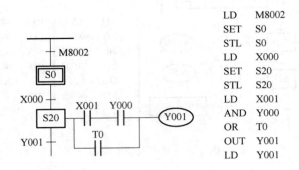

LD	M8002
SET	S0
STL	S0
LD	X000
SET	S20
STL	S20
LD	X001
AND	Y000
OR	T0
OUT	Y001
LD	Y001

图 3-42　软元件组合的驱动

在 STL 和 RET 指令之间不能使用 MC、MCR 指令；SFC 中的转移条件不能使用 ANB、ORB、MPS、MRD、MPP 指令，应按图 3-43(b)所示确定转移条件。

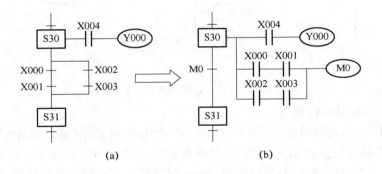

(a)　　　　　　　　(b)

图 3-43　复杂转移条件的编程

栈指令不能紧接在 STL 触点后使用，应在 LD 或 LDI 指令之后，如图 3-44 所示。

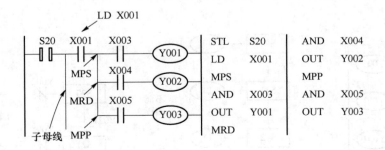

STL	S20	AND	X004
LD	X001	OUT	Y002
MPS		MPP	
AND	X003	AND	X005
OUT	Y001	OUT	Y003
MRD			

图 3-44　栈指令在状态内的正确使用

可在状态内使用的基本指令见表 3-2。

表 3-2　可在状态内使用的基本指令

指令状态		LD/LDI/LDP/LDF/AND/ANI/ANDP/ ANDF/OR/ORI/ORP/ORF/INV/OUT, SET/RST,PLS/PLF	ANB/ORB MPS/MRD/MPP	MC/MCR
初始状态/一般状态		可以使用	可以使用	不可使用
分支,汇合状态	输出处理	可以使用	可以使用	不可使用
	转移处理	可以使用	不可使用	不可使用

用同一信号作为几个状态的转移条件时,可采用图 3-45 所示的编程方法。

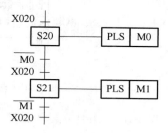

图 3-45　几个状态转移条件相同时的编程

在临时母线上用 LD、LDI 指令编程后,不能直接对 OUT 指令编程,如图 3-46(a)所示,应改为图 3-46(b)所示的形式。

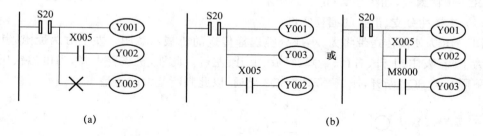

图 3-46　状态内没有触点的线圈编程

4. 选择性分支、汇合的编程

（1）选择性分支、汇合的编程方法

选择执行多项流程中的某一项流程称为选择性分支。

选择性分支与汇合 SFC 的特点是具有多个分支流程,选择性分支流程就是根据具体条件从多个分支中选择某一分支执行,如图 3-47(a)所示。

选择性分支的编程与一般状态的编程一样,首先只进行驱动处理,然后设计转移条件,按顺序继续进行状态转移处理。

选择性汇合的编程是先进行汇合前状态的输出处理,然后朝汇合状态转移。

由图 3-47(a)可看出,该状态转移图有两个分支,S21 为分支状态,根据分支条件 X001、X004 来选择转向其中的一个分支。当 X001 为 ON 时进入状态 S22,当 X004 为 ON 时进入状态 S24。X001、X004 不能同时为 ON。S26 为汇合状态,状态 S23 或 S25 根据各自的转移条件 X003 或 X006 向汇合状态转移。

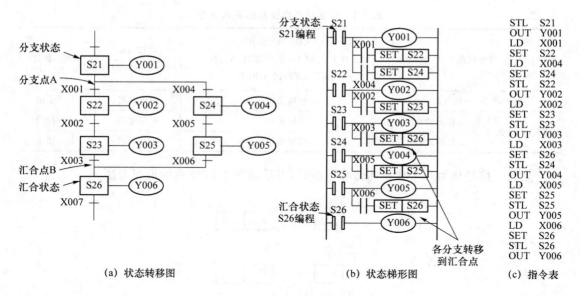

(a) 状态转移图	(b) 状态梯形图	(c) 指令表

图 3-47　选择性分支、汇合例

分支、汇合的编程原则是先集中处理分支,然后再集中处理汇合状态。针对分支状态编程时,先进行驱动处理(OUT Y001),然后按照 S22、S24 的顺序进行处理;汇合状态编程前依次对 S22、S23、S24、S25 状态进行汇合前的输出处理编程,然后按顺序从 S23、S25 向汇合状态 S26 转移编程,如图 3-47(b)、(c)所示。

(2) 选择性分支、汇合的编程实例

图 3-48 为使用传送带将大、小球分类选择传送的机械示意图。左上方为原点,其动作顺序为下降、吸住、上升、右行、下降、释放、上升、左行。此外,机械臂下降,当电磁铁压着大球时下限开关 SQ2 断开,压着小球时 SQ2 导通,以此判断是大球还是小球。

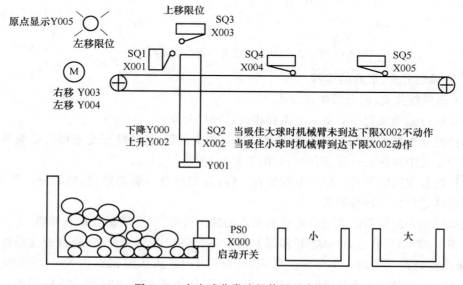

图 3-48　大小球分类选择传送示意图

像这种大小分类选择或判别合格与否的 SFC,可用图 3-49 所示的选择性分支与汇合的 SFC 表示。图中 X001 为左限位开关,X002 为下限位开关(小球动作,大球不动作),X003 为上限位开关,X004 为释放小球的中间位置开关,X005 为释放大球的右限位开关,X000 为系统的起动开关。机械臂左、右移分别由 Y004、Y003 控制,上升、下降分别由 Y002、Y000 控制,将球吸住由 Y001 控制。

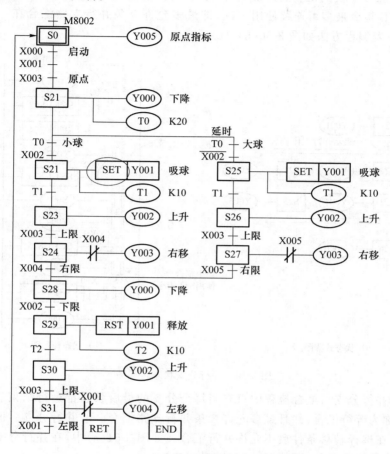

图 3-49　大小球分类选择传送示意图

根据工艺要求,该控制流程可根据 SQ2(X002)的状态(对应大、小球)有两个分支,此处应为分支点,且属于选择性分支。若为小球(X002＝0N),左侧流程有效;若为大球,则右侧流程有效。分支在机械臂下降之后分别将球吸住、上升、右行,若为小球,SQ4(X004)动作,若为大球,SQ5(X005)动作,此处应为汇合点,向汇合状态 S28 转移,再下降,然后再释放、上升、左移到原点。

5. 并行分支、汇合的编程

(1) 并行分支、汇合的编程方法

多项流程同时进行的分支称为并行分支。并行分支与汇合 SFC 的特点是具有多个分支流程,工作时在同一条件下转向多路分支并行分支的编程也与一般状态的编程一样,首先进行驱动处理,然后进行转移处理,所有的转移处理按顺序继续进行。并行汇合的编程首先只执行汇合前状态的驱动处理,然后依次执行向汇合状态的转移处理。并行分支、汇合的编程原则是先集中进行并行分支处理,再集中进行汇合处理。

由图 3-50 可知,当转移条件 X001 接通时,由状态 S21 分两路同时进入状态 S22 和 S24,以后系统的两个分支并行工作,图 3-50(a)中水平双线强调的是并行工作。当两个分支都处理完毕后,状态器 S23、S25 同时接通,转移条件 X004 也接通时,S26 接通,同时 S23、S25 自动复位。多条支路汇合在一起,实际上是 STL 指令连续使用(在梯形图上是 STL 触点串联)。STL 指令最多可连续使用 8 次,即最多允许 8 条并行支路汇合在一起。其步进梯形图及指令表编程方法如图 3-50(b)、(c)所示。

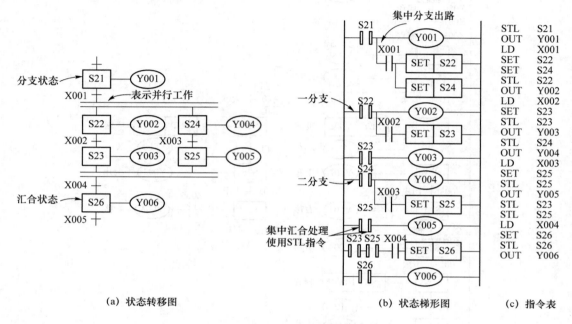

(a) 状态转移图　　　　　　　　　　　(b) 状态梯形图　　(c) 指令表

图 3-50　并行分支状态转移图

注意:①并行分支与汇合流程中只有当每个分支的最后状态都运行结束后,才能汇合,因此有时又称为等待汇合,并且最多允许 8 条并行支路汇合。②并行分支后面不能使用选择转移条件,在选择转移条件后不允许并行汇合。如图 3-51(a)中,在并行分支与汇合点中不允许符号 * 的转移条件,要按图 3-51(b)进行修改。

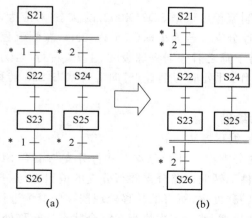

(a)　　　　　　　　　　(b)

图 3-51　并行分支与汇合转移条件的处理

（2）并行分支、汇合的编程实例

图 3-52 为按钮式人行横道交通十字路口示意图，东西方向是车道，南北方向是人行道。如果没有行人要过交通路口，车道一直保持绿灯亮，人行道保持红灯亮。如果有行人要过交通路口，先要按动按钮（SB1 或 SB0），等到南北方向绿灯亮时，行人方可通过，此时东西方向车道上红灯亮。延时一段时间后，继续恢复南北方向的红灯亮，东西方向的绿灯亮。十字路口交通灯时序图如图 3-53 所示。

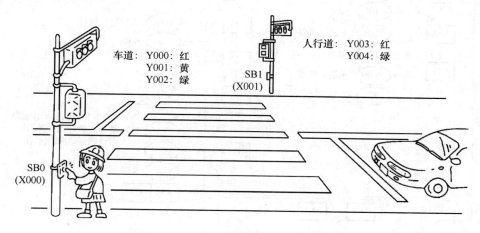

图 3-52　按钮式人行横道交通十字路口示意图

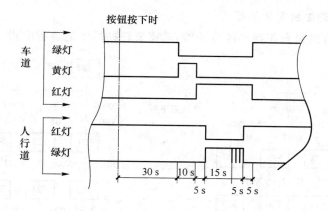

图 3-53　十字路口交通灯时序图

根据控制要求，可采取并联分支、汇合编程的方法来实现人行横道交通信号灯的控制功能，系统所需车道（东西方向）红、黄、绿 2 只信号灯，分别由 Y000、Y001、Y002 控制，人行横道（南北方向）红、绿各 2 只信号灯分别以 Y004 控制，人行横道两按钮 SB1、SB0 接入 X001、X000。其状态转移图如图 3-54 所示。

由图 3-54 可知，当状态为 S0 时，南北方向的红灯亮，东西方向的绿灯亮，当转移条件 X001 或 X000 接通时，由状态 S0 分两路同时进入状态 S20 和 S30，把车道（东西方向）信号灯的控制作为左面的并行分支，人行道（南北方向）信号灯的控制作为右面的并行分支，灯亮的时间长短利用定时器控制，T6 定时到时，同时汇合转移到状态 S0，等待下一次按钮动作。

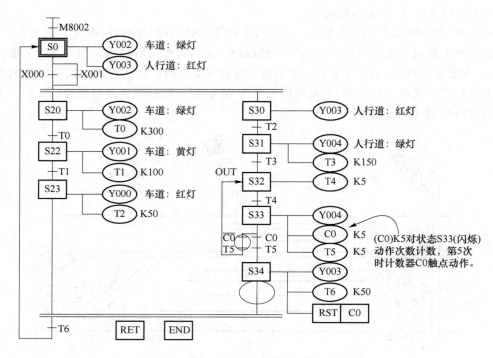

图 3-54 按钮式人行横道交通灯控制 SFC 图

6. 分支、汇合的组合流程的编程

有些分支、汇合的组合流程不能直接编程,需要转换后才能进行编程,如图 3-55 所示。

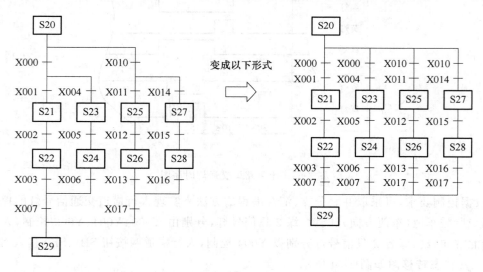

图 3-55 分支、汇合的组合流程的转换实例

还有一些分支、汇合的组合流程是连续地直接从汇合线转移到下一个分支线,而没有中间状态。这样的流程组合不能直接编程,在组合之间插入一个虚设状态,就可以进行编程了,如图 3-56 所示。

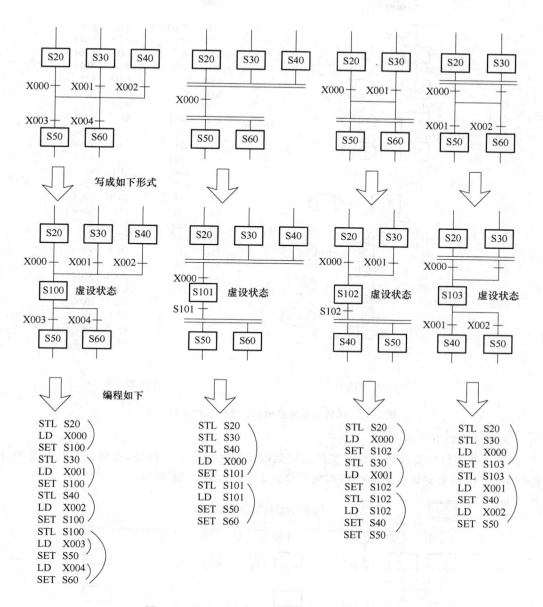

图 3-56　加入虚设状态的分支、汇合的组合流程

7. 跳转与循环结构的编程

　　除分支与汇合流程外,跳转与循环是选择性分支的一种特殊形式。若满足某一转移条件,程序跳过几个状态往下继续执行,称为正向跳转,即跳转。若满足另一转移条件,程序返回上面某个状态再开始往下继续执行,称为逆向跳转,也称循环或重复。跳转与循环都为顺序不连续转移,状态转移不能用 SET 指令,而需用 OUT 指令,并要在 SFC 中用"↓"符号表示转移目标。

　　图 3-57 为跳转与循环结构的状态转移图及指令表。

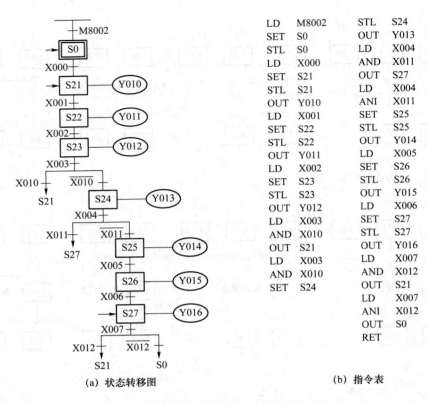

LD	M8002
SET	S0
STL	S0
LD	X000
SET	S21
STL	S21
OUT	Y010
LD	X001
SET	S22
STL	S22
OUT	Y011
LD	X002
SET	S23
STL	S23
OUT	Y012
LD	X003
AND	X010
OUT	S21
LD	X003
AND	X010
SET	S24

STL	S24
OUT	Y013
LD	X004
AND	X011
OUT	S27
LD	X004
ANI	X011
SET	S25
STL	S25
OUT	Y014
LD	X005
SET	S26
STL	S26
OUT	Y015
LD	X006
SET	S27
STL	S27
OUT	Y016
LD	X007
AND	X012
OUT	S21
LD	X007
ANI	X012
OUT	S0
RET	

(a) 状态转移图   (b) 指令表

图 3-57　跳转与循环结构的状态转移图及指令表

需要注意如下三点。

1）一条并行分支或选择性分支的回路数限定在 8 条以下。但是，有多条并行分支或选择性分支时，每个初始状态的回路总数不超过 16 条，如图 3-58 所示。

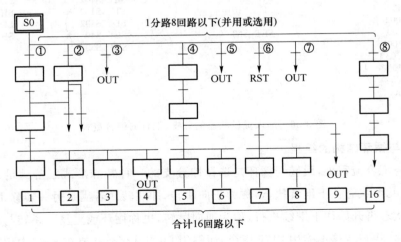

图 3-58　分支数的限制

2）具有多个初始状态的 SFC 的程序,需将各初始状态分开编程,如图 3-59 所示。等与初始状态 S20～S39 相对应的 STL 指令的程序结束后,再编写与下一个初始状态 S4 有关的程序。在这两部分分离程序流中,用 OUT 指令代替 SET 指令可实现相互间的跳转。

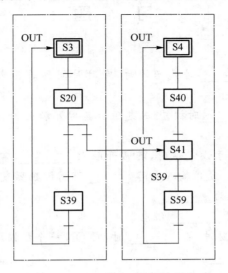

图 3-59　分离程序流

3) 不能作流程交叉的 SFC。图 3-60(a)所示的流程要按图 3-60(b)所示的流程重新编程,利用它可实现以指令为基础的程序向 SFC 的逆转换。

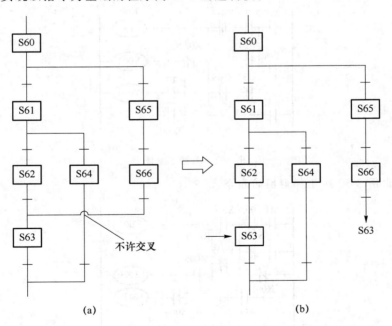

图 3-60　SFC 图中交叉流程的处理

习　题

3-1　填空题。

1）定时器的线圈_____时开始计时,定时时间到时其常开触点_____,常闭触点_____。

2）通用定时器在_____时被复位,复位后其常开触点_____,常闭触点_____,当前值为_____。

3）计数器的当前值等于设定值时,其常开触点_____,常闭触点_____。再来计数脉冲时当前值_____。复位输入电路_____时,计数器复位,其常开触点_____,常闭触点_____,当前值为_____。

4）OUT 指令不能用于_____继电器。

5）_____是初始化脉冲,在_____时,它 ON 一个扫描周期,当 PLC 处于 RUN 状态时,MS000 一直为_____。

6）与主控触点下端相连的常闭触点应使用_____指令。

7）编程元件中只有_____和_____的元件符号采用的是八进制。

3-2　写出图 3-61 所示梯形图的指令表。

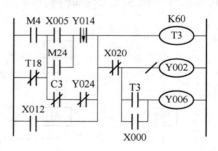

图 3-61　习题 3.2 图

3-3　写出图 3-62 所示梯形图的指令表。

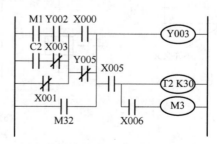

图 3-62　习题 3.3 图

3-4　单按钮双路单通控制。要求:使用一个按钮控制两盏灯,第一次按下时第一盏灯亮,第二盏灯灭;第二次按下时第一盏灯灭,第二盏灯亮;第三次按下时两盏灯都灭。按钮信号 X001,第一盏灯信号 Y001,第二盏灯信号 Y002。

第4章 可编程控制器的功能指令

第 4 章 PPT

PLC 早期多用于逻辑顺序控制系统,是利用软继电器、定时器、计数器的集合取代传统的继电器——接触器控制系统。而对于复杂的控制系统,通常具有数据处理、过程控制等功能,用基本的逻辑顺序控制无法完成。因此,在 20 世纪 80 年代以后,小型 PLC 也加入了一些功能指令(或称应用指令),这些指令实际上是一些功能不尽相同的子程序。有了这些功能指令,PLC 的应用变得更为广泛,现在的 PLC 实质上就是工业控制用计算机,具有一切计算机控制系统的功能。

一般来说,功能指令可分为程序流控制指令、数据传送和比较指令、算术与逻辑运算指令、移位和循环指令、数据处理指令、高速处理指令以及外部 I/O 处理和通信指令等。

本章以 FX$_{2N}$ 型 PLC 为主介绍功能指令及其用法。

4.1 功能指令简介

1. 功能指令的基本格式

功能指令由功能号、指令助记符、操作数等组成。在简易编程器中,以功能号输入功能指令。在编程软件中,以指令助记符输入功能指令。

FX$_{2N}$ 型 PLC 在梯形图中一般是使用功能框来表示功能指令的,图 4-1 是功能指令的梯形图示例。这段程序的意义:当执行条件 M8002 为 ON 时,把十进制常数 12 送到数据寄存器 D500 中去。这种表达方式的优点是直观,稍有计算机及 PLC 知识的人就极易明白其功能。

2. 功能指令的使用要素

使用功能指令需注意指令的使用要素,现以取平均值指令为例,说明功能指令的使用要素。

(1) 指令编号及助记符

FX$_{2N}$ 系列功能指令按功能号 FNC00～FNC246 编排,每条功能指令都有其编号。功能指令的助记符是该指令的英文缩写,如图 4-2 中①为指令编号,②为指令助记符。

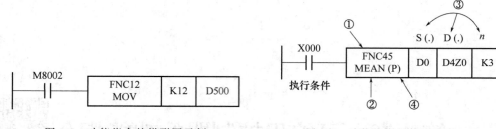

图 4-1 功能指令的梯形图示例　　　图 4-2 功能指令的使用要素（一）

（2）操作数

操作数是功能指令涉及或产生的数据。操作数分为源操作数、目标操作数及其他操作数，如图 4-2 中③所示。

S（SOURSE）：源操作数，其内容不随指令执行而变化。如使用变址功能，表示为 S(.)，源操作数多时，可用 S1(.)、S2(.) 表示。

D（DESTINATION）：目标操作数，其内容随执行指令改变。如使用变址功能，表示为 D(.)，目标操作数多时，可用 D1(.)、D2(.) 表示。

m、n：其他操作数，常用来表示常数或对源操作数和目标操作数的补充说明。表示常数时，K 为十进制，H 为十六进制。这样的操作数很多时，可以用 m_1、m_2 等表示。从根本上来说，操作数是参加运算数据的地址。地址是依元件类型分布在存储区中的，由于不同指令对参与操作的元件类型有一定限制，因此操作数的取值就有一定的范围，正确地选取操作数类型，对正确使用指令有很重要的意义。

功能指令的指令号和助记符的程序步数通常为 1 步，根据各操作数是 16 位或是 32 位，每个操作数占 2 个或 4 个程序步。

（3）数据长度

功能指令可处理 16 位的数据和 32 位的数据。功能指令中附有符号（D）时，表示处理 32 位的数据，如图 4-3 中①所示；无（D）则表示处理 16 位的数据。处理 32 位数据时，用元件号相邻的两元件组成元件对，元件对的首元件号用奇数、偶数均可，但为了避免错误，元件对的首元件建议统一用偶数编号。例如，将数据寄存器 D0 指定为 32 位指令的操作数时，处理（D1，D0）32 位数据，其中 D1 为高

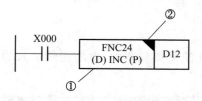

图 4-3 功能指令的使用要素（二）

16 位，D0 为低 16 位。但是，C200~C255 这种 32 位计数器的 1 点可处理 32 位的数据，不能指定为 16 位指令的操作数使用。

（4）执行形式

功能指令有脉冲执行和连续执行两种。指令助记符后标有（P）的，为脉冲执行型，如图 4-2 中④所示，指令只在执行条件 X000 从 OFF→ON 变化时，执行一个扫描周期，其他时刻不执行。指令助记符后如没标（P），为连续执行型，只要执行条件成立，在各扫描周期都重复执行。在不需要每个扫描周期都执行时，用脉冲执行方式可缩短程序处理周期，这点对程序处理有很重要的意义。另外，某些指令，如 XCH、INC、DEC 等，用连续执行方式时要特别注意，这些指令在标示栏中用"◥"警示，如图 4-3 中②所示。

了解以上要素后,就可以通过查阅表格,了解功能指令的用法了。图 4-2 所示功能指令编号为 45,MEAN 是 16 位求平均值指令,采用脉冲执行方式。其意义为:当执行条件 X000 置位时,$\dfrac{(D0)+(D1)+(D2)}{3} \rightarrow (D4Z0)$。

4.2　程序流控制指令

程序流控制指令主要用于程序的结构及流程控制,可影响程序执行的流向及内容,对合理安排程序的结构,有效提高程序的功能,实现某些技巧性运算,都有重要的意义。程序流控制指令共有十条,指令功能编号为 FNC00～FNC09。

1. 条件跳转指令 CJ

FNC00 CJ:条件跳转指令,操作目标元件为 P0～P127(P63 即为 END 所在步,不需要标记)。指令梯形图如图 4-4 所示,图中跳转指针 P1 对应 CJP1 跳转指令。指令说明如下。

1)图 4-4 中,当 CJ 指令的驱动输入 X000 为 ON 时,程序跳转到 CJ 指令指定的指针 P1 处,不执行 CJ 和指针标号 P1 之间的程序,直接执行 P1 标号后面的程序。如果 X000 为 OFF,则跳转不起作用,程序按从上到下、从左到右的顺序执行 CJ 指令后的程序,与没有跳转指令一样。

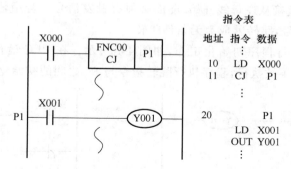

图 4-4　条件跳转指令的使用说明

2)处于被跳过程序段中的输出继电器 Y、辅助继电器 M、状态继电器 S,由于该段程序不再执行,即使跳转过程中驱动输入发生变化,仍保持跳转前的状态。

3)位于被跳过程序段中的定时器 T、计数器 C,如果跳转时定时器或计数器正发生动作,则此时立即停止计时或中断计数,直到跳转结束后继续进行计时或计数。但是,正在动作的定时器 T192～T199 与高速计数器 C235～C255,不管有无跳转仍旧继续工作,输出触点也能动作。另外,定时器、计数器的复位指令具有优先权,即使复位指令处于被跳过程序段中,当执行条件满足时,复位也将执行。

4)在同一程序且位于因跳转而不会被同时执行程序段中的同一线圈不被视为双线圈。

5)可以有多条跳转指令使用同一标号,如图 4-5 所示。X010 为 ON 时,从该处向标号 P0 处跳转。X010 为 OFF,X011 为 ON 时从 X011 的 CJ 指令向标号 P0 跳转。但不允许一个跳转指令对应两个标号,即在同一程序中不允许存在两个相同的标号。在编写跳转程序的指令表时,标号需占一行。

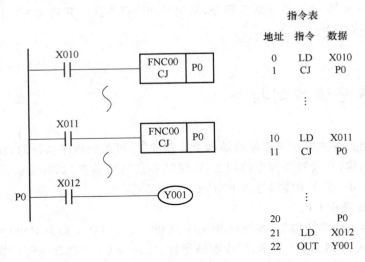

指令表

地址	指令	数据
0	LD	X010
1	CJ	P0
⋮		
10	LD	X011
11	CJ	P0
⋮		
20		P0
21	LD	X012
22	OUT	Y001

图 4-5　两条跳转指令使用同一指针标号

6) 标号一般设在同编号的跳转指令之后,也可设在跳转指令之前,如图 4-6 所示,但这时 X012 接通的时间如超过 200 ms,会引起警戒时钟出错,需加注意。

7) CJ 指令不能直接从左母线开始,前面必须有触发信号。若用辅助继电器 M8000 作为跳转指令的触发信号,跳转就成为无条件跳转。

8) 跳转可用来执行程序初始化工作,如图 4-7 所示。在 PLC 运行的第一个扫描周期中,跳转指令 CJP7 将不被执行,程序执行跳转指令与 P7 之间的初始化程序。

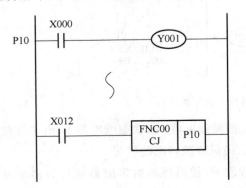

图 4-6　指针标号设在跳转指令之前

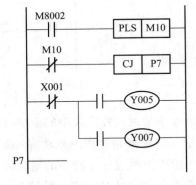

图 4-7　跳转指令用于程序初始化

以图 4-8 说明主控区与跳转指令的关系。

9) 图 4-8 中 CJP0 指令跳过了整个主控区,其跳转不受限制;CJP1 是从主控区外跳转到主控区内,是与 MC 的动作无关的跳转,不论 M0 状态如何,均作为 ON 处理;CJP2 是在主控区内的跳转,如 M0 为 OFF,跳转不能执行;CJP3 是从主控区内向主控区外跳转,M0 为 OFF 时,不能跳转,当 M0 为 ON 时,跳转条件满足,可以跳转,不过这时 MCR 无效,但不会出错;CJP4 是从一个主控区内跳转到另一个主控区内,当 M1 为 ON 时,可以跳转,执行跳转时不论 M2 的实际状态如何,均可看作 ON,最初的 MCRN0 被忽略。

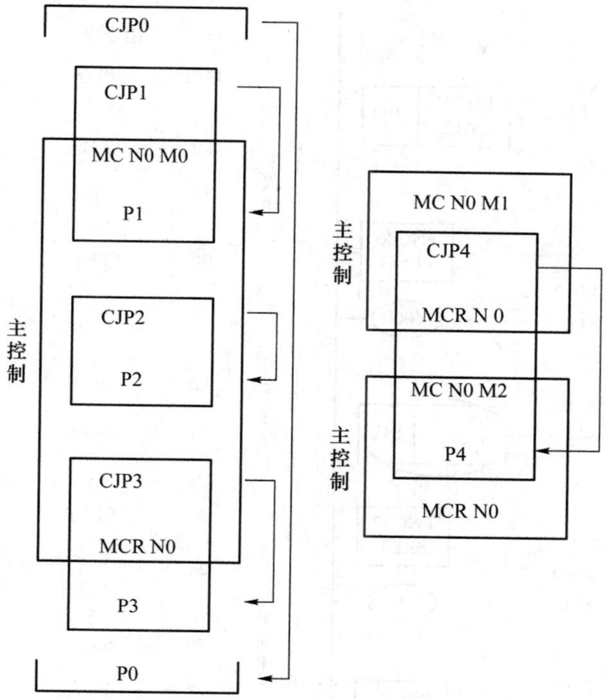

图 4-8 跳转指令与主控制区的关系

10) 功能指令在跳转时不执行,但 FNC52～FNC59 除外。

2. 子程序指令 CALL、SRET

FNC01 CALL:子程序调用指令,执行指定的子程序,操作目标元件为 P0～P62、P64～P127。

FNC02 SRET:子程序返回指令,执行完毕返回到主程序,无操作目标元件。

子程序是为了一些特定的控制目的编制的相对独立的程序。为了区别于主程序,规定在程序编排时,将主程序编排在前边,子程序编排在后边,并以主程序结束指令 FEND 将这两部分分隔开。子程序在梯形图中的表示如图 4-9 所示。指令说明如下。

1) 把一些常用的或多次使用的程序以子程序写出。图 4-9 中,当 X001 为 ON 时,CALL 指令使主程序跳到标号 P11 处执行子程序 1,执行中当 X002 为 ON 时,调用标号为 P12 开始的子程序,执行到第 2 个子程序的 SRET 处时,返回到第 1 个子程序的断点处继续执行,执行到第 1 个子程序的 SRET 处时,子程序执行完毕,返回到主程序调用处,从 CALL P11 指令的下一条指令继续执行随后的主程序。

2) 子程序应写在主程序结束指令 FEND 之后。

3) CALL 指令可在主程序、子程序或中断程序中使用,子程序可嵌套调用,但嵌套最多可达 5 级。

4) CALL 指令的操作数和 CJ 指令的操作数不能为同一标号。但不同嵌套的 CALL 指令可调用同一标号的子程序。

5）子程序中规定使用的定时器范围为 T192～T199 和 T246～T249。

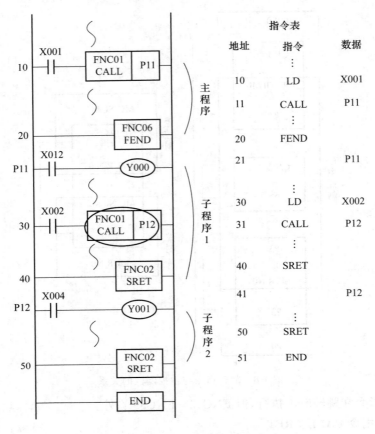

图 4-9　子程序在梯形图中的表示

3. 中断指令 IRET、EI、DI

中断指令有三条，如下。

FNC03 IRET：中断返回指令。

FNC04 EI：允许中断指令。

FNC05 DI：禁止中断指令。

这三条指令均无操作目标元件。

（1）指令说明

中断指令在梯形图中的表示如图 4-10 所示。中断程序作为一种子程序安排在主程序结束指令 FEND 之后，以中断指针标号作为开始标记，以中断返回指令 IRET 作为结束标记，主程序中允许中断指令 EI 和禁止中断指令 DI 间的区间表示允许中断的程序段，DI 和 EI 间的区间表示禁止中断的程序段。若在程序开始处设置一条 EI 指令，而整个程序中没有 DI 指令或 DI 指令是程序的最后一条指令，则中断可能发生在程序中的任何地方，称为全中断。

1）PLC 通常处于禁止中断状态。当程序处理到允许中断区（EI～DI）时，若有中断请求，则执行相应的中断子程序。图 4-10 中，当外部中断请求信号 X000 或 X001 为 ON 时，执行中断程序 1 或 2。

2）当程序处理到禁止中断区（DI～EI）时，若有中断请求，则 PLC 记住该请求，留待 EI 指令后执行中断子程序（滞后执行）。

3）在一个中断程序执行过程中，不响应其他中断。但是，在中断程序中编入 EI 和 DI 指令可实现 2 级中断嵌套。

4）多个中断信号顺序产生时，优先级以发生的先后为序，若同时发生多个中断信号，则中断标号小的优先级高。

5）中断子程序中可用的定时器为 T192～T199、T246～T249。

（2）中断的种类及应用实例

在第 4 章中已介绍，FX_{2N} 系列 PLC 有三类中断源：输入中断、定时器中断和计数器中断。输入中断是外部随机事件引起的中断，输入中断通过输入继电器的端子进入机内，有 6 个端子可以接收输入中断信号。定时器

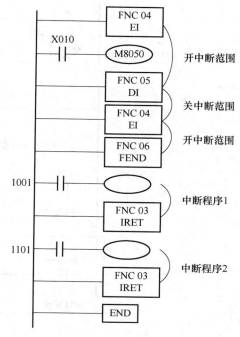

图 4-10　中断程序

中断是由内部定时器产生的周期性事件引起的中断，最多可有 3 个定时器中断。计数器中断是高速计数器的当前值和设定值相等时引起的中断，最多有 6 个计数器中断。FX_{2N} 系列 PLC 总共有 15 个中断事件，为了区别不同的中断及在程序中标明中断子程序的入口，规定了中断指针标号（用指针 I 编号），在写中断子程序的指令表时，标号需占一行。

表 4-1　特殊辅助继电器与中断的对应关系

特殊辅助继电器	中断号	特殊辅助继电器	中断号
M8050（输入中断）	I00□禁止	M8055（输入中断）	I50□禁止
M8051（输入中断）	I10□禁止	M8056（定时器中断）	I6□□禁止
M8052（输入中断）	I20□禁止	M8057（定时器中断）	I7□□禁止
M8053（输入中断）	I30□禁止	M8058（定时器中断）	I8□□禁止
M8054（输入中断）	I40□禁止	M8059（计数器中断）	I010～I060 禁止

现举几个中断应用的程序实例。

1）输入中断子程序。图 4-11 是记录 X003 接通次数的中断子程序。主程序首先开中断，当检测到 X003 有上升沿时，执行中断子程序 I301，C1 或 D0 值加 1，故 C1 或 D0 当前值即为 X003 接通次数。当 X002 接通时，屏蔽中断 I301。

2）定时器中断子程序。图 4-12 是用十六键指令 HKY 来加速输入响应的定时中断子程序。主程序每 20 ms 执行子程序 I620 一次，在子程序中，首先刷新 X000～X007 这 8 点输入，然后执行 FNC71（HKY）指令，将十六键信息输入 PLC 内，并据最新输出信息立即刷新 Y000～Y007 这 8 点输出。当 X002 接通时，屏蔽中断 I620。

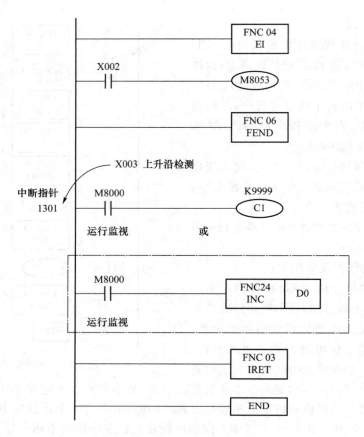

图 4-11 输入中断子程序例

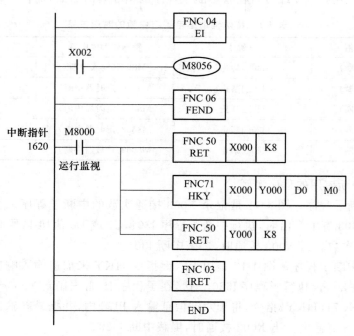

图 4-12 定时器中断子程序例

3）计数器中断子程序。计数器中断利用高速计数器当前值进行中断，与比较置位指令FNC53（HSCS）组合使用，如图 4-13 所示。当高速计数器 C255 的当前值与 K1000 相等时，发生中断，中断指针指向中断程序，执行中断后，返回原断点程序。

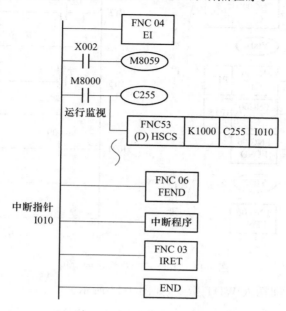

图 4-13　高速计数器中断子程序例

4. 主程序结束、监视定时器刷新指令

（1）主程序结束指令 FEND

FNC06 FEND：主程序结束指令，无操作目标元件。指令说明如下。

1）FEND 指令表示一个主程序的结束。执行这条指令与执行 END 指令一样，即执行输入、输出处理或警戒定时器刷新后，返回第 0 步程序。

2）FEND 指令不出现在子程序和中断程序中，在只有一个 FEND 指令的程序中，子程序和中断程序要放在 FEND 指令之后。

3）一个程序中可以有多个 FEND 指令，在这种情况下，中断程序和子程序要放在最后一个 FEND 指令和 END 指令之间，而且必须以 SRET 或 IRET 结束。图 4-14 是多个 FEND 指令的应用举例。

4）在执行 FOR 指令之后，执行 NEXT 指令之前，执行 FEND 指令的程序会出现错误，即 FEND 指令不允许处在 FOR-NEXT 循环之中。

（2）监视定时器刷新指令 WDT

FNC07 WDT：顺控程序中执行监视定时器刷新的指令，元操作目标元件。指令说明如下。

1）FX$_{2N}$ 系列 PLC 监视定时器出错时间的限制值由特殊数据寄存器 D8000 设定，其默认设置值为 200 ms。若执行程序的扫描周期时间（从 0 步到 END 或到 FEND 指令之间）超过 200 ms，则 PLC 停止运行。这时应在程序的适当位置中插入一条 WDT 指令，以使顺序程序得以继续执行直到 END。例如，将一个扫描周期为 240 ms 的程序分为两个 120 ms 的

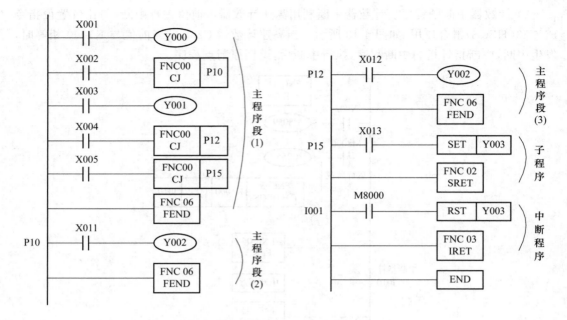

图 4-14　多个 FEND 指令的应用

程序,在这两个程序之间插入 WDT 指令,如图 4-15 所示。

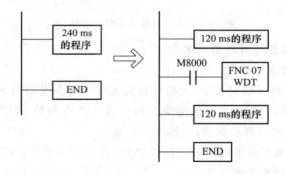

图 4-15　监视定时器刷新指令的应用

2) 若希望每次扫描周期超过 200 ms,则可用传送指令 MOV 把限制值写入特殊数据寄存器 D8000 中,图 4-16 是将监视定时器设定值改为 300 ms 的例子。监视定时器最大可设置到 32 767 ms,若设置该值,其结果变为运算异常的检测计时延迟。因此,在运行不出现故障的情况下,一般设定初值为 200 ms。

图 4-16　监视定时器设定值改为 300 ms

5. 程序循环指令 FOR、NEXT

FNC08 FOR:循环开始指令,操作目标元件为 K、H、KnX、KnY、KnM、KnS、T、C、D、V、Z。

FNC09 NEXT：循环结束指令，无操作目标元件。

循环指令用于某种操作需反复进行的场合，指令梯形图如图 4-17 所示。指令说明如下。

1）程序中 FOR-NEXT 指令是成对出现的，FOR 在前，NEXT 在后，不可倒置，并且 NEXT 指令不能编在 FEND 或 END 指令之后，否则出错。

2）FOR-NEXT 之间的循环可重复执行 n 次（由 FOR 指令操作目标元件指定次数）。但执行完后，程序就转到紧跟在 NEXT 指令后的步序。$n=1\sim32\,767$ 为有效，如循环次数设定为 $-32\,767\sim0$ 之间，循环次数作为 1 处理。循环指令可

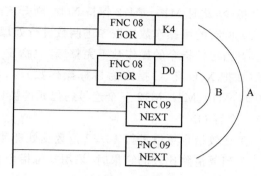

图 4-17　循环指令使用说明

嵌套使用，但在 FOR-NEXT 指令内最多可嵌套 5 层其他的 FOR-NEXT 指令。循环嵌套程序的执行总是从最内层开始，图 4-17 中 D0 的数据为 5 时，每执行一次 A 的程序，B 的程序就执行 5 次，由于 A 要执行 4 次，那么 B 的程序总共要执行 20 次。

4.3　比较、传送指令

比较与传送指令属于基本应用指令，使用非常普及，包括数据比较、传送、交换和变换指令，有 10 条，指令功能编号为 FNC10～FNC19。

1. 比较指令 CMP

FNC10 CMP：16 位和 32 位数据比较指令。

S1(.)、S2(.)：源操作数，编程元件为 K、H、KnX、KnY、KnM、KnS、T、C、D、V、Z。

D(.)：目标操作数，编程元件为 Y、M、S。

比较指令的使用如图 4-18 所示。该类指令的功能为当控制触点闭合时，将 S1(.)指定数据与 S2(.)指定数据进行比较，其目标 D(.)按比较的结果进行操作。

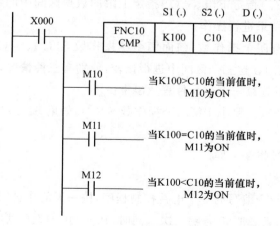

图 4-18　比较指令使用说明

1）比较指令有两个源操作数 S1(.)、S2(.)，一个目标操作数 D(.)。S1(.)、S2(.)是字元件，D(.)是位元件。当 X000 接通时执行 CMP 指令，前面两个源操作数进行比较，根据比较结果确定目标操作数 D(.)指定起始编号的连续三个位元件的状态。X000 断开后不执行 CMP 指令，此时 M10~M12 保持 X000 断开前的状态。

2）所有的源操作数均按二进制数进行处理。

3）当比较指令的操作数不完整（若只指定一个或两个操作数）或指定的操作数不符合要求（如把 X、D、T、C 指定为目标操作数）时，用比较指令就会出错。目标操作数指定为 M10 时，M10、M11、M12 三个连号的位元件被自动占用，该指令执行时，这三个位元件有且只有一个置 ON。

4）比较指令可以进行 16/32 位数据处理和连续/脉冲执行方式。

5）当要清除比较的结果时，采用复位指令 RST 或 ZRST 清除，如图 4-19 所示。

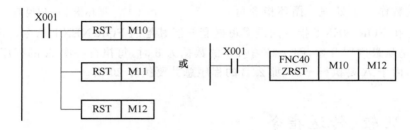

图 4-19　比较结果复位

2. 区间比较指令 ZCP

FNC11 ZCP：16 位和 32 位数据区间比较指令。

S1(.)、S2(.)、S(.)：源操作数，编程元件为 K、H、KnX、KnY、KnM、KnS、T、C、D、V、Z。

D(.)：目标操作数，编程元件为 Y、M、S。

（1）指令说明

指令说明区间比较指令的使用如图 4-20 所示。该类指令的功能为当控制触点闭合时，将 S(.)指定数据与 S1(.)指定下限、S2(.)指定上限的数据区间中的数据进行比较，其目标操作数 D(.)按比较的结果进行操作。

1）区间比较指令有四个操作数，前面两个源操作数 S1(.)、S2(.)把数轴分成三个区间，第三个源操作数 S(.)在这三个区间中进行比较，分别有三种情况，结果通过目标操作数 D(.)指定的起始编号的连续三个位元件表达出来。

2）第一个操作数 S1(.)要小于第二个操作数 S2(.)，如果 S1(.)>S2(.)，则把 S1(.)视为 S2(.)处理。

3）其他特点和比较指令一样。

（2）应用举例

图 4-21 是用比较指令编写的一个电铃控制程序，按一天的作息时间动作。电铃每次响 15 s，在 6:15、8:20、11:45、20:00 各响一次。同时，在 9:00~17:00 启动报警系统。

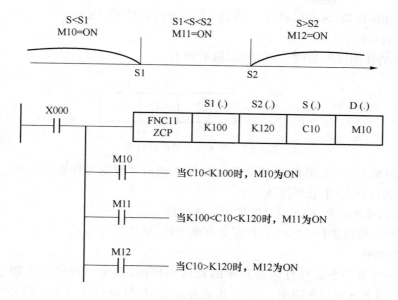

图 4-20　区间比较指令使用说明

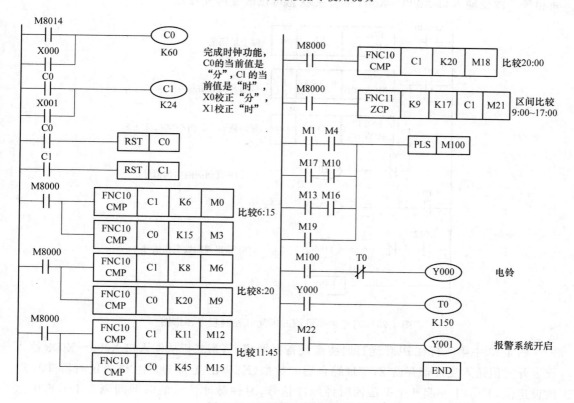

图 4-21　电铃控制程序梯形图

3. 传送指令 MOV

FNC12 MOV：(16/32 位)源数据被传送到指定目的操作数中。

S(.)：源操作数，编程元件为 K、H、KnX、KnY、KnM、KnS、T、C、D、V、Z。

D(.)：目标操作数，编程元件为 KnY、KnM、KnS、T、C、D、V、Z。

（1）指令说明

传送指令的使用说明如图 4-22 所示，说明如下。

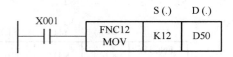

图 4-22　传送指令的使用说明

1）当控制触点 X001 闭合时，将常数 K12 传送到内部数据寄存器 D50 中。当 X001 断开时，指令不执行，D50 中数据保持不变。

2）传送时，源操作数 K12 自动转换成二进制数。

3）传送指令可以进行 16/32 位数据处理和连续/脉冲执行方式。

（2）应用举例

图 4-23 为控制一个信号灯闪光频率的程序梯形图，系统有设定开关四个，分别接于 X000～X003，用来设定闪光频率。X012 为启停开关，信号灯接于 Y000，信号灯的亮、灭时间相等。改变输入口 X000～X003 的开关状态可以改变闪光频率。

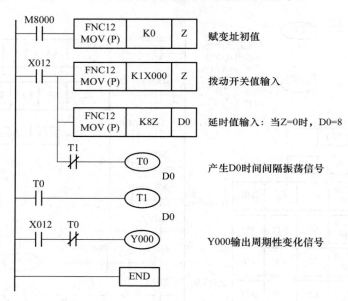

图 4-23　闪光频率可调的闪光灯控制程序梯形图

图 4-23 中第一行在 PLC 运行时将变址寄存器清零，第二行从输入口 X000～X003 读入设定开关值送入变址寄存器 Z，变址综合后的数据（K8+Z）送入 D0 中，作为定时器 T0、T1 的设定值，T0、T1 一起产生振荡的时钟脉冲信号，时钟脉冲信号的时间间隔为 D0，再由这个振荡信号控制 Y000 输出。

4. 移位传送指令 SMOV

FNC13 SMOV：位数据移位传送指令。

S(.)：源操作数，编程元件为 KnX、KnY、KnM、KnS、T、C、D、V、Z。

D(.)：目标操作数，编程元件为 KnY、KnM、KnS、T、C、D、V、Z。

m_1：指定源数据 BCD 码从右往左数要转换的起始位，m_1 为常数 K、H，$m_1 = 1\sim4$。

m_2：指定要传送的 BCD 码位数，m_2 为常数 K、H，$m_2 = 1\sim4$。

n：指定目标 BCD 码从右往左数的起始位，n 为常数 K、H，$n = 1\sim4$。

移位传送指令的使用如图 4-24 所示，指令说明如下。

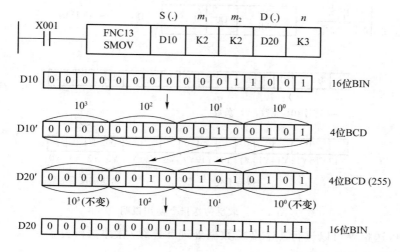

图 4-24　移位传送指令使用说明

1）当控制触点 X001 闭合时，首先把 S(.)(DIO) 中的 BIN 码自动转换为 BCD 码，以 m_1(K2) 指定的位（10^1）为起始位，把从起始位开始的连续叫 m_2(K2) 位（从起始位开始向右数）传送到 D(.)(D20) 中，D20 接收数据时，以 n(K3) 指定的位（10^2）为存储数据的起始位，从左向右存数据（D20 中接收数据位的原值被新值覆盖，D20 中未接收数据位保持原值不变），D20 中得到的组合数据为 255，最后 D20 中的 BCD 码转换成 BIN 码保存。

2）SMOV 指令执行时，BCD 码的取值范围是 $0\sim9999$，超出此范围则出错。

3）接通 M8168 后再执行 SMOV 指令时，传送之前和传送之后不再进行 BCD 码转换，而是照原样以 4 位为单位直接传送，实现程序如图 4-25 所示。

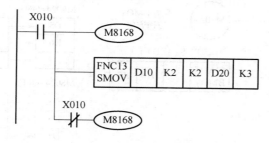

图 4-25　SMOV 指令直接传送数

5. 取反传送指令 CML

FNC14 CML：（16/32 位）源操作数取反并传送到目标操作数中。

s(.)：源操作数，编程元件为 K、H、KnX、KnY、KnM、KnS、T、C、D、V、Z。

D(.)：目标操作数，编程元件为 KnY、KnM、KnS、T、C、D、V、Z。

取反传送指令的使用如图 4-26 所示,说明如下。

1) 当控制触点闭合时,将源操作数 S(.)指定数据的各位取反(1→0,0→1)向目标 D(.)传送。若将常数 K 用于源数据,则自动进行二进制变换。CML 指令用于使 PLC 获取反逻辑输出时非常方便。

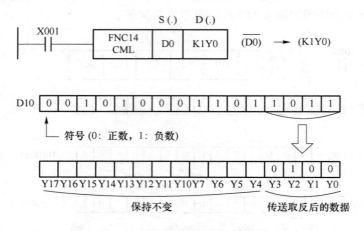

图 4-26　取反传送指令使用说明

2) 取反传送指令可以进行 16/32 位数据处理和连续/脉冲执行方式。

6. 块传送指令 BMOV

FNC15 BMOV:(16 位)块传送指令。

S(.):源操作数,为存放被传送的数据块的首地址,编程元件为 K、H、KnX、KnY、KnM、KnS,T、C、D、V、Z。

D(.):目标操作数,为存放传送来的数据块的首地址,编程元件为 KnY、KnM、KnS、T、C、D、V、Z。

n:传送数据块的长度,编程元件为 K、H,$n \leqslant 512$。

块传送指令的使用如图 4-27 所示,说明如下。

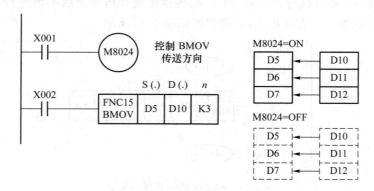

图 4-27　块传送指令使用说明(一)

1) 将源操作数指定的软元件开始的 n 个数据传送到指定目标开始的 n 个软元件(在超过软元件编号范围时,在可能的范围内传送)。

2) 位元件进行传送时,源操作数和目标操作数要采用相同的位数。

3）当 M8024＝ON 时,执行指令时传送方向反转。

4）如果源操作数与目标操作数的类型相同,则传送可由高元件号送低元件号,也可由低元件号送高元件号。当传送地址号重叠时,为防止在传送过程中数据丢失(被覆盖),要先把重叠地址号中的内容送出,然后再送入数据,如图 4-28 所示,采用①～③的顺序自动传送。

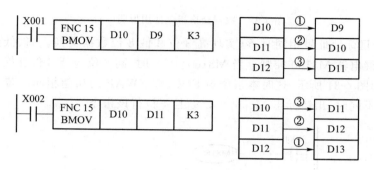

图 4-28 块传送指令使用说明(二)

5）利用 BMOV 指令可进行文件寄存器的读写操作。

6）BMOV 指令可以采用连续/脉冲执行方式。

7. 多点传送指令 FMOV

FNC16 FMOV:(16 位)一对多点的数据传送指令。

S(.):源操作数,编程元件为 K、H、KnX、KnY、KnM、KnS、T、C、D、V、Z。

D(.):目标操作数,编程元件为 KnY、KnM、KnS、T、C、D。

n:目标操作数的点数,为常数 K、H,$n \leqslant 512$。

多点传送指令的使用如图 4-29 所示,说明如下。

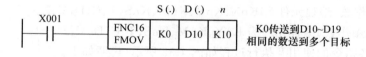

图 4-29 多点传送指令使用说明

1）多点传送指令的功能为当控制触点闭合时,将 S(.)指定的软元件的内容送到指定的目标操作数 D(.)开始的 n 点软元件。n 点软元件的内容都一样。图 4-29 中,是把 0 传送到 D10～D19 十个数据寄存器中,相当于给 D10～D19 清"0"。

2）如果元件号超出允许的元件号范围,数据仅传送到允许的范围内。

8. 数据交换指令 XCH

FNC17 XCH:(16/32 位)数据交换指令,在指定的两目标元件间进行数据交换。

D1(.)、D2(.):目标操作数,编程元件为 KnY、KnM、KnS、T、C、D、V、Z。

数据交换指令的使用如图 4-30 所示。

1）当两个目标地址号不同时,两个目标地址间互相交换数据。指令执行前,设 D10 和 D11 中的数据分别为 100 和 101。当 X001＝ON 时,执行数据交换指令 XCH,D10 和 D11 中的数据分别为 101 和 100。

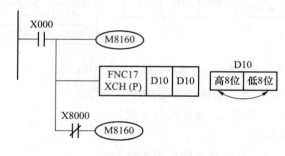

执行前 (D10)=100 → 执行后 (D10)=101
　　　 (D11)=101 　　　　 (D11)=100

图 4-30　数据交换指令使用说明（一）

2）当两个目标地址号相同时，可实现高 8 位和低 8 位数据交换。高、低位交换，受高、低位特殊辅助继电器 M8160 控制。当 M8160＝ON 时，高 8 位与低 8 位互换；如果是 32 位指令亦相同，如图 4-31 所示，这时本指令与 FNC147 SWAP 的功能相同。若 M8160＝ON，两个目标地址不同时，出错标志 M8067＝ON，且不执行该指令。

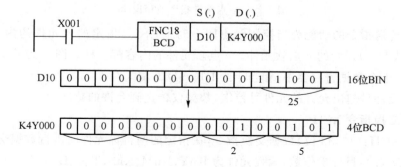

图 4-31　数据交换指令使用说明（二）

3）当数据交换指令执行时，把前、后两个操作数中的内容交换。若采用连续执行型，则每个扫描周期都要执行一次，很难预知执行的结果，因此一般采用脉冲执行方式。

9. BCD 码转换指令

FNC18 BCD：将（16/32 位）二进制数转换成 BCD 码的指令。

S(．)：源操作数，编程元件为 KnX、KnY、KnM、KnS、T、C、D、V、Z。

D(．)：目标操作数，编程元件为 KnY、KnM、KnS、T、C、D、V、Z。

BCD 码转换指令的使用及执行过程如图 4-32 所示，说明如下。

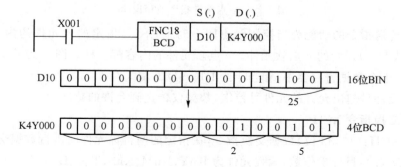

图 4-32　BCD 码转换指令使用说明

1）BCD 码转换指令的功能为当控制触点闭合时，将源操作数 S(．)中的二进制数转换成 BCD 码送到目标操作数 D(．)中。

2）二进制数转换成 BCD 码后，可用于驱动七段显示器等。对于 16 位 BCD 码转换指令,转换结果应在 0～9999 内;对于 32 位 BCD 码转换指令,转换结果应在 0～99999999 内。

10. BIN 变换指令

FNC19 BIN:将 BCD 码转换成二进制数的指令。

S(.):源操作数,编程元件为 KnX、KnY、KnM、KnS、T、C、D、V、Z。

D(.):目标操作数,编程元件为 KnY、KnM、KnS、T、C、D、V、Z。

(1) 指令说明

BIN 变换指令的使用如图 4-33 所示。

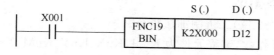

图 4-33 BIN 变换指令使用说明

1) BIN 变换指令的功能为当控制触点闭合时,将操作数 S(.)中的 BCD 码数转换成二进制数送到目标操作数 D(.)中。该指令可用于将 BCD 码数字开关的设定值读入 PLC 中。

2) 常数 K 自动进行二进制变换处理,所以不能成为该指令的操作元件。

3) 当源操作数中数据不是 BCD 码时,发生运算出错,M8067 置 1,但 M8068(运算出错锁存)为 OFF,并不动作。

(2) 应用举例

在图 4-34(a)中,两组拨码开关分别接在 X000～X003(输入"65")和 X020～X027(输入"7")上,现要将它合成一个三位数 765,其程序梯形图如图 4-34(b)所示。D1 的一位 BCD 码数移送到 D2 的第 3 位上,然后自动转换成二进制数形式再存于 D2 中。

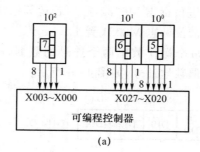

(a)

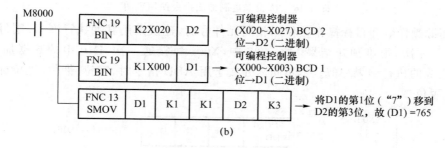

(b)

图 4-34 输入组合程序梯形图

4.4　四则运算及逻辑运算指令

四则运算和逻辑运算指令属较常用基本运算指令,可通过运算实现数据的传送、变位及其他控制功能,共有 10 条,指令功能编号为 FNC20～FNC29。另外,FX$_{2N}$ 系列 PLC 除二进制的算术运算指令外,还具有浮点运算的专用指令。

1. 二进制加法指令 ADD

FNC20 ADD:(16/32 位)二进制加法指令。

S1(.)、S2(.):源操作数,编程元件为 K、H、KnX、KnY、KnM、KnS、T、C、D、V、Z。

D(.):目标操作数,编程元件为 KnY、KnM、KnS、T、C、D、V、Z。

二进制加法指令的使用如图 4-35 所示,说明如下。

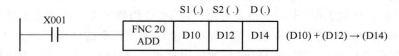

图 4-35　二进制加法指令使用说明

1) 二进制加法指令的功能为将两个源操作数 S1(.)、S2(.) 的二进制数相加结果存放到目标操作数 D(.) 中,每个数据的最高位作为符号位(0 为正,1 为负),结果是它们的代数和。执行过程如图 4-35 所示。例如,若(D10)=5,(D12)=−8,则(D14)=5+(−8)=−3。

2) 当运算结果为 0 时,0 标志 M8020 置 1;若运算结果超出 32 767(16 位运算)或 2 147 483 647(32 位运算),则进位标志 M8022 置 1;若运算结果小于 32 767(16 位运算)或 2 147 483 647(32 位运算),则借位标志 M8021 置 1。

3) 在 32 位加法运算中,每个操作数用两个连号的数据寄存器存放,为确保地址不重复,建议将指定操作元件定为偶数地址号,如图 4-36 所示。

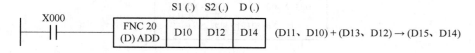

图 4-36　32 位二进制加法指令使用说明

4) 当源操作数和目标操作数使用相同元件号时,建议采用脉冲执行型,否则每个扫描周期都执行一次,很难预知结果。图 4-37 中,X001 每接通一次,D10 中的数据加 1,这与 INC(P) 指令的执行结果相似。其不同之处在于用 ADD 指令时,零位、借位、进位标志将按前述方法置位。

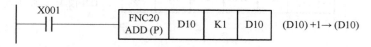

图 4-37　累加程序梯形图及执行过程

2. 二进制减法指令 SUB

FNC21 SUB：(16/32 位)二进制减法指令。

S1(.)、S2(.)：源操作数,编程元件为 K、H、KnX、KnY、KnM、KnS、T、C、D、V、Z。

D(.)：目标操作数,编程元件为 KnY、KnM、KnS、T、C、D、V、Z。

二进制减法指令的使用如图 4-38 所示,说明如下。

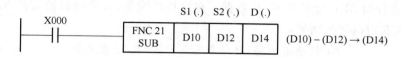

图 4-38　二进制减法指令使用说明

1) 二进制减法指令的功能为将 S1(.)指定的二进制数减去 S2(.)指定的二进制数,结果存放到目标操作数 D(.)中,运算是二进制代数法。执行过程如图 4-38 所示,如(D10)=5,(D12)=−8,则(D14)=5−(−8)=13。

2) 每个标志的功能、32 位运算的元件指定方法、连续执行和脉冲执行的区别等均与加法指令中的解释相同。图 4-39 所示运算与(D)DEC(P)指令的执行结果相似,但采用减法指令实现减 1 时零位、借位等标志位可能动作。

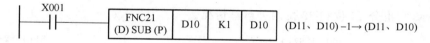

图 4-39　递减程序梯形图及执行过程

3. 二进制乘法指令 MUL

FNC22 MUL：(16/32 位)二进制乘法指令。

S1(.)、S2(.)：源操作数,编程元件为 K、H、KnX、KnY、KnM、KnS、T、C、D、V、Z。

D(.)：目标操作数,编程元件为 KnY、KnM、KnS、T、C、D、V、Z(其中 V、Z 只限于 16 位运算时可指定)。

乘法指令是将指定的两个源操作数中的二进制数相乘,结果存于指定的目标元件中。乘法指令的使用说明如图 4-40 所示,它分 16 位和 32 位两种运算情况。

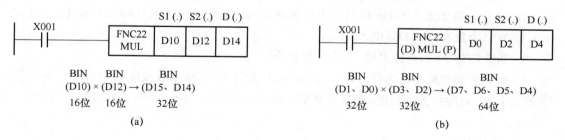

图 4-40　二进制乘法指令使用说明

1) 16 位运算如图 4-40(a)所示。当控制触点 X000 闭合时,(D10)×(D12)→(D15、D14)。源操作数是 16 位,目标操作数是 32 位。例如,若(D10)=6,(D12)=7,则(D15、D14)=42。数据的最高位为符号位(0 为正,1 为负)。

2）32 位运算如图 4-40（b）所示。当控制触点 X001 闭合时，（D1、D0）×（D3、D2）→（D7、D6、D5、D4）。源操作数是 32 位，目标操作数是 64 位。例如，若（D1、D0）=145，（D3、D2）=326，则（D7、D6、D5、D4）=47 270。数据的最高位为符号位（0 为正，1 为负）。

3）在进行 32 位运算时，若用位元件作为目标操作数，则乘积只能得到低 32 位，高 32 位丢失。在这种情况下应先将数据移入字元件再进行运算。

4）用字元件时，不可能监视 64 位数据。在这种情况下，只能通过监视高 32 位和低 32 位并利用下式获得运算的结果：

$$64 \text{ 位结果} = \text{高 } 32 \text{ 位数据} \times 2^{32} + \text{低 } 32 \text{ 位数据}$$

4. 二进制除法指令 DIV

FNC23 DIV：（16/32 位）二进制除法指令。

S1（.）、S2（.）：源操作数，编程元件为 K、H、KnX、KnY、KnM、KnS、T、C、D、V、Z。

D（.）：目标操作数，编程元件为 KnY、KnM、KnS、T、C、D、V、Z（其中 V、Z 只限于 16 位运算时可指定）。

（1）指令说明

除法指令是将指定的两个源操作数中的二进制数相除，S1（.）为被除数，S2（.）为除数，商送到指定的目标操作数 D（.）中，余数送到 D（.）+1 的元件中。除法指令的使用说明如图 4-41 所示，它也分 16 位和 32 位两种运算情况。

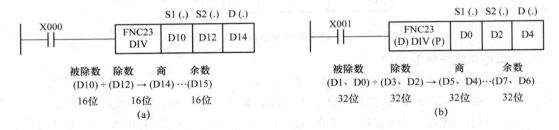

图 4-41　二进制除法指令使用说明

1）16 位运算如图 4-41（a）所示。当控制触点 X000 闭合时，（D10）÷（D12）→（D14）…（D15）。例如，若（D10）=17，（D12）=2，则商（D14）=8，余数（D15）=1。

2）32 位运算如图 4-41（b）所示。当控制触点 X001 闭合时，（D1、D0）÷（D3、D2），商在（D5、D4）中，余数在（D7、D6）中。

3）当除数为 0 时，运算出错，不执行该指令。

4）商和余数的最高位为符号位（0 表示正，1 表示负）。被除数或除数中有一个为负数时，商为负数；被除数为负数时，余数为负数。例如，（-10）÷3=-3…-1，（10）÷（-3）=-3…1。

（2）应用举例

有一组灯共 15 个，接于 Y000～Y016。要求：当 X000 为 ON 时，灯正序每隔 1 s 单个移位，并循环；当 X001 为 ON 且 Y000 为 OFF 时，灯反序每隔 ls 单个移位，直至 Y000 为 ON 时停止。其梯形图如图 4-42 所示，该程序是利用乘 2、除 2 实现目标数据中"1"移位的。

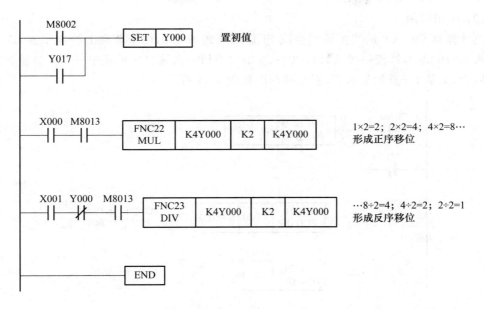

图 4-42　灯组合移位梯形图

5. 二进制加 1、减 1 指令 INC、DEC

FNC24 INC：(16/32 位)二进制加 1 指令。

FNC25 DEC：(16/32 位)二进制减 1 指令。

D(.)：目标操作数，编程元件为 KnY、KnM、KnS、T、C、D、V、Z。

(1) 指令说明

图 4-43(a)为二进制加 1 运算。

1) 每次 X000 由 OFF 变为 ON 时，D10 中的内容加 1。若采用连续执行型，则每个扫描周期都加 1，很难预知程序的执行结果，因此建议采用脉冲执行型。

2) 在 16 位运算时，到 +32 767 再加 1，则成为 32 767，但标志位不动作；在 32 位运算时，到 +2 147 483 647 再加 1，则成为 2 147 483 647，标志位也不动作。

图 4-43(b)为二进制减 1 运算。

1) 每次 X001 由 OFF 变为 ON 时，D10 中的内容减 1。若采用连续执行型，则每个扫描周期都减 1，很难预知程序的执行结果，因此建议采用脉冲执行型。

2) 在 16 为运算时，从 −32 767 减 1，则成为 +32 767，但标志位不动作；在 32 位运算时，从 −2 147 483 647 减 1，则成为 +2 147 483 647，标志位也不动作。

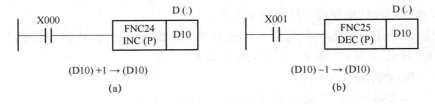

图 4-43　二进制加 1、减 1 指令梯形图及执行过程

（2）应用举例

把计算器 C0～C9 的当前值转换成 BCD 码送到 K4Y0,用于驱动七段显示器,Z0 由复位输入 A010 清 0,每按一次 A011,C0～C9 的当前值一次输出显示其中一个。当显示完 C9 的数值后,又从 C0 开始显示,其程序梯形图如图 4-44 所示。

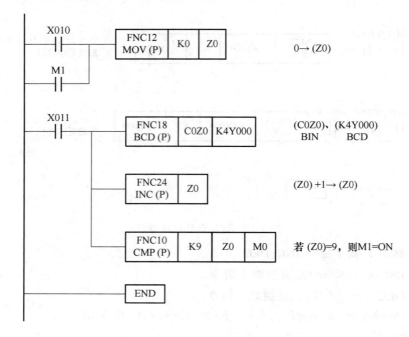

图 4-44　计数器数值显示程序梯形图

6. 逻辑字与、或、异或指令 WAND、WOR、WXOR

FNC26 WAND:(16/32 位)逻辑字与指令。

FNC27 WOR:(16/32 位)逻辑字或指令。

FNC28 WXOR:(16/32 位)逻辑字异或指令。

S1(.)、S2(.):源操作数,编程元件为 K、H、KnX、KnY、KnM、KnS、T、C、D、V、Z。

D(.):目标操作数,编程元件为 KnY、KnM、KnS、T、C、D、V、Z。

逻辑字与、或、异或指令的使用如图 4-45 所示,说明如下。

1) 逻辑字与运算规律是"有 0 得 0,全 1 得 1"〔图 4-45(a)〕。该指令是把两个源操作数按"位"相"与"运算,结果存放于目的操作数中。

2) 逻辑字或运算规律是"有 1 得 1,全 0 得 0"〔图 4-45(b)〕。该指令是把两个源操作数按"位"相"或"运算,结果存放于目的操作数中。

3) 逻辑字异或运算规律是"相同取 0,相异取 1"〔图 4-45(c)〕。该指令是把两个源操作数按"位"相"异或"运算,结果存放于目的操作数中。

7. 求补码指令 NEG

FNC29 NEG:(16/32 位)求补码指令。

D(.):目标操作数,编程元件为 KnY、KnM、KnS、T、C、D、V、Z。

求补码指令的使用如图 4-46 所示,说明如下。

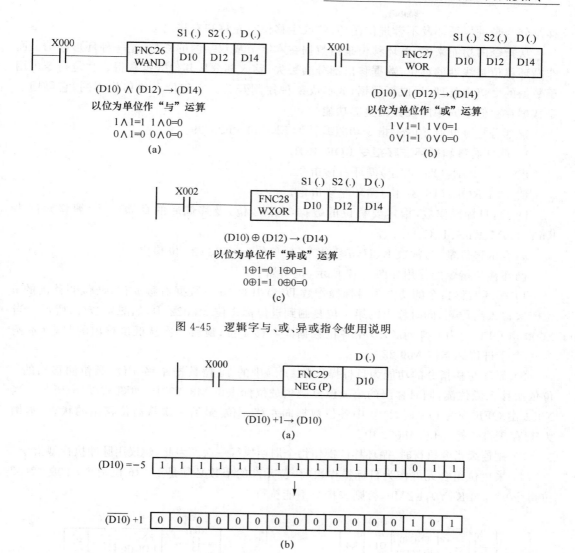

图 4-45　逻辑字与、或、异或指令使用说明

图 4-46　求补码指令使用说明

1) 求补码指令是把二进制数各位取反再加 1 后,结果送入同一目标操作数 D(.)中,如图 4-46(a)所示。用这条指令时应采用脉冲执行型,否则当 X000 接通时,每个扫描周期都要做一次求补码运算。

2) 求补码指令是绝对值不变的变号操作,因此对正数求补得到的是它的相反数,对负数求补得到的是它的绝对值。

例如,(D10)=-5,做求补码运算后得(D10)=5,运算过程如图 4-46(b)所示。

4.5　循环移位、移位指令

FX$_{2N}$系列 PLC 移位指令有循环移位、位移位、字移位及先入先出指令等数种,其中循环

115

移位分为带进位循环及不带进位循环,位或字移位有左移和右移之分。

从指令的功能来说,循环移位是指数据在本字节或双字内的移位,是一种环形移动。而非循环移位是线性的移位,数据移出部分会丢失,移入部分从其他数据获得。移位指令可用于数据的 2 倍乘处理,形成新数据,或形成某种控制开关。字移位和位移位不同,它可用于字数据在存储空间中的位置调整等功能。

这部分指令共有 10 条,指令功能编号为 FNC30～FNC39。

1. 循环右移和循环左移指令 ROR、ROL

FNC30 ROR:(16/32 位)循环右移指令。

FNC31 ROL:(16/32 位)循环左移指令。

D(.):目标操作数,指定要移位的数据(16/32 位)及移位后的存储单元,编程元件为 KnY、KnM、KnS、T、C、D、V、Z。

n:表示移位量,为常数 K、H,$n \leqslant 16$(16 位移位)、$n \leqslant 32$(32 位移位)。

循环移位指令的使用如图 4-47 所示,说明如下。

1) 循环右移指令的功能为目标操作数 D(.)中的 16 位数据右移 n 位,低位侧移出的 n 位依次移入高位侧,同时移出的第 n 位复制到进位标志位 M8022 中,如图 4-47(a)所示。当 X000 由 OFF 变为 ON 时,D10 中各位数据向右移 4 位,最后一次从低位移出的状态(本例为 0)存于进位标志位 M8022 中。

2) 循环左移指令的功能为目标操作数 D(.)中的 16 位数据左移 n 位,高位侧移出的 n 位依次移入低位侧,同时移出的第 n 位复制到进位标志位 M8022 中,如图 4-47(b)所示。当 X001 由 OFF 变为 ON 时,D10 中各位数据向左移 4 位,最后一次从高位移出的状态(本例为 1)存于进位标志位 M8022 中。

3) 用连续指令执行时,循环移位操作每个周期执行一次。因此,建议用脉冲执行型指令。

4) 采用位组合元件作为目标操作数时,位元件的个数必须是 16(16 位指令)个或 32(32 位指令)个,如 K4Y0,K8M0,否则该指令不能执行。

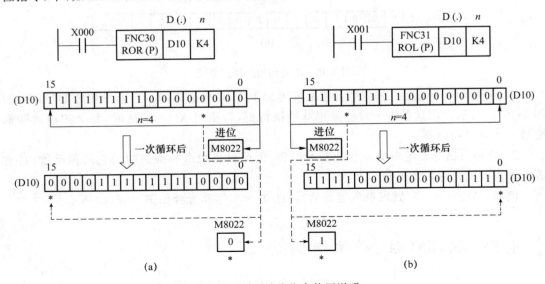

图 4-47 循环移位指令使用说明

2. 带进位的循环右移和循环左移指令 RCR、RCL

FNC32 RCR:(16/32 位)带进位循环右移指令。

FNC33 RCL:(16/32 位)带进位循环左移指令。

D(.):目标操作数,指定要移位的数据(16/32 位)及移位后的存储单元,编程元件为 KnY、KnM、KnS、C、D、V、Z。

n:指定右移/移位的位数,为常数 K、H,$n \leqslant 16$(16 位移位)、$n \leqslant 32$(32 位移位)。

带进位循环移位指令的使用如图 4-48 所示,说明如下。

1) 带进位循环右移指令的功能为目标操作数 D(.)中的 16 位数据右移 n 位,移出的第 n 位移入进位标志位 M8022,而进位标志位 M8022 原来的数据则移入从最高位侧计的第 n 位。图 4-48(a)为带进位循环右移指令的使用说明,当 X000 由 OFF 变为 ON 时,移位前 M8022 的状态首先被移入 D10,且 D10 中各位数据向右移 4 位,最后一次从低位移出的状态(本例为 0)存于进位标志位 M8022 中。

2) 带进位循环左移指令的功能为目标操作数 D(.)中的 16 位数据左移 n 位,移出的第 n 位移入进位标志位 M8022,而进位标志位 M8022 原来的数据则移入从最低位侧计的第 n 位。图 4-48(b)为带进位循环左移指令的使用说明,当 X001 由 OFF 变为 ON 时,移位前 M8022 的状态首先被移入 D10,且 D10 中各位数据向左移 4 位,最后一次从高位移出的状态(本例为 1)存于进位标志位 M8022 中。

3) 用连续指令执行时,循环移位操作为每个周期执行一次。因此,建议用脉冲执行型指令。

4) 采用位组合元件作为目标操作数时,位元件的个数必须是 16(16 位指令)个或 32 (32 位指令)个,如 K4Y0,K8M0,否则该指令不能执行。

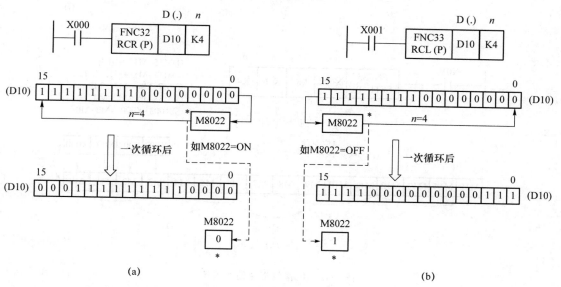

图 4-48　带进位循环移位指令使用说明

3. 位右移、位左移指令 SFTR,SFTL

FNC34 SFTR:(16 位)位右移指令。

FNC35 SFTL:(16 位)位左移指令。

S(.):源操作数,指定要移入目标单元的位元件数据,编程元件为 X、Y、M、S。

D(.):目标操作数,指定要移位的数据(16/32 位)及移位后的存储单元,编程元件为 Y、M、S。

n_1:指定目标操作数位元件长度(要移位的位元件)。

n_2:指定移位的位数(也是源操作数的长度)。

n_1、n_2 为常数 K、H,且 $n_2 \leqslant n_1 \leqslant 1\,024$。

(1) 指令说明

1) 位右移指令的功能为目标操作数 D(.)所指定的 n_1 个位元件连同 S(.)所指定的 n_2 个位元件的数据右移 n_1 位。位右移指令的使用如图 4-49(a)所示,当 X010 由 OFF 变为 ON 时,D(.)内(M0~M15)16 位数据连同 S(.)内(X000~X003)4 位元件的数据向右移 4 位,(X000~X003)4 位数据从 D(.)的高位端移入,而 D(.)的低位 MOM3 数据移出(溢出)。

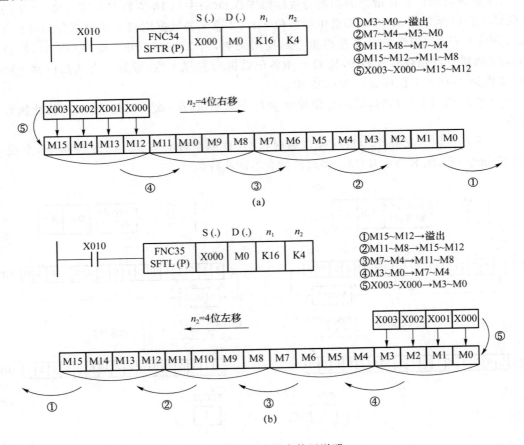

图 4-49　位移位指令使用说明

2) 位左移指令的功能为目标操作数 D(.)所指定的 n_1 个位元件连同 S(.)所指定的 n_2 个位元件的数据左移 n_2 位。位左移指令的使用如图 4-49(b)所示,当 X010 由 OFF 变为 ON 时,D(.)内(M0~M15)16 位数据连同 S(.)内(X000~X003)4 位元件的数据向左移 4 位,(X000~

X003)4 位数据从 D(.)的低位端移入,而 D(.)的高位 M12~M15 数据移出(溢出)。

3)若图 4-49 中 $n_2=1$,则每次只进行 1 位移位。

4)当采用连续执行型指令时,在 X010 接通期间,每个扫描周期都要移位,因此建议采用脉冲执行型指令。

(2)应用举例

有 10 个彩灯,接在 PLC 的 Y000~Y011 上,要求每隔 1 s 依次由 Y000~Y011 轮流点亮 1 个,循环进行。

由于是从 Y000→Y011 点亮,由低位移向高位,因此可使用位左移指令 SFT,又因为每次只亮一个灯,所以开始从低位传入一个"1"后,就应该传送一个"0"进去,这样才能保证只有一个灯亮。当这个"1"从高位溢出后,又从低位传入一个"1"进去,如此循环就能达到控制要求。控制程序梯形图如图 4-50 所示。

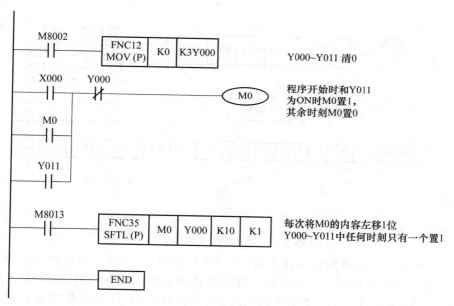

图 4-50　移动亮灯程序控制梯形图

4. 字右移、字左移指令 WSFR、WSFL

FNC36 WSFR:(16 位)字右移指令。

FNC37 WSFL:(16 位)字左移指令。

S(.):源操作数,指定要移入目标单元的字元件数据,编程元件为 KnX、KnY、KnM、KnS、T、C、D。

D(.):目标操作数,指定要移位的数据(16 个字)及移位后的存储单元,编程元件为 KnY、KnM、KnS、T、C、D。

n_1:指定目标操作数字元件个数(要移位的字元件)。

n_2:指定移位的字元件个数(也是源操作数的字元件个数)。

n_1、n_2 为常数 K、H,且 $n_2 \leqslant n_1 \leqslant 512$。

字移位指令的使用如图 4-51 所示,说明如下。

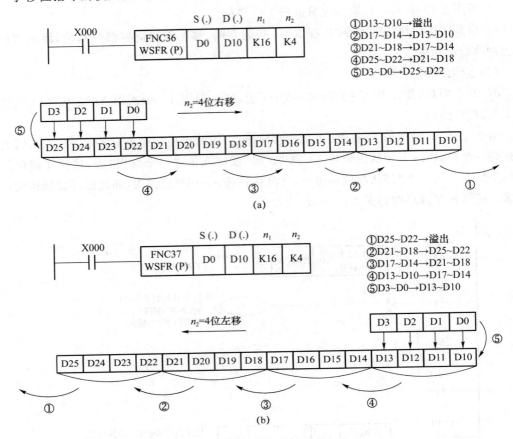

图 4-51　字移位指令使用说明

1) 字右移指令的功能为目标操作数 D(.) 所指定的 n_1 个字元件连同 S(.) 所指定的 n_2 个字元件右移向字数据。字右移指令的使用如图 4-51(a)所示,当 X000 由 OFF 变为 ON 时,D(.) 内(D10~D25)16 个字数据连同 S(.) 内(D0~D3)4 个字数据向右移 4 个字,(D0~D3)4 字数据从 D(.) 的高字端移入,而(D10~D13)从 D(.) 的低字端移出(溢出)。

2) 字左移指令的功能为目标操作数 D(.) 所指定的 n_1 个字元件连同 S(.) 所指定的 n_2 个字元件左移向字数据。字左移指令的使用如图 4-51(b)示,当 X000 由 OFF 变为 ON 时,D(.) 内(D10~D25)16 个字数据连同 S(.) 内(D0~D3)4 个字数据向左移 4 个字,(D0~D3)4 字数据从 D(.) 的低字端移入,而(D22~D25)从 D(.) 的高字端移出(溢出)。

3) 当采用连续执行型指令时,在 X000 接通期间,每个扫描周期都要移位,因此建议采用脉冲执行型指令。

4.6　数据处理指令

FX$_{2N}$ 系列 PLC 数据处理类指令含批复位、编码、译码及平均值计算等指令,其中批复位指令可用于数据区的初始化,编码、译码指令可用于字元件中某个置 1 位的位码的编译。这部分指令共有 10 条,指令功能编号为 FNC40～FNC49。

1. 区间复位指令 ZRST

FNC40 ZRST:(16 位)区间复位指令。

D1(.)、D2(.):目标操作数,指定要复位的区间范围,编程元件为 Y、M、S、T、C、D。

区间复位指令也称为成批复位指令,其功能为将两目标操作数所指定的区间范围复位。区间复位指令的使用如图 4-52 所示。

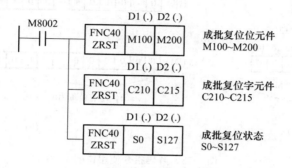

图 4-52　区间复位指令使用说明

1) 当 M8002 由 OFF→ON 时,区间复位指令执行,位元件 M100～M200 成批复位、字元件 C210～C215 成批复位、状态元件 S0～S127 成批复位。

2) 目标操作数 D1(.)和 D2(.)指定的元件应为同类元件,D1(.)指定的元件号应小于或等于 D2(.)指定的元件号。若 D1(.)的元件号大于 D2(.)的元件号,则只有 D1(.)指定的元件被复位。

3) 区间复位指令一般只作为 16 位处理,但是 Dl(.)、D2(.)也可同时指定为 32 位计数器。不过不能混合指定,即不能在 D1(.)中指定 16 位计数器,在 D2(.)中指定 32 位计数器。

4) 也可以采用多点传送指令 FMOV 将常数 KO 对 KnY、KnM、KnS、T、C、D 软元件成批复位。而采用 RST 指令仅对位元件 Y、M、S 和字元件 T、C、D 单独进行复位,不能成批复位。

2. 解码指令 DECO

FNC41 DECO:(16 位)解码指令。

S(.):源操作数,指定要解码的元件地址。当源操作数为位元件时,共有 n 位;当源操作数为字元件时,把游、操作数的低 n 位解码。编程元件为 K、H、X、Y、M、S、T、C、D、V、Z。

D(.):目标操作数,指定目标元件地址。当目标操作数为位元件时,共有 T 位;当目标操作数为字元件时,解码后只影响目标操作数的低 n 位。编程元件为 Y、M、S、T、C、D。

n:要解码的位数。当 D(.)为字元件时,取 $n=1～4$;当 D(.)为位元件时,取 $n=1～8$。

(1) 指令说明

解码指令的功能是将若干位二进制数转换成具有特定意义的信息,即类似于数字电路中的 3-8 译码器功能。解码指令的使用如图 4-53 所示。

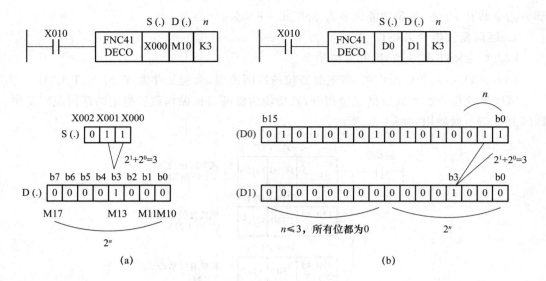

图 4-53 解码指令使用说明

1）当目标操作数 D(.) 是位元件时，用相应的位元件置"1"或置"0"来表示指令的执行结果，图 4-53(a) 中 $n=3$，即为解 3 位码，这 3 位码用对应 X002～X000 的状态来表达，3 位码对应有 8 ($2^3=8$) 种结果，所以用 M10～M17 的 8 个位元件表示，如 X002～X000＝(011)$_B$＝3，则位元件第 3 位（M13＝1）为 1。若源操作数的值为 0（X002～X000＝0），则第 0 位（M10）为 1。

若 $n=0$，则程序不执行；若 n 在 1～8 以外时，则出现运算错误；若 $n=8$，则 D(.) 位数为 $2^8=256$。

2）当目标操作数 D(.) 是字元件时，用相应字元件中的位来表示指令执行的结果，如图 4-53(b) 中 D0＝(5553)$_H$，而 $n=3$，表示对 D0 的低 3 位解码，D0 的低 3 位是 (011)$_B$＝3，所以目标操作数 D1 的 b3 位为 1，其余位是 0。

若 $n=0$，则程序不执行；若 n 在 1～4 以外时，则出现运算错误；若 $n\leqslant4$，则在 D(.) 的 $2^4=16$ 位范围内解码；若 $n\leqslant3$，则在 D(.) 的 $2^3=8$ 位范围内解码。

3）若驱动输入为 OFF，则不执行指令，上一次解码输出置 1 的位保持不变。

4）若指令是连续执行型，则在每个扫描周期执行一次。

（2）应用举例

有五台电动机的起动运行受一个按钮的控制，按钮按数次，最后一次保持 1 s 以上，则号码与次数相同的电动机运行。再按按钮，该电动机停止。五台电动机接于 Y001～Y005 上，梯形图如图 4-54 所示。输入电动机编号的按钮接于 X000，电动机号数使用加 1 指令记录在 K1M10 中，解码指令 DECO 则将 K1M10 中的数据解读并令相应的位元件置 1。M9 及 T0 用于输入数字确认及停车复位控制。

例如，若按钮连按三次，最后一次保持 1 s 以上，则 M10～M12 中为 (011)BIN，通过译，使 M0～M7 中相应的 M3 为 1，则接于 Y003 上的电动机运行，再按一次 X000，则 M9 为 1，T0 和 M10～M12 复位，电动机停止。

3．编码指令 ENCO

FNC42 ENCO：(16 位)编码指令。

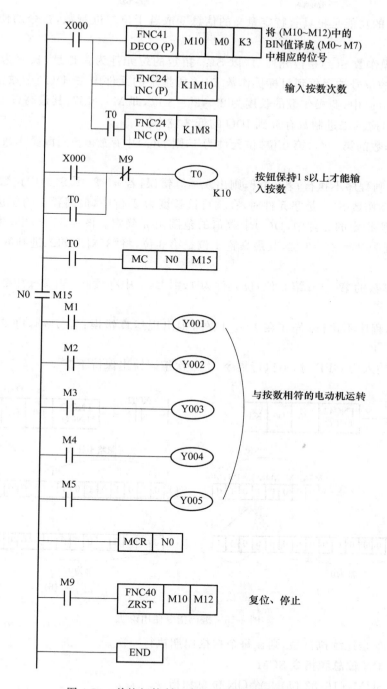

图 4-54　单按钮控制五台电动机运行的梯形图

S(.):源操作数,指定要编码的元件地址。当源操作数为位元件时,共有 T 位;当源操作数为字元件时,只对源操作数的低 2^n 位编码。编程元件为 X、Y、M、S、T、C、D、V、Z。

D(.):目标操作数,指定目标元件地址。编码的结果只影响目标操作数的低 2^n 位。编程元件为 T、C、D、V、Z。

n:编码后的位数。当 D(.) 为字元件时,取 $n=1\sim4$;当 D(.) 为位元件时,取 $n=1\sim8$。

编码指令的功能是将具有特定意义的信息变成若干位二进制数,指令的使用如图 4-55 所示。

1) 当源操作数 S(.)是位元件时,以 S(.)指定的位元件为首地址、长度为 T 的位元件中,最高置 1 的位号被存放到目标操作数 D(.)所指定的元件中去,D(.)中数值的范围由 n 确定。图 4-55(a)中,源操作数的长度为 $2^n=2^3=8$ 位,即 M0~M7,其最高置 1 位是 M3(第 3 位),将"3"对应的二进制数存放到 IDO 的低 3 位中。

若源操作数的第一个(第 0 位)位元件为 1,则 D(.)中存放 0。当源操作数中无 1 时,出现运算错误。

若 $n=0$,则程序不执行;若 $n>8$,则出现运算错误;若 $n=8$,则 S(.)中位数为 $2^8=256$。

2) 当源操作数 S(.)是字元件时,在其可读长度为 T 位中,最高置 1 的位被存放到目标操作数 D(.)所指定的元件中,D(.)中数值的范围由 n 确定。图 4-55(b)中,源操作数字元件的可读长度为 $2^n=2^3=8$ 位,其最高置 1 位是第 3 位,将"3"对应的二进制数存放到 D1 的低 3 位中。

若源操作数的第一个(第 0 位)位元件为 1,则 D(.)中存放 0。当源操作数中无 1 时,出现运算错误。

若 $n=0$,程序不执行;若 n 在 1~4 以外,则出现运算错误;若 $n=4$,则 S(.)中位数为 $2^4=16$。

3) 驱动输入为 OFF 时,不执行指令,上一次编码输出保持不变。

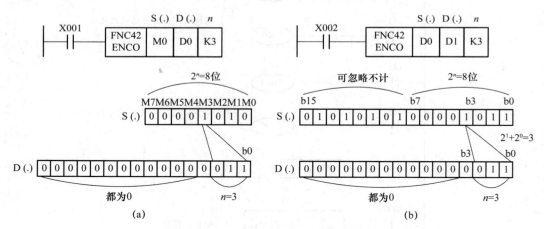

图 4-55 编码指令使用说明

4) 若指令是连续执行型,则在每个扫描周期执行一次。

4. 求置 ON 位总和指令 SUM

FNC43 SUM:(16/32 位)求置 ON 位总和指令。

S(.):源操作数,编程元件为 K、H、KnX、KnY、KnM、KnS、T、C、D、V、Z。

D(.):目标操作数,编程元件为 KnY、KnM、KnS、T、C、V、Z。

求置 ON 位总和指令的使用如图 4-56 所示,说明如下。

1) 求置 ON 位总和指令的功能是判断源操作数 S(.)中有多少个 1,结果存放在目标操作数 D(.)中。例如,源操作数 D0=H550B,即有 7 个 1,则目标操作数 D2=7。若 D0 中存放的是 0,则零标志位 M8020 置 1。

2) 若图 4-56 中使用的是 DSUM 或 DSUMP 指令,则将(D1,D0)之和写入 D2,与此同时,D3 全部为 0。

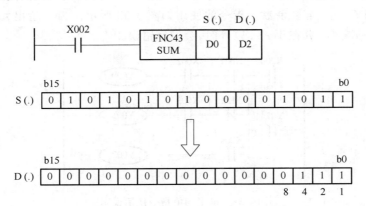

图 4-56　求置 ON 位总和指令使用说明

5. ON 位判断指令 BON

FNC44 BON:(16/32 位)ON 位判断指令。

S(.):源操作数,编程元件为 K、H、KnX、KnY、KnM、KnS、T、C、D、V、Z。

D(.):目标操作数,编程元件为 Y、M、S。

n:指定要判断源操作数 S(.)中的第几位。

ON 位判断指令的功能是判别源操作数 S(.)中的第几位是否为 1,如果是 1,则相应的目标操作数的位元件置 ON,否则置 OFF。BON 指令的使用如图 4-57 所示。

1) 图 4-57 中当 X002 为 ON 时,判断 D10 的第 15 位,若为 1,则 M0 为 ON,反之为 OFF。X002 为 OFF 时,M0 状态不变化。

2) ON 位判断指令可用来判断某个数是正数还是负数,或者是奇数还是偶数等。

3) 执行的是 16 位指令时,$n=0\sim15$;执行的是 32 位指令时,$n=0\sim31$。

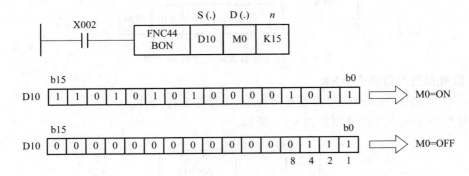

图 4-57　ON 位判断指令使用说明

6. 求平均值指令 MEAN

FNC45 MEAN:(16 位)求平均值指令。

S(.):源操作数,编程元件为 KnX、KnY、KnM、KnS、T、C、D。

D(.)：目标操作数，编程元件为 KnY、KnM、KnS、T、C、D、V、Z。

n：源操作数 S(.) 中元件的个数，n 为常数 K、H，$1 \leqslant n \leqslant 64$。

求平均值指令的功能为将源操作数 S(.) 指定的 n 个（元件的）源操作数据的平均值存入目标操作数 D(.) 中，舍去余数。指令的使用如图 4-58 所示。当 n 超出元件规定地址号范围时，n 值自动减小。n 在 $1 \sim 64$ 以外时，会发生错误。

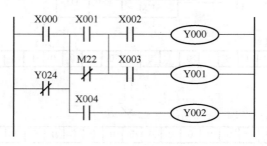

图 4-58　求平均值指令使用说明

7. 信号报警置位指令 ANS

FNC46 ANS：(16 位) 信号报警置位指令。

S(.)：源操作数，编程元件为 T(T0~T199)。

D(.)：目标操作数，编程元件为 S(S900~S999)。

m：源操作数 S(.) 中 T 的定时时间，$m = 1 \sim 32\ 767$(100 ms 单位)。

信号报警置位指令是驱动信号报警器 M8048 动作的方便指令。当执行条件为 ON 时，源操作数 S(.) 中定时器定时 $m \times 100$ ms 后，目标操作数 D(.) 指定的报警状态寄存器置位，同时 M8048 动作。指令的使用如图 4-59 所示，当 X001 接通时，T0 开始计时，当 X001 接通的时间超过 T0 的定时时间（图中为 1 s）时，S900 被置位，同时 M8048 动作，定时器 T0 复位。以后即使 X001 断开，S900 置位的状态不变。若 X001 接通时间小于 1 s，则定时器 T0 复位，S900 不置位。

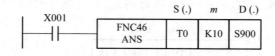

图 4-59　信号报警置位指令使用说明

8. 信号报警复位指令 ANR

FNC47 ANR：(16 位) 信号报警复位指令，无操作目标元件。

信号报警复位指令的使用如图 4-60 所示。

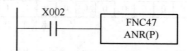

图 4-60　信号报警复位指令使用说明

1) 当 X002 由 OFF 变为 ON 时，S900~S999 之间被置 1 的报警状态寄存器复位。若超过 1 个报警状态寄存器被置 1，则元件号最低的那个报警状态寄存器被复位。当 X002 再次由 OFF 变为 ON 时,下一个被置 1 的报警状态寄存器复位。

2) 若采用连续执行型指令,则当 X002 接通时,按扫描周期依次逐个地将报警状态寄存器复位,请务必注意!

3) 与信号报警置位、复位指令有关的特殊辅助继电器有 M8048(报警器动作)和 M8049(报警器有效)。当 M8049 为 1 时,不论 S900～S999 中哪个或哪几个状态为 1,M8048 立即被置 1,同时,D8049 内的数为最低的报警状态寄存器的地址;当 M8049 为 0 时,即使 S900～S999 中有状态为 1,M8048 的状态及 D8049 内的数据也不会发生变化。若 S900～S999 的状态全部被复位,则 M8048 为 0,D8049 内的数也为 0。

4.7　外部 I/O 设备指令

FX_{2N} 系列 PLC 备有可供与外部设备交换数据的外部设备 I/O 指令。这类指令可通过最少量的程序和外部布线,进行复杂的控制。此外,为了控制特殊单元、特殊模块,还有对它们缓冲区数据进行读写的 FROM、T0 指令。外部设备指令共有 10 条,指令功能编号为 FNC70～FNC79。

1. 十键输入指令 TKY

FNC70 TKY:(16/32 位)用 10 个按键输入十进制数的功能指令。

S(.):指定起始号输入元件(有 10 个连号位软元件),编程元件为 X、Y、M、Z。

D1(.):指定存储元件,编程元件为 KnY、KnM、KnS、T、C、D、V、Z。

D2(.):指定起始号读出元件开始的 11 个连号元件,其中前 10 个与 S(.)指定的 10 位软元件状态一致,第 11 个用来检测有无键按下。编程元件为 Y、M、S。

十键输入指令的使用如图 4-61 所示,说明如下。

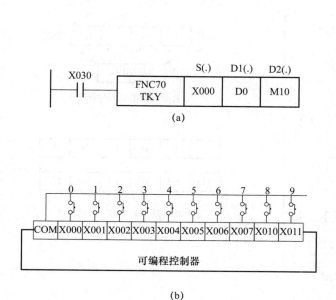

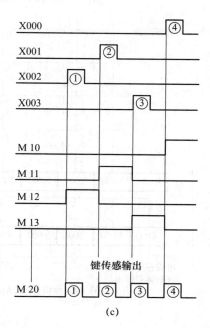

图 4-61　十键输入指令使用说明

1）与梯形图相配合的输入按键与 PLC 的连接如图 4-61（b）所示。图中接在 X000～X011 端口上的 10 个按键可以输入 4 位十进制数据，自动转换成 BIN 码存于 D0 中。按键输入的动作时序如图 4-61（c）所示，按键按①②③④顺序按下，则 D0 中存入的数据为 2130。

2）M10～M19 分别与 X000～X007、X010～X011 相对应，用来记录输入的单个数字，如图 4-61（c）所示。当 X002 按下时，M12 置 ON 并保持到另一键按下，其他键也一样动作。M20 对于任何一个键按下，都将产生一个脉冲，称为键输入脉冲，记录键按下的次数，并且次数大于 4 时发出提醒重新置数信号，并将相关存储单元清零。

3）当多个键同时按下时，只有先按下的键有效。

4）对于 16 位指令，输入数值的范围为 0～9999，9999 以上的数位溢出；对于 32 位指令，输入数值的范围为 0～99999999，99999999 以上的数位溢出。

5）图 4-61 中，当 X030 置 OFF 时，D0 的内容不变化，但 MIOM20 都成 OFF。

6）在一个程序中，TKY 指令只能使用一次。

2. 十六键输入指令 HKY

FNC71 HKY：（16/32 位）使用 16 键键盘输入数字及功能信号的指令。

S（.）：指定 4 个连号的输入元件，编程元件为 X。

D1（.）：指定 4 个连号的扫描输出元件（晶体管输出），编程元件为 Y。

D2（.）：指定存储数字键输入信号的元件（以二进制数存放），编程元件为 T、C、D、V、Z。

D3（.）：指定 8 个连号的读出元件（存储功能键信号），编程元件为 Y、M、S。十六键输入指令的使用如图 4-62 所示，说明如下。

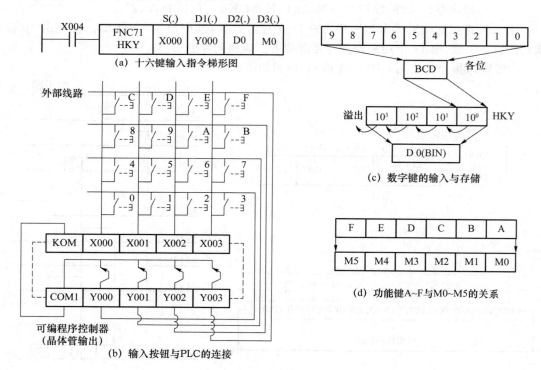

图 4-62　十六键输入指令的使用说明

1) 十六键分为数字键和功能键,与梯形图相配合的输入按键与 PLC 的连接如图 4-62(b) 所示。X000～X003 和 Y000～Y003 构成矩阵式键盘,只能用晶体管输出型。Y000～Y003 轮流输出,一次循环后,完毕标志 M8029 动作。

2) 数据输入功能。利用 0～9 的 10 个数字键,可以输入并以 BIN 形式向 D0 存入上限值为 9999 的数值,超出此值则溢出,如图 4-62(c)所示。使用(D)HKY 指令时,0～99999999 的数字存于 D1 和 D0 中。同时按多个键时,只有先按下的键有效。

3) 功能键。功能键 A～F 与 M0～M5 的关系如图 4-62(d)所示。按 A 键时,M0 置 1 并保持,按 D 键时,M0 置 0,M3 置 1 并保持,其余类推。

4) 功能键 A～F 的任一个键被按下时,M6 置"1"(不保持);数字键 9 的任一个键被按下时,M7 置"1"(不保持)。当 X004 变为 OFF 时,D0 保持不变,M0～M7 全部为 OFF。

5) 若预先将具有数据处理功能的 M8167 置 1,可将 0～F 的十六进制数原封不动地写入 D(.)中。例如,[123BF]输入后,D2(.)中以 BIN 形式存储[123BF]。

6) 扫描全部 16 个键需要 8 个扫描周期,由于滤波延时可能造成存储错误,使用恒定扫描模式或定时中断处理可避免这种错误。

7) 在一个程序中,HKY 指令只能使用一次。

3. 数字开关指令 DSW

FNC72 DSW:(16 位)输入 BCD 码开关数据的专用指令。

S(.):指定 4 位输入点的起始号。$n=1$ 时,由 4 个开关输入量组成;$n=2$ 时,由 8 个开关输入量组成。编程元件为 X。

D1(.):指定 4 个开关量输出起始号(最好用晶体管输出),编程元件为 Y。

D2(.):指定数据存储元件(以二进制数存放)。$n=1$ 时,由 1 个字元件组成;$n=2$ 时,由 2 个字元件组成。编程元件为 T、C、D、V、Z。

n:指定数字开关的组数。$n=1$,表示只有 1 组拨码盘输入 4 位 BCD 码;$n=2$,表示有 2 组拨码盘输入 2 个 4 位 BCD 码。编程元件为 K、H($n=1$ 或 $n=2$)。

数字开关指令用来读入一组或两组 4 位数字开关的设置值。在一个程序中,该指令可以使用两次。指令的使用如图 4-63 所示。

1) 每组开关由 4 个拨盘组成(每个拨盘构成一位 BCD 码),开关与 PLC 的接线如图 4-63(b)所示。指令中 $n=1$ 指一组 BCD 码数字开关一组 BCD 码数字开关接到 X010～X013,由 Y010～Y013 依次选通读出,数据自动以 BIN 码形式存于 D2(.)指定的元件 D0 中。若 $n=2$,则有二组 BCD 码数字开关,第二组开关接在 X014～X017 上,由 Y010～Y013 顺次输出选通信号,第二组数据自动以 BIN 码形式存入 D1 中。

2) 当 X000 置为 ON 时,Y010～Y013 顺次为 ON,一次循环完成后,标志 M8029 置"1",其时序图如图 4-63(c)所示,指令梯形图如图 4-63(a)所示。

3) 为了能连续存入 DSW 值,最好选用晶体管输出型 PLC。如果用继电器输出型的 PLC,可采用如图 4-63(d)所示指令梯形图,X000 为 ON 期间,DSW 指令工作,即使 X000 变为 OFF,M0 会一直工作到指令执行完毕才复位。

4）当数字开关指令在操作中被中止后重新开始工作时，从初始开始循环而不是从中止处开始。

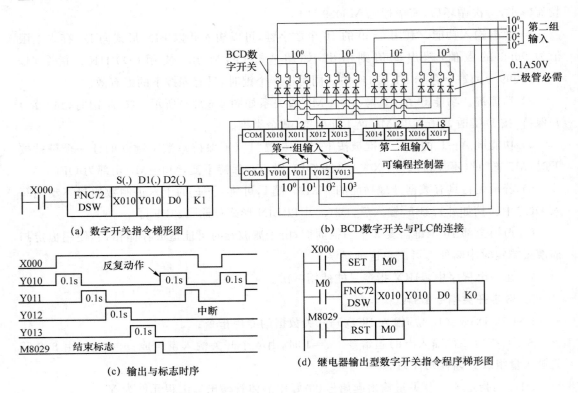

(a) 数字开关指令梯形图　　　　(b) BCD数字开关与PLC的连接

(c) 输出与标志时序　　　　(d) 继电器输出型数字开关指令程序梯形图

图 4-63　数字开关指令的使用说明

4. 七段码译码指令 SEGO

FNC73 SEGD：(16 位)七段码译码指令，驱动 1 位七段码显示器显示十六进制数据的指令。

S(.)：源操作数，其低 4 位(只用低 4 位)存放待显示的十六进制数，编程元件为 K、H、KnX、KnY、KnM、KnS、T、C、D、V、Z。

D(.)：目标操作数，存放译码后的七段码结果(存放在低 8 位，高 8 位保持不变)。编程元件为 KnY、KnM、KnS、T、C、D、V、Z。

七段码译码指令的使用如图 4-64 所示，该指令的功能是将源操作数 S(.)的低 4 位指定的 0～F(十六进制数)的数据译成七段显示的数据格式存于 D(.)中，源数据的高 8 位不变。译码表见表 4-2，表中 B0 是位元件的起始号(如 Y000)或字元件的最后位。

图 4-64　七段码译码指令使用说明

表 4-2　七段码译码表

源		七段组合数字	预设定								表示的数字
十六进制数	位组合格式		B7	B6	B5	B4	B3	B2	B1	B0	
0	0000		0	0	1	1	1	1	1	1	0
1	0001		0	0	0	0	0	1	1	0	1
2	0010		0	1	0	1	1	0	1	1	2
3	0011		0	1	0	0	1	1	1	1	3
4	0100		0	1	1	0	0	1	1	0	4
5	0101		0	1	1	0	1	1	0	1	5
6	0110		0	1	1	1	1	1	0	1	6
7	0111		0	0	0	0	0	1	1	1	7
8	1000		0	1	1	1	1	1	1	1	8
9	1001		0	1	1	0	1	1	1	1	9
A	1010		0	1	1	1	0	1	1	1	A
B	1011		0	1	1	1	1	1	0	0	b
C	1100		0	0	1	1	1	0	0	1	C
D	1101		0	1	0	1	1	1	1	0	d
E	1110		0	1	1	1	1	0	0	1	E
F	1111		0	1	1	1	0	0	0	1	F

（七段组合数字列中的显示器示意图，各段标注为 B0、B1、B2、B3、B4、B5、B6）

5. 带锁存七段码显示指令 SEGL

FNC74 SEGL：（16 位）带锁存七段码显示指令，用于控制一组或两组七段显示。

S(.)：源操作数，存放待译码的数。$n=0\sim3$ 时，由 1 个元件（16 位）构成；$n=4\sim7$ 时，由 2 个元件（32 位）构成。编程元件为 K、H、KnX、KnY、KnM、KnS、T、C、D、V、Z。

D(.)：目标操作数，指定译码输出的首地址。$n=0\sim3$ 时，由 8 个开关量输出组成；$n=4\sim7$ 时，由 12 个开关量输出组成。编程元件为 Y。

n：指定显示的 BCD 码位数。$n=0\sim3$ 时，显示 4 位 BCD 码；$n=4\sim7$ 时，显示 8 位 BCD 码。编程元件为 K、H（$n=0\sim7$）。

SEGL 指令的功能是驱动 4 位一组或两组带锁存七段码显示器显示，指令的使用如图 4-65 所示。

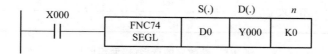

图 4-65　带锁存七段码显示指令的使用说明

1) 接一组数码管（$n=0\sim3$）时，D0 中数据（BIN 码）转换成 BCD 码（0~9999）顺次送到 Y000~Y003。Y004~Y007 依次为各组的选通锁存信号。接两组数码管（$n=4\sim7$）时，与一组时相似，D0 的数据送 Y000~Y003，D1 的数据送 Y010~Y013，显示的范围是 0~99999999。Y004~Y007 输出的选通信号两组显示器共用，带锁存的七段码显示器与 PLC 的连接如图 4-66 所示。

2）SEGL 指令为进行 4 位(1 组或 2 组)的显示,需要运算周期 12 倍的时间,4 位数输出结束后,完毕标志 M8029 动作。本指令在 FX_{2N}、FX_{2NC} 中可用两次,在 FX_{1S}、FX_{1N} 中不限次数。

3）SEGL 指令的驱动输入在 ON 时,执行反复动作,但在一系列的动作途中,驱动输入置于 OFF 时,中断动作,再驱动时从初始动作开始。

4）参数 n 的选择。参数 n 的选择与 PLC 的逻辑、数据输入信号的逻辑、选通信号的逻辑及显示单元的组数(1 或 2)有关。PLC 逻辑的规定:当内部逻辑为“1”时,输出为低电位,为负逻辑;输出为高电位,为正逻辑。七段码显示器逻辑见表 4-3。

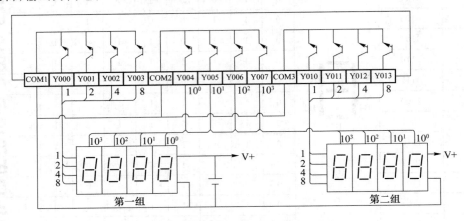

图 4-66　带锁存七段码显示器与 PLC 的连接

根据可编程序控制器的正、负逻辑与七段码的正负逻辑是否一致,进行参数 n 的选择。表 4-4、表 4-5 分别为一组、两组 4 位显示时 n 的设定。

表 4-3　七段码显示器逻辑

逻辑	正逻辑	负逻辑
数据输入	高＝“1”	低＝“1”
选通信号	高电平时锁存数据	低电平时锁存数据

表 4-4　参数 n 的选择(接一组时)

数据输入	选通信号	参数 n
一致	一致	0
	不一致	1
不一致	一致	2
	不一致	3

表 4-5　参数 n 的选择(接两组时)

数据输入	选通信号	参数 n
一致	一致	4
	不一致	5
不一致	一致	6
	不一致	7

例:PLC 及七段显示的逻辑关系如下。

PLC:负逻辑。

显示器的数据输入:负逻辑(相同)。

显示器的选通脉冲信号:正逻辑(不相同)。

则接一组时 $n=1$,接两组时 $n=5$。

6. 读特殊功能模块指令 FROM

FNC78 FROM:(16/32 位)缓冲存储器(BFM)读出指令,可将特殊功能模块 BFM 的内容读入 PLC 中。

D(.):目标操作数,存放从缓冲区读出的数据。编程元件为 KnY、KnM、KnS、T、C、D、V、Z。

m_1:特殊功能模块号(范围 0~7)。

m_2:缓冲存储器首地址(范围 0~32 767)。

n:待传送数据的字数(范围 1~32 767)。

m_1、m_2、n 的编程元件都为 K、H。

图 4-67 所示的 FROM 指令,将编号为 m_1 的特殊功能模块内从缓冲存储器(BFM)号为 m_2 开始的连续 n 个字单元和双字单元的内容读入基本单元,并存于从 D(.)开始的连续 n 个字单元和双字单元中。接在 FX_{2N} 基本单元右边扩展总线上的特殊功能模块(如模拟量输入单元、模拟量输出单元、高速计数器等),从最靠近基本单元那个开始顺次编号为 0~7。图 4-68 表示了 PLC 与特殊功能模块的连接编号及数据间的传送关系。X000=ON 时,执行读出;X000=OFF 时,不执行传送,传送地点的数据不变化。脉冲指令执行后也同样。

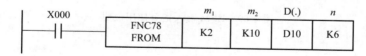

图 4-67　BFM 读出指令使用说明

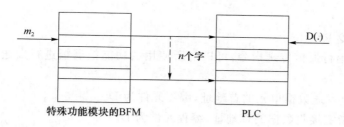

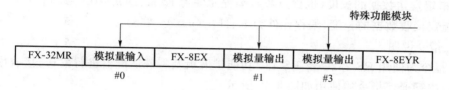

图 4-68　读特殊功能模块动作过程

7. 写特殊功能模块指令 T0

FNC79 T0：（16/32 位）缓冲存储器（BFM）写入指令，可将 PLC 中的数据写入特殊功能模块。

S（.）：源操作数，存放从基本单元写入缓冲区的数据，编程元件为 K、H、KnX、KnY、KnM、KnS、T、C、D、V、Z。

m_1：特殊功能模块号（范围 0～7）。

m_2：缓冲存储器首地址（范围 0～32 767）。

n：待传送数据的字数（范围 1～32 767）。

m_1、m_2、n 的编程元件都为 K、H。

图 4-69 所示的 T0 指令，将基本单元从 S（.）元件开始的连续 n 个字单元和双字单元的内容，写入特殊功能模块 m_1 中编号为 m_2 开始的连续 n 个字单元和双字单元缓冲存储器中。

FROM/T0 指令的执行受中断允许继电器 M8028 的约束。当 M8028 为 OFF 时，FROM/T0 指令执行过程中，为自动中断禁止状态，输入中断、定时器中断不能执行。此期间程序发生的中断，只有在 FROM/T0 指令执行完毕后才能立即执行。FROM/T0 指令在中断程序中也可使用。当 M8028 为 ON 时，FROM/T0 指令执行过程中，中断发生时，立即执行中断，但是在中断程序中，不能使用 FROM/T0 指令。

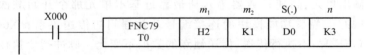

图 4-69 BFM 写入指令使用说明

4.8 其 他 指 令

1. 串行通信传送指令 RS

FNC80 RS：（16 位）串行通信传送指令，可以与所使用的功能扩展板进行发送、接收串行数据。

S（.）：源操作数，指定发送数据单元的首地址，编程元件为 D。

D（.）：目标操作数，指定接收数据的首地址，编程元件为 D。

m：指定发送数据的长度（也称点数），编程元件为 K、H、D（m＝0～255）。

n：指定接收数据的长度，编程元件为 K、H、D（n＝0～255）。

（1）指令说明

RS 指令为使用 RS-232C 及 RS-485 功能扩展板及特殊适配器进行发送、接收串行数据的指令。串行通信指令的使用如图 4-70 所示。

1）设计串行数据传送参数。串行数据传送必须保证 PLC 与外部设备的数据传送格式一致，RS 指令传送数据的格式通过特殊数据寄存器 D8120 设定。D8120 中存放着两个串行通信设备数据传输速率（波特率）、停止位和奇偶校验等参数，通过 D8120 中位组合来选择数据传送格式的设定。RS 指令驱动时即使改变 D8120 的设定,实际上也不接收。在不进行发送的系统中,需将数据发送点数设定为 K0。在不进行接收的系统中,接收点数也设定为 K0。

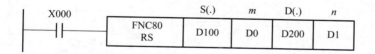

图 4-70　串行通信指令使用说明

例: D8120 通信格式设定举例如图 4-71 所示。

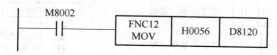

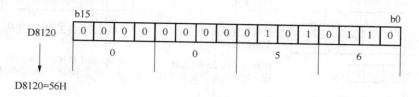

图 4-71　D8120 通信格式设定举例

图 4-71 中 D8120 设定格式的含义见表 4-6。

表 4-6　图 4-71 中 D8120 设定格式的含义

数据长度	7 位	数据长度	7 位
奇偶性	偶校验	起始符	无
停止位	1 位	终止符	无
传送波特率	1 200 bit/s	控制线	无

2) 使用 RS 指令时,还要使用一些特殊数据寄存器(D)及特殊辅助继电器(M),见表 4-7。

表 4-7　RS 指令所使用的特殊数据寄存器、特殊辅助继电器

寄存器	功　能	继电器	功　能
D8120	通信格式设定	M8121	发送延迟标志
D8122	存储发送数据中剩余的字节数	M8122	发送请求标志
D8123	存储已接收到的字节数	M8123	按收完毕标志
D8124	存储起始字符,初始值为 STX(02H),可修改	M8124	载波检测标志
D8125	存储终止字符,初始值为 ETX(03H),可修改	M8129	停工超时标志
D8129	存储超时时间	M8161	8 位或 16 位操作模式。ON 时,为 8 位;OFF 时,为 16 位

（2）指令应用举例及执行说明

图 4-72 是将数据寄存器 D200～D204 中的 10 个数据按 16 位数据传送模式发送出去，并将接收到的数据存入 D70～D74 中的程序。指令执行过程如下。

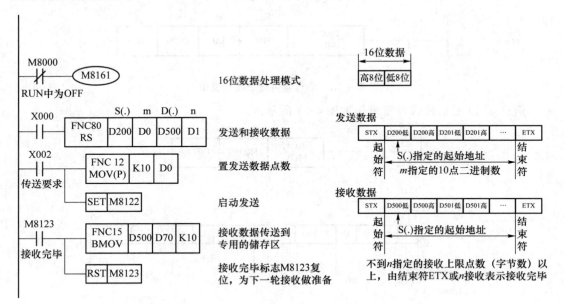

图 4-72　RS 指令的应用

1）RS 指令的驱动输入 X000 置 ON 时，PLC 处于接收等待状态。

2）在接收等待状态或接收完毕状态，用 SET 指令使传送请求标志 M8122 置位时，从 D200 发送 D0 点的数据，D8122 中存入的发送字节数递减，直到 0 时发送完毕，同时 M8122 自动复位。

3）PLC 接收数据时，D8123 中的字节数从 0 递增，直到其接收完毕。此期间，发送待机标志 M8121 为 ON，不能发送数据。

4）接收数据结束后，接收完毕标志 M8123 由 OFF 变为 ON。在将接收数据传送至以 D70 为首地址的其他寄存地址后，将 M8123 复位，才能再次转为接收等待状态，M8123 的复位由顺控程序进行。

5）接收点数 n(D1)＝0，执行 RS 指令时，M8123 不运作，也不转为接收待机。只有 $n \geqslant 1$，M8123 由 ON 转为 OFF 时，才能转为接收待机状态。

6）当 M8161＝ON 时，仅对 16 位数据的低 8 位数据传送，高 8 位数据忽略不传送。M8161＝OFF 时，为 16 位操作模式，即源或目标元件中全部 16 位有效。

7）在接收发送过程中若发生错误，则 M8063 为 ON，把错误内容存入 D8063。

2. 模拟量输入指令 VRRD

FNC85 VRRD：（16 位）模拟量输入指令。

S(.)：源操作数，电位器编号为 0～7，编程元件为 K、H。

D(.)：目标操作数，指定存储数据的地址，编程元件为 KnY、KnM、KnS、T、C、D、V、Z。

VRRD 指令读出模拟电位器 FX_{1N}-8AV-BD 或 FX_{2N}-8AV-BD 上的数据。模拟电位器

是一种功能扩展板,安装在 FX₁ₛ/FX₁ₙ 系列或 FX₂ₙ 系列的 PLC 主单元上。每块板上有 8 个电位器,编号是 0～7,通过调整电位器,可以得到数据(0～255)存于目标操作数 D(.)中。如图 4-73 所示,将从 FXₙ-8AV 的 0 号变量读到的模拟量转换成 8 位二进制数并传送到 D0 中,此例将 D0 数据作为定时器 T0 的设定值。

3. 模拟量开关设定指令 VRSC

FNC86 VRSC:(16 位)模拟量开关设定指令。

S(.):源操作数,电位器编号为 0～7,编程元件为 K、H。

D(.):目标操作数,指定存储数据的地址,编程元件为 KnY、KnM、KnS、T、C、D、V、Z。

(1) 指令说明

模拟量开关设定指令的应用如图 4-74 所示。该指令也是读取模拟量电位器上的数据,根据模拟电器的旋转刻度值(0～10)以二进制码存于目标操作数 D(.)中。若设定值不是刚好在刻度处,则读入值应通过四舍五入化为 0～10 的整数值。

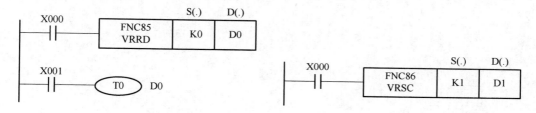

图 4-73　模拟量输入指令说明

图 4-74　模拟量开关设定指令说明

(2) 应用举例

利用模拟量电位器组成一个具有 11 挡的旋转开关,程序梯形图如图 4-75 所示。

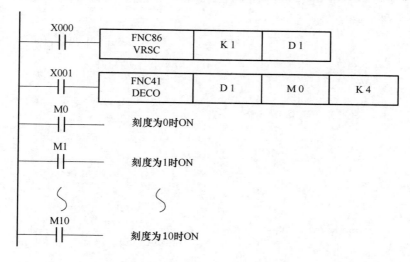

图 4-75　模拟量开关设定指令的应用

习　题

4-1　六盏灯正方向顺序全亮,反方向顺序全灭控制。要求:按下启动信号 X000,六盏灯(Y000～Y005)依次都亮,间隔时间为 1 s;按下停止信号 X001,六盏灯反方向(Y005～Y000)依次全灭,间隔时间为 1 s;按下复位信号 X002,六盏灯立即全灭,用功能指令实现。

4-2　三台电动机相隔 5 s 起动,各进行 10 s 停止,循环往复,使用传送比较指令完成控制要求。

4-3　试用比较指令设计一密码锁控制电路。密码锁有 8 个按钮,分别接入 X000～X007,其中 X000～X003 代表第一个十六进制数,X004～X007 代表第二个十六进制数。若按下的密码与 H65 相符,2 s 后,开照明;按下的密码与 H87 相符,3 s 后,开空调。

第 5 章　可编程控制器的特殊功能模块

除了开关量信号以外,工业控制中还要对温度、压力、液位、流量等过程变量进行检测和控制。模拟量输入模块和温度模块就是用于将过程变量转换为 PLC 可以接收的数字信号。此外,位置控制、高速脉冲计数、与其他外部设备连接等都需要专用的接口模块,如位置控制模块、高速计数模块、通信链接模块等。

这些特殊功能模块(以下简称特殊模块)作为智能单元,有它自己的 CPU、存储器和控制逻辑,与 I/O 接口电路及总线接口电路组成一个完整的微型计算机系统。一方面,它可在自己的 CPU 和控制程序的控制下,通过 I/O 接口完成相应的输入、输出和控制功能;另一方面,它又通过总线接口与 PLC 主单元的 CPU 进行数据交换,接收主 CPU 发来的命令和参数,并将执行结果和运行状态返回主 CPU。这样,既实现了特殊模块的独立运行,减轻了主 CPU 的负担,又实现了主 CPU 单元对整个系统的控制与协调,从而大幅度提高了系统的处理能力和运行速度。

此外,PLC 还有一些功能扩展板,如模拟量输入/输出、模拟量设定、通信等功能扩展板。功能扩展板由 PLC 主单元的 CPU 控制,因而价格低廉。

本章仅介绍 FX$_{2N}$ 系列 PLC 的部分特殊模块和通信功能扩展板。

5.1　特殊功能模块和功能扩展板与 PLC 的连接

5.1.1　特殊功能模块与 PLC 的连接

由 PLC 的 FROM/TO 指令控制的特殊模块单元,如模拟量输入/输出模块、温度模块、高速计数模块、定位控制模块等,通过扩展总线电缆,直接连接到 FX$_{2N}$ 系列 PLC 的基本单元(主单元),或者连接到其他特殊模块或扩展单元的右边。从距 PLC 基本单元最近的单元开始,按顺序由主单元自动为每个特殊模块分配编号(地址):No.0～No.7,如图 5-1 所示。这些单元编号将在 FROM/TO 指令中使用。

一台 FX$_{2N}$ 系列 PLC 的基本单元,最多可以连接 8 个特殊模块。每个特殊模块占有 PLC 基本单元的 8 个 I/O 点(不占输入/输出序号)。所有单元占用 I/O 点数的总和不得超过 256 点(FX$_{2N}$系列 PLC 输入 128 点,输出 128 点)。所有使用 PLC 基本单元内部电源的特殊模块,其消耗的电源总容量(DC 5V,DC 24V)不得使 PLC 基本单元内部电源过载。

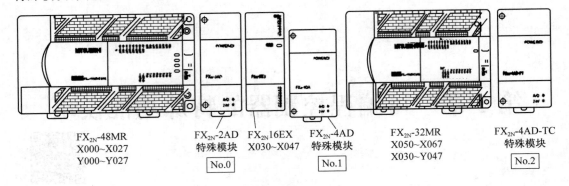

| FX$_{2N}$-48MR
X000~X027
Y000~Y027 | FX$_{2N}$-2AD
特殊模块
No.0 | FX$_{2N}$16EX
X030~X047 | FX$_{2N}$-4AD
特殊模块
No.1 | FX$_{2N}$-32MR
X050~X067
X030~Y047 | FX$_{2N}$-4AD-TC
特殊模块
No.2 |

图 5-1　特殊模块与 PLC 主单元的连接

5.1.2　功能扩展板与 PLC 的连接

功能扩展板安装于 PLC 基本单元的功能扩展板安装插槽上,如图 5-2 所示。功能扩展板不占 I/O 点数。

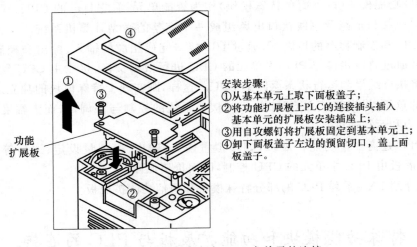

安装步骤:
①从基本单元上取下面板盖子;
②将功能扩展板上PLC的连接插头插入基本单元的扩展板安装插座上;
③用自攻螺钉将扩展板固定到基本单元上;
④卸下面板盖子左边的预留切口,盖上面板盖子。

功能扩展板

图 5-2　功能扩展板与 PLC 主单元的连接

5.2　模拟量输入/输出模块

生产过程中连续变化的模拟量信号,通过传感器、变送器转换成标准模拟量电压或电流信号。模拟量输入模块的作用是把连续变化的电压、电流信号转换成 PLC 主 CPU 能处理的若干位数字信号(A/D 转换)。模拟量输出模块的作用是把 PLC 主 CPU 处理后的若干位数字信号转换成相应的标准模拟量信号输出(D/A 转换),以满足生产过程自动控制中需要连续信号的要求。

模拟量输入/输出模块使用 FROM/TO 指令与 PLC 进行数据传输。

模拟量输入/输出模块的主要性能参数有输入/输出(I/O)特性、分辨率、精度、转换、速度、范围、模拟通道数、电流消耗等。

5.2.1　模拟量输入模块

三菱 FX_{2N} 系列模拟量输入模块主要有 FX_{2N}-2AD、FX_{2N}-4AD、FX_{2N}-8AD 三种型号。下面介绍前两种型号。

1. FX_{2N}-2AD 模拟量输入模块

FX_{2N}-2AD 模拟量输入模块有两个输入通道(CH1、CH2),用于将模拟量输入(电压输入或电流输入)转换成 12 位的数字值,并将这个值输入到 PLC 的主单元中。两个模拟输入通道的输入范围为 DC 0~10 V、DC 0~5 V 或 DC 4~20 mA。两个通道的输入/输出(I/O)特性相同,其 I/O 特性可以通过 FX_{2N}-2AD 上的偏置和增益调整电位器进行调整。

(1) 输入端子的接线

FX_{2N}-2AD 模拟量输入模块输入端子的接线如图 5-3 所示。其输入模式可根据接线方式选择电压输入或电流输入,但不能将一个通道作为电压输入,而另一个通道作为电流输入,这是因为两个通道使用相同的偏置值和增益值。

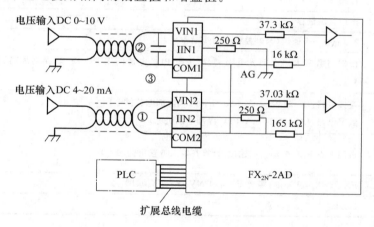

图 5-3　FX_{2N}-2AD 模拟量输入模块接线图

当输入模式选择电流输入时,应将 VIN 和 IIN 端子短接,如图 5-3 中①所示。

当电压输入存在波动或外部接线中有大量干扰时,可在 VIN 与 COM 之间连接一个 0.1~0.47 μF/25 V 的滤波电容器,如图 5-3 中②所示。

模拟输入通过双绞屏蔽电缆来连接,电缆的敷设应远离电源线或其他可能产生电气干扰的电线,如图 5-3 中③所示。

(2) I/O 特性与主要性能参数

1) I/O 特性。FX_{2N}-2AD 模拟量输入模块出厂设定的 I/O 特性如图 5-4 所示,两个通道的 I/O 特性都相同。图 5-4(a)为电压 I/O 特性(设定模拟值为 10 V,数字值为 0~4 000)。图 5-4(b)为电流 I/O 特性(设定模拟值为 4~20 mA,数字值为 0~4 000)。

2) 主要性能参数。FX_{2N}-2AD 模拟量输入模块的主要性能参数见表 5-1。

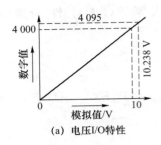
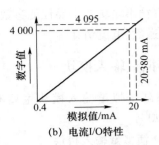

图 5-4　FX$_{2N}$-2AD 模拟量输入模块的 I/O 特性

表 5-1　FX$_{2N}$-2AD 模拟量输入模块的主要性能参数

项目	电压输入	电流输入
模拟量 输入范围	DC 0～10 V,0～5 V(输入电阻 200 kΩ) 绝对最大输入：－0.5 V,＋15 V	DC 4～20mA(输入电阻 250 Ω) 绝对最大输入：－2 mA,＋60 mA
数字输出	12 位二进制	
分辨率	2.5 mV(10 V/4 000) 1.25 mV(5 V/4 000)	4 μA(20 mA/4 000)
综合精度	±1%(满量程 0～10 V)	±1%(满量程 4～20 mA)
转换速度	2.5 ms/一个通道(与顺控程序同步动作)	
隔离方式	模拟与数字电路之间光电隔离,模块与 PLC 电源间用 DC/DC 转换器隔离,模拟通道之间无隔离。	
电流消耗	模拟电路:DC 24V±10% ,50 mA(PLC 内部电源供电) 数字电路:DC 5V,20 mA(PLC 内部电源供电)	
占用输入 输出点数	占用 8 点 PLC 的输入或输出(计算在输入或输出侧均可)	
适用 PLC	FX$_{1N}$、FX$_{2N}$、FX$_{2NC}$(需要 FX$_{2NC}$-CNV-IF)、FX$_{3U}$、FX$_{3UC}$	
质量	0.2 kg	

（3）缓冲存储器（BFM）的功能及分配

FX$_{2N}$ 主单元与 FX$_{2N}$-2AD 之间交换数据和控制是通过缓冲存储器来进行的,FX$_{2N}$-2AD 共有 19 个缓冲存储器,每个 16 位。FX$_{2N}$-2AD 缓冲存储器的功能及分配见表 5-2。

表 5-2　FX$_{2N}$-2AD 缓冲存储器的功能及分配

BFM 编号	内容					
	b15～b8	b7～b4	b3	b2	b1	b0
#0	保留	输入数据的当前值(低 8 位)				
#1	保留		输入数据的当前值(高 4 位)			
#2～#16	保留					
#17	保留			模拟到数字转换开始		模拟到数字转换通道
#18	保留					

表 5-2 中 BFM 的说明如下。

1) BFM#0:存储由 BFM#17 指定通道的输入数据当前值低 8 位数据,当前值数据以二进制存储。

2) BFM#1:存储由 BFM#17 指定通道的输入数据当前值高 4 位数据,当前值数据以二进制存储。

3) BFM#17:b0 指定由模拟到数字转换的通道(CH1、CH2),b0=0 指定 CH1,b0=1 指定 CH2;b1 由 0→1 时,A/D 转换过程开始。

(4) 增益与偏置的调整

1) 增益与偏置。增益决定 I/O 特性曲线的斜率(或角度),即当数字输出为满量程时的模拟输入值。增益的校正线如图 5-5(a)所示。大增益读取数字值间隔小,分辨率高;小增益读取数字值间隔大,分辨率低。

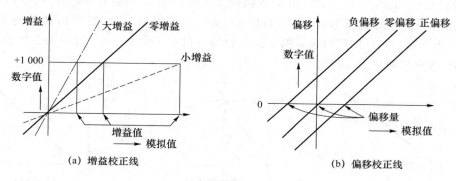

(a) 增益校正线　　　　　　　　　　　　　(b) 偏移校正线

图 5-5　增益和偏移的校正线

偏移(偏置)决定 I/O 特性曲线的"位置"(或截距),即当数字输出为 0 时的模拟输入值。偏移的校正线如图 5-5(b)所示。

2) 增益与偏置的调整方法和步骤。出厂时,FX$_{2N}$-2AD 的输入电压设定为 DC 0~10 V,输入电流设定为 4~20 mA,其偏置值设定为 0 V 或 4 mA,增益值的数字值设定为 0~4 000。当 FX$_{2N}$-2AD 的输入电压为 DC 0~5 V 时,必须对增益值和偏置值进行调整。

增益值和偏置值的调整是对实际的模拟输入值设定一个数字值,使用电压源或电流源,调节 FX$_{2N}$-2AD 的增益和偏置调整电位器进行调整。将电位器顺时针旋转时,数字值增加;反之,数字值减少。电压源和电流源也可利用 FX$_{2N}$-2DA 或 FX$_{2N}$-4DA 代替。图 5-6 所示为增益和偏置调整示意图。其中,图 5-6(a)为增益和偏置调整电路,图 5-6(b)为调整电位器位置图。增益与偏置的调整步骤如下。

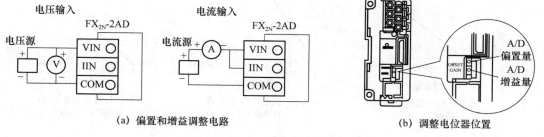

(a) 偏置和增益调整电路　　　　　　　　　(b) 调整电位器位置

图 5-6　FX$_{2N}$-2AD 增益和偏置调整

① 调整增益/偏置时,按先调节增益后调节偏置的顺序进行。

② 对于 CH1 和 CH2 的增益调整和偏置调整是同时完成的。当调整了一个通道的增益值/偏置值时,另一个通道的值也会自动调整。

③ 反复交替调整增益值和偏置值,直到获得稳定的数值。

④ 对模拟输入电路来说,每个通道都是相同的,通道之间几乎没有差别。但是,为获得最大的精度,应分别检查每个通道。

⑤ 当数字值不稳定时,使用"(5)程序实例的 2)计算平均值数据程序"调整偏置值/增益值。

3) 增益的调整。增益值可设置为任意数值,但是为了得到最大的分辨率,将可使用的 12 位数字范围设定为 0~4 000,如图 5-7 所示。图 5-7(a)为 FX$_{2N}$-2AD 出厂时设定的电压 I/O 特性(DC 0~10 V),对应 DC 10 V 的模拟输入值,数字值调整到 4 000。图 5-7(b)为调整后的 DC 0~5 V 的电压 I/O 特性,对应 DC 5V 的模拟输入值,数字值调整到 4 000。图 5-7(c)为 FX$_{2N}$-2AD 出厂时设定的电流 I/O 特性(DC 4~20 mA),对应 DC 20 mA 的模拟输入值,数字值调整到 4 000。

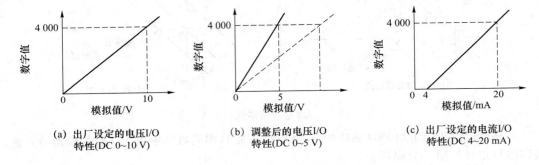

图 5-7 FX$_{2N}$-2AD 增益的调整

4) 偏置的调整。增益调整后,再根据预设范围对偏置进行调整。偏置值可设置为任意数值,但为了调整方便,建议取整数。对于 FX$_{2N}$-2AD,电压输入时,偏置值为 0 V;电流输入时,偏置值为 4 mA。例如,当模拟输入范围为 DC 0~10 V,数字值设定为 0~40 000 时,100 mV 的模拟输入对应的数字值应为 40(40×10 V/4 000)。偏置的调整如图 5-8 所示。

(5) 程序实例

下述程序中 FX$_{2N}$-2AD 特殊模块的单元编号为 No. 0。

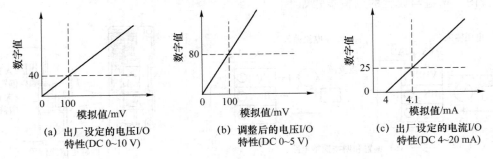

图 5-8 FX$_{2N}$-2AD 偏置的调整

1）FX$_{2N}$-2AD 模拟量输入程序。FX$_{2N}$-2AD 模拟量输入程序如图 5-9 所示。

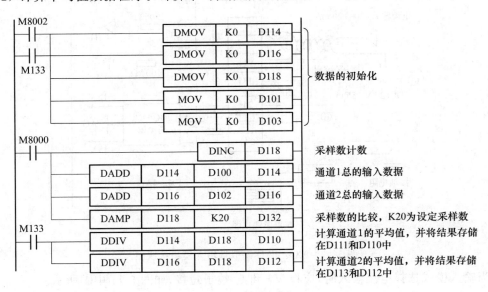

图 5-9　FX$_{2N}$-2AD 模拟量输入程序

通道 1 的输入执行模拟到数字的转换：X000。

通道 2 的输入执行模拟到数字的转换：X001。

通道 1 的 A/D 输入数据：D100（用 M100～M115 暂存。只分配一次这些号码）。

通道 2 的 A/D 输入数据：D101（用 M100～M115 暂存。只分配一次这些号码）。

处理时间：从 X000 或 X001 打开，至模拟到数字转换值存储到主单元的数据寄存器之间的时间 2.5 ms/通道。

2）计算平均值数据程序。计算平均值数据程序如图 5-10 所示。

图 5-10　计算平均值数据程序

当读取的数据不稳定时，在上例模拟量输入程序之后添加计算平均值数据程序，使用平均值以使读取的数据稳定。

通道 1 的 A/D 转换输入数据：D100。

通道 2 的 A/D 转换输入数据：D102。

采样数：D118。

平均采样数：K20（K20 为设定平均采样数，在 1～262 144 的范围内取值）。

采样数和设定平均采样数的一致性标志：M133。

通道 1 的平均值：D111，D110。

通道 2 的平均值：D113，D112。

2. FX₂ₙ-4AD 模拟量输入模块

FX₂ₙ-4AD 模拟量输入模块有四个输入通道（CH1～CH4），输入通道将模拟量（电压输入、电流输入）转换成 12 位的数字值，并将这个值输入到 PLC 的主单元中。各通道可以用 TO 指令来分别设置输入模式，但必须与输入接线相匹配。各通道输入范围为 DC −10～+10 V、DC 4～20 mA、DC −20～+20 mA。四个通道的 I/O 特性相同，其 I/O 特性可以通过程序进行调整。

（1）输入端子的接线

FX₂ₙ-4AD 模拟量输入模块输入端子的接线如图 5-11 所示。其输入模式可根据接线方式选择电压输入或电流输入。

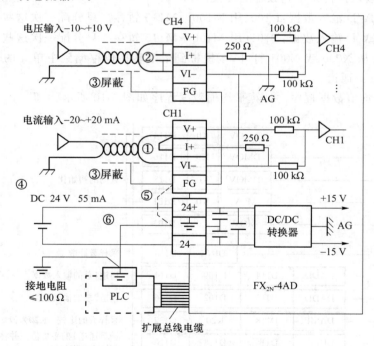

图 5-11　FX₂ₙ-4AD 模拟量输入模块接线图

当输入模式选择电流输入时，应将 V+ 和 I+ 端子短接，如图 5-11 中①所示。

当电压输入存在波动或外部接线中有大量干扰时，可连接一个 0.1～0.47μF/25V 的滤波电容器，如图 5-11 中②所示。

模拟输入通过双绞屏蔽电缆来连接，电缆的敷设应远离电源线或其他可能产生电气干扰的电线，如图 5-11 中③所示。

特殊模块也可以使用 PLC 主单元提供的 DC 24V 内置电源，如图 5-11 中④所示。

146

如果存在过多的电气干扰,可连接 FG 的外壳地端和 FX_{2N}-4AD 的接地端,如图 5-11 中⑤所示。连接 FX_{2N}-4AD 的接地端与主单元的接地端,可行的话,在主单元使用三级接地(接地电阻≤100Ω,如图 5-11 中⑥所示)。

（2）I/O 特性与主要性能参数

1)I/O 特性。FX2N-4AD 模拟量输入模块出厂设定的 I/O 特性如图 5-12 所示。图 5-12(a)为电压 I/O 特性(模式的,模拟值－10～＋10 V,数字值±2 000。图 5-12(b)为电流 I/O 特性(模式 1),模拟值 4～20 mA,数字值 0～1 000。图 5-12(c)为电流 I/O 特性(模式 2),模拟值－20～＋20 mA,数字值±1 000。

2）主要性能参数。FX_{2N}-4AD 模拟量输入模块的主要性能参数见表 5-3。

（3）缓冲存储器(BFM)的功能及分配

FX_{2N} 主单元与 FX_{2N}-4AD 之间交换数据和控制是通过缓冲存储器来进行的,FX_{2N}-4AD 共有 32 个缓冲存储器,每个 16 位。缓冲存储器的功能及分配见表 5-4。

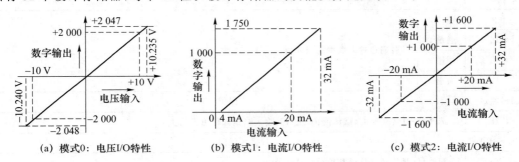

(a) 模式0:电压I/O特性　　(b) 模式1:电流I/O特性　　(c) 模式2:电流I/O特性

图 5-12　FX_{2N}-4AD 模拟量输入模块的 I/O 特性

表 5-3　**FX_{2N}-4AD 模拟量输入模块的主要性能参数**

项目	电压输入	电流输入
模拟量输入范围	DC －10～＋10 V(输入电阻 200 kΩ),绝对最大输入为±15 V	DC 4～20 mA,DC －20～＋20 mA(输入电阻250Ω),绝对最大输入为±32 mA
数字输出	11 位二进制＋1 位符号位	10 位二进制＋1 位符号位
分辨率	5 mV(10 V/2 000)	20 μA(20 mA/1 000)
综合精度	±1%(满量程－10～＋10 V)	±1%(满量程－20～＋20 mA)
转换速度	15 ms/一个通道(普通模式) 6 ms/一个通道(高速模式)	
隔离方式	模拟与数字电路之间光电隔离,模块与 PLC 电源间用 DC/DC 转换器隔离,模拟通道之间无隔离	
电流消耗	模拟电路:DC 24V±10%　55 mA(外部电源供电) 数字电路:DC 5V　30 mA(PLC 内部电源供电)	
占用输入输出点数	占用 8 点 PLC 的输入或输出(计算在输入或输出侧均可)	
适用 PLC	FX_{1N}、FX_{2N}、FX_{2NC}(需要 FX_{2NC}-CNV-IF)、FX_{3U}、FX_{3UC}	
质量	0.3 kg	

表 5-4　FX$_{2N}$-4AD 缓冲存储器的功能及分配

BFM 编号	内容										
	b15～b8		b7	b6	b5	b4	b3	b2	b1	b0
＊#0E	CH1～CH4 的输入模式选择,默认值:H0000										
＊#1	通道 1	设置各通道采样数(1～4 096),用于得到平均值。默认值:8,正常速度。高速操作可选择 1									
＊#2	通道 2										
＊#3	通道 3										
＊#4	通道 4										
#5	通道 1	各通道输入数据的平均值									
#6	通道 2										
#7	通道 3										
#8	通道 4										
#9	通道 1	各通道输入数据的当前值									
#10	通道 2										
#11	通道 3										
#12	通道 4										
#13～#14	保留										
#15	选择 A/D 转换速度,默认值:0,正常速度。高速操作可设为 1										
#16～#19	保留										
＊#20(E)	初始化(复位到默认值和预设),默认值:0										
＊#21E	禁止调整偏移、增益值,默认值:(b1,b0)=(0,1)允许										
＊#22(E)	偏移、增益调整,默认值:H0000		G4	O4	G3	O3	G2	O2	G1	O1
＊#23	偏移值,默认值:0　　　单位:mV 或 μA										
＊#24	增益值,默认值:5 000　　单位:mV 或 μA										
#25～#28	保留										
#29	错误状态										
#30	识别码:K2010										
#31	禁用										

　　BFM 说明:带"＊"号的缓冲存储器可以使用 TO 指令从 PLC 写入数据,不带"＊"号的缓冲存储器的数据可以使用 FROM 指令读入 PLC。

　　带"E"的缓冲存储器 BFM#0、#21 的值保存在 FX$_{2N}$-4AD 的 EEPROM 中。当使用增益/偏移调整命令带"E"的缓冲存储器 BFM#22 时,BFM#23、#24 的值才复制到 FX$_{2N}$-4AD 的 EEPROM 中。同样,带"E"的 BFM#20 会导致 EEPROM 的复位。EEPROM 的使用寿命大约是 10 000 次(改写),因此不要使用程序频繁地修改这些缓冲存储器。

　　因为写入 EEPROM 需要时间,所以指令间需要 300 ms 左右的延迟。因此,在第二次写入 EEPROM 之前,需要使用定时器。

　　在从特殊模块中读出数据之前,应确保带"＊"号的缓冲存储器已经写入正确的设置,否则将使用以前的设置或默认值。

1) 输入模式选择(BFM♯0)。输入模式由缓冲存储器 BFM♯0 中的 4 位十六进制数 H○○○○控制。从低位到高位,每一位字符控制一个通道,即最低位控制 CH1,最高位控制 CH4。选定输入模式字后,由程序写入 BFM♯0。

每位字符的设置方式和模式字的意义如下。

○＝0:电压输入,输入范围−10～＋10 V。

○＝1:电流输入,输入范围 4～20 mA。

○＝2:电流输入,输入范围−20～＋20 mA。

○＝3:通道关闭。

例如,将 CH1 设置为模式 0,电压输入,输入范围−10～＋10 V;将 CH2 设置为模式 1,电流输入,输入范围 4～20 mA;CH3、CH4 关闭。则其模式字为

$$BFM♯0＝H3310$$

2) A/D 转换速度的改变(BFM♯15)。在 FX$_{2N}$-4AD 的 BFM♯15 中写入 0 或 1,就可以改变 A/D 转换的速度。值得注意的是,为保持高速转换率,应尽可能少地使用 FROM/TO 指令。这是因为当改变了转换速度后,BFM♯1～♯4 将立即复位到默认值,这一操作将不考虑它们原有的数值。如果速度改变作为正常程序执行的一部分,记住这一点尤为必要。

3) 调整增益和偏移值(BFM♯20～BFM♯24)。

① 当通过将 BFM♯20 设为 K1 而将其激活后,特殊模块内的所有设置将初始化(复位成默认值或出厂设定值)。这是快速删除不希望的增益和偏移调整值的方法。

② 如果 BFM♯21 的(b1,b0)设为(1,0),增益和偏移的调整将被禁止,以防止误改动。若需要改变增益和偏移,(b1,b0)必须设为(0,1)。默认值是(0,1)。

③ BFM♯22 的低 8 位增益(Gain)偏移(Offset),用于指定待调整的输入通道。BFM♯23 和♯24 用于暂存增益和偏移量。

例如,将 BFM♯22 的位 G1 和 O1 设为 1(指定 CH1),当用 TO 指令写入 BFM♯22 后,BFM♯23 和♯24 内的增益和偏移量就被传送进指定通道 1 的增益与偏移值 EEPROM 寄存器中。

对于具有相同增益和偏移量的通道,可以单独或一起调整(将相应的 G 和 O 位设为 1)。

④ BFM♯23 或♯24 中的增益和偏移量的单位是 mV 或 μA。限于单元的分辨率,实际的响应以 5 mV 或 20 μA 为最小刻度。

4) 错误状态信息(BFM♯29)。BFM♯29 的错误状态信息见表 5-5。

5) 识别码(BFM♯30)。PLC 中的用户程序可以使用 FROM 指令读出特殊模块的识别码(或 ID 号),以便在传送/接收数据之前确认此特殊模块。FX$_{2N}$-4AD 单元的识别码是 K2010。

(4) 增益与偏置的调整

偏移和增益可以各通道独立或一起设置,合理的偏移范围是−5～＋5 V 或−20～＋20 mA,而合理的增益值是 1～15 V 或 4～32 mA(BFM♯23 或♯24 中的增益和偏移量的单位)。增益和偏移都可以用在 FX$_{2N}$主单元创建的程序调整。

调整增益/偏移时应注意如下两点。

1) BFM♯21 的位(b1,b0)应设置为(0,1),以允许调整。一旦调整完毕,这些位元件应

该设置为(1,0),以防止进一步的变化。

2) 通道输入模式选择(BFM＃0)应该设置到最接近的模式和范围。

表 5-5　BFM＃29 的错误状态信息

BFM#29 的位	b=1(ON)	b=0(OFF)
b0:错误	b1~b3 中任何一个为 ON 时(如果 b1~b3 中任何一个为 ON,所有通道的 A/D 转换停止)	无错误
b1:偏移/增益数据错误	EEPROM 中的偏移/增益数据不正常或调整错误时	偏移/增益数据正常
b2:电源故障	DC24V 电源故障时	电源正常
b3:硬件故障	A/D 转换器或其他硬件故障时	硬件正常
b4~b9	保留	
b10:数字范围错误	数字输出值≥+2 047 或数字输出值≤-2 048 时	数字输出值正常
b11:平均采样数错误	平均采样数≥4 096 或平均采样数≤0 时	平均值正常
b12:偏移/增益调整禁止	禁止:BFM＃21 的(b1,b0)设为(1,0)时	允许:BFM＃21 的(b1,b0)设为(0,1)
b13~b15	保留	

(5) 程序实例

下述程序中 FX$_{2N}$-4AD 特殊模块的单元编号为 No.0。

1) 基本程序。FX$_{2N}$-4AD 通道输入模式和参数设置程序如图 5-13 所示,通道 CH1 和 CH2 用作电压输入,平均采样数设为 4,并且可编程序控制器的数据寄存器 D0 和 D1 可以接收输入数据的平均值。

2) 通过软件设置调整偏移/增益量。通过在可编程序控制器中创建的程序,来调整 FX$_{2N}$-4AD 的偏移/增益量。如图 5-14 所示,输入通道 CH1 的偏移和增益值被分别调整为 0 V 和 2.5 V。

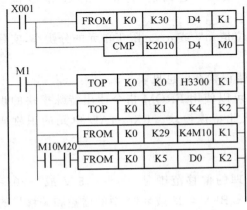

在"0"位置的特殊模块的 ID 号由 BFM#30 中读出,并保存在主单元的 D4 中

比较该值以检查模块是否是 FX$_{2N}$-4AD,如是则 M1 变为 ON。这两个程序步对完成模拟量的读入来说不是必需的,但它们确实是有用的检查,因此推荐使用

将 H3300 写入 FX$_{2N}$-4AD 的 BFM#0,建立模拟输入通道(GH1,CH2)

分别将 4 写入 BFM#1 和#2,将 CH1 和 CH2 的平均采样数设为 4

FX$_{2N}$-4AD 的操作状态由 BFM#29 中读出,并作为 FX$_{2N}$ 主单元的位元件输出

若操作 FX$_{2N}$-4AD 没有错误,则将 BFM#5~#6 中的平均值读入 FX$_{2N}$ 主单元,并保存在 D0 到 D1 中。BFM#5~#6 中分别包含了 CH1 和 CH2 的平均值,此例中,无错:M10=OFF;数字输出值正常:M20=OFF

图 5-13　FX$_{2N}$-4AD 通道输入模式和参数设置程序

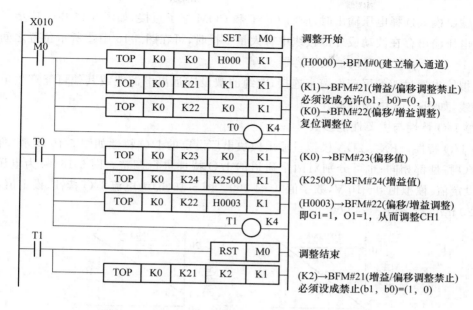

图 5-14　通过软件设置调整 FX$_{2N}$-4AD 的偏移/增益量

5.2.2　模拟量输出模块

FX$_{2N}$系列模拟量输出模块主要有 FX$_{2N}$-2DA、FX$_{2N}$-4DA 两种型号。

1. FX$_{2N}$-2DA 模拟量输出模块

FX$_{2N}$-2DA 模拟量输出模块有两个输出通道(CH1、CH2)，输出通道用于将 12 位的数字值转换成模拟量输出(电压输出或电流输出)。两个模拟输出通道的输出范围为 DC 0～10 V、DC 0～5 V，或 DC 4～20 mA。两个通道的 I/O 特性可以通过 FX$_{2N}$-2DA 上的偏置和增益调整电位器分别进行调整。

（1）输出端子的接线

FX$_{2N}$-2DA 模拟量输出模块输出端子的接线如图 5-15 所示，其输出模式可根据接线方式分别选择电压输出或电流输出。

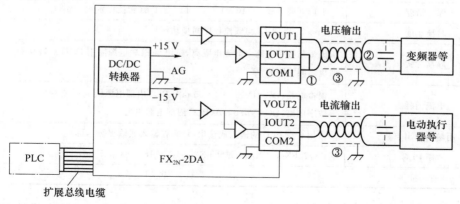

图 5-15　FX$_{2N}$-2DA 模拟量输出模块接线图

当输出模式选择电压输出时,应将 OUT 和 COM 端子短接,如图 5-15 中①所示。

当电压输出存在波动或外部接线中有大量干扰时,可在图 5-15 中②所示位置之间连接一个 $0.1\sim0.47\ \mu\text{F}/25\ \text{V}$ 的滤波电容器。

模拟输出通过双绞屏蔽电缆来连接,电缆的敷设应远离电源线或其他可能产生电气干扰的电线,如图 5-15 中③所示。

(2)I/O 特性与主要性能参数

1)I/O 特性。FX_{2N}-2DA 模拟量输出模块出厂设定的 I/O 特性如图 5-16 所示,两个通道的 I/O 特性都相同;也可分别对两个通道的 I/O 特性进行调整。图 5-16(a)为电压 I/O 特性,设定值:模拟值 $0\sim10\ \text{V}$,数字值 $0\sim4\ 000$。图 5-16(b)为电流 I/O 特性,设定值:模拟值 $4\sim20\ \text{mA}$,数字值 $0\sim4\ 000$。

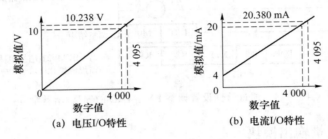

(a) 电压I/O特性　　　　(b) 电流I/O特性

图 5-16　FX_{2N}-2DA 模拟量输出模块的 I/O 特性

2)主要性能参数。FX_{2N}-2DA 模拟量输出模块的主要性能参数见表 5-6。

表 5-6　FX_{2N}-2DA 模拟量输出模块的主要性能参数

项目	电压输出	电流输出
模拟量输出范围	DC $0\sim10$ V,$0\sim5$ V(外部负载电阻 2 kΩ~1 MΩ)	DC $4\sim20$ mA(外部负载电阻≤400 Ω)
数字输入	12 位二进制	
分辨率	2.5 mV(10 V$\times1/4\ 000$),1.25 mV(5 V$\times1/4\ 000$)	5 μA(20 mA$\times1/4\ 000$)
综合精度	±1%(满量程 $0\sim10$ V)	±1%(满量程 $4\sim20$ mA)
转换速度	4 ms/一个通道(与顺控程序同步动作)	
隔离方式	模拟与数字电路之间光电隔离,模块与 PLC 电源间用 DC/DC 转换器隔离,模拟通道之间无隔离。	
电流消耗	模拟电路:DC 24V±10% ,85 mA(PLC 内部电源供电)　数字电路:DC 5V,30 mA(PLC 内部电源供电)	
占用输入输出点数	占用 8 点 PLC 的输入或输出(计算在输入或输出侧均可)	
适用 PLC	FX_{1N},FX_{2N},FX_{2NC}(需要 FX2NC-CNV-IF),FX_{3U},FX_{3UC}	
质量	0.2 kg	

(3)缓冲存储器(BFM)的功能及分配。FX_{2N} 主单元与 FX_{2N}-2DA 之间交换数据和控制是通过缓冲存储器来进行的,FX_{2N}-2DA 共有 19 个缓冲存储器,每个 16 位。缓冲存储器的

功能及分配见表 5-7。

表 5-7　FX$_{2N}$-2DA 缓冲存储器的功能及分配

BFM 编号	内容				
	b15～b8	b7～b3	b2	b1	b0
＃0～＃15	保留				
＃16	保留	输出数据的当前值(8 位)			
＃17	保留	D/A 低 8 位 数据保持		通道 1 D/A 转换开始	通道 2 D/A 转换开始
＃18	保留				

说明：

1）BFM＃16：写入由 BFM＃17 指定通道的输出数据(二进制)的当前值,并以低 8 位和高 4 位数据的顺序分两次写入。

2）BFM＃17：b0 由 1→0 时,CH2 的 D/A 转换开始。

b1 由 1→0 时,CH1 的 D/A 转换开始。

b2 由 1→0 时,D/A 转换的低 8 位数据保持。

（4）增益与偏置的调整

FX$_{2N}$-2DA 输出模块出厂时,设定数字值为 0～4 000,电压输出为 DC 0～10 V;设定数字值为 0～4 000,电流输出 4～20 mA。其偏置值设定为 0 V 或 4 mA。当 FX$_{2N}$-2DA 用于电压输出为 DC 0～5 V,或使用的 I/O 特性与出厂设置不同时,就必须对偏置值和增益值进行调整。

1）增益与偏置的调整方法和步骤。增益值和偏置值的调整是对数字值设定实际的模拟输出值,使用电压表或电流表,调节 FX$_{2N}$-2DA 的增益和偏置调整电位器进行调整。将电位器顺时针旋转时,输出值增加,反之,输出值减少。图 5-17 所示为增益和偏置调整示意图。其中,图 5-17(a)为增益和偏置调整电路,图 5-17(b)为调整电位器位置图。增益与偏置的调整步骤如下。

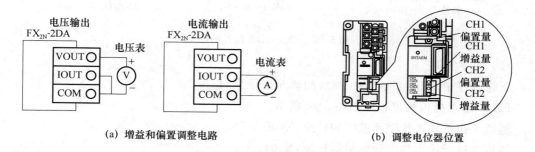

(a) 增益和偏置调整电路　　　　(b) 调整电位器位置

图 5-17　FX$_{2N}$-2DA 增益和偏置调整

① 调整增益/偏置时,按先调节增益后调节偏置的顺序进行。

② 对于 CH1、CH2 的增益与偏置的调整是分别完成的。

③ 反复交替调整增益值和偏置值,直到获得稳定的数值。

2）增益的调整。增益值可设置为任意数值，但为了得到最大的分辨率，将可使用的 12 位数字范围设定为 0～4 000，如图 5-18 所示。图 5-18（a）为 FX$_{2N}$-2DA 出厂时设定的电压 I/O 特性（DC 0～10 V），对应数字值 4 000，模拟输出值调整到 DC 10 V。图 5-18（b）为调整后的 DC 0～5 V 的电压 I/O 特性，对应数字值 4 000，模拟输出值调整到 DC 5V。图 5-18（c）为 FX$_{2N}$-2DA 出厂时设定的电流 I/O 特性（DC 4～20 mA；），对应数字值 4 000，模拟输出值调整到 DC 20 mA。

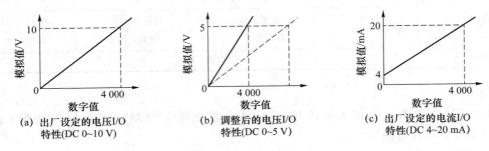

图 5-18　FX$_{2N}$-2DA 增益的调整

3）偏置的调整。增益调整后，再根据预设范围对偏置进行调整。偏置值可设置为任意数值，但为了调整方便，建议取整数。对于 FX$_{2N}$-2DA，电压输出时，偏置值为 0 V；电流输出时，偏置值为 4 mA。例如，使用的数字范围为 0～4 000，模拟输出范围为 DC 0～10 V，当数字值为 40 时，模拟输出值为 100 mV（40×10 V/4 000）。例如，使用的数字范围为 0～4 000，模拟输出范围为 DC 4～20 mA；当数字值为 0 时，模拟输出值为 4 mA。

偏置的调整如图 5-19 所示。

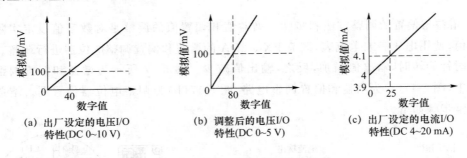

图 5-19　FX$_{2N}$-2DA 偏置的调整

（5）程序实例

下述程序中 FX$_{2N}$-2DA 特殊模块的单元编号为 No.0。

FX$_{2N}$-2DA 模拟输出程序如图 5-20 所示。

通道 1 执行输入数字到模拟的转换：X000。

通道 2 执行输入数字到模拟的转换：X001。

通道 1 的 D/A 输出数据：D100（用 M100～M115 暂存，只分配一次这些号码）。

通道 2 的 D/A 输出数据：D101（用 M100～M115 暂存，只分配一次这些号码）。

2. FX$_{2N}$-4DA 模拟量输出模块

FX$_{2N}$-4DA 模拟量输出模块有四个输出通道（CH1～CH4），输出通道用于将 12 位的数字值转换成模拟量输出(电压输出或电流输出)。各通道可以用 TO 指令来分别设置输出模式,但必须与输出接线相匹配。四个模拟输出通道的输出范围为 DC −10～+10 V,DC 0～20 mA 或 DC 4～20 mA。四个通道的 I/O 特性相间,其 I/O 特性可以通过程序进行调整。

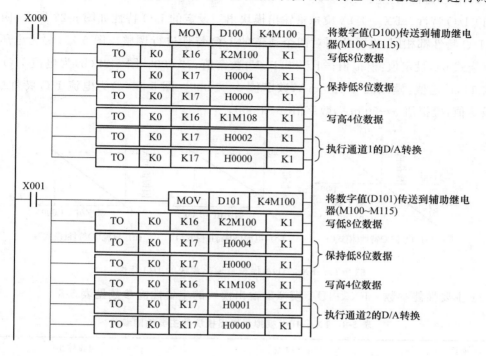

图 5-20　FX$_{2N}$-2DA 模拟输出程序

(1) 输出端子的接线

FX$_{2N}$-4DA 模拟量输出模块输出端子的接线如图 5-21 所示。其输出模式可根据接线方式分别选择电压输出或电流输出。

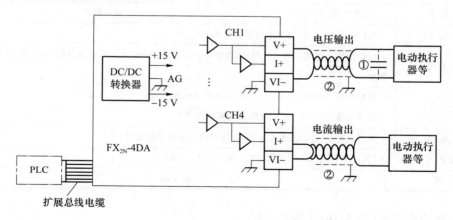

图 5-21　FX$_{2N}$-4DA 模拟量输出模块接线图

当电压输出存在波动或外部接线中有大量干扰时,可在图 5-21 中①所示位置之间连接一个 0.1～0.47 μF/25 V 的滤波电容器。

模拟输出通过双绞屏蔽电缆来连接,电缆的敷设应远离电源线或其他可能产生电气干扰的电线,如图 5-21 中②所示。

（2）I/O 特性与主要性能参数

1）I/O 特性。FX_{2N}-4DA 模拟量输出模块出厂设定的 I/O 特性如图 5-22 所示,四个通道的 I/O 特性都相同,也可分别对四个通道的 I/O 特性进行调整。图 5-22（a）为电压 I/O 特性（模式 0）,设定值:模拟值 $-10\sim+10$ V,数字值 $\pm2\,000$。图 5-22（b）为电流 I/O 特性（模式 1）,设定值:模拟值 $4\sim20$ mA,数字值 $0\sim1\,000$。图 5-22（c）为电流 I/O 特性（模式 2）,设定值:模拟值 $0\sim20$ mA,数字值 $0\sim1\,000$。

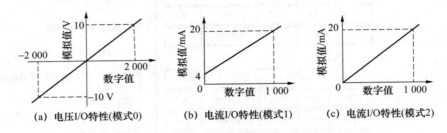

(a) 电压 I/O 特性(模式 0)　　(b) 电流 I/O 特性(模式 1)　　(c) 电流 I/O 特性(模式 2)

图 5-22　FX_{2N}-4DA 模拟量输出模块的 I/O 特性

2）主要性能参数。FX_{2N}-4DA 模拟量输出模块的主要性能参数见表 5-8。

表 5-8　FX_{2N}-4DA 模拟量输出模块的主要性能参数

项目	电压输出	电流输出
模拟量输出范围	DC $-10\sim+10$ V（外部负载电阻 2 kΩ～1 MΩ）	DC $4\sim20$ mA,$0\sim20$ mA（外部负载电阻≤500 Ω）
数字输入	11 位二进制+1 位符号位	10 位二进制
分辨率	5 mV（10 V×1/2 000）	20 μA（20 mA×1/1 000）
综合精度	±1%（满量程 20 V）	±1%（满量程 $0\sim20$ mA）
转换速度	2.1 ms/4 个通道（与使用的通道数无关）	
隔离方式	模拟与数字电路之间光电隔离,模块与 PLC 电源间用 DC/DC 转换器隔离,模拟通道之间无隔离	
电流消耗	模拟电路:DC 24V±10% ,200 mA（外部电源供电） 数字电路:DC 5V,30 mA（PLC 内部电源供电）	
占用输入输出点数	占用 8 点 PLC 的输入或输出（计算在输入或输出侧均可）	
适用 PLC	FX_{1N},FX_{2N},FX_{2NC}（需要 FX2NC-CNV-IF）,FX_{3U},FX_{3UC}	
质量	0.3 kg	

（3）缓冲存储器（BFM）的功能及分配

FX_{2N} 主单元与 FX_{2N}-4DA 之间交换数据和控制是通过缓冲存储器来进行的,FX_{2N}-4DA 共有 32 个缓冲存储器,每个 16 位。缓冲存储器的功能及分配见表 5-9。

表 5-9 FX$_{2N}$-4DA 缓冲存储器的功能及分配

BFM 编号	内容		初始值（默认值）
＊＃0E	指定 CH1～CH4 的输出模式		出厂设置 H0000
＊ ＃1	通道 1		0
＊ ＃2	通道 2	输出数据的当前值	0
＊ ＃3	通道 3		0
＊ ＃4	通道 4		0
＊ ＃5E	数据保持模式		出厂设置 H0000
＃6～＃7	保留		
＊ ＃8(E)	CH1、CH2 的偏移/增益设定命令		H0000
＊ ＃9(E)	CH3、CH4 的偏移/增益设定命令		H0000
＊ ＃10	CH1 偏移数据		0
＊ ＃11	CH1 增益数据		＋5 000
＊ ＃12	CH2 偏移数据		0
＊ ＃13	CH2 增益数据	单位:mV 或 μA	＋5 000
＊ ＃14	CH3 偏移数据	输出模式 0	0
＊ ＃15	CH3 增益数据		＋5 000
＊ ＃16	CH4 偏移数据		0
＊ ＃17	CH4 增益数据		＋5 000
＃18～＃19	保留		
＊ ＃20(E)	初始化		0
＊ ＃21E	禁止调整 I/O 特性		1
＃22～＃28	保留		K3020
＃29	错误状态		
＃30	识别码		
＃31	保留		

BFM 说明：带"＊"号的缓冲存储器可以使用 TO 指令从 PLC 写入数据，不带"＊"号的缓冲存储器的数据可以使用 FROM 指令读入 PLC。

带 E 的缓冲存储器 BFM ＃0、BFM ＃5 和 BFM ＃21 的值保存在 FX$_{2N}$-4DA 的 EEPROM 中。当使用增益/偏移设定命令带（E）的缓冲存储器 BFM＃8、＃9 时，BFM＃10～＃17 中的值才复制到 FX$_{2N}$-4DA 的 EEPROM 中。同样，带（E）的缓冲存储器 BFM＃20 会导致 EEPROM 的复位。

EEPROM 的使用寿命大约是 10 000 次（改写），因此不要使用程序频繁地修改这些缓冲存储器。

BFM＃0 的模式变化会自动导致对应的偏移和增益值的变化。因为向 EEPROM 写入需要时间，所以在改变 BFM＃0 的指令与写对应的 BFM＃10～＃17 的指令间需要约 3 s 的延迟。因此，需要使用定时器。

在从特殊模块中读出数据之前,应确保带"＊"号的缓冲存储器已经写入正确的设置,否则将使用以前的设置或默认值。

1) 输出模式选择(BFM♯0)。输出模式由缓冲存储器 BFM♯0 中的 4 位十六进制数 H○○○○控制。从低位到高位,每一位字符控制一个通道,即最低位控制 CH1,最高位控制 CH4。选定输出模式字后,由程序写入 BFM♯0。

每位字符的设置方式和模式字的意义如下。

○＝0:电压输出,输出范围−10～＋10 V。

○＝1:电流输出,输出范围 4～20 mA。

○＝2:电流输出,输出范围 0～20 mA。

例如,将 CH1 设置为模式 0,电压输出(−10～＋10 V);CH2 设置为模式 1,电流输出(4～20 mA);CH3 设置为模式 1,电流输出(4～20 mA);CH4 设置为模式 2,电流输出(0～20 mA)。则其模式字为

$$BFM♯0＝H2110$$

2) 数据保持模式(BFM♯5)。当 PLC 处于停止(STOP)状态时,运行(RUN)状态下的最后输出值将被保持。要复位这些值以使其成为偏移值,可使用数据保持功能。数据保持模式由缓冲存储器(BFM)中的 4 位十六进制数 H○○○○控制。从低位到高位,每一位字符控制一个通道,即最低位控制 CH1,最高位控制 CH4。选定控制字后,由程序写入BFM♯5。

每位字符的设置方式和控制字的意义如下。

○＝0:保持输出。

○＝1:复位到偏移值。

例如,H0011,CH1、CH2 复位到偏移值,CH3、CH4 保持输出。

3) 偏移/增益设定命令(BFM♯8 和 BFM♯9)。偏移/增益设定命令由 BFM♯8 和 BFM♯9 中的 4 位十六进制数 H○○○○表示,当○＝0 时,不做改变;当○＝1 时,改变偏移或增益值。

偏移/增益设定命令字对应控制 CH1CH4 的关系见表 5-10。

表 5-10　偏移/增益设定命令字 BFM♯8、BFM♯9 的对应控制关系

BFM 编号	4 位十六进制数($H○_4○_3○_2○_1$)			
	○$_4$	○$_3$	○$_2$	○$_1$
BFM♯8	G2	O2	G1	O1
BFM♯9	G4	O4	G3	O3

表 5-10 中,BFM♯8 控制 CH1,CH2,BFM♯9 的控制 CH3、CH4。例如,01 为 CH1 的偏置(Offset),G1 为 CH1 的增益(Gain),依此类推。

在 BFM♯8 或 BFM♯9 相应的十六进制数据位中写入 1,则 BFM♯10～♯17 中的数据写入 FX$_{2N}$-4DA 的 EEPROM 中,以改变相应通道的偏移和增益值。只有此命令输出后,BFM♯10～♯17 中的值才会有效。

4) 偏移/增益数据(BFM♯10～♯17)。将新数据写入 BFM♯10～♯17,可以改变偏移和增益值。写入数据的单位是 mV 或 μA。数据写入后 BFM♯8 和 BFM♯9 做相应的设置。值得注意的是,数据可能被四舍五入成以 5 mV 或 20 μA 为单位的最近值。

5) 初始化(BFM♯20)。当 K1 写入 BFM♯20 时,所有的值将被初始化成出厂设定。值得注意的是,BFM♯20 的数据会覆盖 BFM♯21 的数据。这个初始化功能提供了一种撤销错误调整的便捷方式。

6) 禁止调整 I/O 特性(BFM♯21)。设置 BFM♯21 为 K2,会禁止用户对 I/O 特性的疏忽性调整。一旦设置了禁止调整功能,该功能将一直有效,直到设置了允许命令(BFM♯21＝1),初始值是 1(允许)。所设定的值即使关闭电源也会得到保持。

7) 错误状态(BFM♯29)。当出现错误时,BFM♯29 的相应位置"1"。BFM♯29 的错误状态信息见表 5-11。

8) 识别码(BFM♯30)。PLC 中的用户程序可以使用 FROM 指令读出特殊模块的识别码(或 ID 号),以便在传送/接收数据之前确认此特殊模块。FX$_{2N}$-4DA 单元的识别码是 K3020。

表 5-11　BFM♯29 的错误状态信息

BFM♯29 的位	b=1(ON)	b=0(OFF)
b0:错误	b1~b3 中任何一个为 ON 时	无错误
b1:O/G 数据错误	EEPROM 中的偏移/增益数据不正常或设置错误时	O/G 数据正常
b2:电源故障	DC 24V 电源故障时	电源正常
b3:硬件故障	D/A 转换器或其他硬件故障时	硬件正常
b4~b9	保留	
b10:数字范围错误	数字输出值≥＋2 047 或数字输出值≤－2 048 时	数字输出值正常
b11	保留	
b12:O/G 调整禁止	禁止:BFM♯21 的(b1,b0)设为(1,0)时	允许:BFM♯21 的(b1,b0)设为(0,1)
b13~b15	保留	

(4) 增益与偏置的调整

偏移和增益可以各通道独立或一起设置(在 BFM♯10~BFM♯17 中)。增益和偏移都可以用在 FX$_{2N}$主单元创建的程序调整。调整增益/偏移时应注意如下两点。

1) BFM♯21 的位(b1,b0)应设置为(0,1),以允许调整。一旦调整完毕,这些位元件应该设置为(1,0),以防止进一步的变化。

2) 通道输入模式选择(BFM♯0)应该设置到最接近的模式和范围。

(5) 程序实例

下述程序中 FX$_{2N}$-4DA 特殊模块的单元编号为 No.1。

1) 基本程序(通道输出模式和参数设置程序)。FX$_{2N}$-4DA 的 CH1 和 CH2 用作电压输出通道,CH3 用作电流输出通道(4~20 mA),CH4 用作电流输出通道(0~20 mA),当 PLC 主单元处于 STOP 状态时,输出保持,并使用状态信息,如图 5-23 所示。

2) 调整 I/O 特性(偏移/增益量)。通过在可编程控制器中创建的程序来调整 FX$_{2N}$-4DA 的偏移/增益量。输出通道 CH2 的偏移和增益值分别调整为 7 mA 和 20 mA,输出通道 CH1、CH3、CH4 仍为出厂设定的标准电压输出模式,如图 5-24 所示。

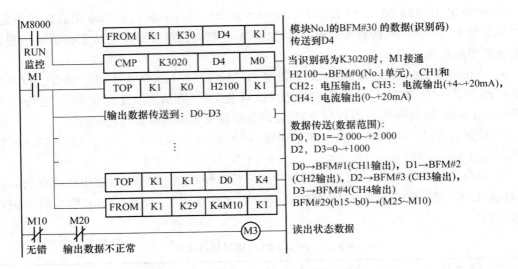

图 5-23　FX_{2N}-4DA 通道输出模式和参数设置程序

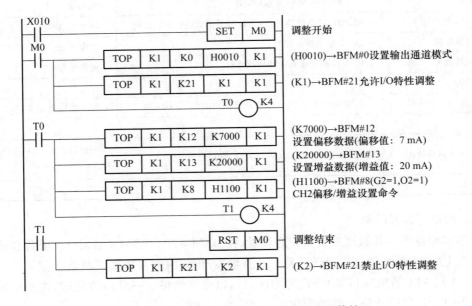

图 5-24　通过程序调整 FX_{2N}-4DA 的 I/O 特性

5.2.3　温度模块

温度模块的作用是把温度传感器传送的模拟信号转换成 PLC 能处理的若干位数字信号（A/D 转换）。三菱 FX_{2N} 系列温度模块主要有 FX_{2N}-4AD-PT、FX_{2N}-4AD-TC、FX_{2N}-2LC 及 FX_{2N}-8AD 四种型号。FX_{2N}-4AD-PT 和 FX_{2N}-4AD-TC 两种用于将温度传感器传送的模拟信号进行 A/D 转换，称为温度输入模块；FX_{2N}-2LC 可独立进行温度的控制和调节，称为温度控制模块；FX_{2N}-8AD 则是用于多种模拟量（电流、电压、温度）输入信号的 A/D 转换。下面对前两种型号进行介绍。

1. FX₂N-4AD-PT 温度输入模块

FX₂N-4AD-PT 温度输入模块有四个输入通道,将来自铂电阻温度传感器(PT100,3 线,100 Ω)的模拟量输入信号放大,并将模拟量转换成 12 位的数字值存储在 PLC 主单元中。温度单位可使用摄氏度或华氏度,使用 TO/FROM 指令来完成所有的数据传输和参数设置。

(1) 输入端子的接线

FX₂N-4AD-PT 温度输入模块输入端子的接线如图 5-25 所示。PT100 传感器的连接应使用专用电缆或双绞屏蔽电缆,并且和电源线或其他可能产生电气干扰的电线隔开。三线制配线方法以压降补偿的方式来提高测量精度,如图 5-25 中①所示。

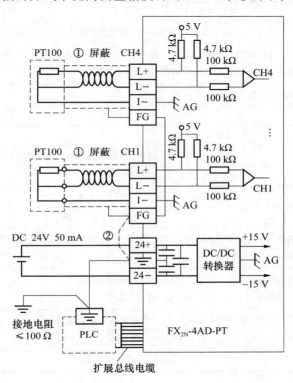

图 5-25　FX₂N-4AD-PT 温度输入模块接线图

如果存在电气干扰,将外壳接地端子(FG)连接 FX₂N-4AD-PT 的接地端与主单元的接地端,主单元接地电阻应小于或等于 100 Ω,如图 5-25 中②所示。FX₂N-4AD-PT 也可使用 PLC 主单元提供的 DC 24V 内置电源。

(2) I/O 特性与主要性能参数

1) I/O 特性。FX₂N-4AD-PT 温度输入模块的 I/O 特性如图 5-26 所示,四个通道的I/O特性都相同,I/O 特性不能进行调整。图 5-26(a)为摄氏温度的 I/O 特性,设定值:模拟值 −100～+600 ℃,数字值−1 000～+6 000。图 5-26(b)为华氏温度的 I/O 特性,设定值:模拟值−148～+1 112 ℉,数字值 1 480～+1 1120。

2) 主要性能参数。FX₂N-4AD-PT 温度输入模块的主要性能参数见表 5-12。

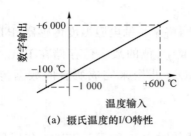
(a) 摄氏温度的I/O特性

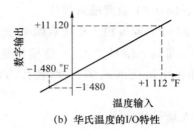
(b) 华氏温度的I/O特性

图 5-26　FX₂N-4AD-PT 温度输入模块的 I/O 特性

表 5-12　FX₂N-4AD-PT 温度输入模块的主要性能参数

项目	摄氏温度/℃	华氏温度/℉
	通过读取适当的缓冲区,可以得到摄氏温度和华氏温度两种数据	
模拟输入信号	铂电阻(PT100,3 线,100Ω)温度传感器,4 通道。PT100 3850PPM/℃(DIN43760,JIS C1604—1989)或 JPT100 3916PPM/℃(JIS C1604—1981)	
传感器电流	1 mA(定电流方式)	
额定温度范围	−100～600 ℃	−148～1 112 ℉
有效数字输出	−1 000～6 000	−1 480～1 1120
	12 位转换(11 位数据位＋1 位符号位)	
分辨率	0.2～0.3℃	0.36～0.54℉
综合精度	±1%(满量程)	
转换速度	15 ms×4 通道	
隔离方式	模拟与数字电路之间光电隔离,模块与 PLC 电源间用 DC/DC 转换器隔离,模拟通道之间无隔离	
电流消耗	模拟电路:DC 24V±10% ,50 mA(外部电源供电) 数字电路:DC 5V,30 mA(PLC 内部电源供电)	
占用输入/输出点数	占用 8 点 PLC 的输入或输出(计算在输入或输出侧均可)	
适用 PLC	FX₁N、FX₂N、FX₂NC(需要 FX₂NC-CNV-IF)、FX₃U、FX₃UC	
质量	0.3 kg	

（3）缓冲存储器（BFM）的功能及分配

FX₂N 主单元与 FX₂N-4AD-PT 之间交换数据和控制是通过缓冲存储器来进行的,FX₂N-4AD-PT 共有 32 个缓冲存储器,每个 16 位。缓冲存储器的功能及分配见表 5-13。

表 5-13　FX₂N-4AD-PT 缓冲存储器的功能及分配

BFM 编号	内容	默认值
♯0	保留	
*♯1～♯4	设置 CH1～CH4 各通道的采样平均数(1～4096)	K8
*♯5～♯8	CH1～CH4 各通道在 0.1℃ 单位下的平均温度(采样平均值)	0
*♯9～♯12	CH1～CH4 各通道在 0.1℃ 单位下的当前温度	0
*♯13～♯16	CH1～CH4 各通道在 0.1℉ 单位下的平均温度(采样平均值)	0

续　表

BFM 编号	内容	默认值
＊＃17～＃20	CH1～CH4 各通道在 0.1℉单位下的当前温度	0
＃21～＃27	保留	
＊＃28	数字范围错误锁存	0
＃29	错误状态	0
＃30	识别号：K2040	K2040
＃31	保留	

注：① BFM＃5～BFM＃20 保存输入数据的采样平均值和当前值,这些值以 0.1℃和 0.1℉为单位,但可用的分辨率只有 0.2～0.3℃和 0.36～0.54℉。

② 带"＊"号的 BFM(缓冲存储器)可以使用可编程序控制器的 TO 指令写入。

1) 数字范围错误锁存信息(BFM＃28)。BFM＃28 锁存每个通道的错误状态,并且可用于检查铀电阻是否断开。各通道的错误状态见表 5-14。

表 5-14　BFM＃28 数字范围错误状态信息

BFM＃28 的位	b15～b8	b7	b6	b5	b4	b3	b2	b1	b0
错误状态	未　用	高	低	高	低	高	低	高	低
通　道		CH4		CH3		CH2		CH1	

注：① 低：当温度测量值下降,并低于最低可测量温度极限时,锁存 ON。

② 高：当温度测量值升高,并高过最高可测量温度极限,或者铅电阻断开时,锁存 ON。

BFM＃29 的 b10(数字范围错误)用以判断测量温度是否在单元允许范围内。若出现错误,则在错误出现之前的温度数据被锁存。若测量值返回到有效范围内,则温度数据返回正常状态运行,但错误仍然被锁存在 BFM＃28 中。用 TO 指令向 BFM＃28 写入 KO 或者关闭电源,可清除错误。

2) 错误状态信息(BFM＃29)。当出现错误时,BFM＃29 的相应位置"1"。BFM＃29 的错误状态信息见表 5-15。

表 5-15　BFM＃29 的错误状态信息

BFM＃29 的位	b＝1(ON)	b＝0(OFF)
b0:错误	b2～b3 中任何一个为 ON 时	无错误
b1	保　留	
b2:电源故障	DC24V 电源故障时	电源正常
b3:硬件故障	AD 转换器或其他硬件故障时	硬件正常
b4～b9	保　留	
b10:数字范围错误	数字输出/模拟输入值超出指定范围	数字输出值正常
b11:平均数错误	所选采样平均数超出指定范围(1～4 096)	平均数正常
b12～b15	保　留	

（4）程序实例

下述程序中，FX$_{2N}$-4AD-PT 占用特殊模块 2 的位置（第三个紧靠可编程序控制器的单元），采样平均数为 4。输入通道 CH1～CH4 以℃表示的平均温度值分别保存在 PLC 主单元的数据寄存器 D0～D3 中，以℃表示的当前温度值分别保存在数据寄存器 D4～D7 中。另外，对错误状态和测量温度超限进行监控，如图 5-27 所示。

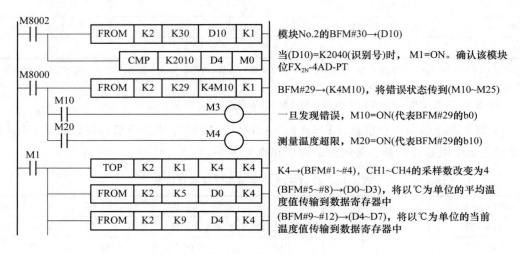

图 5-27　FX$_{2N}$-4AD-PT 温度输入模块程序例

2. FX$_{2N}$-4AD-TC 温度输入模块

FX$_{2N}$-4AD-TC 温度输入特殊模块有四个输入通道，将来自热电偶温度传感器（K 型或 J 型）的模拟量输入信号放大，并将模拟量转换成 12 位的数字值存储在 PLC 主单元中。温度单位可使用摄氏度或华氏度，使用 TO/FROM 指令来完成所有的数据传输和参数设置。

（1）输入端子的接线

FX$_{2N}$-4AD-TC 温度输入模块输入端子的接线如图 5-28 所示。与热电偶连接的温度补偿电缆有如下型号：类型 K（DX-G、KX-GS、KX-H、KX-HS、WX-G、WX-H、VX-G）类型 J（JX-G、JX-H）。对于每 10Ω 的线阻抗，补偿电缆标示出它比实际温度高出 0.12℃，使用前检查线阻抗。长的补偿电缆容易受到噪声的干扰，补偿电缆使用长度应小于 100 m。

不使用的通道应将正、负端子短接，以防止在这个通道上检测到错误，如图 5-28 中①所示。

如果存在电气干扰，将（SLD）端子连接 FX$_{2N}$-4AD-TC 的接地端和主单元的接地端，主单元接地电阻应小于或等于 100 Ω，如图 5-28 中②所示。FX$_{2N}$-4AD-TC 也可使用 PLC 主单元提供的 DC 24V 内置电源。

（2）I/O 特性与主要性能参数

1）I/O 特性。FX$_{2N}$-4AD-TC 温度输入模块的 I/O 特性如图 5-29 所示，四个通道的I/O特性都相同，I/O 特性不能进行调整。图 5-29（a）为摄氏温度的 I/O 特性。图 5-29（b）为华氏温度的 I/O 特性。

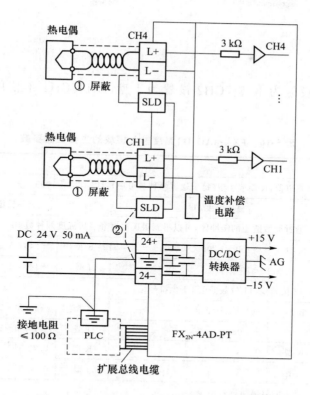

图 5-28　FX₂N-4AD-TC 温度输入模块接线图

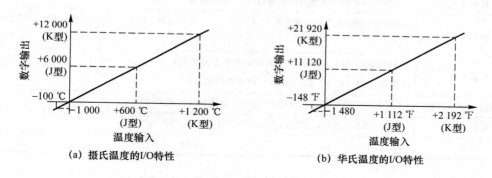

(a) 摄氏温度的I/O特性　　　　　　　(b) 华氏温度的I/O特性

图 5-29　FX₂N-4AD-TC 温度输入模块的 I/O 特性

2）主要性能参数。FX₂N-4AD-TC 温度输入模块的主要性能参数见表 5-16。

（3）缓冲存储器（BFM）的功能及分配

FX₂N 主单元与 FX₂N-4AD-TC 之间交换数据和控制是通过缓冲存储器来进行的，FX₂N-4AD-TC 共有 32 个缓冲存储器，每个 16 位。缓冲存储器的功能及分配见表 5-17。

1）热电偶类型（K 或 J）模式选择（BFM＃0）。热电偶类型模式由缓冲存储器 BFM＃0 中的 4 位十六进制数 H○○○○控制。从低位到高位，每一位字符控制一个通道，即最低位控制 CH1，最高位控制 CH4。选定模式后，由程序写入 BFM＃0。

每位字符的设置方式和模式字的意义如下。

165

○＝0：K 型。

○＝1：J 型。

○＝3：不使用。

例如，将 CH1 设置为 K 型，CH2 设置为 J 型，CH3、CH4 不使用。则其模式字为 BFM＃0＝H3310

表 5-16　FX₂ₙ-4AD-TC 温度输入模块的主要性能参数

项目	内容			
模拟输入信号	热电偶：K 型或 J 型（每个通道两种都可用），JIS 1602—1995			
额定温度范围	摄氏温度/℃		华氏温度/℉	
	通过读取适当的缓冲区，可以得到摄氏温度和华氏温度两种数据			
	K 型	−100～1 200 ℃	K 型	−148～2 192 ℉
	J 型	−100～600 ℃	J 型	−148～1 112 ℉
有效数字输出	12 位转换（11 位数据位＋1 位符号位）			
	K 型	−1 000～12 000	K 型	−1 480～21 920
	J 型	−1 000～6 000	J 型	−1 480～11 120
分辨率	K 型	0.4 ℃	K 型	0.72 ℉
	J 型	0.3 ℃	J 型	0.54 ℉
综合精度	±0.5％（满量程）			
转换速度	（240 ms±2％）×使用的通道数（不使用的通道不进行转换）			
隔离方式	模拟与数字电路之间光电隔离，模块与 PLC 电源间用 DC/DC 转换器隔离，模拟通道之间无隔离			
电流消耗	模拟电路：DC 24V±10％，50 mA（外部电源供电） 数字电路：DC 5V，30 mA（PLC 内部电源供电）			
占用输入输出点数	占用 8 点 PLC 的输入或输出（计算在输入或输出侧均可）			
适用 PLC	FX₁ₙ、FX₂ₙ、FX₂ₙ꜀（需要 FX₂ₙ꜀-CNV-IF）、FX₃ᵤ、FX₃ᵤ꜀			
质量	0.3 kg			

表 5-17　FX₂ₙ-4AD-TC 缓冲存储器的功能及分配

BFM 编号	内容	默认值
＊＃0	热电偶类型（K 或 J）模式选择	H0000
＊＃1～＃4	设置 CH1～CH4 各通道的采样平均数（1～256）	K8
＊＃5～＃8	CH1～CH4 各通道在 0.1 ℃ 单位下的平均温度（采样平均值）	0
＊＃9～＃12	CH1～CH4 各通道在 0.1 ℃ 单位下的当前温度	0
＊＃13～＃16	CH1～CH4 各通道在 0.1 ℉ 单位下的平均温度（采样平均值）	0
＊＃17～＃20	CH1～CH4 各通道在 0.1 ℉ 单位下的当前温度	0
＃21～＃27	保留	
＊＃28	数字范围错误锁存	0

续 表

BFM 编号	内容	默认值
＊＃29	错误状态	0
＊＃30	识别号:K2030	K2030
＊＃31	保留	

注:① BFM＃5＃20 保存输入数据的采样平均值和当前值,这些值以 0.1 ℃和 0.1 ℉为单位,但可用的分辨率对于 K 型热电偶只有 0.4 ℃或 0.72 ℉,对于 J 型热电偶只有 0.3 ℃或 0.54 ℉。

② 带"＊"号的 BFM(缓冲存储器)可以使用可编程序控制器的 TO 指令写入。

2) 数字范围错误锁存信息(BFM＃28)。BFM＃28 锁存每个通道的错误状态,并且可用于检查热电偶是否断开。各通道的错误状态见表 5-18。

表 5-18　BFM＃28 数字范围错误状态信息

BFM＃28 的位	b15~b8	b7	b6	b5	b4	b3	b2	b1	b0
错误状态	未用	高	低	高	低	高	低	高	低
通道		CH4		CH3		CH2		CH1	

注:① 低:当温度测量值下降,并低于最低可测量温度极限时,锁存 ON。

② 高:当温度测量值升高,并高过最高可测量温度极限或者热电偶断开时,锁存 ON。

BFM＃29 的 b10(数字范围错误)用以判断测量温度是否在单元允许范围内。若出现错误,则在错误出现之前的温度数据被锁存。若测量值返回到有效范围内,则温度数据返回正常状态运行,但错误仍然被锁存在 BFM＃28 中。用 TO 指令向 BFM＃28 写入 KO 或者关闭电源,可清除错误。

3) 错误状态信息(BFM＃29)。当出现错误时,BFM＃29 的相应位置"1"。BFM＃29 的错误状态信息见表 5-19。

表 5-19　BFM＃29 的错误状态信息

BFM＃29 的位	b=1(ON)	b=0(OFF)
b0:错误	b2~b3 中任何一个为 ON 时	无错误
b1	保留	
b2:电源故障	DC24V 电源故障时	电源正常
b3:硬件故障	A/D 转换器或其他硬件故障时	硬件正常
b4~b9	保留	
b10:数值范围错误	数字输出/模拟输入值超出指定范围	数字输出值正常
b11:平均数错误	所选采样平均数超出指定范围(1~256)	平均数正常
b12~b15	保留	

(4) 程序实例

下述程序中,FX$_{2N}$-4AD-TC 占用特殊模块 2 的位置(第三个紧靠可编程序控制器的单元),CH1 使用 K 型热电偶,CH2 使用 J 型热电偶,CH3、CH4 不使用,采样平均数为 4。输入通道 CH1 和 CH2 以℃表示的平均温度值分别保存在 PLC 主单元的数据寄存器 D0 和 D1 中,以℃表示的当前温度值分别保存在数据寄存器 D2~D3 中。另外,对错误状态和测量温度超限进行监控,如图 5-30 所示。

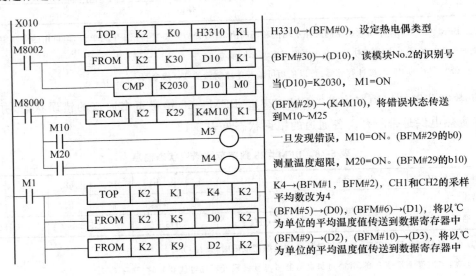

图 5-30   FX_{2N}-4AD-TC 温度输入模块程序例

5.3   高速计数器模块

FX_{2N}-1HC 硬件高速计数器模块是 2 相 50 Hz 的高速计数器,其计数速度比 PLC 的内置高速计数器(2 相 30 Hz,1 相 60 Hz)的计数速度高,而且它可直接进行比较和输出。

FX_{2N}-1HC 的各种计数模式(1 相或 2 相,16 位或 32 位)可用 PLC 的 TO 指令进行选择。只有这些模式参数设定之后,FX_{2N}-1HC 单元才能运行。FX_{2N}-1HC 的输入信号源必须是 1 或 2 相编码器,可使用 5 V、12 V 或 24 V 电源。FX_{2N}-1HC 有两个输出。当计数值与输出比较值一致时,输出为 ON。输出晶体管被单独隔离,以允许漏型或源型负载连接方法。

FX_{2N}-1HC 与 PLC 之间的数据传输是通过缓冲存储器进行的。FX_{2N}-1HC 有 32 个缓冲存储器(每个为 16 位)。

5.3.1   输入/输出端子的接线

FX_{2N}-1HC 高速计数器模块输入/输出端子的接线图如图 5-31 所示。如果使用 NPN 输出编码器,要注意端子极性与 FX_{2N}-1HC 的端子极性匹配。输入应采用双绞屏蔽电缆来连接,电缆的敷设应远离电源线或其他可能产生电气干扰的电线,根据需要在主单元一侧连接接地端子,主单元使用三级接地(接地电阻≤100 Ω),如图 5-31 中①所示。

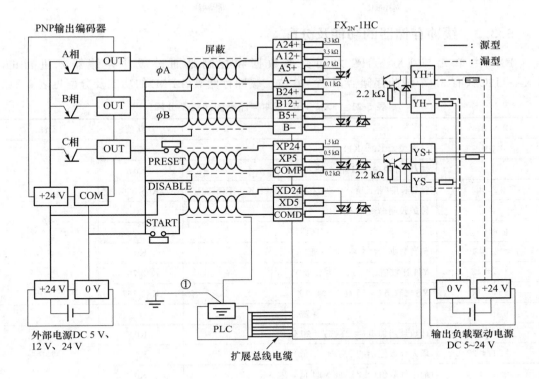

图 5-31　FX$_{2N}$-1HC 高速计数器模块输入/输出接线图

5.3.2　输入/输出特性与主要性能参数

FX$_{2N}$-1HC 的输入/输出特性与主要性能参数见表 5-20。

表 5-20　FX$_{2N}$-1HC 的输入/输出特性与主要性能参数

项目	内容
信号电平	可通过连接端子选择 DC5V、12 V、24 V，差动输出型连接在 DC5V 端子上
频率	单相单输入：50 kHz 以下。单项双输入：各 50 kHz 以下。双相双输入：50 kHz 以下/1 倍增、25 kHz 以下/2 倍增、12.5 kHz 以下/4 倍增
计数范围	带符号的二进制 32 位（−2 147 483 648～＋2 147 483 647），或者无符号的二进制 16 位（0～65 535）
计数模式	自动加/减计数（单相双输入或者双相输入时），或者选择加/减计数（单相-单输入时）
一致输出	YH：通过硬件比较回路判断一致输出 YS：通过软件比较回路判断一致输出（最大 300 μs 延迟）
输出形式	NPN 开集电极输出 2 点各 DC5V～24 V，0.5 A
附加功能	由 PLC 通过参数进行模式设定及比较数据的设定； 可以通过 PLC 监控当前值、比较结果、出错状态
输入输出占用点数	占用可编程控制器的 8 点输入或者输出（可计算在输入或者输出侧）
消耗电流	DC5V，90 mA（由 PLC 供电）
适用 PLC	FX$_{1N}$、FX$_{2N}$、FX$_{3U}$、FX$_{2NC}$（需要 FX$_{2NC}$-CNV-IF）、FX$_{3UC}$（需要 FX$_{2NC}$-CNV-IF 或 FX$_{3UC}$-1PS-5 V）PLC
质量	0.3 kg

5.3.3 缓冲存储器的功能及分配

FX$_{2N}$主单元与FX$_{2N}$-1HC之间交换数据和控制是通过缓冲存储器来进行的，FX$_{2N}$-1HC共有32个缓冲存储器，每个16位。缓冲存储器(BFM)的功能及分配见表5-21。

表5-21　FX$_{2N}$-1HC 缓冲存储器的功能及分配

BFM 编号	内容	默认值	备注
♯0	计数模式 K0～K11	K0	W
♯1	加/减计数命令(1-相 1-输入模式)	K0	
♯3,♯2	计数长度(环长度)(♯3高/♯2低)范围:K2～K65536	K65 536	
♯4	计数控制命令	K0	
♯5～♯9	保留		
♯11,♯10	预置数据(♯11高/♯10低)	K0	
13,♯12	YH 比较值(♯13高/♯12低)	K32 767	
15,♯14	YS 比较值(♯15高/♯14低)	K32 767	
♯16～19	保留		
♯21,♯20	计数器当前值(♯21高/♯20低)	K0	W/R
♯23,♯22	最大计数值(♯23高/♯22低)	K0	
♯25,♯24	最小计数值(♯25高/♯24低)	K0	
♯26	比较结果		R
♯27	端子状态		
♯28	保留		
♯29	错误状态		R
♯30	模块识别码 K4010	K4010	
♯31	保留		

1. 计数模式选择 BFM♯0(K0～K11)

计数模式由缓冲存储器 BFM♯0 中的值控制。模式控制字(K0～K11)由 PLC 写入缓冲存储器 BFM♯0。设置这些值时,要使用 TOP(脉冲)指令,或使用 M8002(初始脉冲)来驱动 TO 指令,不允许有连续指令。当有数据写到 BFM♯0 时,BFM♯1～BFM♯31 的值重新复位为默认值。BFM♯0 计数模式字见表5-22。

表5-22　BFM♯0 计数模式字

计数模式		32 位	16 位
2 相输入(相位差脉冲)	1 边沿计数	K0	K1
	2 边沿计数	K2	K3
	4 边沿计数	K4	K5
1-相 2-输入(加/减脉冲)		K6	K7
1-相 1-输入	硬件加/减计数	K8	K9
	软件加/减计数	K10	K11

2. UP/DOWN 计数方向命令 BFM♯1

BFM♯1（UP/DOWN）加/减计数命令仅对 1 相 1 输入软件加/减计数模式有效。BFM♯1 UP/DOWN 计数方向字见表 5-23 所示。

表 5-23　BFM♯1 UP/DOWN 计数方向字

内容	计数方向
（BFM♯1）＝K0	加计数
（BFM♯1）＝K1	减计数

（1）32 位计数器模式

当发生溢出时,进行加、减计数的 32 位二进制计数器将由下限改变成上限,或由上限改变成下限。上限和下限都是固定值,上限值为＋2 147 483 647,下限值为－2 147 483 648。

（2）16 位计数器模式

16 位计数器只处理 0～65 535 的正数。当发生溢出时,它由上限改变成 0,或由 0 改变成上限,上限值由 BFM♯3 和 BFM♯2 决定。

（3）1 相 1 输入计数器 BFM♯0（K8～K11）

1）1 相 1 输入硬件加/减计数器（K8、K9）的计数方向由 A 相输入的高、低电平决定。当 A 相输入为低电平（OFF）时,为加计数;当 A 相输入为高电平（ON）时,为减计数,如图 5-32（a）所示。

2）1 相 1 输入软件加/减计数器（K10、K11）的计数方向由 BFM♯1 的内容决定。当（BFM♯1）＝K0 时,为加计数;当（BFM♯1）＝K1 时,为减计数,如图 5-32（b）所示。

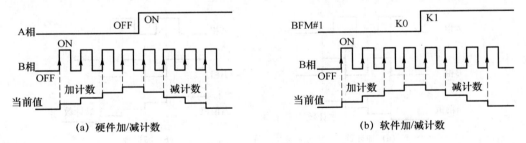

图 5-32　1 相 1 输入计数器

（4）1 相 2 输入计数器 BFM♯0（K6、K7）1 相 2 输入计数器的计数方向由脉冲输入端口决定（加/减脉冲）。当 B 相输入时为加计数,A 相输入时为减计数。如果 A 相和 B 相同时输入,计数器的值不变,如图 5-33 所示。

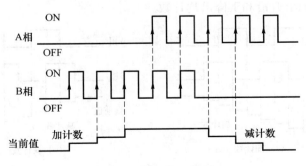

图 5-33　1 相 2 输入计数器

（5）2 相输入计数器 BFM♯0（K0～K5）

2 相输入计数器的计数方向由 2 相输入脉冲的相位差决定。

1 边沿计数器 BFM♯0（K0、K1）如图 5-34 所示。当 A 相超前 90°时为加计数，即当 A 相输入为高电平时，B 相由低电平变成高电平的上升沿加 1，如图 5-34(a)所示。当 B 相超前 90°时为减计数，即当 A 相输入为高电平时，B 相由高电平变成低电平的下降沿减 1，如图 5-34(b)所示。

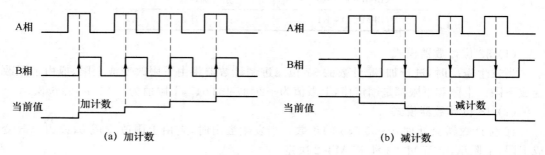

(a) 加计数　　　　　　　　　　　　(b) 减计数

图 5-34　1 边沿-计数器

2 边沿-计数器 BFM♯0（K2、K3）如图 5-35 所示。当 A 相超前 90°时为加计数，即当 A 相输入为 ON 时，B 相由 OFF 变成 ON 的上升沿加 1；当 A 相输入为 OFF 时，B 相由 ON 变成 OFF 的下降沿加 1，如图 5-35(a)所示。当 B 相超前 90°时为减计数，即当 A 相输入为 ON 时，B 相由 ON 变成 OFF 的下降沿减 1；当 A 相输入为 OFF 时，B 相由 OFF 变成 ON 的上升沿减 1，如图 5-35(b)所示。

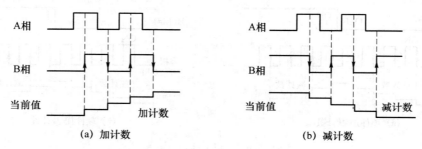

(a) 加计数　　　　　　　　　　　　(b) 减计数

图 5-35　2 边沿-计数器

4 边沿-计数器 BFM♯0（K4、K5）如图 5-36 所示。当 A 相超前 90°时为加计数，如图 5-36(a)所示。当 B 相超前 90°时为减计数，如图 5-36(b)所示。在 4 边沿-计数模式下，A、B 两相输入脉冲的上升沿和下降沿均计数。

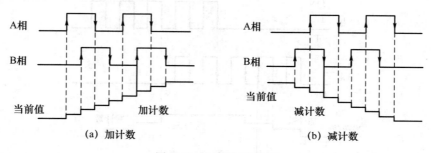

(a) 加计数　　　　　　　　　　　　(b) 减计数

图 5-36　4 边沿-计数器

3. 计数长度(环长度)BFM♯3、BFM♯2

BFM♯3、BFM♯2 存储计数长度数据,该数据指定 16 位计数器的计数长度(默认值为 K65536)。例如,指定 K100 作为 32 位二进制数写入 FX$_{2N}$-1HC 的 BFM♯3 和 BFM♯2 (BFM♯3＝0,BFM♯2＝100。允许值为 K2～K65536),即环长度为 K100。当发生溢出时,计数器的值由上限改变成 0,或由 0 改变成上限,如图 5-37 所示。

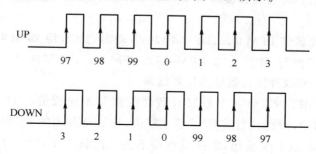

图 5-37　计数器的值溢出时的变化

在 FX$_{2N}$-1HC 中,计数数据是以两个 16 位寄存器组成寄存器对来处理的。存储在 PLC 中的 16 位的 2 的补码不能使用,当写入 16 位计数器的数据为 K32768～K65535 之间的正数时,也将作为 32 位数处理。因此,即使是对 16 位计数器进行读/写,也要使用(D) FROM/(D)TO 指令的 32 位格式。

4. 计数控制命令 BFM♯4

计数器的各种功能由 BFM 制的位控制,只有正确设置了相关的计数控制命令计数器才能正常工作和输出。计数控制命令见表 5-24。

表 5-24　BFM♯4 计数控制命令

BFM♯4	"0"(OFF)	"1"(ON)
b0	计数禁止	计数允许
b1	YH 输出禁止(硬件比较输出)	YH 输出允许(硬件比较输出)
b2	YS 输出禁止(软件比较输出)	YS 输出允许(软件比较输出)
b3	YH/ YS 独立动作	相互复位动作
b4	预置禁止	预置允许
b5～b7	未定义	
b8	无动作	错误标志复位
b9	无动作	YH 输出复位
b10	无动作	YS 输出复位
b11	无动作	YH 输出置位
b12	无动作	YS 输出置位
b13～b15	未定义	

注:① 当 b0 置位为 ON,并且 DISABLE 输入端子为 OFF 时,计数器被允许开始计数。

　② 当 b3＝0N 时,若 YH 输出被置位,则 YS 输出被复位;若 YS 输出被置位,则 YH 输出被复位。

　当 b3＝OFF 时,YH 和 YS 输出独立动作,不相互复位。

　③ 当 b4＝0FF 时,PRESET 输入端子的预置功能失去作用。

5. 预置数据 BFM♯11、BFM♯10

计数器的默认值为 0。通过向 BFM♯11 和 BFM♯10 中写数据,预置值可被改变。当计数器开始计数时,预置数据可作为其初始值。当 BFM♯4 的 b4 位设置为 ON,而且 PRESET 输入端子由 OFF 变成 ON 时,预置数据有效。

计数器的初始值也可通过直接向 BFM♯20 和 BFM♯21(计数器的当前值)中写数据进行设置。

6. YH 输出的比较值 BFM♯13、BFM♯12,YS 输出的比较值 BFM♯15、BFM♯14

在计数器的当前值与 BFM♯13、BFM♯12、BFM♯15、BFM♯14 中的值进行比较后,FX_{2N}-1HC 中的硬件和软件比较器输出比较结果。

如果使用 PRESET 或 TO 指令设置计数器的值等于比较值,YH、YS 输出不会变成 ON。只有当输入脉冲计数值(当前值)等于比较值,且 BFM♯4 的 b1 和 b2 为 ON 时,YH、YS 输出才会 ON。一旦有了输出,将一直保持下去,直到由 BFM♯4 的 b9 和 b10 进行复位,输出才会 OFF。如果 BFM♯4 的 b3 为 ON,当 YH(YS)输出被置位时,YS(YH)输出就被复位。

YS 比较操作需要大约 $300\ \mu s$ 的时间,如果当前值等于比较值,输出变成 ON。

7. 计数器的当前值 BFM♯21、BFM♯20

计数器的当前值可通过 PLC 进行读操作,由于存在通信延迟,在高速运行时,它并不是准确的值。计数器的当前值可通过 PLC,将一个 32 位的数值写入适当的 BFM♯ 而强行改变。

8. 最大计数值 BFM♯23、BFM♯22

BFM♯23、BFM♯22 存储计数器所能达到的最大值和最小值。如果掉电,存储的数据被清除。

9. 比较状态 BFM♯26

BFM♯26 为只读存储器,PLC 的写命令对其不起作用。BFM♯26 的比较状态信息见表 5-25。

表 5-25　BFM♯26 的比较状态信息

BFM♯26 的位		"0"(OFF)	"1"(ON)	BFM♯26 的位		"0"(OFF)	"1"(ON)
YH	b0	设定值≤当前值	设定值>当前值	YS	b3	设定值≤当前值	设定值>当前值
	b1	设定值≠当前值	设定值=当前值		b4	设定值≠当前值	设定值=当前值
	b2	设定值≥当前值	设定值<当前值		b5	设定值≥当前值	设定值<当前值
b6~b15		未定义					

10. 端子状态 BFM♯27

BFM♯27 提供了 FX_{2N}-1HC 各端子(PRESET、DISABLE、YH、YS)的状态。各端子的状态信息见表 5-26。

表 5-26　BFM♯27 的端子状态信息

BFM♯27 的位	"0"(OFF)	"1"(ON)	BFM♯27 的位	"0"(OFF)	"1"(ON)
b0	预置输入为 OFF	预置输入为 ON	b2	YH 输出为 OFF	YH 输出为 ON
b1	计数禁止输入为 OFF	计数禁止输入为 ON	b3	YS 输出为 OFF	YS 输出为 ON
b4～b15	未定义				

11. 错误状态 BFM♯29

FX$_{2N}$-1HC 中的错误状态可通过将 BFM♯29(b0～b7)的内容读到 PLC 的辅助继电器中来进行检查。错误标志可由 BFM♯4 的 b8 进行复位。BFM♯29 的错误状态信息见表 5-27。

表 5-27　BFM♯29 的错误状态信息

BFM♯29 的位	错误状态	
b0	b1～b7 中任何一个为 ON 时,置 ON	
b1	环长度值写错时(不是 K2～K65536),置 ON	
b2	预置值写错时,置 ON	在 16 位计数器模式下,当数据值＞环长度时
b3	比较值写错时,置 ON	
b4	当前值写错时,置 ON	
b5	计数器超出上限时,置 ON	当超出 32 位计数器的上限或下限时
b6	计数器超出下限时,置 ON	
b7	FROM/TO 指令使用不准确时,置 ON	
b8	计数器模式(BFM♯0)写错时,置 ON	当超出 K0～K11 时
b9	BFM 号写错时,置 ON	当超出 K0～K31 时
b10～b15	未定义	

5.3.4　程序实例

FX$_{2N}$-1HC 特殊模块的单元编号为 No.2。计数模式为 1 相 1 输入计数器,计数长度为 K1234,软件计数方向为减计数,YH 输出的比较值为 K1000,YS 输出的比较值为 K900。

只有当计数模式(由脉冲命令设置)、命令和比较值等被正确指定时,计数器才能正常工作。要对计数允许(BFM♯4 b0)、预设置(BFM♯4 b4)和输出禁止(BFM♯4 b2,b1)进行初始化。在启动前,要对 YH/YS 和错误标志进行复位。程序如图 5-38 所示。

图 5-38 中,只有当计数禁止为 ON 时,才可能进行计数。而且,如果相关的输出禁止命令设置在命令寄存器(BFM♯4)中,输出将完全不能由计数过程控制。启动前,要复位 YH/YS 输出和错误标志。根据需要,可使用相互复位和预设置初始化命令,也可加入其他指令如计数器当前值、状态的读取等。

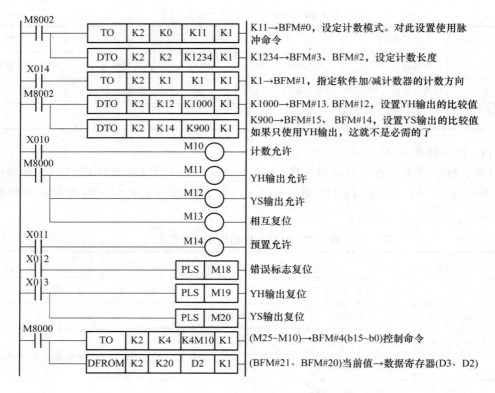

图 5-38　FX$_{2N}$-1HC 高速计数器程序例

5.4　通信接口模块与功能扩展板

FX 系列各种通信模块、通信功能扩展板、通信特殊功能模块,支持在 FX 系列 PLC 间方便地构建简易数据连接和与 RS-232C、RS-485、RS-422 设备的通信功能,还能够根据控制内容,以 FX 系列 PLC 为主站构建 CC-Link 的高速现场总线网络。

5.4.1　RS-232C 通信接口设备

1. FX$_{2N}$-232-BD 通信功能扩展板

FX$_{2N}$-232-BD 通信功能扩展板(以下简称通信板)可安装于 FX$_{2N}$ 系列 PLC 的基本单元中,用于 RS-232C 通信。

(1)特点

1)在 RS-232C 设备之间进行数据传输,如个人计算机、条形码阅读机和打印机。

2)在 RS-232C 设备之间使用专用协议进行数据传输。

3)连接编程工具。

当 232BD 用于上述 1)、2)应用时,通信格式包括波特率、奇偶性和数据长度,由参数或 FX$_{2N}$ 可编程控制器的特殊数据寄存器 D8120 进行设置。

（2）外形和端子

FX_{2N}-232-BD 的外形和端子如图 5-39 所示。

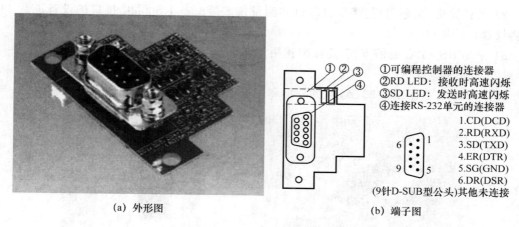

①可编程控制器的连接器
②RD LED：接收时高速闪烁
③SD LED：发送时高速闪烁
④连接 RS-232 单元的连接器
 1.CD(DCD)
 2.RD(RXD)
 3.SD(TXD)
 4.ER(DTR)
 5.SG(GND)
 6.DR(DSR)
(9针D-SUB型公头)其他未连接

（a）外形图　　　　　　　　　　（b）端子图

图 5-39　FX_{2N}-232-BD 通信板外形和端子图

（3）主要技术参数

FX_{2N}-232-BD 通信板的主要技术参数见表 5-28。

表 5-28　FX_{2N}-232-BD 通信板的主要技术参数

项目		规格
接口标准		RS-232C
绝缘方式		非绝缘
显示（LED）		RD、SD
传送距离		最大 15 m
消耗电流		20 mA/DC 5V（由 PLC 供电）
通信方式		全双工双向（FX_{2N} 在 V2.0 版以下为半双工双向）
通信协议		无协议/专用协议（格式 1 或格式 4）/编程通信
通信格式	数据长度	7 位/8 位
	奇偶校验	没有/奇数/偶数
	停止位	1 位/2 位
	波特率	300/600/12 00/2 400/4 800/9 600/19 200/38 400 bit/s
	标题	没有或任意数据
	控制线	无/硬件/调制解调器方式
	和校验	附加和码/不附加和码
	结束符	没有或任意数据

2. FX_{0N}-232ADP/FX_{2NC}-232ADP 通信模块

FX_{0N}-232ADP/FX_{2NC}-232ADP 通信模块是可与计算机通信的绝缘型特殊适配器（如与 FX_{0N}-CNV-BD 连接板一起使用），可与 FX_{2N} 系列 PLC 连接，不占用输入/输出点数。

（1）特点

1）用于以计算机为主机的计算机链接（1∶1）专用协议通信用接口。

2）与计算机、条形码阅读机、打印机和测量仪表等配备 RS-232C 接口的设备进行 1∶1 元协议通信的接口。

3）采用 RS-232C 通信方式，连接编程用计算机和 GOT 的接口。

（2）外形和端子

FX_{0N}-232ADP/FX_{2NC}-232ADP 的外形和端子如图 5-40 和图 5-41 所示。

(a) FX_{0N}-232ADP

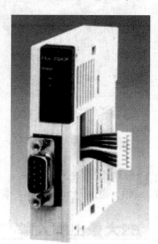

(b) FX_{2NC}-232ADP

图 5-40　FX_{0N}-232ADP/FX_{2NC}-232ADP 通信模块外形图

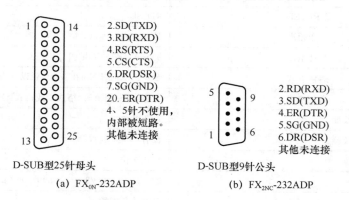

D-SUB型25针母头

(a) FX_{0N}-232ADP

D-SUB型9针公头

(b) FX_{2NC}-232ADP

图 5-41　FX_{0N}-232ADP/FX_{2NC}-232ADP 通信模块连接器端子图

（3）FX_{2N}-CNV-BD 连接板

FX_{2N}-CNV-BD 是将 FX 系列绝缘型特殊适配器连接到 FX_{2N} 系列 PLC 上的连接板。

FX_{2N}-CNV-BD 的外形如图 5-42 所示。

FX_{0N}-232ADP/FX_{2NC}-232ADP 通信模块与 FX_{2N} 系列 PLC 的连接如图 5-43 所示。

（4）主要技术参数

FX_{0N}-232ADP/FX_{2NC}-232ADP 通信模块的主要技术参数见表 5-29。

图 5-42　FX₂ₙ-CNV-BD 外形图

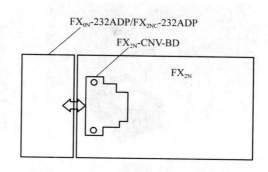

图 5-43　FX₀ₙ-232ADP/FX₂ₙ𝒸-232ADP 通信模块安装图

表 5-29　FX₀ₙ-232ADP/FX₂ₙ𝒸-232ADP 通信模块主要技术参数

项目		规格	
		FX$_{ON}$-232ADP	FX$_{2NC}$-232ADP
接口标准		RS-232C	
绝缘方式		光电隔离	
显示(LED)		POWER、RD、SD	
传送距离		最大 15 m	
消耗电流		200 mA/DC 5V(由 PLC 供电)	100 mA/DC 5V(由 PLC 供电)
通信方式		全双工双向(FX$_{2N}$在 V2.0 版以下为半双工双向)	
通信协议		无协议/专用协议(格式 1 或格式 4)/编程通信	
通信格式	数据长度	7 位/8 位	
	奇偶校验	没有/奇数/偶数	
	停止位	1 位/2 位	
	波特率	300/600/1 200/2 400/4 800/9 600/19 200/38 400 bit/s	
	标题	没有或任意数据	
	控制线	无/硬件/调制解调器方式	
	和校验	附加和码/不附加和码	
	结束符	没有或任意数据	

3. FX-485PC-IF 型 RS-232C/RS-485 转换接口

FX-485PC-IF 转换接口是与计算机连接的绝缘型 RS-232C/RS-485 转换接口。

(1) 特点

在计算机连接功能中,一台计算机最多可连接 16 台 PLC。

(2) 外形和端子

FX-485PC-IF 转换接口的外形和端子如图 5-44 所示。

(3) 主要技术参数

FX-485PC-IF 转换接口的主要技术参数见表 5-30。

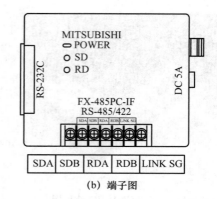

| SDA | SDB | RDA | RDB | LINK SG |

(a) 外形图   (b) 端子图

图 5-44   FX-485PC-IF 转换接口的外形和端子图

表 5-30   FX-485PC-IF 转换接口的主要技术参数

项目		规格
接口标准		RS-232C/RS-485/RS-422
绝缘方式		RS-232C 信号与 RS-485/RS-422 信号间光电隔离以及变压器隔离
显示（LED）		POWER、SD、RD
通信方式		全双工双向
同期方式		调步同步
波特率		300/600/1 200/2 400/4 800/9 600/19 200 bit/s
传送距离	RS-485	最大 500 m
	RS-232C	最大 15 m
电源		DC 5V±5%
消耗电流		最大 260 mA（由 FX-20P-PS 电源供电）

4. FX_{2N}-232IF 通信特殊功能模块

FX_{2N}-232IF 通信模块是可与计算机通信的特殊功能模块，通过总线电缆与 PLC 连接，最多可连接 8 台特殊模块，使用 FROM/TO 指令与 PLC 进行数据传输，占用输入/输出点数 8 点。

（1）特点

1）用于以计算机为主机的计算机链接（1∶1）元协议通信用接口。

2）与计算机、条形码阅读机、打印机等配备 RS-232C 接口的设备进行 1∶1 元协议通信的接口。

3）可以在收发信时在 HEX 和 ASCII 码之间自动转换。

4）可以指定最大 4 个字节的报头、报尾。

5）具有互联模式，可以连续接收超过接收缓存长度的数据。

6）可以指定带有 CR、LF 以及和校验的通信格式。

（2）主要技术参数

FX_{2N}-232IF 通信用特殊功能模块的主要技术参数见表 5-31。

表 5-31　**FX₂N-232IF 通信用特殊功能模块主要技术参数**

项目		规格
接口标准		RS-232C
连接器		9 针 D-SUB 型公头
绝缘方式		光电隔离
显示（LED）		POWER、SD、RD
传送距离		最大 15 m
通信方式		全双工双向
通信协议		无协议，互连模式
通信格式	数据长度	7 位/8 位
	奇偶校验	没有/奇数/偶数
	停止位	1 位/2 位
	波特率	300/600/1 200/2 400/4 800/9 600/19 200 bit/s
	标题	无或收信最大 4 字节
	结束符	无或收信最大 4 字节
与 PLC 的通信		使用 FROM/TO 指令访问缓存
占用输入输出点数		8 点（计算在输入或输出侧均可）
控制电源		DC 5V±5％40 mA（由 PLC 供电）
驱动电源		DC 24V±10％80 mA（外部供电）

5.4.2　RS-485 通信接口设备

1. FX₂N-485-BD 通信功能扩展板

FX₂N-485-BD 通信功能扩展板可安装于 FX₂N 系列 PLC 的基本单元中，用于 RS-485 通信。

（1）特点

1）使用 $N:N$ 网络进行数据传输。通过 FX₂N PLC，可在 $N:N$ 基础上进行数据传输。

2）使用并行连接进行数据传输。通过 FX₂N PLC，可在 1:1 基础上对 100 个辅助继电器和 10 个数据寄存器进行数据传输。

3）使用专用协议进行数据传输。使用专用协议，可在 $1:N$ 基础上通过 RS-485（422）进行数据传输。

4）使用无协议进行数据传输。使用无协议，通过 RS-485（422）转换器可在各种带有时 RS-232C 单元的设备之间进行数据通信，如个人计算机、条形码阅读机和打印机。在这种应用中，数据的发送和接收是通过由 RS 指令指定的数据寄存器来进行的。

（2）外形和端子

FX₂N-485-BD 的外形和端子如图 5-45 所示。

（3）主要技术参数

FX₂N-485-BD 通信板的主要技术参数见表 5-32。

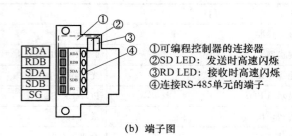

RDA	
RDB	①可编程控制器的连接器
SDA	②SD LED：发送时高速闪烁
SDB	③RD LED：接收时高速闪烁
SG	④连接RS-485单元的端子

（a）外形图　　　　　　　　　　　（b）端子图

图 5-45　FX$_{2N}$-485-BD 通信板外形和端子图

表 5-32　FX$_{2N}$-485-BD 通信板主要技术参数

项目		规格
接口标准		RS-485/RS-422
显示（LED）		SD、RD
绝缘方式		非绝缘
传送距离		最大 50 m
消耗电流		60 mA/DC 5V（由 PLC 供电）
通信方式		半双工双向
通信协议		无协议/专用协议（格式 1 或格式 4）/N:N 网络/并行连接
波特率	无协议/专用协议	300/600/1 200/2 400/4 800/9 600/19 200 bit/s
	并行连接	19 200 bit/s
	N:N 网络	38 400 bit/s
通信格式	数据长度	7 位/8 位
	奇偶校验	没有/奇数/偶数
	停止位	1 位/2 位
	标题	没有或任意数据
	结束符	没有或任意数据

2．FX$_{0N}$-485ADP/FX$_{2NC}$-485ADP 通信模块

FX$_{0N}$-485ADP/FX$_{2NC}$-485ADP 通信模块是可与计算机通信的绝缘型特殊适配器（如与 FX$_{2N}$-CNV-BD 连接板一起使用），可与 FX$_{2N}$ 系列 PLC 连接，不占用输入/输出点数。

（1）特点

1）用于 PLC 之间 N:N 网络的接口。

2）用于并行连接（1:1）的接口。

3）以计算机为主机的计算机链接专用协议通信用接口。

4）与条形码阅读机、打印机和测量仪表等配备 RS-485 接口的设备进行 1:1 元协议通信的接口。

5）用于 N:N、并行连接时传输距离比用 485BD 功能扩展板时更长。

（2）端子

FX$_{0N}$-485ADP/FX$_{2NC}$-485ADP 的端子如图 5-46 所示。

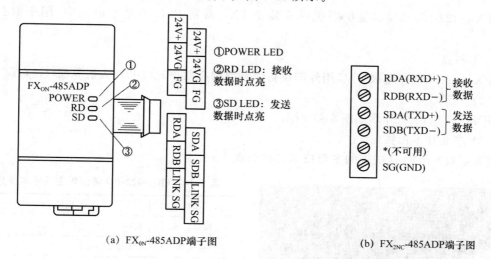

（a）FX$_{0N}$-485ADP端子图　　　　　　　　（b）FX$_{2NC}$-485ADP端子图

图 5-46　FX$_{0N}$-485ADP/FX$_{2NC}$-485ADP 通信模块外形和端子图

（3）主要技术参数

FX$_{0N}$-485ADP/FX$_{2NC}$-485ADP 通信模块的主要技术参数见表 5-33。

表 5-33　FX$_{0N}$-485ADP/FX$_{2NC}$-485ADP 通信模块的主要技术参数

项目		规格	
		FX$_{0N}$-485ADP	FX$_{2NC}$-485ADP
接口标准		RS-485/RS-422	
显示（LED)		POWER、RD、SD	
绝缘方式		光电隔离	
传送距离		最大 500 m	
消耗电流		60 mA/DC 5V（由 PLC 供电）	150 mA/DC 5V（由 PLC 供电）
通信方式		半双工双向	
通信协议		无协议/专用协议（格式 1 或格式 4)/N：N 网络/并行连接	
波特率	无协议/专用协议	300/600/1 200/2 400/4 800/9 600/19 200 bit/s	
	并行连接	19 200 bit/s	
	N：N 网络	38 400 bit/s	
通信格式	数据长度	7 位/8 位	
	奇偶校验	没有/奇数/偶数	
	停止位	1 位/2 位	
	标题	没有或任意数据	
	结束符	没有或任意数据	

5.4.3 RS-422 通信接口设备

FX$_{2N}$-422-BD 通信功能扩展板可安装于 FX$_{2N}$ 系列 PLC 的基本单元中,用于 RS-422 通信。

（1）特点

FX$_{2N}$-422-BD 可连接 PLC 用外部设备以及数据存取单元(DU)、人机界面(GTO)等。

（2）外形

FX$_{2N}$-422-BD 的外形如图 5-47 所示。

（3）主要技术参数

FX$_{2N}$-422-BDD 通信板的主要技术参数见表 5-34。

表 5-34　FX$_{2N}$-422-BD 通信板主要技术参数

项目	规格
接口标准	RS-422
连接器	MINI DIN 8 针
绝缘方式	非绝缘
通信方式	半双工双向
通信协议	专用协议/编程通信
传送距离	50 m
消耗电流	30 mA/DC 5V（由 PLC 供电）

图 5-47　FX$_{2N}$-422-BD 通信板外形图

5.4.4 CC-Link 网络连接设备

以下介绍以 FX 系列 PLC 为 CC-Link 主站的主站模块和以 FX 系列 PLC 为 CC-Link 远程设备站的接口模块。

1. FX$_{2N}$-16CCL-M 型 CC-Link 系统主站模块

FX$_{2N}$-16CCL-M 型 CC-Link 系统主站模块是特殊功能模块,它将 FX 系列 PLC 分配为 CC-Link 中的主站,并通过 PLC 的 CPU 来控制该模块,使用 FROM/TO 指令与FX$_{2N}$-16CCL-M 的缓存区进行数据交换,占用 PLC 的 I/O 点数 8 点。

（1）特点

1）将 FX 系列 PLC 作为 CC-Link 主站。

2）在主站上最多可连接 8 个远程设备站和 7 个远程 I/O 站。

3）使用 FX$_{2N}$-32CCL 型 CC-Link 接口模块可以将 FX 系列 PLC 作为 CC-Link 远程设备站来连接。

4）通过连接各种 CC-Link I/O 设备,可用于各种用途的系统,最适用于生产线等设备的控制。

（2）主要技术参数

FX$_{2N}$-16CCL-M 主站模块的主要技术参数见表 5-35。

表 5-35 FX₂ₙ-16CCL-M 主站模块的主要技术参数

项目	规格
功能	主站功能(无本地站、备用主站功能)
CC-Link 版本	V. 1. 10
站号	0 号站
传输速度	156 kbit/s,625 kbit/s,2. 5 Mbit/s,5 Mbit/s,10 Mbit/s 可选
最大传输距离	电缆最大总延长距离:1 200 m(因传输速度而异)
最多连接台数	远程 I/O 站:最多 7 个站(连接在 FX₁ₙ,FX₁ₙc,FX₂ₙ,FX₂ₙc,FX₃ₙcPLC 上时,每个站实际占用 PLC 的输入/输出 32 点) 远程设备站:最多 8 个站(满足以下条件时) $(1 \times a) + (2 \times b) + (3 \times c) + (4 \times d) \leqslant 8$ a:占用 1 个站的远程设备站的台数;b:占用 2 个站的远程设备站的台数 c:占用 3 个站的远程设备站的台数;d:占用 4 个站的远程设备站的台数 远程 I/O 站+远程设备站≤ 15 站。此外需满足"每个系统的最大输入/输出点数"

注:① 主站控制数据连接系统的站。
② 远程 I/O 站仅处理位信息的远程站。
③ 远程设备站处理包括位信息和字信息的远程站。

2. FX₂ₙ-32CCL 型 CC-Link 系统接口模块

FX₂ₙ-32CCL 型 CC-Link 接口模块是特殊功能模块,用于将 FX 系列 PLC 连接到 CC-Link 系统作为远程设备站,并通过 PLC 的 CPU 来控制该模块,使用 FROM/TO 指令与 FX₂ₙ-32CCL 的缓存区进行数据交换,占用 PLC 的 I/O 点数 8 点。

(1)特点

1)可以将 FX 系列 PLC 作为 CC-Link 系统的远程设备站。

2)与 FX₂ₙ-16CCL-M 主站模块一起,使用 FX 系列 PLC 就可以构建 CC-Link 系统。

(2)主要技术参数

FX₂ₙ-32CCL 接口模块的主要技术参数见表 5-36。

表 5-36 FX₂ₙ-32CCL 接口模块主要技术参数

项目	规格
功能	远程设备站
CC-Link 版本	V. 1. 00
站号	1~64 号站(用旋转开关设定)
站数	1~4 个站(用旋转开关设定)
传输速度	156 kbit/s,625 kbit/s,2. 5 Mbit/s,5 Mbit/s,10 Mbit/s(用旋转开关设定)
最大传输距离	电缆最大总延长距离:1 200 m(因传输速度而异)
绝缘方式	网络总线与内部电源光电隔离
远程输入输出点数	每个站的远程输入 32 点、输出 32 点,但最后一个站的高 16 点被 CC-Link 系统作为系统区域占用
远程寄存器点数	每个站的远程寄存器写入区(RWw)4 点,读出区(RWr)4 点

项目	规格
占用 I/O 点数	占用输入输出点数 8 点(计算在输入输出侧均可)
与 PLC 的通信	使用 FROM/TO 指令访问缓存
控制电源	DC 5V 130 mA(由 PLC 供电)
驱动电源	DC 24V±10％50 mA(由外部端子供电)

5.5　人机界面 GOT

人机界面技术的不断迅速发展,使其具有了基于 IT(信息技术)快速开发的先进手段,以及从操作到维护的 FA 设备集成和满足各种现场需求的柔性系统构造。HMI 从数据存取终端(DU)到图形、数据显示操作终端(以下简称"图形操作终端"),能满足人们的各种不同需求。

图形操作终端(Graphic Operation Terminal,GOT)按安装方式分为装置式〔如图 5-48(a)所示〕和手持式〔如图 5-48(b)所示〕两类,装置式安装在控制面板或操作面板上,手持式吊装在操作现场。通过 GOT 画面可以监视设备的各种运行情况并改变 PLC 的数据。GOT 内置了几个画面(系统画面),可以提供各种功能,用户还可以创建用户定义画面。本节简要介绍三菱公司的 GOT1000 系列中的部分 15 系列装置式图形操作终端。

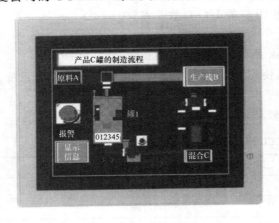

(a) 装置式GOT　　　　(b) 手持式GOT

图 5-48　GOT 外形图

5.5.1　GOT 的连接配置

1. GOT 的连接配置与基本规格

GOT 除与 PLC 连接外,还可根据需要连接其他外部设备。

1) GOT 与 PLC 连接:RS-422 或 RS-232C 通信。

2) GOT 与计算机连接：RS-232C 通信。用绘图软件创建用户画面。

3) GOT 与打印机、条形码阅读机连接：RS-232C 通信。打印采样数据、报警历史、报警消息和画面硬拷贝。

4) GOT 与 EPROM 写入器的连接：扩展接口。保存用户画面。

2. GOT 的基本规格

GT1000 系列中 15 系列部分 GOT 的主要性能规格见表 5-37。

表 5-37 GT1000 系列部分 GOT 主要性能规格

项目		规格				
		GT1595-XTBA	GT1585-STBA	GT1575-STBA	GT1565-VTBA	GT1555-VTBD
显示部分	类型	TFT 彩色液晶(高亮度、宽视角)				
	尺寸	15 英寸	12.1 英寸	10.4 英寸	8.4 英寸	5.7 英寸
	分辨率	XGA1 024×768	SVG800×600	VGA640×480	VGA640×480	VGA640×480
	显示颜色	65 536 色				
	显示文字数(全角)	16 点标准字体：64 字×48 行 12 点标准字体：85 字×64 行	16 点标准字体：50 字×37 行 12 点标准字体：66 字×50 行		16 点标准字体：40 字×30 行 12 点标准字体：53 字×40 行	
	寿命	41 000～52 000 h(使用环境温度为 25 ℃)				
背光	类型	冷阴极管				
	寿命	40 000～75 000 h 以上(使用环境温度为 25 ℃，亮度为 50%)				
摸触	类型	矩阵阻抗模式	模拟阻抗模式			
	触摸键数	3 072 个/每画面(48 行×64 列)	1 900 个/每画面(38 行×50 列)		1 200 个/每画面(30 行×40 列)	
	寿命	100 万次以上(操作 0.98N 以下)				
存储器		内置闪存 9 MB				
内置接口	RS-232	1CH,9 针 D 形公接口,传送速度：115 200/57 600/38 400/19 200/9 600/4 800 bit/s				
	USB	1CH,传送速度：12 Mbit/s				
	CF 卡	1CH				
	选项功能板	1CH				
	扩展模块	2CH,通信模块/选项模块安装用				
对应软件包		绘图软件：GT Designer2 Version2.60N 以上版本				
		伤真软件：GT Simulator2 Version2.60N 以上版本				

5.5.2 GOT 的基本功能

GOT 的功能分为六个模式,通过选择相应模式可使用各个功能。

1. 用户画面模式

在用户画面模式下,显示用户创建的画面,并且还显示报警信息。在一个显示画面上,可以显示字符、直线、长方形、圆等,这些对象根据其功能分类可组合显示。如果有两个或更多用户画面,那么可以用 GOT 上的操作键或 PLC 切换这些画面(用户可以设置要切换画面的条件和随后要显示的画面)。用户画面模式下的功能概要见表 5-38。

表 5-38 用户画面模式下的功能概要

功能	功能概要
字符显示	显示字母和数字
绘图	显示直线、圆和长方形
灯显示	在屏幕上指定区域根据 PLC 中位元件的 ON/OFF 状态反转(明暗)显示
图形显示	可以棒图、线形图和仪表面板的形式显示 PLC 中字元件的设定值和当前值
数据显示	可以数字的形式显示 PLC 中字元件的设定值和当前值
数据改变	可以改变 PLC 中字元件的当前值和设定值
开关功能	控制 PLC 中位元件的 ON/OFF 状态。控制的形式可以是瞬时、交替和置位/复位
画面切换	可以用 PLC 或触摸键切换显示画面
数据成批传送	GOT 中存储的数据可以被成批传送到 PLC
安全功能	只有输入正确密码,才能显示画面(本功能在系统画面中也可以使用)

2. HPP 模式

在 HPP(Handy Programming Panel)模式下,用户可将 GOT 用作手持式编程器。HPP 模式下的功能概要见表 5-39。

表 5-39 HPP 模式下的功能概要

功能	功能概要
程序清单	可以指令表的形式读、写和监视程序
参数	可以读写程序容量、锁存寄存器范围的参数
BFM 监视	可以监视特殊模块的缓冲存储器(BFM),也可以改变它们的设定值
元件监视	可以用元件编号和注释表达式监测位元件的 ON/OFF 状态以及字元件的当前值和设定值
当前值/设定值改变	可以用元件编号和注释表达式改变字元件的当前值和设定值
强制 ON/OFF	PLC 中的位元件可以强制变为 ON 或 OFF
状态监视	处于 ON 状态的状态继电器(S)编号被自动显示用于监视
PLC 诊断	读取和显示 PLC 的错误信息

3. 采样模式

在采样模式下,可以以固定的时间间隔(固定周期)或在满足位元件的 ON/OFF 条件(触发器)时获得连续改变的寄存器的内容。获得的数据可以以图形或列表的格式显示,也可以在 GOT 的"其他模式"下或用用户屏幕创建软件打印。采样模式可以用来管理机器操作速率和产品状态的数据。采样模式下的功能概要见表 5-40。

表 5-40　采样模式下的功能概要

功能	功能概要
条件设置	可设置多达四个要采样元件的条件、采样开始/停止时间等
结果显示	可以清单或图形形式显示采样结果
数据清除	清除采样结果

4. 报警模式

报警功能可监控 PLC 中多达 256 个连续的位元件。若画面创建软件设置的报警元件变成 ON,则在用户画面模式和报警模式(系统画面时)中可以显示相应的报警信息并输出到打印机。

报警功能可以显示报警信息和当前报警清单,可以存储报警历史,监控机器状态并使排除故障更加容易。报警模式下的功能概要见表 5-41。

表 5-41　报警模式下的功能概要

功能	功能概要
清单(状态显示)	在清单中以发生的顺序显示当前报警
历史	报警历史和事件时间(以时间顺序)一起被存储在清单中
频率	存储每个报警的事件数量
历史清除	删除报警历史

5. 测试模式

在测试模式中可以显示用户画面清单,可以编辑数据文件,还可以执行调试以确认键操作。测试模式下的功能概要见表 5-42。

表 5-42　测试模式下的功能概要

功能	功能概要
画面清单	以画面编号的顺序显示用户画面
数据文件	可以改变在配方功能(数据文件传送功能)中使用的数据
调试操作	检测用户画面上触摸键操作、画面切换操作等是否被正确执行
通信监视	监测与之连接的 PLC 的通信状态

6. 其他模式

在其他模式中提供了时间开关、数据传输、打印机输出和系统设定等方便功能。其他模式下的功能概要见表 5-43。

表 5-43　其他模式下的功能概要

功能	功能概要
时间开关	在指定时间将指定元件设为 ON/OFF
数据传送	可以在 GOT 和画面创建软件之间传送用户画面、采集数据和报警历史
打印机输出	可以将采样结果和报警历史输出到打印机
密码	可以登记进入密码保护 PLC 中的程序
环境设置	允许进行操作 GOT 所需要的系统设置,可以指定系统语言、连接的 PLC、串行通信参数、开机屏幕、主菜单调用、当前时间、背光灯熄灭时间、蜂鸣音量、LCD 对比度、画面数据清除等初始设置

5.5.3 GOT 编程软件

GOT 编程软件包 GT Works2 是用于整个 GOT1000 系列的绘图套装软件,向下兼容。GT Works2 主要包含 GT Designer2 画面设计软件和 GT Simulator2 仿真软件。

1. GT Designer2 画面设计软件的主要特点

(1) 工作树

GT Designer2 将一个工程内的设定项目分为"工程""系统"和"画面"三大类,并采用树状结构显示所有内容,可以迅速查找到相应项目。

属性表以列表的形式显示所选择的对象或图形的设置内容,可直接在属性表上设置颜色、软元件等,也可打开对话框设置。选择多个同种对象或者图形时,可以统一更改颜色及文字大小。

临时工作区用以存放暂时不用的对象,设计或更改画面时更加方便。

(2) 工具栏

使用图标和文字显示绘图工具,并可记住上次选择的内容,提高绘图效率。例如,在制作位开关时,从菜单里选择位开关项后,显示位开关图标,下一次制作位开关时,直接从菜单中单击位开关项图标即可。

(3) 元件库

以树状形式显示图库数据清单,方便查找。不仅可以根据"外观""功能"搜索,还可以从"最近使用的库"中进行选择。设计画面时,只需将选择的图库数据放置在编辑区即可。

登录在图库"收藏夹"中的图库数据可以显示在"收藏夹工具栏"上。登录时只需打开"收藏夹"文件夹,单击"登录"即可。使用显示在"收藏夹工具栏"上的图库数据,只需单击后放置即可。

(4) 对话框

使用简明的用语和显示项目,设置过的标签上显示" * ",指示灯、触摸开关等的 ON/OFF 状态以及范围全部显示,可以边预览边设置。

(5) 编辑区

拖拽配置对象时,画面显示引导线,使用鼠标即可简单地对齐位置。可以用"连续复制",按照指定方向、指定个数一次性复制多个对象。对于包含软元件的对象,可以通过设定增量数自动分配软元件编号。用"成批更改"可以成批更改软元件、颜色、图形和通道号。用"坐标·尺寸"可以选择多个对象,输入宽度、高度、坐标值,可以成批进行尺寸调整及定位。

(6) 与 GOT 的通信

可根据画面数据(工程)的内容,自动选择使用 GOT 时必需的 GOT 专用系统文件(OS),将画面数据传送到 GOT。

传送到 GOT 的方法根据不同的 GOT 型号有三种:

1) 使用 UBS 电缆和 RS-232C 电缆;

2) 使用 UBS 存储器传送;

3) 使用 CF 卡传送。

图 5-49 为创建的用户画面(GOT1595,15 英寸)。

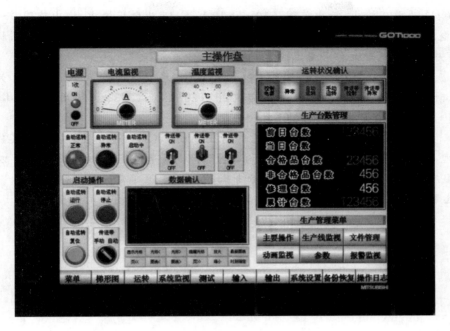

图 5-49　创建的用户画面

2. GT Simulator2 仿真软件的主要特点

GT Simulator2 可在一台个人计算机上对 GOT 的画面进行仿真,以调试该画面。若调试的结果认为必须修改画面,则此更改可用 GT Designer2 来完成,并可立即用 GT Simulator2 进行测试,这样可大幅度缩短调试时间。

(1)可在一台个人计算机上进行与实际图像类似的调试

在用 GT Simulator2 和 GX Simulator(梯形逻辑测试软件)创建的顺控程序的仿真过程中,可显示软元件值的更改。

GT Simulator2 的软元件值更改功能可用于强制性地更改软元件值,并检查画面显示变化。

(2)用鼠标进行触摸开关输入仿真

通过用鼠标单击 GT Simulator2 上的触摸开关,可类比触摸开关的输入。

通过 GT Simulator2、GX Simulator 上的软元件监视画面,或 GX Developer 上的梯形图监视显示的变化,可确认触摸开关的输入结果。

(3)通过功能的改善,使用更方便

GT Simulator2 支援 MELSEC-A/Q/QnA/FX 系列的 CPU。另外,它还可类比配方功能。

习　　题

5-1　编写 FX_{2N}-2AD 特殊模块的模拟输入程序,单元编号为 No.3,程序中使用的软元件号自定。

5-2　编写 FX_{2N}-4AD 特殊模块的模拟输入程序和偏移/增益调整程序,单元编号为

No.2。CH1 为电压输出,输出范围—10~+10 V;CH2 为电压输出,输出范围 0~+5 V;CH3 为电流输出,输出范围 4~20 mA;CH4 为电流输出,输出范围 0~20 mA。采样平均数为 6。程序中使用的软元件号自定。

5-3　编写 FX$_{2N}$-4DA 通道输出模式和参数设置程序,单元编号为 No.0,CH1 为电流输出通道(4~20 mA),CH2 为电流输出通道(0~20 mA),CH3、CH4 用作电压输出通道(—10~+10 V)。程序中使用的软元件号自定。

5-4　FX$_{2N}$-4AD-TC 特殊模块的单元编号为 No.4,CH1 使用 J 型热电偶,CH2、CH3 使用 K 型热电偶,CH4 不使用。采样平均数为 8。输入通道 CH1、CH2 和 CH3 以℃表示的平均温度值和以℃表示的当前温度值分别保存在 PLC 主单元的数据寄存器中。另外,对错误状态和测量温度超限进行监控,试编写程序。程序中使用的软元件号自定。

第6章 可编程控制系统的设计与应用

学习 PLC 的目的就是要将它应用于实际的工业控制系统中。面对市场上种类繁多、型号不一的 PLC 及其配套的各种模块、元器件,初学者往往不知所措,无从下手。本章从工程实际出发,介绍如何应用前面所学的知识设计出经济实用的 PLC 控制系统。

6.1 电气原理图

电气原理图表示电路的工作原理、各电器元件的作用和相互关系,而不考虑电路元器件的实际安装位置和实际连线情况。

绘制电气原理图应遵循以下原则。

1) 电气控制线路分为主电路和控制电路。从电源到电动机的这部分电路为主电路,通过强电流,用粗实线绘出;由按钮、继电器触头、接触器辅助触头、线圈等组成的控制电路,通过弱电流,用细实线绘出。一般主电路画在左侧,控制电路画在右侧。

2) 采用电器元件展开图的画法。同一电器元件的各导电部件(如线圈和触头)常常不画在一起,但需用同一文字符号标明。多个同一种类的电器元件,可在文字符号后面加上数字序号下标,如 SB1、SB2 等。

3) 所有电器元件的触头均按"平常"状态绘出。对按钮、行程开关类电器,是指没有受到外力作用时的触头状态;对继电器、接触器等,是指线圈没有通电时的触头状态。

4) 主电路标号由文字符号和数字组成。文字符号用以标明主电路中元件或线路的主要特征,数字标号用以区别电路不同线段。三相交流电源引入线采用 L1、L2、L3 标号,电源开关之后的三相主电路分别标 U、V、W。例如,U11 表示电动机第一相的第一个接点代号,U21 为第一相的第二个接点代号,依此类推。

5) 控制电路由三位或三位以下的数字组成。交流控制电路的标号一般以主要压降元件(如线圈)为分界,横排时,左侧用奇数,右侧用偶数;竖排时,上面用奇数,下面用偶数。直流控制电路中,电源正极按奇数标号,负极按偶数标号。

图 6-1 为三相笼型异步电动机起动、停止控制线路的电气原理图。

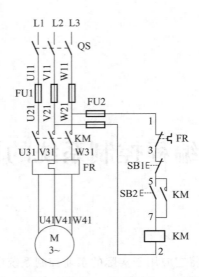

图 6-1　三相异步电动机起动、停止控制线路

6.2　可编程控制器应用系统设计

如前所述,PLC 的结构和工作方式与通用微型计算机不完全相同,因此基于 PLC 的自动控制系统的设计与微机控制系统的开发过程也不完全一样,需要根据 PLC 的特点进行系统设计。此外,PLC 与继电器控制系统也存在本质区别,硬件设计和软件设计可分开进行就是 PLC 控制的一大特点。

PLC 应用系统设计包含了许多内容和步骤。本节从实用的角度对其进行介绍。

6.2.1　PLC 应用系统设计的内容和步骤

1. 设计的原则

任何一个电气控制系统都应满足被控对象的工艺要求,提高劳动生产效率和产品质量。在设计 PLC 应用系统时,应遵循如下原则。

1)系统应最大限度地满足被控设备或生产过程的控制要求。

2)在满足控制要求的前提下,应力求使系统简单、经济,操作方便。

3)保证控制系统工作安全可靠。

4)考虑到生产发展和生产工艺改进,在确定 PLC 容量时,应适当留有裕量,使系统有扩展余地。

2. 设计的内容

1)拟定控制系统设计的技术条件。技术条件一般以设计任务书的形式,由机械和电气设计人员共同确定,它是整个设计的依据。

2)确定电气传动控制方案和电动机、电磁阀等执行机构。

3)选择 PLC 的型号。

4）编制 PLC 输入、输出端子分配表。

5）绘制输入、输出端子接线图。

6）根据系统控制要求,用相应的编程语言(常用梯形图)设计程序。

7）设计操作台、电气柜及非标准电气元件。

8）编写设计说明书和使用操作说明书。

以上各项设计内容,可根据控制对象的具体要求进行适当调整。

3. 设计的主要步骤

设计 PLC 应用系统及调试的主要步骤,可用图 6-2 所示的流程图表示。

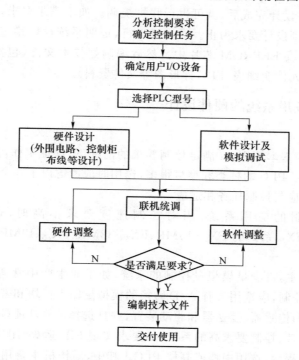

图 6-2　PLC 控制系统设计及调试的主要步骤

(1) 分析被控对象的控制要求,确定控制任务要应用 PLC

先要详细分析被控对象的工艺条件、控制过程与控制要求,列出控制系统中所有的功能和指标要求,明确控制任务。也就是说,明确 PLC 在控制系统中要做哪些工作。

(2) 选择和确定用户 I/O 设备

根据系统控制要求,选用合适的用户输入、输出设备。常用的输入设备有按钮、行程开关、选择开关、传感器等,输出设备有接触器、电磁阀、指示灯等。由此可初步估算所需的输入、输出点数。

(3) 选择 PLC 的型号

根据已确定的用户输入、输出设备,统计所需的输入、输出点数,选择合适的 PLC 类型,包括机型的选择、容量的选择、I/O 模块的选择、电源模块的选择等。

(4) 系统的硬件、软件设计

1) 首先要分配 PLC 的输入、输出点,编制输入/输出分配表,并绘出 PLC 的输入/输出端口接线图。

2）进行控制柜或操作台的设计和现场施工。

3）进行系统程序设计。这一步是整个应用系统设计的核心工作,要根据工作功能图表或状态流程图等设计出梯形图。

4）程序设计完成并输入 PLC 后,应进行模拟调试。因为在设计过程中,难免会有疏漏。在将 PLC 连接到现场设备上去之前,必须进行模拟测试,以排除程序中的错误,同时也为整体调试打下基础,缩短整体调试的周期。

（5）系统联机统调

在系统硬件、软件设计完成后,就可进行联机统调。如不满足要求,可修改和调整系统的硬件、软件,直到达到设计要求为止。经过试运行,证明系统性能稳定,工作可靠,就可把程序固化到 EPROM 或 EEPROM 芯片中。然后编制好技术文件(包括说明书、电气原理图、电器布置图、电气元件明细表、PLC 梯形图等文件资料)。

6.2.2　PLC 应用系统的硬件设计

1. 机型的选择

选择 PLC 机型的基本原则:在满足控制要求的前提下,保证工作可靠、使用维护方便,以获得最佳的性价比。PLC 的种类和型号很多,选用时应考虑以下几个问题:

（1）PLC 的性能应与控制任务相适应

对于开关量控制的应用系统,当对控制速度要求不高时,选用小型 PLC（如 MITSUBISHI 公司 FX$_{2N}$ 系列的 FX$_{2N}$-16MR、FX$_{2N}$-32MR、FX$_{2N}$-48MR、FX$_{2N}$-64MR 等）就能满足控制要求。

对于以开关量为主,带少量模拟量控制的系统,如工业生产中常遇到的温度、压力、流量、液位等连续量的控制,应选用带有 A/D 转换的模拟量输入模块和带 D/A 转换的模拟量输出模块,配接相应的传感器、变送器和驱动装置,并且选择运算功能较强的小型 PLC。

对于控制比较复杂、控制要求高的系统,如要求实现 PID 运算、闭环控制、通信联网等,可视控制规模及复杂程度,选用中档或高档 PLC。其中,高档机主要用于大规模过程控制、分布式控制系统以及整个工厂的自动化等。

（2）PLC 的机型系列应统一

在一个单位里,应尽量使用同一系列的 PLC。这不仅使模块通用性好,减少备件量,而且给编程和维修带来极大的方便,也有利于技术力量的培训、技术水平的提高和功能的开发,有利于系统的扩展升级和资源共享。

（3）PLC 的处理速度应满足实时控制的要求

PLC 工作时,从信号输入到输出控制存在滞后现象,一般有 1~2 个扫描周期的滞后时间。对于一般的工业控制来说,这是允许的。但在一些实时性要求较高的场合,不允许有较大的滞后时间。滞后时间一般应控制在几十毫秒之内,应小于普通继电器的动作时间(约 100 ms)。通常,为了提高 PLC 的处理速度,可采用以下几种方法:

1）选择 CPU 处理速度快的 PLC,使执行一条基本指令的时间不超过 0.5 μs;

2）优化应用软件,缩短扫描周期;

3）采用高速响应模块,其响应时间可以不受 PLC 扫描周期的影响,只取决于硬件的延时；

　　4）应考虑是否在线编程。

　　PLC 的编程分为离线编程和在线编程两种。

　　离线编程的 PLC，主机和编程器共用一个 CPU。在编程器上有一个"编程/运行"选择开关，选择编程状态时，CPU 将失去对现场的控制，只为编程器服务，这就是所谓的"离线"编程。程序编好后，若选择"运行"，则 CPU 去执行程序而对现场进行控制。由于节省了一个 CPU，价格比较便宜，中、小型 PLC 多采用离线编程。

　　在线编程的 PLC，主机和编程器各有一个 CPU。编程器的 CPU 随时处理由键盘输入的各种编程指令，主机的 CPU 则负责对现场的控制，并在一个扫描周期结束时和编程器通信，编程器把编好或修改好的程序发送给主机，在下一个扫描周期主机将按新送入的程序控制现场，这就是"在线"编程。由于增加了 CPU，故价格较高，大型 PLC 多采用在线编程。是否采用在线编程，应根据被控设备工艺要求来选择。对于工艺不常变动的设备和产品定型的设备，应选用离线编程的 PLC；反之，可考虑选用在线编程的 PLC。

2. 容量的估算

　　PLC 容量的估算包括两个方面：一是 I/O 点数的估算；二是用户存储器容量的估算。

　　（1）I/O 点数的估算

　　I/O 点数是衡量 PLC 规模大小的重要指标，根据控制任务估算出所需 I/O 点数是硬件设计的重要内容。一般来说，输入点与输入信号、输出点与输出控制是一一对应的；个别情况下，也有两个信号共用一个输入点的。

　　表 6-1 列出了典型传动设备及电器元件所需 PLC I/O 点数。实际设计时，有许多节省 PLC I/O 点的方法和技巧，可减少实际使用的 I/O 点。

　　估算出控制对象的 I/O 点数后，再加上 10%～15%的备用量，就可选择相应规模的 PLC。

　　（2）用户存储器容量的估算

　　PLC 用户程序所需内存容量一般与开关量输入/输出点数、模拟量输入/输出点数以及用户程序的编写质量等有关。对于控制较复杂、数据处理量较大的系统，要求的存储器容量就要大些。对于同样的系统，不同用户编写的程序可能会使程序长度和执行时间差别很大。

　　PLC 用户程序存储器的容量可用下面的经验公式估算：

$$存储器字数＝（开关量 I/O 点数×10）＋（模拟量通道数×150）$$

　　再考虑 25%的余量，即为实际应取的用户存储器容量。

表 6-1　典型传动设备及电器元件所需 PLC I/O 点数

序号	电气设备、元件	输入点数	输出点数	I/O 总点数
1	Y-△起动的笼型电动机	4	3	7
2	单向运行的笼型电动机	4	1	5
3	可逆运行的笼型电动机	5	2	7
4	单向变极电动机	5	3	8
5	可逆变极电动机	6	4	10
6	单向运行的直流电动机	9	6	15

序号	电气设备、元件	输入点数	输出点数	I/O 总点数
7	可逆运行的直流电动机	12	8	20
8	单向运行的绕线转子异步电动机	3	4	7
9	可逆运行的绕线转子异步电动机	4	5	9
10	单线圈电磁阀	2	1	3
11	双线圈电磁阀	3	2	5
12	比例阀	3	5	8
13	按钮	1		1
14	光电开关	2		2
15	拨码开关	4		4
16	三挡波段开关	3		3
17	行程开关	1		1
18	接近开关	1		1
19	位置开关	2		2
20	信号灯		1	1
21	抱闸		1	1
22	风机		1	1

3. 输入、输出模块的选择

(1) 开关量输入模块的选择

开关量输入模块的任务是检测并转换来自现场设备(按钮、行程开关、接近开关、温控开关等)的高电平信号为机器内部电平信号。

输入模块的类型:按工作电压分,常用的有直流 5 V、12 V、24 V、48 V、60 V,交流110 V、220 V 等多种;按输入点数分,常用的有 8 点、12 点、16 点、32 点等;按外部接线方式分,有汇点输入、独立输入等。

选择输入模块时,主要考虑两个问题:一是现场输入信号与 PLC 输入模块距离的远近,一般 24 V 以下属低电平,其传输距离不能太远,如 12 V 电压模块一般不超过 10 m,距离较远的设备应选用较高电压模块;二是对于高密度输入模块,能允许同时接通的点数取决于输入电压和环境温度,如 32 点输入模块,一般同时接通的点数不得超过总输入点数的 60%。

(2) 开关量输出模块的选择

开关量输出模块的任务是将 PLC 内部低电平信号转换为外部所需电平的输出信号,驱动外部负载。它有三种输出方式:晶闸管输出、晶体管输出、继电器输出。

晶闸管输出(交流)和晶体管输出(直流)都属于无触点开关输出,适用于开关频率高、电感性、低功率因数的负载。由于感性负载在断开瞬间会产生较高反压,必须采取抑制措施。

继电器输出模块价格便宜,使用电压范围广,导通压降小,承受瞬时过电压、过电流的能力较强,且有隔离作用。其缺点是寿命较短,响应速度较慢。

选择输出模块时必须注意:输出模块同时接通点数的电流累计值必须小于公共端所允许通过的电流值,输出模块的输出电流必须大于负载电流的额定值。如果负载电流较大,输出模块不能直接驱动,应增加中间放大环节。

（3）特殊功能模块的选择

在工业控制中,除开关量信号外,还有温度、压力、流量等过程变量。模拟量输入、模拟量输出以及温度控制模块的作用就是将过程变量转换为 PLC 可以接受的数字信号以及将 PLC 内的数字信号转换成模拟信号输出。此外,还有位置控制、脉冲计数、联网通信、I/O 连接等多种功能模块,可根据控制需要选用。

4. 输入、输出点的分配

在分析控制对象,确定控制任务和选择好 PLC 的机型后,即可着手系统设计,画流程图,安排输入、输出配置,分配输入、输出地址。

在输入配置和地址分配时应注意:应尽量将同一类信号集中配置,地址号按顺序连续编排。如按钮、限位开关应归类分别集中配置;同类型的输入点应分在同一组内;输入点如果有多余,可将一个输入模块的输入点分配给一台设备或机器;对于有高噪声的输入信号模块,应插在远离 CPU 模块的插槽内。

在输出配置和地址分配时也应注意:同类型设备占用的输出点地址应集中在一起;按照不同类型的设备顺序指定输出点地址号;在输出点有富余的情况下,可将一个输出模块的输出点分配给一台设备或机器;对彼此相关的输出器件,如电动机正转、反转,电磁阀前进、后退等,其输出地址号应连写。

输入、输出地址分配确定后,即可画出 PLC 输入、输出端子接线图。

必须指出,在确定控制方式之后和进行 I/O 地址分配之前,必须进行外围电路的设计;在确定存储器容量之后和选择 I/O 模块之前,必须进行选择外部设备的工作;在选择 I/O 模块之后和进行控制回路设计之前,必须进行控制柜（盘）的设计。在整个设计过程中,这些工作穿插进行,实现硬件、软件设计的同步开展。

6.2.3　PLC 应用系统的软件设计

1. 软件设计步骤

PLC 应用系统的软件设计实际上就是编写用户程序,一般可按以下步骤进行。

（1）制定设备运行方案

根据生产工艺要求,分析各输入、输出与各种操作之间的逻辑关系,确定需要检测的量和控制的方法,设计出系统各设备的操作内容和操作顺序。

（2）设计控制系统流程图或状态转移图

对于较复杂的系统,需要设计控制系统流程图或状态转移图,用以清楚地表明动作的顺序和条件。对简单的控制系统,可以省去这一步。

（3）制定系统的抗干扰措施

PLC 本身的抗干扰能力很强,对一般生产机械控制,不需要采取特殊的抗干扰措施即可稳定工作。但在一些工作环境特别恶劣,或对抗干扰能力要求特强的场合,应从硬件和软件两个方面制定系统的抗干扰措施,如硬件上的电源隔离、信号滤波、科学接地,软件上的屏蔽、纠错、平均值滤波等。

（4）设计梯形图,写出对应的语句表

根据被控对象的输入、输出信号及所选定的 PLC,分配 PLC 的硬件资源和软件资源,再按照控制要求,用梯形图进行编程,并写出对应的语句表。

（5）程序输入及测试

用编程器或计算机将程序输入到 PLC 的用户存储器中，进行初步调试。刚编好的程序难免有缺陷或错误，需要对程序进行离线测试，经调试、排错、修改及模拟运行后，方可正式投入运行。

2．软件设计方法

在软件设计中，常用的方法有经验法、解析法、图解法及计算机辅助设计法。

（1）经验法

运用自己或别人的经验进行设计。设计前，选择与现在设计要求类似的成功例子，增删部分功能或运用其中部分程序。

（2）解析法

利用组合逻辑或时序逻辑的理论并采用相应的解析方法进行逻辑求解，根据其解编制程序。这种方法可使程序优化或算法优化，是较有效的方法。

（3）图解法

通过画图进行设计，常用的有梯形图法、波形图法、状态转移图法。梯形图法是基本方法，无论经验法还是解析法，一般都用梯形图法来实现。波形图法主要适用于时间控制电路，先画出信号波形，再依时间用逻辑关系组合，很容易将程序设计出来。

（4）计算机辅助设计

利用应用软件在微机上设计出梯形图，然后传送到 PLC 中，目前普遍采用此种方法。

6.3　可编程控制器应用实例

本节以 MITSUBISHI 公司的 FX_{2N} 系列 PLC 为例，介绍其在一些常用电气控制线路和工业生产设备上的应用。

6.3.1　常用电气线路的 PLC 控制

1．电动机正反转控制系统设计

按钮和接触器复合联锁的三相异步电动机正反转控制线路如图 6-3 所示。

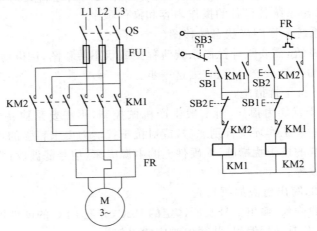

图 6-3　三相异步电动机正反转控制线路

利用 PLC 控制的设计步骤如下。

（1）分析控制要求

如图 6-3 所示，电动机 M 由接触器 KM1、KM2 控制其正、反转。SB1 为正向起动按钮，SB2 为反向起动按钮，SB3 为停止按钮，KM1 为正转接触器，KM2 为反转接触器。

要求：必须保证在任何情况下，正、反转接触器不能同时接通。电路上采取将正、反向起动按钮 SB1、SB2 互锁，接触器 KM1、KM2 互锁的措施。

（2）统计输入、输出点数并选择 PLC 型号输入信号有按钮 3 个，热继电器 FR 的保护触头如作为输入信号，要占 1 个输入点。从节省输入、输出点，降低成本出发，可放在输出电路中，不占输入点。因此，只有 3 个输入信号。考虑留 15％的裕量，取整数 4，需 4 个输入点。

输出信号有接触器 2 个，占 2 个输出点，考虑留 15％的备用点，最多需 3 个输出点。

可选用 FX$_{2N}$-16MR 型 PLC，这是 FX$_{2N}$ 系列的最小型，有 8 个输入点、8 个输出点，完全满足本例要求。型号后面字母"R"表示该型 PLC 为继电器输出。

（3）分配 PLC 的输入、输出端子，设计 PLC 输入、输出接线图

本例中 PLC 输入、输出端子分配见表 6-2。

表 6-2   PLC 输入/输出端子分配表

输入设备	输入端子	输出设备	输出端子
正向起动按钮 SB1	X000	正转接触器 KM1	Y000
反向起动按钮 SB2	X001	反转接触器 KM2	Y001
停止按钮 SB3	X002		

将热继电器 FR 的常闭触头串接到 KM1、KM2 线圈供电回路中，保护功能不变，省了一个输入点。PLC 输入、输出端子接线图如图 6-4 所示。

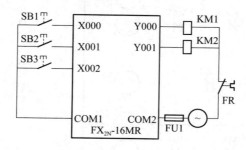

图 6-4   PLC 输入、输出端子接线图

（4）设计 PLC 控制程序（梯形图）

本例动作要求简单，可采用经验设计法。根据被控对象的控制要求，首先选择典型控制环节程序段。由于所选择的程序段通常并不能完全满足实际控制要求。故还应对这些程序段进行组合、修改，以满足本装置控制要求，得到图 6-5 所示的 PLC 控制梯形图，根据梯形图可写出指令表程序。

（5）问题讨论

PLC 采用的是周期循环扫描的工作方式，在一个扫描周期中，其输出刷新是集中进行的，即输出继电器 Y000、Y001 的状态变换是同时进行的。当电动机由正转切换到反转时，

KM1 的断电和 KM2 的得电同时进行。因此,对于功率较大且为电感性的负载,有可能在 KM1 断开其触头,电弧尚未熄灭时,KM2 的触头已闭合,使电源相间瞬时短路。

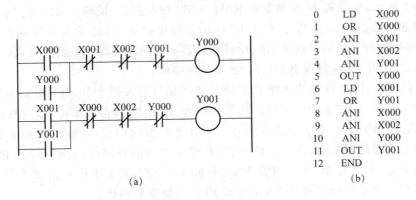

0	LD	X000
1	OR	Y000
2	ANI	X001
3	ANI	X002
4	ANI	Y001
5	OUT	Y000
6	LD	X001
7	OR	Y001
8	ANI	X000
9	ANI	X002
10	ANI	Y000
11	OUT	Y001
12	END	

(a)   (b)

图 6-5　PLC 控制程序

解决的办法是增加 2 个定时器,使正、反向切换时,被切断的接触器瞬时动作,被接通的接触器延时一段时间才动作,避免了 2 个接触器同时切换造成的电源相间短路。其梯形图和指令表如图 6-6 所示。

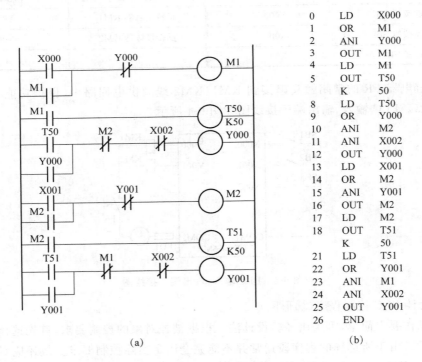

0	LD	X000
1	OR	M1
2	ANI	Y000
3	OUT	M1
4	LD	M1
5	OUT	T50
	K	50
8	LD	T50
9	OR	Y000
10	ANI	M2
11	ANI	X002
12	OUT	Y000
13	LD	X001
14	OR	M2
15	ANI	Y001
16	OUT	M2
17	LD	M2
18	OUT	T51
	K	50
21	LD	T51
22	OR	Y001
23	ANI	M1
24	ANI	X002
25	OUT	Y001
26	END	

(a)   (b)

图 6-6　图 6-4 控制程序的改进

上面的程序解决了正、反向切换时可能出现的电源相间短路问题,但也存在系统初次起动时,不论是按下正向起动按钮还是反向起动按钮,都需要经过一段延时,电动机才能起动。解决的办法是在程序中增加一个计数器,其梯形图程序如图 6-7 所示。

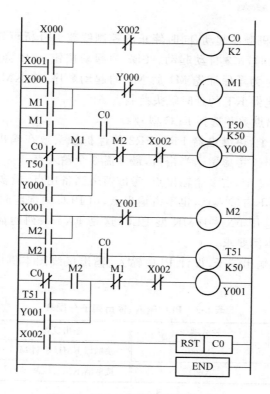

图 6-7　图 6-5 梯形图程序的改进

说明：停止按钮 SB3 在继电器接触器控制线路中一般使用常闭触头，在 PLC 控制线路中，可用常开触头，也可用常闭触头。例如，采用常开触头，梯形图中对应的输入继电器 X002 则要用常闭触头。

2. 两台电动机顺序起动控制系统设计

两台电动机顺序起动控制线路如图 6-8 所示。

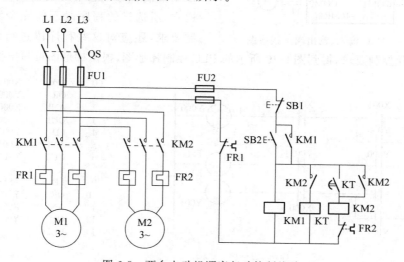

图 6-8　两台电动机顺序起动控制线路

（1）分析控制要求

这是一个两台电动机顺序起动，同时停止的控制线路。分析可知，在 M1 起动之后，经过时间继电器 KT 的延时，M2 自动起动。SB2 为起动按钮，SB1 为停止按钮。按下 SB1，M1、M2 同时断电停止。为了保证先 M1 后 M2 的起动顺序，将 KM2 线圈接在 KM1 自锁触头后面，且由时间继电器 KT 的延时触头控制。

（2）统计输入、输出点数并选择 PLC 型号

输入信号有按钮 2 个，热继电器 FR1、FR2 的保护触头放在输出电路中，不占输入点。因此，只有 2 个输入信号。考虑留适当裕量，最多需 3 个输入点。

输出信号有接触器 2 个，占 2 个输出点，考虑留适当备用点，最多需 3 个输出点。

时间继电器 KT 既不占输入点，也不占输出点，由 PLC 内部定时器实现其功能。

综合上面分析，可选用 FX$_{2N}$-16MR 型 PLC，这是 FX$_{2N}$ 系列的最小型，有 8 个输入点、8 个输出点，完全满足本例要求。

分配 PLC 的输入、输出端子，设计 PLC 输入、输出接线图本例中 PLC 输入、输出端子分配见表 6-3。

表 6-3　PLC 输入、输出端子分配表

输入设备	输入端子	输出设备	输出端子
停止按钮 SB1	X000	接触器 KM1（控制 M1）	Y000
启动按钮 SB2	X001	接触器 KM2（控制 M2）	Y001

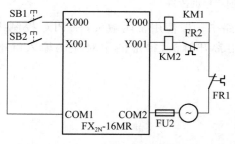

图 6-9　PLC 输入、输出端子接线图

PLC 输入、输出端子接线如图 6-9 所示。FR1、FR2 的常闭触头接在 PLC 输出电路中，保护功能不变，省了 2 个输入点。

（3）设计 PLC 控制程序

应用经验设计法设计本例控制程序。根据控制要求，选择典型控制环节程序段。通常，所选择的程序段不能完全满足实际控制要求，还应对这些程序段进行组合、修改，才能满足实际控制要求，得到图 6-10 所示的 PLC 控制梯形图，根据梯形图可写出指令程序。

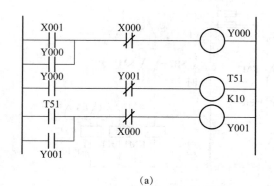

0	LD	X001
1	OR	Y000
2	ANI	X000
3	OUI	Y000
4	LD	Y000
5	ANI	Y001
6	OUT	T51
	K	10
9	LD	T51
10	OR	Y001
11	ANI	X000
12	OUT	Y001
13	END	

（a）　　　　　　　　　　　　　　（b）

图 6-10　PLC 控制程序

3. 绕线转子电动机转子串电阻起动控制系统设计

绕线转子电动机转子串电阻起动控制线路如图 6-11 所示。

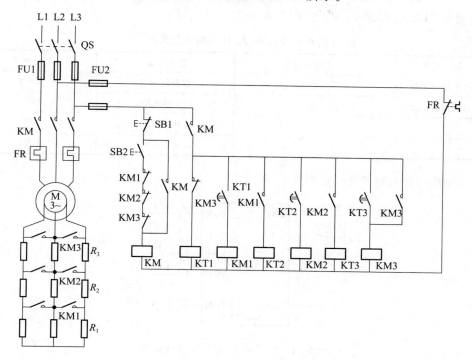

图 6-11　绕线转子电动机转子串电阻起动控制线路

（1）分析控制要求

这是一个按时间原则控制的转子串电阻起动控制线路，以限制电动机的起动电流。SB2 是起动按钮，SB1 是停止按钮。线路工作过程如下。

按下 SB2，接触器 KM 得电吸合并自锁，电动机定子接通电源，转子串接全部电阻起动。与此同时，时间继电器 KT1 线圈通电计时，延时时间到达设定值时，KT1 常开触头闭合，KM1 得电吸合，短接第一级起动电阻 R_1，电动机转速升高，并使 KT2 线圈通电开始计时。经过延时，KT2 常开触头闭合，接通 KM2 线圈电源，其主触头闭合，短接第二级起动电阻 R_2，同时，KT3 线圈通电计时，经过延时，KT3 常开触头闭合，KM3 得电吸合并自锁，短接第三级起动电阻 R_3，KM3 的辅助常闭触头将 KT1、KM1、KT2、KM2、KT3 线圈回路依次断开，只留 KM 和 KM3 保持通电状态。至此，全部起动电阻被短接，电动机升至额定转速稳定运行。

按下 SB1，KM 线圈断电释放，进而使 KM3 也断电释放，电动机停转。

（2）统计输入、输出点数并选择 PLC 型号

分析可知，输入信号有按钮 2 个，热继电器 FR 的保护触头放在输出电路中，不占输入点。因此，只有 2 个输入信号。考虑留适当裕量，最多需 3 个输入点。

输出信号有接触器 4 个，占 4 个输出点，考虑留适当备用点，最多需 5 个输出点。

有 3 个时间继电器，既不占输入点，也不占输出点，全部由 PLC 内部定时器实现其功能。综合上面的分析，可选用 FX$_{2N}$-16MR 型 PLC，这是 FX$_{2N}$ 系列的最小型，有 8 个输入点、

8 个输出点,完全满足本例要求。

分配 PLC 的输入、输出端子,设计 PLC 输入、输出接线图。

本例中 PLC 输入、输出端子分配见表 6-4。

表 6-4 PLC 输入/输出端子分配表

输入设备	输入端子	输出设备	输出端子
停止按钮 SB1	X000	接触器 KM	Y000
启动按钮 SB2	X001	接触器 KM1	Y001
		接触器 KM2	Y002
		接触器 KM3	Y003

PLC 输入、输出端子接线如图 6-12 所示。

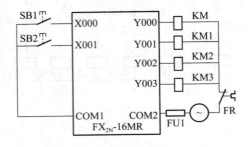

图 6-12 PLC 输入、输出端子接线图

(3) 设计 PLC 控制程序

本例控制属于经典控制,可应用经验设计法进行设计。根据控制要求,参照继电器-接触器线路,选择典型控制环节程序段,进行组合、修改,得到图 6-13 所示的 PLC 控制梯形图,根据梯形图可写出指令表。

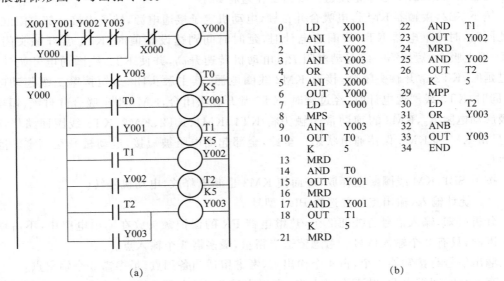

(a)　　　　　　　　(b)

图 6-13 PLC 控制程序

6.3.2　两级传送带的 PLC 控制

图 6-14 所示为某车间两条顺序相连的传送带,两条传送带用来实现物料的自动传送。

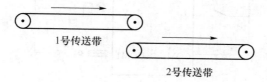

图 6-14　两条顺序相连的传送带

1. 工艺过程与控制要求

为避免运送的物料在 2 号传送带上堆积,按下起动按钮后,2 号传送带应开始运行,5 s 后 1 号传送带自动起动。停机时,1 号传送带先停止,10 s 后 2 号传送带才停止。图 6-15 为其动作时序图。输入端 X000 接起动按钮,X001 接停止按钮;输出端 Y000 接 1 号传送带接触器,Y001 接 2 号传送带接触器。

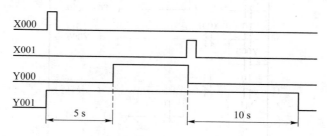

图 6-15　两条顺序相连传送带动作时序图

2. 用户 I/O 设备及所需 PLC 的 I/O 点

分析可知,SB1 是 2 号传送带的起动按钮,1 号传送带在 2 号传送带起动 5 s 后自行起动;SB2 是 1 号传送带的停止按钮,1 号传送带停止 10 s 后 2 号传送带自行停止。为了实现 PLC 控制,需要占用 2 个输入点(采用过载保护不占输入点的方式)、2 个输出点,另外还需要 2 个定时器。实际应用时,还应考虑留 15% 的裕量。

综上,可选用 FX$_{2N}$-16MR 型 PLC。这种 PLC 有 8 个输入点和 8 个输出点,完全满足本例控制要求。

3. 分配 PLC 的输入、输出端子,设计 PLC 输入、输出接线图

本例中 PLC 输入、输出端子分配见表 6-5。根据 PLC 输入、输出端子分配表,画出 PLC 的接线图如图 6-16 所示。

表 6-5　PLC 输入/输出端子分配表

输入设备	输入端子	输出设备	输出端子
启动按钮 SB1	X000	接触器 KM1	Y000
停止按钮 SB2	X001	接触器 KM2	Y001

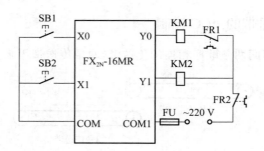

图 6-16 PLC 输入、输出端子接线图

4. 设计 PLC 控制程序

本例中起动按钮和停止按钮均采用常开触点，根据控制要求，参照典型控制环节程序段，通过组合、修改，即可设计出图 6-17 所示的 PLC 控制梯形图程序。

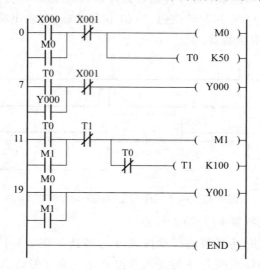

图 6-17 PLC 控制梯形图程序

6.3.3 机械手运动的 PLC 控制

某机械手结构如图 6-18 所示。它是一台水平/垂直位移的机械设备，用来将生产线上的工件从左工作台搬到右工作台。

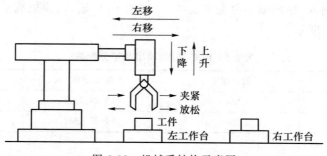

图 6-18 机械手结构示意图

1. 工艺过程与控制要求

机械手运动各检测元件、执行元件分布及动作过程如图 6-19 所示,全部动作由气缸驱动,而气缸又由相应的电磁阀控制。其中,上升/下降和左移/右移分别由双线圈二位电磁阀控制。例如,当下降电磁阀通电时,机械手下降;当下降电磁阀断电时,机械手停止下降,但保持现有的动作状态。只有在上升电磁阀通电时,机械手才上升。当上升电磁阀断电时,机械手停止上升。同样,左移/右移分别由左移电磁阀和右移电磁阀控制。机械手的放松/夹紧由一个单线圈二位电磁阀控制,该线圈通电时,机械手夹紧;该线圈断电时,机械手放松。

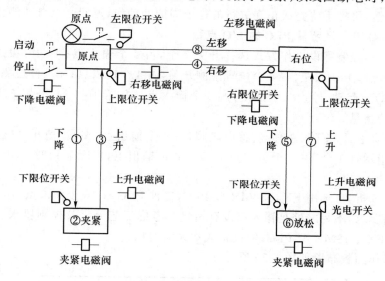

图 6-19　机械手动作示意图

机械手右移到位并准备下降时,必须对右工作台进行检查,确认上面无工件才允许机械手下降。通常采用光电开关进行无工件检测。

机械手的动作过程分为八步,即从原点开始,经下降、夹紧、上升、右移、下降、放松、上升、左移 8 个动作完成一个周期并回到原点。

开始时,机械手停在原位。按下起动按钮,下降电磁阀通电,机械手下降。下降到位时,碰到下限位开关,下降电磁阀断电,下降停止;同时接通夹紧电磁阀,机械手夹紧。夹紧后,上升电磁阀通电,机械手上升。上升到位时,碰到上限位开关,上升电磁阀断电,上升停止;同时接通右移电磁阀,机械手右移。右移到位时,碰到右限位开关,右移电磁阀断电,右移停止。若此时右工作台上无工件,则光电开关接通,下降电磁阀通电,机械手下降。下降到位时,碰到下限位开关,下降电磁阀断电,下降停止;同时夹紧电磁阀断电,机械手放松。放松后,上升电磁阀通电,机械手上升。上升到位时,碰到上限位开关,上升电磁阀断电,上升停止;同时接通左移电磁阀,机械手左移。左移到原点时,碰到左限位开关,左移电磁阀断电,左移停止,一个周期的动作循环结束。

机械手的控制分为手动操作和自动操作两种方式。手动操作分为手动和回原点两种操作方式;自动操作分为步进、单周期、连续操作方式。

手动:用按钮对机械手的每一步运动单独进行控制。例如,选择上/下运动时,按下起动按钮,机械手上升;按下停止按钮,机械手下降。当选择左/右运动时,按下起动按钮,机械手左移;按下停止按钮,机械手右移。其他类推。此操作方式主要用于维修。

1）回原点:在该方式下按动原点按钮时,机械手自动回归原点。

2）步进操作:每按一次起动按钮,机械手前进一个工步(或工序)即自动停止。单周期操作:每按一次起动按钮,机械手从原点开始,自动完成一个周期的动作后停止。若在中途按动停止按钮,机械手停止运行;再按起动按钮,从断点处开始继续运行,回到原点自动停止。

3）连续操作:每按一次起动按钮,机械手从原点开始,自动地、连续不断地周期性循环。若按下停止按钮,机械手将完成正在进行的这个周期的动作,返回原点自动停止。

2. 用户 I/O 设备及所需 PLC 的 I/O 点数

分析可知,本控制需设工作方式选择开关 1 个,占 5 个输入点;手动时设运动选择开 1 个,占 3 个输入点;上、下、左、右 4 个位置检测开关,占 4 个输入点;无工件检测开关 1 个,占 1 个输入点;原点、起动、停止 3 个按钮,占 3 个输入点。共需 16 个输入点,实际应用时,还要考虑、15% 的裕量。

输出设备有上升/下阵、左移/右移电磁阀,占 4 个输出点;夹紧/松开电磁阀,占 1 个输出点;设原点指示灯 1 个,占 1 个输出点。共需 6 个输出点,实际应用时,还要考虑 15% 的裕量。

综合上面分析,可选用 FX$_{2N}$-32MR 型 PLC,这种 PLC 有 16 个输入点、16 个输出点,可满足本例控制要求,不足之处是输入点没有裕量。考虑工艺流程及控制要求变动对输入点的需要,可选 FX$_{2N}$-48MR 型 PLC,但设备成本大大增加。

机械手操作面板布置如图 6-20 所示。

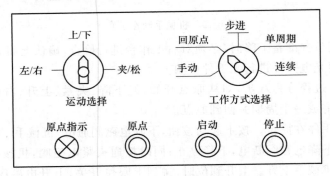

图 6-20 机械手操作面板布置图

3. 分配 PLC 的输入、输出端子,设计 PLC 输入、输出接线图

本例中 PLC 输入、输出端子分配见表 6-6。PLC 输入、输出端子接线如图 6-21 所示。

表 6-6 PLC 输入、输出端子分配表

输入设备	输入端子	输出设备	输出端子
下限位开关 SQ1	X000	下降电磁阀	Y000
上限位开关 SQ2	X001	上升电磁阀	Y001
右限位开关 SQ3	X002	夹紧电磁阀	Y002
左限位开关 SQ4	X003	右行电磁阀	Y003

输入设备	输入端子	输出设备	输出端子
无工件检测开关 SQ5	X004	左行电磁阀	Y004
左移/右移 SA1-1	X005	原点指示灯	Y005
上升/下降 SA1-2	X006		
夹紧/放松 SA1-3	X007		
手动操作 SA2-1	X010		
回原点操作 SA2-2	X011		
步进操作 SA2-3	X012		
单周期操作 SA2-4	X013		
连续操作 SA2-5	X014		
原点按钮 SB1	X015		
启动按钮 SB2	X016		
停止按钮 SB3	X017		

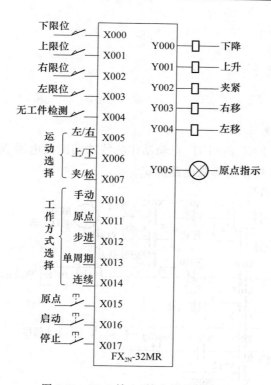

图 6-21　PLC 输入、输出端子接线图

4. 设计 PLC 控制程序

PLC 控制程序主要由手动操作和自动操作两部分组成,自动操作程序包括步进操作、单周期操作和连续操作程序。

使用功能指令 FNC 60(IST)能自动设定与各个运行方向相对应的初始状态,使程序简化。使用时,必须指定如下具有连续编号的输入点。若无法指定连续编号,则要用辅助继电器 M 重新安排输入编号,在设置 FNC 60(IST)时,将 M 作为首输入元件号。

X010:手动　　　　X014:连续运行

X011:回归原点　　X015:回原点起动

X012:步进　　　　X016:起动

X013:单周期　　　X017:停止

FNC 60(IST)为初始状态指令,驱动该指令,下面的初始状态及相应的特殊辅助继电器自动被指定为如下功能:

① 输入首元件号;

② 自动方式的最小状态号;

③ 自动方式的最大状态号。

指令程序:LD M8000

FNC 60

X010

S20

S27

S0:手动初始状态

S1:回原点初始状态

S2:自动运行初始状态

M8040:禁止移动

M8041:开始移动

M8047:STL 监控有效

根据驱动功能指令 FNC 60(IST)自动动作的特殊辅助继电器 M8040～M8042、M8047 的动作内容可用图 6-22 所示的等效电路标识。

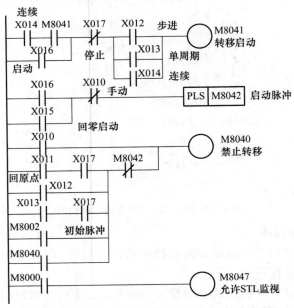

图 6-22　FNC 60(IST)作用于 M8040～M8042、M8047 的等效电路

各辅助继电器功能如下。

禁止移动(M8040):该辅助继电器接通后,禁止所有的状态移动。在手动状态,M8040 总是接通;在回原点、单周期状态,按动停止按钮后一直到再按起动按钮期间,M8040 一直保持为 1;在步进状态,M8040 常通,但按动起动按钮时变为 OFF,使状态可以顺序转移一步;在单周期状态,PLC 在 STOP→RUN 切换时,M8040 保持接通,按动起动按钮后, M8040 断开。

转移开始(M8041):它是从初始状态 S2 向另一状态转移的转移条件辅助继电器。在手动、回原点状态,不动作;在步进、单周期状态,仅在按动起动按钮时动作;在自动状态,按起动按钮后保持为 ON,按停止按钮后 OFF。

起动脉冲(M8042):按下起动按钮的瞬间接通。

另有特殊辅助继电器 M8043(回原点结束)、M8044(原点条件)应由用户程序控制,在初始化电路和回原点电路中用到。

(1) 初始化电路

初始化程序如图 6-23(a)所示。由特殊辅助继电器 M8044 检测机械手是否在原点, M8044 由原点的各传感器驱动,它的 ON 状态作为自动方式时允许状态转移的条件;另由特殊辅助继电器 M8000 驱动功能指令 FNC 60(IST),设定初始状态。

(2) 手动操作

手动操作程序如图 6-23(b)所示。当工作方式选择开关 SA2 扳到"手动"位,运动选择开关 SA1 扳到所需运动方式,如"左/右"位时,按下起动按钮 SB2,机械手左移;按下停止按钮 SB3,机械手右移。同理,扳动 SA1,操作 SB2 或 SB3,可实现机械手的上升/下降、夹紧/放松运动。

(3) 回原点初始状态

回原点操作的状态转移图如图 6-23(c)所示。按下原点按钮 SB1,通过状态器 S10～ S12 做机械手的回零操作,在最后的状态中在自我复位前将特殊辅助继电器 M8043 置 1,表示机械手返回原点。

(4) 自动操作

自动运行的状态转移图如图 6-23(d)所示。由于功能指令 FNC 60(IST)的支持,当工作方式选择开关 SA2 扳到"步进""单周期""连续"方式时,该程序能使机械手实现所需的工作运行。

以"单周期"为例,根据图 6-23 的程序,可分析机械手的动作原理。

1) 机械手下降。将工作方式选择开关 SA2 扳到"单周期"位,按动"起动"按钮 SB2, M8041 瞬间接通,给出状态转移开始信号,禁止转移继电器 M8040 则不能接通。因机械手已处于原点位置,原点指示灯亮,M8044 接通,将状态器 S20 置 ON,输出继电器 Y000 线圈接通,下降电磁阀得电,执行下降动作。同时,因机械手离开原点,上限位开关断开,原点指示灯灭。

2) 夹紧工件。当机械手下降到位时,下限位开关闭合,输入点 X000 接通,将状态器 S21 置 ON,S20 自动复位 OFF,下降电磁阀断电,下降停止;同时,输出继电器 Y002 置 ON, 接通夹紧/放松电磁阀线圈,机械手执行夹紧动作,定时器 T0 通电计时。

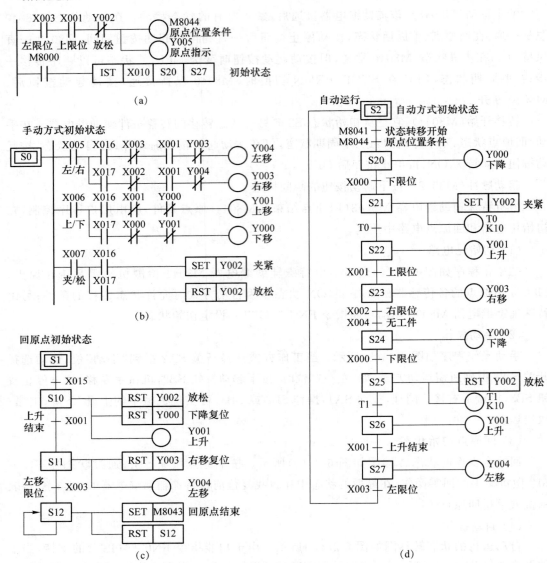

图 6-23　PLC 控制程序(状态转移图)

3)机械手上升。定时器 T0 延时 1 s 动作,转至状态 S22,使输出继电器 Y001 接通,上升电磁阀得电,机械手抓起工件上升。由于对 Y002 使用了置位指令,夹紧/放松电磁阀仍得电,保持夹紧工件动作。

4)机械手右移。机械手上升到位,上限开关闭合,输入继电器 X001 接通,上升停止。状态转移到 S23,接通输出继电器 Y003,右移电磁阀得电,机械手抓住工件右移。

5)机械手再次下降。机械手右移至右限位置,输入继电器 X002 接通,右移停止。若此时右工作台上无工件,则光电检测信号输入使 X004 接通,状态转移到 S24,接通输出继电器 Y000,下降电磁阀得电,机械手再次下降;若工作台上有工件,机械手暂时停止运动,待工件取走后,再执行下降动作。

6）放松工件。同上分析，当机械手下降到位时，X000 接通，下降停止。状态转移到 S25，输出继电器 Y002 复位，夹紧/放松电磁阀断电，将工件放松。同时，起动定时器 T1 计时。

7）机械手再次上升。Tl 延时 1 s 后，状态转移到 S26，接通输出继电器 Y001，上升电磁阀得电，机械手再次上升。

8）机械手左移。机械手上升到上限位置，X001 接通，上升停止。状态转移到 S27，输出继电器 Y004 接通，左移电磁阀得电，机械手执行左移动作。

9）回到原点。机械手左移到位，X003 接通，左移停止。同时，还有上限位信号、放松信号将 M8044 置 1，机械手完成一个周期动作回到原点。此时，由于状态转移继电器 M8041 断开，机械手停在原点待命。

若在机械手循环中途按动停止按钮 SB3，就会接通禁止转移继电器 M8040，机械手停止运行；再按起动按钮 SB2，起动脉冲继电器 M8042 将 M8040 断开，机械手从断点处开始继续运行，回到原点自动停止。

对于"连续"工作方式，由于按动起动按钮后，M8041 总是接通，M8040 总是断开，机械手能够实现连续自动循环；按动停止按钮后，M8041 和 M8040 均是断开的，机械手运动到原点才停止。

根据图 8-23 所示的 PLC 控制程序（状态转移图），很容易画出梯形图，也可直接写出指令表程序。

6.3.4　两工位组合机床的 PLC 控制

本设备为一台用于钻孔、攻螺纹的两工位组合机床，能自动完成工件的钻孔和攻螺纹加工。机床主要由床身、移动工作台、夹具、钻孔滑台、钻孔动力头、攻螺纹滑台、攻螺纹动力头、滑台移动控制凸轮和液压系统等组成。其结构如图 6-24 所示。

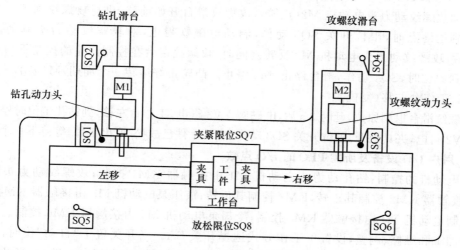

图 6-24　钻孔、攻螺纹两工位组合机床结构示意图

1. 工艺过程与控制要求

机床上有五台电动机：钻孔动力头电动机 M1、攻螺纹动力头电动机 M2、液压泵电动机 M3、凸轮控制电动机 M4、冷却泵电动机 M5。机床工作台的左、右移动，夹具的夹紧、放松，

钻孔滑台和攻螺纹滑台的前、后移动,均由电气-液压联合控制。其中钻孔滑台和攻螺纹滑台移动的液压系统由滑台移动控制凸轮控制,工作台移动和夹具的夹紧、放松由电磁阀YV1~YV4 控制,各电磁阀的动作见表 6-7。

表 6-7　电磁阀动作要求

动作	YV1	YV2	YV3	YV4
工件夹紧	+	−	−	−
工件放松	−	+	−	−
工作台左移	−	−	+	−
工作台右移	−	−	−	+

机床起动前,工作台处于钻孔工位,限位开关 SQ1 动作;钻孔滑台和攻螺纹滑台也在原位,限位开关 SQ2、SQ4 均动作。在液压系统工作正常的情况下,机床加工的动作程序如下。

（1）工件夹紧

将工件放到工作台上,按下加工起动按钮,夹紧电磁阀 YV1 得电,液压系统控制夹具将工件夹紧,由限位开关 SQ7 检测其是否可靠夹紧。同时,控制凸轮电动机 M4 起动运转。

（2）钻孔加工

工件夹紧后,起动钻孔动力头电动机 M1,控制凸轮控制相应的液压阀使钻孔滑台前移,进行钻孔加工。当钻孔滑台到达终点时,SQ3 动作,滑台后退回到原位停止,M1 亦停止。

（3）工作台右移

钻孔滑台回到原位后,电磁阀 YV4 得电,液压系统使工作台右移,到达攻螺纹位时,限位开关 SQ6 动作,工作台停止。

（4）攻螺纹加工

起动攻螺纹动力头电动机 M2(正转),攻螺纹滑台开始前移,进行攻螺纹加工。当攻螺纹滑台到达终点时,限位开关 SQ5 动作,制动电磁铁得电,对攻螺纹动力头制动。延时0.25 s 后,攻螺纹动力头电动机 M2 反转。同时,攻螺纹滑台在控制凸轮的控制下后退。当其后退到原位时,SQ4 动作,滑台停止,M2 停止。凸轮正好运转一个周期,M4 亦停止。

（5）工作台左移(复位)

攻螺纹滑台退到原位,延时 3 s 后,电磁阀 YV3 得电,工作台左移,到钻孔工位时停止。电磁阀 YV2 得电,夹具松开,限位开关 SQ8 动作,表示工件已放松,取出工件,等待下一个循环。

2. 用户 I/O 设备及所需 PLC 的 I/O 点数

各电动机的控制:钻孔动力头电动机 M1 由接触器 KM1 控制;攻螺纹动力头电动机M2 由接触器 KM2 控制其正转,KM3 控制其反转;液压泵电动机 M3 由接触器 KM4 控制;凸轮控制电动机 M4 由接触器 KM5 控制;冷却泵电动机 M5 由接触器 KM6 控制。为了便于生产加工和维修、调整,设置了工作方式选择开关 SA。当开关置于"自动"位时,工件从装入夹具定位夹紧到加工完毕,工作台返回钻孔工位夹具松开,全部自动进行;当开关置于"手动"位时,通过按钮 SB4~SB13 对钻孔动力头、攻螺纹动力头、液压泵、凸轮控制、冷却泵等电动机和机床的各动作流程进行点动控制。当动力头工作到中途因停电或自动控制系统发生故障时,可点动复位。为了使系统工作稳定,设置压力继电器 SP 检测液压系统油压,只有在油压达到一定值时,系统才能工作。限位开关 SQ1~SQ8 用于检测工作台、钻孔滑台、攻螺纹滑台的位置以及工件的夹紧、放松状态,并对系统实施控制。SQ1～SQ6 检测工作台是在钻孔,还是攻螺纹工位;SQ2、SQ3 检测钻孔滑台是在原位,还是终点;SQ4、SQ5 检测攻螺纹滑台是在原位,还是终点;SQ7、SQ8 检测工件在夹具内是夹紧,还是放松。

分析可知,本控制需设工作方式选择开关 1 个,占 2 个输入点;起动、停止、加工起动 3 个按钮,占 3 个输入点;液压压力检测开关 1 个,占 1 个输入点;限位开关 8 个,占 8 个输入点;手动控制按钮 10 个,占 10 个输入点。统计共需 24 个输入点。实际应用时,从节省输入点考虑,在编程时工作方式选择开关可只占 1 个输入点。这样,实际需要的输入点缩减到 23 个。当然,还要考虑一定的裕量。

在输出端,5 台电动机的控制,占 6 个输出点;攻螺纹动力头制动电磁铁的控制,占 1 个输出点;工件夹紧/放松、工作台左移/右移,共 4 个电磁阀,占 4 个输出点;各种工作状态指示灯 10 个,占 10 个输出点。共需 21 个输出点,实际应用时,还要留有一定的裕量。

综合上面的分析,可选用 FX$_{2N}$-48MR 型 PLC,这种 PLC 有 24 个输入点、24 个输出点,可满足本例控制要求,不足之处是输入点只有 1 个点的裕量,扩展空间不大。但选用点数多的 FX$_{2N}$-64MR 型 PLC,设备成本会大大增加,很不经济。

3. 分配 PLC 的输入、输出端子,设计 PLC 输入、输出接线图

本例中 PLC 输入、输出端子分配见表 6-8。

表 6-8　PLC 输入、输出端子分配

输入设备	输入端子	输出设备	输出端子
起动按钮 SB1	X000	钻孔动力头控制 KM1	Y000
停止按钮 SB2	X001	攻螺纹动力头(正)控制 KM2	Y001
液压压力检测 SP	X002	攻螺纹动力头(反)控制 KM3	Y002
钻孔工位 SQ1	X003	液压电机控制 KM4	Y003
钻孔滑台原位 SQ2	X004	凸轮电机控制 KM5	Y004
钻孔滑台终点 SQ3	X005	冷却电机控制 KM6	Y005
攻螺纹滑台原位 SQ4	X006	攻螺纹动力头制动 DL	Y006
攻螺纹滑台终点 SQ5	X007	工件夹紧电磁阀 YV1	Y007
攻螺纹工位 SQ6	X010	工件放松电磁阀 YV2	Y010
夹紧限位 SQ7	X011	工作台左移电磁阀 YV3	Y011
放松限位 SQ8	X012	工作台右移电磁阀 YV4	Y012
加工起动 SB3	X013	液压指示 HL1	Y013
自动/手动选择 SA	X014	原位指示 HL2	Y014
钻孔手动 SB4	X015	自动指示 HL3	Y015
攻螺纹手动(正)SB5	X016	手动指示 HL4	Y016
攻螺纹手动(反)SB6	X017	夹紧指示 HL5	Y017
液压泵手动 SB7	X020	放松指示 HL6	Y020
凸轮控制手动 SB8	X021	钻孔指示 HL7	Y021
冷却泵手动 SB9	X022	攻螺纹(正)指示 HL8	Y022
夹紧手动 SB10	X023	攻螺纹(反)指示 HL9	Y023

输入设备	输入端子	输出设备	输出端子
放松手动 SB11	X024	凸轮控制指示 HL10	Y024
左移手动 SB12	X025		
右移手动 SB13	X026		

两工位组合机床 PLC 输入、输出端子接线如图 6-25 所示。

图 6-25 两工位组合机床 PLC 输入/输出端子接线图

机床运行分二级控制。第一级由 SB1、SB2 分别控制系统的起、停。按下 SB1,系统起动,由"自动/手动"选择开关决定其工作方式;第二级由 SB3 起动自动方式下的加工过,由 SB4～SB13 控制手动方式下机床各动作的点动。设置液压压力指示灯 HL1、原位指示灯 HL2,工作方式指示灯 HL3～HL10,指示设备的工作状态。

下面设计 PLC 控制程序。

设备有"自动/手动"两种工作方式,其控制程序可分为公共程序、自动控制程序、手动控制程序三个模块。各模块程序分开编写,结构简单,思路清晰,便于调试和修改。公共程序是系统共用程序,包含系统的起、停控制和执行"自动""手动"程序的跳转控制。手动控制程序用于实现机床的点动控制和状态指示。这两段程序均较简单,因此将其梯形图合并于图 6-26 中。

分析机床的加工工艺可知,在"自动"工作方式下,其控制过程为顺序循环控制,采用步进顺控指令对其编程,可使程序简化,提高编程效率,为程序的调试、试运行带来许多方便。当一个工件完成钻孔、攻螺纹加工时,工作台、钻孔滑台、攻螺纹滑台均返回原位,夹具处于放松状态,为下一个工件的加工循环做好准备。控制系统由 SB3 发出加工起动指令,进入下一轮循环。系统的自动控制状态转移图如图 6-27 所示。

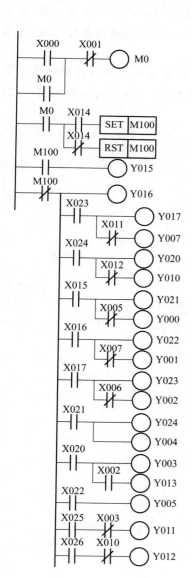

图 6-26 公共及手动控制程序

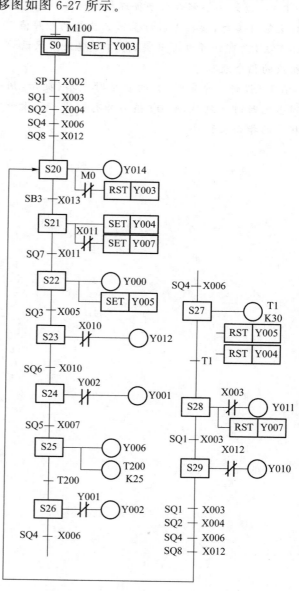

图 6-27 自动控制状态转移图

219

根据梯形图和状态转移图,读者可自行写出相应的指令表程序。

习　　题

6-1　用 PLC 控制一台电动机,要求:按下起动按钮后,运行 5 s,停止 5 s,重复执行 5 次后停止。试设计其 PLC 输入/输出接线图和梯形图,并写出相应的指令表程序。

6-2　有 4 台电动机,采用 PLC 控制,要求:按 M1～M4 的顺序起动,即前级电动机不起动,后级电动机不能起动。前级电动机停止时,后级电动机也停止。例如,M2 停止时,M3～M4 也停止。试设计 PLC 输入/输出接线图和梯形图,并写出相应的指令表程序。

6-3　设计一个彩灯自动循环控制电路。假定用输出继电器 Y000～Y007 分别控制第 1 盏灯至第 8 盏灯,按第 1 盏灯至第 8 盏灯的顺序点亮,后一盏灯闪亮后前一盏灯熄灭,反复循环下去,只有断开电源开关,彩灯才熄灭。试设计 PLC 输入/输出接线图和梯形图,并写出相应的指令表程序。

6-4　设计一个定时 5h 的长延时电路(提示:用一个定时器和一个计数器的组合来实现),当定时时间到后,Y000 接通并有输出。试设计 PLC 输入/输出接线图和梯形图,并写出相应的指令表程序。

第7章 S7-1200 的硬件与硬件组态

7.1 S7-1200 的硬件

本书以西门子 PLC S7-1200 为主要讲授对象。S7-1200 主要由 CPU 模块(简称为 CPU)、信号板、信号模块、通信模块组成,各种模块安装在标准 DIN 导轨上。S7-1200 的硬件组成具有高度的灵活性,用户可以根据自身需求确定 PLC 的结构,系统扩展十分方便。

S7-1200 的 CPU 模块(如图 7-1 所示)将微处理器、电源、数字量输入/输出电路、模拟量输入/输出电路、PROFINET 以太网接口、高速运动控制 I/O 组合到一个设计紧凑的外壳中。每块 CPU 内可以安装一块信号板(如图 7-2 所示),安装以后不会改变 CPU 的外形和体积。

微处理器相当于人的大脑和心脏,它不断地采集输入信号,执行用户程序,刷新系统的输出。存储器用来储存程序和数据。

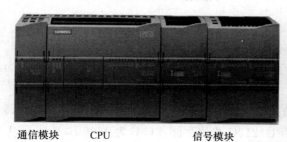

通信模块　　CPU　　　　信号模块

图 7-1　S7-1200PLC

图 7-2　安装信号板

S7-1200 集成的 PROFINET 接口用于与编程计算机、HMI(人机界面)、其他 PLC 或其他设备通信。此外,它还通过开放的以太网协议支持与第三方设备的通信。

输入(Input)模块和输出(Output)模块简称 I/O 模块,数字量(又称为开关量)输入模块和数字量输出模块简称 DI 模块和 DQ 模块,模拟量输入模块和模拟量输出模块简称 AI 模块和 AQ 模块,它们统称信号模块,简称 SM。

信号模块安装在 CPU 模块的右边,扩展能力最强的 CPU 可以扩展 8 个信号模块,以增加数字量和模拟量的输入、输出点。

信号模块是系统的眼、耳、手和脚,是联系外部现场设备和 CPU 的桥梁。输入模块用来接收和采集输入信号,数字量输入模块用来接收从按钮、选择开关、数字拨码开关、限位开关、接近开关、光电开关、压力继电器等来的数字量输入信号。模拟量输入模块用来接收电位器、测速发电机和各种变送器提供的连续变化的模拟量电流、电压信号,或者直接接收热电阻、热电偶提供的温度信号。

数字量输出模块用来控制接触器、电磁阀、电磁铁、指示灯、数字显示装置和报警装置等输出设备,模拟量输出模块用来控制电动调节阀、变频器等执行器。

CPU 模块内部的工作电压一般是 DC 5V,而 PLC 的外部输入/输出信号电压一般较高,例如 DC 24V 或 AC 220V。从外部引入的尖峰电压和干扰噪声可能损坏 CPU 中的元器件,或使 PLC 不能正常工作。在信号模块中,用光电耦合器、光控晶闸管、小型继电器等器件来隔离 PLC 的内部电路和外部的输入、输出电路。信号模块除了传递信号外,还有电平转换与隔离的作用。

通信模块安装在 CPU 模块的左边,最多可以添加 3 个通信模块,可以添加的通信模块有点到点通信模块、PROFIBUS 主站模块和从站模块、工业远程通信模块、AS-i 接口模块和标示系统的通信模块。

第二代精简系列面板主要与 S7-1200 配套,64K 色高分辨率宽屏显示器的尺寸为 4.3in、7in、9in 和 12in,支持垂直安装,用 TIA 博途中的 WinCC 组态。面板上有一个 RS-422/RS-485 接口或一个 RJ45 以太网接口,还有一个 USB 2.0 接口。

TIA 是 Totally Integrated Automation(全集成自动化)的简称,TIA 博途(TIA Portal)是西门子自动化的全新工程设计软件平台。S7-1200 用 TIA 博途中的 STEP7 Basic(基本版)或 STEP7 Professional(专业版)编程。

7.1.1 CPU 模块

1. CPU 的共性

1)S7-1200 可以使用梯形图(LAD)、函数块图(FDB)和结构化控制语言(SCL)编程。每条直接寻址的布尔运算指令、字传送指令和浮点数数学运算指令的执行时间分别为 $0.08\ \mu s$、$0.137\ \mu s$ 和 $1.48\ \mu s$。

2)CPU 集成了最大 150 KB(B 是字节的缩写)的工作存储器、最大 4MB 的装载存储器和 10KB 的保持性存储器。CPU1211C 和 CPU1212C 的位存储器(M)为 4096 B,其他 CPU 的位存储器(M)为 8192 B。可以用可选的 SIMATIC 存储卡扩展存储器的容量和更新 PLC 的固件。还可以用存储卡将程序传输到其他 CPU。

3)过程映像输入、过程映像输出存储器各 1 024 B。集成的数字量输入电路的输入类型为漏型/源型,电压额定值为 DC 24V,输入电流为 4 mA。1 状态允许的最小电压/电流为 DC 15 V/2.5 mA,0 状态允许的最大电压/电流为 DC 5V/1 mA。输入延迟时间可以组态为 $0.1\ \mu s\sim 20$ ms,有脉冲捕获功能。在过程输入信号的上升沿或下降沿可以产生快速响应的硬件中断。

继电器输出的电压范围为 DC 5～30 V 或 AC 5～250 V。最大电流为 2 A,白炽灯负载为 DC 30 W 或 AC 200 W。DC/DC/DC 型 CPU 的 MOSFET(场效应晶体管)的 1 状态最小输出电压为 DC 20 V,0 状态最大输出电压为 DC 0.1 V,输出电流为 0.5 A。最大白炽灯负载为 5 W。

脉冲输出最多 4 路,CPU1217 支持最高 1 MHz 的脉冲输出,其他 DC/DC/DC 型的 CPU 本机可输出最高 100 kHz 的脉冲,通过信号板可输出 200 kHz 的脉冲。

4) 有两点集成的模拟量输入(0～10 V),10 位分辨率,输入电阻大于或等于 100 kΩ。

5) 集成的 DC 24V 电源可供传感器和编码器使用,也可以用作输入回路的电源。

6) CPU1215C 和 CPU1217C 有两个带隔离的 PROFINET 以太网端口,其他 CPU 有一个以太网端口,传输速率为 10 Mbit/100 Mbit/s。

7) 实时时钟的保持时间通常为 20 天,40℃时最少为 12 天,最大误差为 ±60 s/月。

2. CPU 的技术规范

S7-1200 现在有 5 种型号的 CPU(见表 7-1),此外还有故障安全型 CPU。CPU 可以扩展 1 块信号板,左侧可以扩展 3 块通信模块。

表 7-1　S7-1200CPU 技术规范

特性	CPU 1211C	CPU 1212C	CPU 1214C	CPU 1215C	CPU 1217C
本机数字量 I/O 点数	6 入/4 出	8 入/6 出	14 入/10 出		
本机模拟量 I/O 点数	2 入	2 入	2 入/2 出		
工作存储器/装载存储器	50 KB/1 MB	75 KB/2 MB	100 KB/4 MB	125 KB/4 MB	150 KB/4 MB
信号模块扩展个数	无	2	8		
最大本地数字量 I/O 点数	14	82	284	284	284
最大本地模拟量 I/O 点数	3	19	67	69	69
高速计数器路数	最多可组态 6 个使用任意内置或信号板输入的高速计数器				
脉冲输出(最多 4 路)	100 kHz	100 kHz 或 20 kHz	100 kHz 或 20 kHz		1 MHz 或 100 kHz
上升沿/下降沿中断点数	6/6	8/8	12/12		
脉冲捕获输入点数	6	8	14		
传感器电源输出电流/mA	300		400		
外形尺寸(L×W×H)/(mm×mm×mm)	90×100×75		110×100×75	130×100×75	150×100×75

图 7-3 中的①是用于集成的 I/O(输入/输出)的状态显示 LED(发光二极管),②是用于 3 个指示 CPU 运行状态的 LED,③是用于 PROFINET 以太网接口的 RJ45 连接器,④是存储卡插槽(在盖板下面),⑤是可拆卸的接线端子板。

每种 CPU 有 3 种具有不同电源电压和输入/输出电压的版本(见表 7-2)。

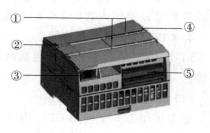

图 7-3　CPU 模块

表 7-2　S7-1200CPU 的 3 种版本

版本	电源电压	DI 输入电压	DQ 输出电压	DQ 最大输出电流	灯负载
DC/DC/DC	DC 24V	DC 24V	DC 20.4~28.8 V	0.5 A,MOSFET	5 W
DC/DC/Relay	DC 24V	DC 24V	DC 5~30 V,AC 5~250 V	2A	DC 30 W/AC 200 W
AC/DC/Relay	AC 85~264 V	DC 24V	DC 5~30 V,AC 5~250 V	2A	DC 30 W/AC 200 W

3. CPU 的外部接线图

CPU1214C AC/DC/RLY(继电器)型的外部接线图如图 7-4 所示。输入回路一般使用图中标有①的 CPU 内置的 DC 24V 传感器电源,漏型输入时需要去除图 7-4 中标有②的外接 DC 电源,将输入回路的 1M 端子与 DC 24V 传感器电源的 M 端子连接起来,将内置的 DC 24V 电源的 L+端子接到外接触点的公共端。源型输入时将 DC 24V 传感器电源的 L+端子连接到 1M 端子。

CPU1214C DC/DC/RLY 的接线图与图 7-4 的区别在于前者的电源电压为 DC 24V。

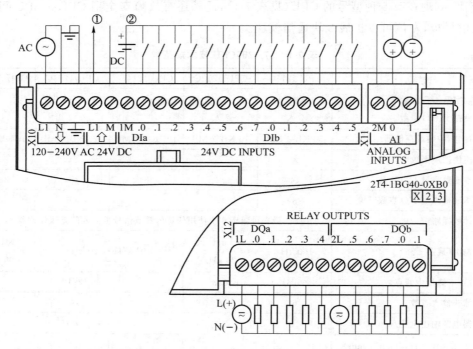

图 7-4　CPU1214C AC/DC/RLY 的外部接线图

CPU1214C DC/DC/DC 的电源电压、输入回路电压和输出回路电压均为 DC 24V。输入回路也可以使用内置的 DC 24V 电源。

4. CPU 集成的工艺功能

S7-1200 集成的工艺功能包括高速计数与频率测量、高速脉冲输出、运动控制和 PID 控制等。

（1）高速计数与频率测量

最多可组态 6 个使用 CPU 内置或信号板输入的高速计数器,CPU1217C 有 4 点最高频率为 1 MHz 的高速计数器。其他 CPU 可组态 6 个最高频率为 100 kHz(单相)/80 kHz(互差 90°的正交相位)或最高频率为 30 kHz(单相)/20 kHz(正交相位)的高速计数器(与输入点地址有关)。如果使用信号板,那么最高计数频率为 200 kHz(单相)/160 kHz(正交相位)。

（2）高速脉冲输出

各种型号的 CPU 最多有 4 点高速脉冲输出(包括信号板的 DQ 输出)。CPU1217C 的高速脉冲输出的最高频率为 1 MHz,其他 CPU 为 100 kHz,信号板为 200 kHz。

（3）运动控制

S7-1200 的高速输出可以用于步进电动机或伺服电动机的速度和位置控制。通过一个轴工艺对象和 PLC open 运动控制指令,它们可以输出脉冲信号来控制步进电动机速度、阀位置或加热元件的占空比。除返回原点和点动功能外,S7-1200 还支持绝对位置控制、相对位置控制和速度控制。轴工艺对象有专用的组态窗口、调试窗口和诊断窗口。

（4）PID 控制

PID 功能用于对闭环过程进行控制,建议 PID 控制回路的个数不超过 16 个。STEP7 中的 PID 调试窗口提供用于参数调节的形象直观的曲线图,支持 PID 参数自整定功能。

7.1.2　信号板与信号模块

各种 CPU 的正面都可以增加一块信号板。信号模块连接到 CPU 的右侧,以扩展其数字量或模拟量 I/O 的点数。CPU 1211C 不能扩展信号模块,CPU 1212C 只能连接两个信号模块,其他 CPU 可以连接 8 个信号模块。所有的 S7-1200 CPU 都可以在 CPU 的左侧安装最多 3 个通信模块。

1. 信号板

S7-1200 所有的 CPU 模块的正面都可以安装一块信号板,并且不会增加安装的空间。有时添加一块信号板,就可以增加需要的功能。例如,数字量输出信号板使继电器输出的 CPU 具有高速输出的功能。

安装时首先取下端子盖板,然后将信号板直接插入 S7-1200 CPU 正面的槽内(如图 7-2 所示)。信号板有可拆卸的端子,因此可以很容易地更换信号板。常用的信号板和电池板如下。

1) SB 1221 数字量输入信号板,4 点输入的最高计数频率为单相 200 kHz,正交相位 160 kHz。数字量输入信号板和数字量输出信号板的额定电压有 DC 24V 和 DC 5V 两种。

2) SB 1222 数字量输出信号板,4 点固态 MOSFET 输出的最高计数频率为单相 200 kHz。

3) 两种 SB 1223 数字量输入/输出信号板,2 点输入和 2 点输出的最高频率均为单相 200 kHz,一种的输入、输出电压均为 DC 24V,另一种的输入、输出电压均为 5 V。

4) SB 1223 数字量输入/输出信号板,2 点输入和 2 点输出的电压均为 DC 24V,最高输入频率为单相 30 kHz,最高输出频率为 20 kHz。

5) SB 1231 模拟量输入信号板,一路输入,分辨率为 11 位＋符号位,可测量电压和电流。

6) SB 1232 模拟量输出信号板,一路输出,可输出 12 位的电压和 11 位的电流。

7) SB 1231 热电偶信号板和 RTD(热电阻)信号板,它们可选多种量程的传感器,温度分辨率为 0.1 ℃/0.1 ℉,电压分辨率为 15 位＋符号位。

8) CB 1241RS485 信号板,提供一个 RS-485 接口。

9) BB 1297 电池板,适用于实时时钟的长期备份。

2. 数字量 I/O 模块

数字量输入/数字量输出(DI/DQ)模块和模拟量输入/模拟量输出(AI/AQ)模块统称为信号模块。可以选用 8 点、16 点和 32 点的数字量输入模块和数字量输出模块(见表 7-3),来满足不同的控制需要。8 继电器切换输出的 DQ 模块的每一点,可以通过有公共端子的一个常闭触点和一个常开触点,在输出值为 0 和 1 时,分别控制两个负载。

所有的模块都能方便地安装在标准的 35 mm DIN 导轨上。所有的硬件都配备了可拆卸的端子板,不用重新接线,就能迅速地更换组件。

表 7-3　数字量输入/输出模块

型号	型号
SM 1221,8 输入 DC 24V	SM 1222,8 继电器切换输出,2 A
SM 1221,16 输入 DC 24V	SM 1223,8 输入 DC 24V/8 继电器输出,2 A
SM 1222,8 继电器输出,2 A	SM 1223,16 输入 DC 24V/16 继电器输出,2 A
SM 1222,16 继电器输出,2 A	SM 1223,8 输入 DC 24V/8 输出 DC 24V,0.5 A
SM 1222,8 输出 DC 24V,0.5 A	SM 1223,16 输入 DC 24V/16 输出 DC 24V 漏型,0.5 A
SM 1222,16 输出 DC 24V 漏型,0.5 A	SM 1223,8 输入 AC 230 V/8 继电器输出,2 A

3. 模拟量 I/O 模块

在工业控制中,某些输入量(如压力、温度、流量、转速等)是模拟量,某些执行机构(如电动调节阀和变频器等)要求 PLC 输出模拟量信号,而 PLC 的 CPU 只能处理数字量。模拟量首先被传感器和变送器转换为标准量程的电流或电压。例如,4~20 mA 和 ±10 V,PLC 用模拟量输入模块的 A/D 转换器将它们转换成数字量。带正负号的电流或电压在 A/D 转换后用二进制补码来表示。模拟量输出模块的 D/A 转换器将 PLC 中的数字量转换为模拟量电压或电流,再去控制执行机构。模拟量 I/O 模块的主要任务是实现 A/D 转换(模拟量输入)和 D/A 转换(模拟量输出)。

A/D 转换器和 D/A 转换器的二进制位数反映了它们的分辨率,位数越多,分辨率越高。模拟量输入/模拟量输出模块的另一个重要指标是转换时间。

(1) SM 1231 模拟量输入模块

有 4 路、8 路的 13 位模块和 4 路的 16 位模块。模拟量输入可选 ±10 V、±5 V、±2.5 V、±1.25 V 和 0~20 mA、4~20 mA 等多种量程。电压输入的输入电阻≥9 MΩ,电流输入的输入电阻为 280 Ω。双极性和单极性模拟量满量程转换后对应的数字分别为 −27 648~27 648 和 0~27 648。

(2) SM 1231 热电偶和热电阻模拟量输入模块

有 4 路、8 路的热电偶(TC)模块和 4 路、8 路的热电阻(RTD)模块。可选多种量程的传感器,温度分辨率为 0.1 ℃/0.1 ℉,电压分辨率为 15 位+符号位。

(3) SM 1232 模拟量输出模块

有 2 路和 4 路的模拟量输出模块,−10~+10 V 电压输出为 14 位,负载阻抗≥1 000 Ω。0~20 mA 或 4~20 mA 电流输出为 13 位,负载阻抗≤600 Ω。−27 648~27 648 对应于满

量程电压,0～27 648 对应于满量程电流。

（4）SM 1234 4 路模拟量输入/2 路模拟量输出模块

SM 1234 模块的模拟量输入和模拟量输出通道的性能指标分别与 SM 1231 4 路模拟量输入模块和 SM 1232 2 路模拟量输出模块的相同,相当于这两种模块的组合。

7.1.3　集成的通信接口与通信模块

S7-1200 具有非常强大的通信功能,CPU 集成的以太网接口和通信模块可使用以下网络和协议进行通信:PROFINET、PROFIBUS、点对点通信、USS 通信、Modbus、GPRS、LTE、具有安全集成功能的 WAN(广域网)、IEC60870、DNP3、AS-i 和 IO-Link 主站。

1. 集成的 PROFINET 接口

实时工业以太网是现场总线发展的趋势,PROFINET 是基于工业以太网的现场总线(IEC61158 现场总线标准的类型 10),是开放式的工业以太网标准,它使工业以太网的应用扩展到了控制网络最底层的现场设备。

S7-1200 CPU 集成的 PROFINET 接口可以与计算机、人机界面、其他 S7 CPU、PROFINET I/O 设备(如 ET200 分布式 I/O 和 SINAMICS 驱动器)通信。该接口使用具有自动交叉网线功能的 RJ45 连接器,用直通网线或者交叉网线都可以连接 CPU 和其他以太网设备或交换机,数据传输速率为 10 Mbit/s 或 100 Mbit/s。集成的 PROFINET 接口作为 I/O 控制器,可以与最多 16 台 I/O 设备通信,还可以与别的 S7 CPU 进行 S7 通信,或使用 UDP、TCP、ISO on TCP 和 Modbus TCP 通信。

CPU1215C 和 CPU1217C 具有内置的双端口以太网交换机,可以使用安装在导轨上不需要组态的 4 端口以太网交换机模块 CSM1277,来连接多个 CPU 和 HMI 设备。

2. PROFIBUS 通信与通信模块

S7-1200 最多可以增加 3 个通信模块,它们安装在 CPU 模块的左边。

PROFIBUS 已被纳入现场总线的国际标准 IEC 61158。通过使用 PROFIBUS-DP 主站模块 CM1243-5,S7-1200 可以与其他 CPU、编程设备、人机界面和 PROFIBUS-DP 从站设备(如 ET200 和 SINAMICS 驱动设备)通信。CM1243-5 可以做 S7 通信的客户机或服务器。

通过使用 PROFIBUS-DP 从站模块 CM1242-5,S7-1200 可以作为智能 DP 从站设备与 PROFIBUS-DP 主站设备通信。

3. 点对点通信与通信模块

通过点对点通信,S7-1200 可以直接发送信息到外部设备(如打印机);可以从其他设备(如条形码阅读器、RFID 读写器和视觉系统)接收信息;可以与 GPS 装置、无线电调制解调器以及其他类型的设备交换信息。

CM1241 是点对点串行通信模块,可执行的协议有 ASCII、USS 驱动、Modbus RTU 主站协议和从站协议,可以装载其他协议。CM1241 的 3 种模块分别有 RS-232、RS-485 和 RS-422/485 通信接口。

通过 CM1241 通信模块或者 CB1241RS485 通信板,可以与支持 Modbus RTU 协议和 USS 协议的设备进行通信。S7-1200 可以作为 Modbus 主站或从站。

4. AS-i 通信与通信模块

AS-i 是执行器传感器接口(Actuator Sensor Interface)的缩写,位于工厂自动化网络的最底层。AS-i 已被列入 IEC62026 标准。AS-i 是单主站主从式网络,支持总线供电,即两根电缆同时作信号线和电源线。AS-i 主站模块 CM1243-2 用于将 AS-i 设备连接到 CPU,可配置 31 个标准开关量/模拟量从站或 62 个 A/B 类开关量/模拟量从站。

5. 远程控制通信与通信模块

工业远程通信用于将广泛分布的各远程终端单元连接到过程控制系统,以便进行监视和控制。远程服务包括与远程的设备和计算机进行数据交换,实现故障诊断、维护、检修和优化等操作。可以使用多种远程控制通信处理器,将 S7-1200 连接到控制中心。使用 CP1243-7LTE 可将 S7-1200 连接到 GSM/GPRS(2G)/UMTS(3G)/LTE 移动无线网络。

7.2 TIA 博途与仿真软件的安装

1. TIA 博途中的软件

TIA 博途是西门子自动化的全新工程设计软件平台,它将所有自动化软件工具集成在统一的开发环境中。TIA 博途通过统一的控制、显示和驱动机制,实现高效的组态、编程和公共数据存储,极大地简化了工厂内所有组态阶段的工程组态过程。

TIA 博途中的 STEP 7 Professional 可用于 S7-1200/1500、S7-300/400 和 WinAC 的组态、编程和诊断。S7-1200 还可以用 TIA 博途中的 STEP 7 Basic 编程。TIA 博途中的 WinCC 是用于西门子的 HMI(人机界面)、工业 PC 和标准 PC 的组态软件。

选件包"STEP 7 Safety Advanced"用于故障安全自动化的组态和编程,支持所有的 S7-1200F/1500F-CPU 和老型号 F-CPU。

SINAMICS Start drive 用于所有西门子驱动装置的组态、调试和诊断。

TIA 博途结合面向运动控制的 SCOUT 软件,可以实现对 SIMOTION 运动控制器的组态和程序编辑。

2. 安装 TIA 博途对计算机的要求

推荐的计算机硬件的最低配置如下:处理器主频为 2.3 GHz,内存为 8 GB,硬盘有 20 GB 的可用空间,屏幕分辨率为 1 024 像素×768 像素。建议的 PC 硬件如下:处理器主频为 3.4 GHz,内存为 16 GB 或更多,硬盘至少有 50 GB 可用空间,屏幕分辨率为 1 920 像素×1 080 像素或更高。

TIA 博途 V15SP1 要求的计算机操作系统为非家用版的 64 位的 Windows 7 SP1、非家用版的 64 位的 Windows 10 和某些 Windows 服务器。

3. 安装 STEP 7 和 WinCC V15.1

为了保证成功地安装 TIA 博途,建议在安装之前卸载 360 卫士之类的杀毒软件。安装时将随书资源的文件夹"TIA Portal STEP 7 Pro-WINCC Adv V15 SP1 DVD1"中的几个文件保存到同一文件夹,然后双击运行其中后缀为.exe 的文件。首先出现欢迎对话框,单击各对话框的"下一步(N)>"按钮,进入下一个对话框。

选择安装语言为默认的简体中文,下一对话框将软件包解压缩到指定的文件夹,可用复选框设置退出时删除提取的文件。

　　解压结束后，开始初始化。在"安装语言"对话框，采用默认的安装语言（简体中文）。在"产品语言"对话框，采用默认的英语和中文。在"产品配置"对话框，建议采用默认的"典型"配置和默认的目标文件夹。单击"浏览"按钮，可以设置安装软件的目标文件夹。

　　在"许可证条款"对话框（如图 7-5 所示），单击对话框最下面的两个小正方形复选框，使方框中出现"√"（上述操作简称为"勾选"），接受列出的许可证协议的条款。

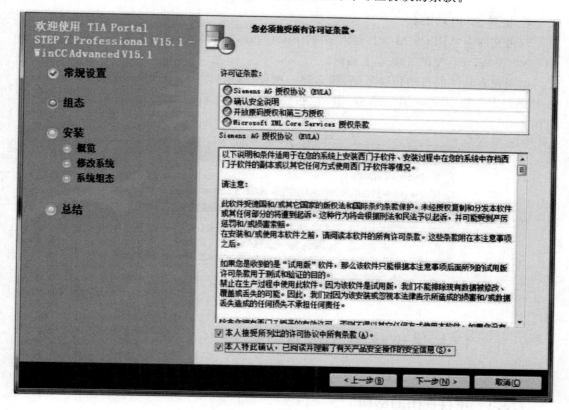

图 7-5　"许可证条款"对话框

　　在"安全控制"对话框，勾选复选框"我接受此计算机上的安全和权限设置"。

　　"概览"对话框列出了前面设置的产品配置、产品语言和安装路径。单击"安装"按钮，开始安装软件。安装结束后，出现的对话框询问"现在是否重启计算机?"用单选框选中"是"，单击"重新启动"按钮，重启计算机。

　　在安装过程中，如果出现图 7-6 所示的对话框，即使重新启动计算机后再安装软件，还会出现上述对话框。解决的方法如下：同时按计算机的 Windows 键⊞和"R"键，打开"运行"对话框，输入命令 Regedit，单击"确定"按钮，打开注册表编辑器。打开左边窗口的文件夹"\HKEY_LOCAL_MACHINE\SYSTEM\CurrentControlSet\Control"，选中其中的"Session Manager"，单击键盘上的删除键"Delete"删除右边窗口中的条目"Pending File Rename Operations"。删除后不用重新启动计算机，就可以安装软件了。

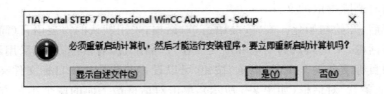

图 7-6 要求重启计算机的对话框

4. 安装 S7-PLCSIM

双击文件夹"\PLCSIM V15SP1"中的 Start. exe,开始安装软件。安装的过程与安装 STEP 7 和 WinCC V15.1 基本上相同。

如果没有软件的自动化许可证,那么第一次使用软件时,会出现图 7-7 所示的对话框。选中"STEP 7 Professional",单击"激活"按钮,激活试用许可证密钥,可以获得 21 天试用期。

图 7-7 激活试用许可证密钥

7.3 TIA 博途使用入门与硬件组态

7.3.1 项目视图的结构

1. Portal 视图与项目视图

TIAPortal 提供两种不同的工具视图,即基于项目的项目视图和基于任务的 Portal(门户)视图。在 Portal 视图中(如图 7-8 所示),可以概览自动化项目的所有任务。初学者可以借助面向任务的用户指南,以及最适合其自动化任务的编辑器来进行工程组态。

安装好 TIA 博途后,双击桌面上的图标,打开启动画面(即 Portal 视图)。单击视图左下角的"项目视图",将切换到项目视图(如图 7-9 所示)。本书主要使用项目视图。

2. 项目树

图 7-9 中标有①的区域为项目树,可以用它访问所有的设备和项目数据,添加新的设备,编辑已有的设备,打开处理项目数据的编辑器。

项目中的各组成部分在项目树中以树状结构显示,分为 4 个层次:项目、设备、文件夹和对象。项目树的使用方式与 Windows 的资源管理器相似。作为每个编辑器的子元件,用文件夹以结构化的方式保存对象。

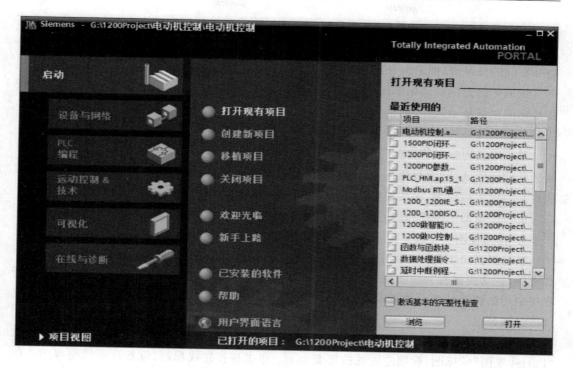

图 7-8　启动界面（Portal 视图）

图 7-9　在项目视图中组态硬件

　　单击项目树右上角的按钮�，项目树和下面标有②的详细视图消失，同时最左边的垂直条的上端出现按钮▶。单击它将打开项目树和详细视图。可以用类似的方法隐藏和显示右边标有⑤的任务卡（图7-9中为硬件目录）。

　　将鼠标的光标放到相邻的两个窗口的垂直分界线上，出现带双向箭头的光标✛时，按住鼠标的左键移动鼠标，可以移动分界线，以调节分界线两边的窗口大小。可以用同样的方法调节水平分界线。

　　单击项目树标题栏上的"自动折叠"按钮▥，该按钮变为▥（永久展开）。此时单击项目树之外的任何区域，项目树自动折叠（消失）。单击最左边的垂直条上端的按钮▶，项目树随即打开。单击按钮▥，该按钮变为▥，自动折叠功能被取消。

　　可以用类似的操作，启动或关闭任务卡和巡视窗口的自动折叠功能。

3．详细视图

　　项目树窗口下面标有②的区域是详细视图，打开项目树中的"PLC变量"文件夹，选中其中的"默认变量表"，详细视图显示出该变量表中的变量。可以将其中的符号地址拖拽到程序中用红色问号表示的需要设置地址的地址域处。拖拽到已设置的地址上时，原来的地址将会被替换。

　　单击详细视图左上角的按钮▾或"详细视图"标题，详细视图被关闭，只剩下紧靠"Portal视图"的标题，标题左边的按钮变为▸。单击该按钮或标题，重新显示详细视图。单击标有④的巡视窗口右上角的按钮▾或按钮▴，可以隐藏和显示巡视窗口。

4．工作区

　　标有③的区域为工作区，可以同时打开几个编辑器，但是一般只能在工作区同时显示一个当前打开的编辑器。在最下面标有⑦的编辑器栏中显示被打开的编辑器，单击它们可以切换工作区显示的编辑器。

　　单击工具栏上的按钮▯、▭，可以垂直或水平拆分工作区，同时显示两个编辑器。

　　在工作区同时打开程序编辑器和设备视图，将设备视图放大到200%或以上，可以将模块上的I/O点拖拽到程序编辑器中指令的地址域，这样不仅能快速设置指令的地址，还能在PLC变量表中创建相应的条目，也可以用上述的方法将模块上的I/O点拖拽到PLC变量表中。

　　单击工作区右上角的"最大化"按钮▢，将会关闭其他所有的窗口，工作区被最大化。单击工作区右上角的"浮动"按钮▢，工作区浮动。用鼠标左键按住浮动的工作区的标题栏并移动鼠标，可以将工作区拖到界面上希望的位置。松开左键，工作区被放在当前所在的位置，这个操作称为"拖拽"。可以将浮动的窗口拖拽到任意位置。

　　工作区被最大化或浮动后，单击浮动的窗口右上角的"嵌入"按钮▣，工作区将恢复原状。图7-9的工作区显示的是设备和网络编辑器的"设备视图"选项卡，可以组态硬件。选中"网络视图"选项卡，打开网络视图，可以组态网络。选中"拓扑视图"选项卡，可以组态PROFINET网络的拓扑结构。

　　可以将硬件列表中需要的设备或模块拖拽到工作区的设备视图和网络视图中。

5．巡视窗口

　　标有④的区域为巡视（Inspector）窗口，用来显示选中的工作区中的对象附加的信息，还可以用巡视窗口来设置对象的属性。巡视窗口有 3 个选项卡。

1)"属性"选项卡:用来显示和修改选中的工作区中的对象的属性。巡视窗口中左边的窗口是浏览窗口,选中其中的某个参数组,在右边窗口显示和编辑相应的信息或参数。

2)"信息"选项卡:显示所选对象和操作的详细信息,以及编译后的报警信息。

3)"诊断"选项卡:显示系统诊断事件和组态的报警事件。

巡视窗口有两级选项卡,选中了第一级的"属性"选项卡和第二级的"常规"选项卡中左边浏览窗口的"RS-485 接口"文件夹中的"IO-Link",简记为选中了巡视窗口的"属性＞常规＞RS-485 接口＞IO-Link"。

6. 任务卡

标有⑤的区域为任务卡,任务卡的功能与编辑器有关。可以通过任务卡进行进一步的或附加的操作。例如,从库或硬件目录中选择对象,搜索与替代项目中的对象,将预定义的对象拖拽到工作区。

可以用最右边的竖条上的按钮来切换任务卡显示的内容。图 7-9 中的任务卡显示的是硬件目录,任务卡下面标有⑥的"信息"窗格显示在"目录"窗格中选中的硬件对象的图形和对它的简要描述。

单击任务卡窗格上的"更改窗格模式"按钮,可以在同时打开几个窗格和只打开一个窗格之间切换。

7.3.2　创建项目与硬件组态

1. 新建一个项目

执行菜单命令"项目"→"新建",在出现的"创建新项目"对话框中,将项目的名称修改为"电动机控制"。单击"路径"输入框右边的按钮,可以修改保存项目的路径。单击"创建"按钮,开始生成项目。

2. 添加新设备

双击项目树中的"添加新设备",出现"添加新设备"对话框(如图 7-10 所示)。单击其中的"控制器"按钮,双击要添加的 CPU 的订货号,添加一个 PLC。在项目树、设备视图和网络视图中可以看到添加的 CPU。

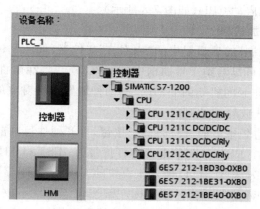

图 7-10　"添加新设备"对话框

将硬件目录中的设备拖拽到网络视图中,也可以添加设备。

3．设置项目的参数

执行菜单命令"选项"→"设置",选中工作区左边浏览窗口的"常规"(如图 7-11 所示),用户界面语言为默认的"中文",助记符为默认的"国际"(英语助记符)。

建议用单选框选中"起始视图"区的"项目视图"或"上一视图"。以后在打开博途时将会自动打开项目视图或上一次关闭时的视图。

图 7-11 的右图是选中"常规"后右边窗口下面的部分内容,在"存储设置"区,可以选择最近使用的存储位置或默认的存储位置。选中后者时,可以用"浏览"按钮设置保存项目和库的文件夹。

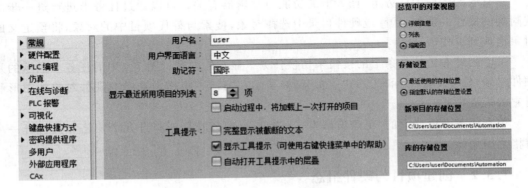

图 7-11　设置 TIA 博途的常规参数

4．硬件组态的任务

英语单词"Configuring"(配置、设置)一般被翻译为"组态"。设备组态的任务就是在设备视图和网络视图中,生成一个与实际的硬件系统对应的虚拟系统。PLC 和 HMI、PLC 各模块的型号、订货号和版本号,模块的安装位置和设备之间的通信连接,都应与实际的硬件系统完全相同。此外,还应设置模块的参数,即给参数赋值。

组态信息应下载到 CPU,PLC 按组态的参数运行。自动化系统启动时,CPU 比较组态时生成的虚拟系统和实际的硬件系统,检测出可能的错误并用巡视窗口显示。可以设置两个系统不兼容时,是否能启动 CPU(如图 7-8 所示)。

5．在设备视图中添加模块

打开项目"电动机控制"的项目树中的"PLC_1"文件夹(如图 7-9 所示),双击其中的"设备组态",打开设备视图,可以看到 1 号插槽中的 CPU 模块。在硬件组态时,需要将 I/O 模块或通信模块放置到工作区的机架的插槽内,有两种放置硬件对象的方法。

(1)用"拖拽"的方法放置硬件对象

单击图 7-9 中最右边竖条上的"硬件目录"按钮,打开硬件目录窗口。打开文件夹"通信模块>点到点>CM 1241(RS485)",单击选中订货号为 6ES7 241-1CH30-0XB0 的 CM 1241(RS485)模块,其背景变为深色。可以插入该模块的 CPU 左边的 3 个插槽四周出现深蓝色的方框,只能将该模块插入这些插槽。用鼠标左键按住该模块不放,移动鼠标,将选中的模块"拖"到机架中 CPU 左边的 101 号插槽,该模块浅色的图标和订货号随着光标一起移动。没有移动到允许放置该模块的区域时,光标的形状为 ◯(禁止放置)。反之光标的形状变为

（允许放置），同时选中的 101 号插槽出现浅色的边框。松开鼠标左键，拖动的模块被放置到选中的插槽。

用上述的方法将 CPU、HMI 或分布式 I/O 拖拽到网络视图，可以生成新的设备。

（2）用双击的方法放置硬件对象

放置模块还有另外一个简便的方法：首先用鼠标左键单击（书中简称为单击）机架中需要放置模块的插槽，使它的四周出现深蓝色的边框。用鼠标左键双击（书中简称为双击）硬件目录中要放置的模块的订货号，该模块便出现在选中的插槽中。

放置信号模块和信号板的方法与放置通信模块的方法相同，信号板安装在 CPU 模块内，信号模块安装在 CPU 右侧的 2～9 号槽中。

可以将信号模块插入已经组态的两个模块中间。插入点右边所有的信号模块将向右移动一个插槽的位置，新的模块被插入到空出来的插槽中。

6. 硬件目录中的过滤器

如果勾选了图 7-9 中"硬件目录"窗口左上角的"过滤"复选框，激活了硬件目录的过滤器功能，硬件目录只显示与工作区有关的硬件。例如，打开 S7-1200 的设备视图时，如果勾选了"过滤"复选框，硬件目录窗口不显示其他控制设备，只显示 S7-1200 的组件。

7. 删除硬件组件

可以删除被选中的设备视图或网络视图中的硬件组件，被删除的组件的插槽可供其他组件使用。不能单独删除 CPU 和机架，只能在网络视图或项目树中删除整个 PLC 站。

删除硬件组件后，可能在项目中产生矛盾，即违反了插槽规则。选中指令树中的"PLC_1"，单击工具栏上的"编译"按钮 🔚，对硬件组态进行编译。编译时进行一致性检查，如果有错误将会显示错误信息，应改正错误后重新进行编译，直到没有错误。

8. 复制与粘贴硬件组件

可以在项目树、网络视图或设备视图中复制硬件组件，然后将保存在剪贴板上的组件粘贴到其他地方。可以在网络视图中复制和粘贴站点，在设备视图中复制和粘贴模块。

可以用拖拽的方法或通过剪贴板在设备视图或网络视图中移动硬件组件，但是 CPU 必须在 1 号槽。

9. 改变设备的型号

右键单击（书中简称为右击）项目树或设备视图中要更改型号的 CPU 或 HMI，执行出现的快捷菜单中的"更改设备"命令，双击出现的"更改设备"对话框右边的列表中用来替换的设备的订货号，设备型号被更改。

10. 打开已有的项目

单击项目视图工具栏上的按钮 📂，在打开的"打开项目"对话框中双击列出的最近使用的某个项目，打开该项目。或者单击对话框中的"浏览"按钮，在打开的对话框中打开某个项目的文件夹，双击其中标有 🔳 的文件，打开该项目。

11. 打开用 TIA 博途 V15 保存的项目

单击工具栏上的"打开项目"按钮，打开一个用 TIA 博途 V15 保存的项目文件夹，双击其中后缀为"ap15"的文件，单击对话框中的"升级"按钮，数据被导入新项目。为了完成项目升级，需要对每台设备执行菜单命令"编辑"→"编辑"。

7.3.3 信号模块与信号板的参数设置

1. 信号模块与信号板的地址分配

双击项目树的 PLC_1 文件夹中的“设备组态”,打开 PLC_1 的设备视图。

单击图 7-12 设备视图右边竖条上向左的小三角形按钮◂,从右到左弹出“设备概览”视图,可以用鼠标移动小三角形按钮所在的设备视图和设备概览视图的分界线。单击该分界线上向右或向左的小三角形按钮,设备概览视图将会向右关闭或向左扩展。

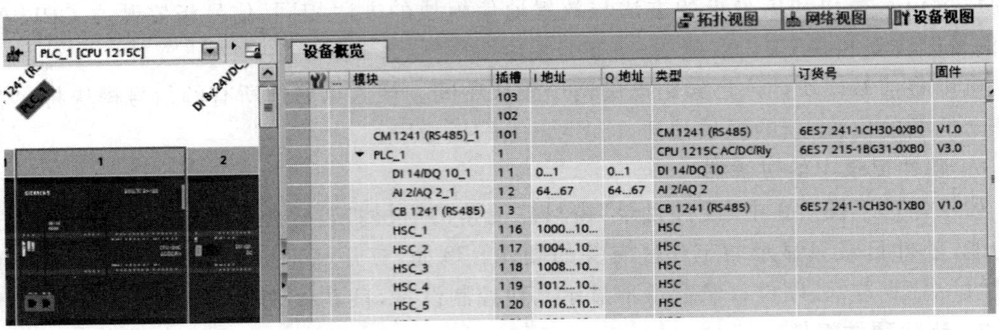

拓扑视图
网络视图
设备视图
PLC_1 [CPU 1215C]
设备概览
模块
插槽
I 地址
Q 地址
类型
订货号
固件
103
102
CM 1241 (RS485)_1 101 CM 1241 (RS485) 6ES7 241-1CH30-0XB0 V1.0
PLC_1 1 CPU 1215C AC/DC/Rly 6ES7 215-1BG31-0XB0 V3.0
DI 14/DQ 10_1 1 1 0...1 0...1 DI 14/DQ 10
AI 2/AQ 2_1 1 2 64...67 64...67 AI 2/AQ 2
CB 1241 (RS485) 1 3 CB 1241 (RS485) 6ES7 241-1CH30-1XB0 V1.0
HSC_1 1 16 1000...10... HSC
HSC_2 1 17 1004...10... HSC
HSC_3 1 18 1008...10... HSC
HSC_4 1 19 1012...10... HSC
HSC_5 1 20 1016...10... HSC

图 7-12 设备视图与设备概览视图

在设备概览视图中,可以看到 CPU 集成的 I/O 点和信号模块的字节地址,如图 7-12 所示。I、Q 地址是自动分配的,CPU 1215C 集成的 14 点数字量输入的字节地址为 0 和 1(I0.0~I0.7 和 I1.0~I1.5),10 点数字量输出的字节地址为 0 和 1(Q0.0~Q0.7、Q1.0 和 Q1.1)。

CPU 集成的模拟量输入点的地址为 IW64 和 IW66,集成的模拟量输出点的地址为 QW64 和 QW66,每个通道占一个字或两个字节。DI2/DQ2 信号板的字节地址均为 4(I4.0~I4.1 和 Q4.0~Q4.1)。DI、DQ 的地址以字节为单位分配,如果没有用完分配给它的某个字节中所有的位,剩余的位也不能再作它用。

模拟量输入、模拟量输出的地址以组为单位分配,每一组有两个输入/输出点。

从设备概览视图还可以看到分配给各插槽的信号模块的输入、输出字节地址。

选中设备概览中某个插槽的模块,可以修改自动分配的 I、Q 地址。建议采用自动分配的地址,不要修改它。但是在编程时必须使用组态时分配给各 I/O 点的地址。

2. 数字量输入点的参数设置

组态数字量输入时,首先选中设备视图或设备概览中的 CPU 或有数字量输入的信号板,再选中工作区下面的巡视窗口的“属性>常规>数字量输入”文件夹中的某个通道,如图 7-13 所示。可以用选择框设置输入滤波器的输入延时时间;还可以用复选框启用各通道的上升沿中断、下降沿中断和脉冲捕捉功能,以及设置产生中断事件时调用的硬件中断组织块(OB)。

脉冲捕捉功能暂时保持窄脉冲的 1 状态,直到下一次刷新输入过程映像。可以同时启用同一通道的上升沿中断和下降沿中断,但是不能同时启用中断和脉冲捕捉功能。

DI 模块只能组态 4 点 1 组的输入滤波器的输入延时时间。

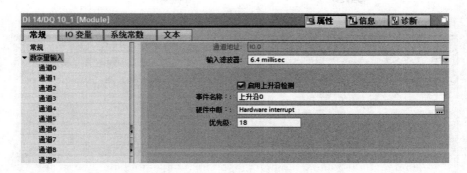

图 7-13　组态 CPU 的数字量输入点

3. 数字量输出点的参数设置

首先选中设备视图或设备概览中的 CPU、数字量输出模块或信号板,在巡视窗口选中"数字量输出"后(如图 7-14 所示),可以选择在 CPU 进入 STOP 模式时,数字量输出保持上一个值(keep last value),或者使用替代值。选中后者时,选中左边窗口的某个输出通道,用复选框设置其替代值,以保证系统因故障自动切换到 STOP 模式时进入安全的状态。复选框内有"√"表示替代值为 1,反之为 0(默认的替代值)。

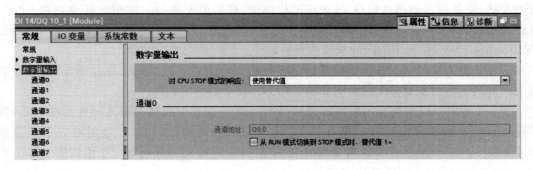

图 7-14　组态 CPU 的数字量输出点

4. 模拟量输入模块的参数设置

选中设备视图中的 AI4/AQ2 模块,模拟量输入需要设置下列参数。

1)积分时间(如图 7-15 所示),它与干扰抑制频率成反比,后者可选 400 Hz、60 Hz、50 Hz 和 10 Hz。积分时间越长,精度越高,快速性越差。积分时间为 20 ms 时,对 50 Hz 的工频干扰噪声有很强的抑制作用,一般选择积分时间为 20 ms。

2)测量类型(电压或电流)和测量范围。

3)A/D 转换得到的模拟值的滤波等级。模拟值的滤波处理可以减轻干扰的影响,这对缓慢变化的模拟量信号(如温度测量信号)是很有意义的。滤波处理根据系统规定的转换次数来计算转换后的模拟值的平均值。滤波有"无、弱、中、强"4 个等级,它们对应的计算平均值的模拟量采样值的周期数分别为 1、4、16 和 32。所选的滤波等级越高,滤波后的模拟值越稳定,但是测量的快速性越差。

4)设置诊断功能,可以选择是否启用断路和溢出诊断功能。只有 4～20 mA 输入才能检测是否有断路故障。

CPU 集成的模拟量输入点、模拟量输入信号板与模拟量输入模块的参数设置方法基本上相同。

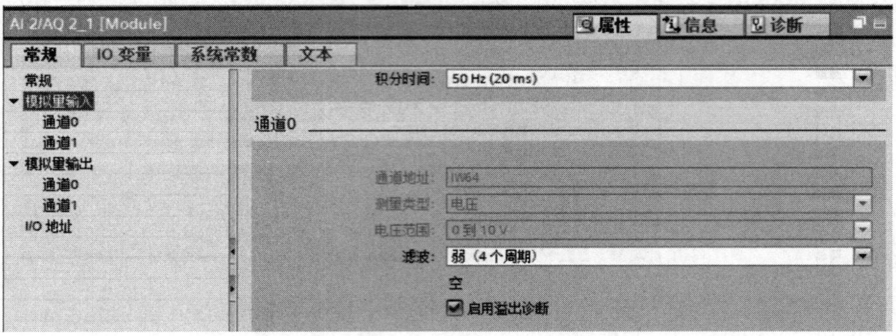

图 7-15　组态 AI/AQ 模块的模拟量输入点

5．模拟量输入转换后的模拟值

模拟量输入/模拟量输出模块中模拟量对应的数字称为模拟值，模拟值用 16 位二进制补码（整数）来表示。最高位（第 15 位）为符号位，正数的符号位为 0，负数的符号位为 1。

模拟量经 A/D 转换后得到的数值的位数（包括符号位）如果小于 16 位，那么转换值被自动左移，使其最高的符号位在 16 位字的最高位，模拟值左移后未使用的低位则填入"0"，这种处理方法称为"左对齐"。设模拟值的精度为 12 位+符号位，左移 3 位后未使用的低位（第 0～2 位）为 0，相当于实际的模拟值被乘以 8。

这种处理方法的优点在于模拟量的量程与移位处理后的数字的关系是固定的，与左对齐之前的转换值的位数（AI 模块的分辨率）无关，便于后续的处理。

表 7-4 给出了模拟量输入模块的模拟值与以百分数表示的模拟量之间的对应关系，其中最重要的关系是双极性模拟量量程的上、下限（100％和-100％），分别对应于模拟值 27 648 和-27 648，单极性模拟量量程的上、下限（100％和 0％）分别对应于模拟值 27 648 和 0。上述关系在表 7-4 中用黑体字表示。

表 7-4　模拟量输入模块的模拟值

范围	双极性				单极性			
	百分比	十进制	十六进制	-10～+10 V	百分比	十进制	十六进制	0～20 mA
上溢出，断电	118.515％	32 767	7FFFH	11.851 V	118.515％	32 767	7FFFH	23.70 mA
超出范围	117.589％	32 511	7EFFH	11.759 V	117.589％	32 511	7EFFH	23.52 mA
正常范围	**100.000％**	**27 648**	6C00H	10 V	**100.000％**	**27 648**	6C00H	20 mA
	0％	**0**	0H	0 V	**0％**	**0**	0H	0 mA
	-100.000％	**-27 648**	9400H	-10 V				
低于范围	-117.593％	-32 512	8100H	-11.759 V				
下溢出，断电	-118.519％	-32 768	8000H	-11.851 V				

S7-1200 的热电偶和 RTD（电阻式温度检测器）模块输出的模拟值每个数值对应于 0.1℃。

6. 模拟量输出模块的参数设置

选中设备视图中的 AI4/AQ2 模块,设置模拟量输出的参数。

与数字量输出相同,可以设置 CPU 进入 STOP 模式后,各模拟量输出点保持上一个值,或使用替代值(如图 7-16 所示)。选中后者时,可以设置各点的替代值。

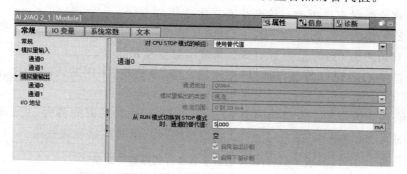

图 7-16　组态 AI/AQ 模块的模拟量输出点

需要设置各输出点的输出类型(电压或电流)和输出范围。可以激活电压输出的短路诊断功能、电流输出的断路诊断功能,以及超出上限值或低于下限值的溢出诊断功能。

CPU 集成的模拟量输出点、模拟量输出信号板与模拟量输出模块的参数设置方法基本上相同。

7.3.4　CPU 模块的参数设置

CPU 集成的 I/O 点的参数设置方法已在 7.3.3 小节介绍过了,CPU 集成的 PROFINET 接口、高速计数器和脉冲发生器的参数设置方法将在有关章节介绍。本小节介绍 CPU 其他主要参数的设置方法。

1. 设置系统存储器字节与时钟存储器字节

双击项目树某个 PLC 文件夹中的"设备组态",打开该 PLC 的设备视图。选中 CPU 后,再选中巡视窗口的"属性＞常规＞系统和时钟存储器"(如图 7-17 所示),可以用复选框分别启用系统存储器字节(默认地址为 MB1)和时钟存储器字节(默认地址为 MB0),可以设置它们的地址值。

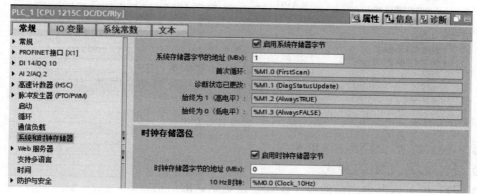

图 7-17　组态系统存储器字节与时钟存储器字节

将 MB1 设置为系统存储器字节后,该字节的 M1.0~M1.3 的意义如下。

1）M1.0（首次循环）:仅在刚进入 RUN 模式的首次扫描时为 TRUE（1 状态），以后为 FALSE（0 状态）。在 TIA 博途中,位编程元件的 1 状态和 0 状态分别用 TRUE 和 FALSE 来表示。

2）M1.1（诊断状态已更改）:诊断状态发生变化。

3）M1.2（始终为 1）:总是为 TRUE,其常开触点总是闭合。

4）M1.3（始终为 0）:总是为 FALSE,其常闭触点总是闭合。

勾选图 7-17 右边窗口的"启用时钟存储器字节"复选框,采用默认的 MB0 作时钟存储器字节。

时钟存储器的各位在一个周期内为 FALSE 和为 TRUE 的时间各为 50%,时钟存储器字节每一位的周期和频率见表 7-5。CPU 在扫描循环开始时初始化这些位。

表 7-5　时钟存储器字节各位的周期与频率

位	7	6	5	4	3	2	1	0
周期/s	2	1.6	1	0.8	0.5	0.4	0.2	0.1
频率/Hz	0.5	0.625	1	1.25	2	2.5	5	10

M0.5 的时钟脉冲周期为 1 s,如果用它的触点来控制指示灯,指示灯将以 1 Hz 的频率闪动,亮 0.5 s,熄灭 0.5 s。

因为系统存储器和时钟存储器不是保留的存储器,用户程序或通信可能改写这些存储单元,破坏其中的数据。指定了系统存储器和时钟存储器字节以后,这两个字节不能再作他用,否则将会使用户程序运行出错,甚至造成设备损坏或人身伤害。建议始终使用系统存储器字节和时钟存储器字节默认的地址（MB1 和 MB0）。

2. 设置 PLC 上电后的启动方式

选中设备视图中的 CPU 后,再选中巡视窗口的"属性>常规>启动"（如图 7-18 所示）,可以组态上电后 CPU 的 3 种启动方式。

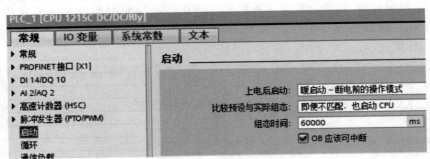

图 7-18　设置启动方式

1）不重新启动,保持在 STOP 模式。

2）暖启动,进入 RUN 模式。

3）暖启动,进入断电之前的操作模式。这是默认的启动方式。

暖启动将非断电保持存储器复位为默认的初始值,但断电保持存储器中的值不变。

可以用"比较预设与实际组态"选择框设置当预设的组态与实际的硬件不匹配(不兼容)时,是否启动 CPU。在 CPU 的启动过程中,如果中央 I/O 或分布式 I/O 在组态的时间段内没有准备就绪(默认值为 1 min),那么 CPU 的启动特性取决于"比较预设与实际组态"的设置。

3. 设置实时时钟

选中设备视图中的 CPU 后,再选中巡视窗口的"属性＞常规＞时间"。如果设备在国内使用,应设置本地时间的时区为"(UTC＋08:00)北京.重庆.中国香港特别行政区.乌鲁木齐",不要激活夏令时。出口产品可能需要设置夏令时。

4. 设置读写保护和密码

选中设备视图中的 CPU 后,再选中巡视窗口的"属性＞常规＞防护与安全＞访问级别"(如图 7-19 所示),可以选择右边窗口的 4 个访问级别。其中绿色的钩表示在没有该访问级别密码的情况下可以执行的操作。如果要使用该访问级别中没有打钩的功能,需要输入密码。

1)选中"完全访问权限(无任何保护)"时,不需要密码,用户也具有对所有功能的访问权限。

2)选中"读访问权限"时,若没有密码,则仅仅允许对硬件配置和块进行读访问,不能下载硬件配置和块,不能写入测试功能和更新固件。此时,需要设置"完全访问权限"的密码。

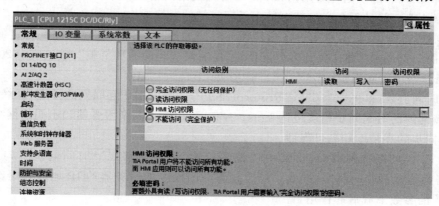

图 7-19　设置访问权限与密码

3)选中"HMI 访问权限"时,若不输入密码,则用户不能上传和下载硬件配置和块,不能写入测试功能、更改 RUN/STOP 操作状态和更新固件,只能通过 HMI 访问 CPU。此时,至少需要设置"完全访问权限"的密码,可以在"读访问权限"设置没有写入权限的密码。各行的密码不能相同。

4)选中"不能访问(完全保护)"时,没有密码不能进行读写访问和通过 HMI 访问,禁用 PUT/GET 通信的服务器功能。至少需要设置第一行的密码,可以设置第 2、3 行的密码。

如果 S7-1200 的 CPU 在 S7 通信中做服务器,必须在选中图 7-19 中的"连接机制"后,勾选复选框"允许来自远程对象的 PUT/GET 通信访问"。

5. 设置循环周期监视时间

循环时间是操作系统刷新过程映像和执行程序循环 OB 的时间,包括所有中断此循环的程序的执行时间。选中设备视图中的 CPU 后,再选中巡视窗口的"属性＞常规＞循环"
(如图 7-20 所示),可以设置循环周期监视时间,默认值为 150 ms。

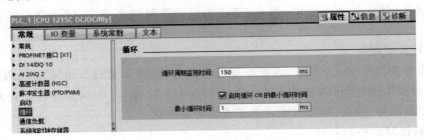

图 7-20　设置循环周期监视时间

如果循环时间超过设置的循环周期监视时间,操作系统将会启动时间错误组织块
OB80。如果 OB80 不可用,CPU 将忽略这一事件。

如果循环时间超出循环周期监视时间的两倍,CPU 将切换到 STOP 模式。

如果勾选了复选框"启用循环 OB 的最小循环时间",并且 CPU 完成正常的扫描循环任
务的时间小于设置的循环 OB 的"最小循环时间",CPU 将延迟启动新的循环,在等待时间
内将处理新的事件和操作系统服务,用这种方法来保证在固定的时间内完成扫描循环。

如果在设置的最小循环时间内,CPU 没有完成扫描循环,那么 CPU 将完成正常的扫描
(包括通信处理),并且不会产生超出最小循环时间的系统响应。

CPU 的"通信负载"属性用于将延长循环时间的通信过程的时间控制在特定的限制值
内。选中图 7-20 中的"通信负载",可以设置"由通信引起的循环负载",默认值为 20%。

6. 组态网络时间同步

网络时间协议(Network Time Protocol,NTP)广泛应用于互联网的计算机时钟的时间
同步,局域网内的时间同步精度可达 1 ms。NTP 采用多重冗余服务器和不同的网络路径来
保证时间同步的高精度和高可靠性。

选中 CPU 的以太网接口,再选中巡视窗口的"属性＞常规＞时间同步",勾选"通过
NTP 服务器启动同步时间"复选框。然后设置时间同步的服务器的 IP 地址和更新的时间
间隔,设置的参数下载后起作用。

习　　题

7-1　填空题。

1) CPU 1214C 最多可以扩展＿＿＿＿个信号模块、＿＿＿＿个通信模块。信号模块安
装在 CPU 的＿＿＿＿边,通信模块安装在 CPU 的＿＿＿＿边。

2) CPU 1214C 有集成的＿＿＿＿点数字量输入、＿＿＿＿点数字量输出、＿＿＿＿点
模拟量输入,＿＿＿＿点高速输出、＿＿＿＿点高速输入。

3) 模拟量输入模块输入的 -10～+10 V 满量程电压转换后对应的数字为＿＿＿＿～
＿＿＿＿。

7-2　S7-1200 的硬件主要由哪些部件组成?

7-3　信号模块是哪些模块的总称?

7-4　怎样设置才能在打开博途时用项目视图自动打开最近的项目？

7-5　硬件组态有什么任务？

7-6　怎样设置保存项目的默认文件夹？

7-7　怎样设置数字量输入点的上升沿中断功能？

7-8　怎样设置数字量输出点的替代值？

7-9　怎样设置时钟存储器字节？时钟存储器字节哪一位的时钟脉冲周期为 500 ms？

7-10　使用系统存储器默认的地址 MB1，哪一位是首次循环位？

第8章　S7-1200 程序设计基础

8.1　S7-1200 的编程语言

S7-1200 使用梯形图(LAD)、函数块图(FBD)和结构化控制语言(SCL)三种编程语言。

1. 梯形图

梯形图(LAD)是使用得最多的 PLC 图形编程语言。梯形图由触点、线圈和用方框表示的指令框组成。

触点和线圈等组成的电路称为程序段,英语名称为 Network(网络),STEP7 自动地为程序段编号。可以在程序段编号的右边加上程序段的标题,在程序段编号的下面为程序段加上注释,如图 8-1 所示。单击编辑器工具栏上的按钮☰,可以显示或关闭程序段的注释。

在分析梯形图的逻辑关系时,为了借用继电器电路图的分析方法,可以想象在梯形图的左、右两侧垂直"电源线"之间有一个左正右负的直流电源电压,当图 8-1 中 I0.0 与 I0.1 的触点同时接通,或 Q0.0 与 I0.1 的触点同时接通时,有一个假想的"能流"(Power Flow)流过 Q0.0 的线圈。利用能流这一概念,可以借用继电器电路的术语和分析方法,帮助我们更好地理解和分析梯形图。能流只能从左往右流动。

程序段内的逻辑运算按从左往右的方向执行,与能流的方向一致。如果没有跳转指令,程序段之间按从上到下的顺序执行,执行完所有的程序段后,下一次扫描循环返回最上面的程序段 1,重新开始执行。

2. 函数块图

函数块图(FBD)使用类似于数字电路的图形逻辑符号来表示控制逻辑,有数字电路基础的人很容易掌握。国内很少有人使用函数块图语言。

图 8-2 是图 8-1 中的梯形图对应的函数块图,同时显示绝对地址和符号地址。

在函数块图中,用类似于与门(带有符号"&")、或门(带有符号">=1")的方框来表示逻辑运算关系,方框的左边为逻辑运算的输入变量,右边为输出变量,输入、输出端的小圆圈表示"非"运算,方框被"导线"连接在一起,信号自左向右流动。指令框用来表示一些复杂的功能,如数学运算等。

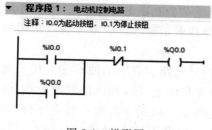

图 8-1　梯形图

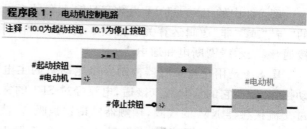

图 8-2　函数块图

3. 结构化控制语言

结构化控制语言(Structured Control Language,SCL)是一种基于 PASCAL 的高级编程语言。这种语言基于 IEC1131-3 标准。SCL 除了包含 PLC 的典型元素(如输入、输出、定时器或位存储器)外,还包含高级编程语言中的表达式、赋值运算和运算符。SCL 提供了简便的指令进行程序控制,如创建程序分支、循环或跳转。SCL 尤其适用于下列应用领域:数据管理、过程优化、配方管理和数学计算、统计任务。

4. 编程语言的切换

右击项目树中 PLC 的"程序块"文件夹中的某个代码块,选中快捷菜单中的"切换编程语言",LAD 和 FDB 语言可以相互切换。只能在"添加新块"对话框中选择 SCL 语言。

8.2　PLC 的工作原理与用户程序结构简介

8.2.1　逻辑运算

在数字量(或称开关量)控制系统中,变量仅有两种相反的工作状态。例如,高电平和低电平、继电器线圈的通电和断电,可以分别用逻辑代数中的 1 和 0 来表示这些状态,在波形图中,用高电平表示 1 状态,用低电平表示 0 状态。

使用数字电路或 PLC 的梯形图都可以实现数字量逻辑运算。用继电器电路或梯形图可以实现基本的逻辑运算,触点的串联可以实现"与"运算,触点的并联可以实现"或"运算,用常闭触点控制线圈可以实现"非"运算。多个触点的串、并联电路可以实现复杂的逻辑运算。图 8-3 中上面是 PLC 的梯形图,下面是对应的函数块图。

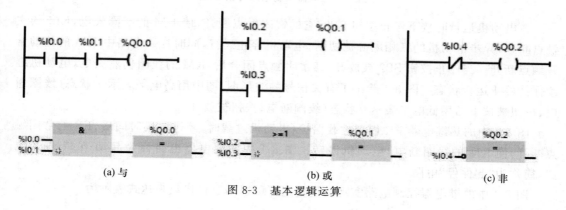

(a) 与　　　　　　　　　　(b) 或　　　　　　　　　　(c) 非

图 8-3　基本逻辑运算

图 8-3 中的 I0.0～I0.4 为数字量输入变量,Q4.0～Q4.2 为数字量输出变量,它们之间的"与""或""非"逻辑运算关系见表 8-1。表中的 0 和 1 分别表示输入点的常开触点断开和接通,或表示线圈断电和通电。

图 8-4 是用交流接触器控制异步电动机的主电路、控制电路和有关的波形图。按下起动按钮 SB1,它的常开触点接通,电流经过 SB1 的常开触点和停止按钮 SB2 的常闭触点,流过交流接触器 KM 的线圈,接触器的衔铁被吸合,使主电路中 KM 的 3 对常开触点闭合,异步电动机的三相电源接通,电动机开始运行,控制电路中接触器 KM 的辅助常开触点同时接通。

表 8-1　逻辑运算关系表

逻辑运算名称	与			或			非	
逻辑运算表达式	$Q0.0=I0.0 \cdot I0.1$			$Q0.1=I0.2+I0.3$			$Q0.2=\overline{I0.4}$	
逻辑运算规则	I0.0	I0.1	Q0.0	I0.2	I0.3	Q0.1	I0.4	Q0.2
	0	0	0	0	0	0	0	1
	0	1	0	0	1	1	1	0
	1	0	0	1	0	1		
	1	1	1	1	1	1		

放开起动按钮后,SB1 的常开触点断开,电流经 KM 的辅助常开触点和 SB2 的常闭触点流过 KM 的线圈,电动机继续运行。KM 的辅助常开触点实现的这种功能称为"自锁"或"自保持",它使继电器电路具有类似于 RS 触发器的记忆功能。

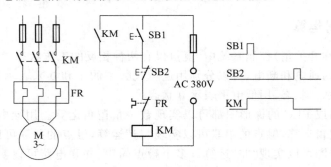

图 8-4　继电器控制电路与波形图

在电动机运行时按下停止按钮 SB2,它的常闭触点断开,使 KM 的线圈失电,KM 的主触点断开,异步电动机的三相电源被切断,电动机停止运行,同时控制电路中 KM 的辅助常开触点断开。当停止按钮 SB2 被放开,其常闭触点闭合后,KM 的线圈仍然失电,电动机继续保持停止运行状态。图 8-4 给出了有关信号的波形图,图中用高电平表示 1 状态(线圈通电、按钮被按下),用低电平表示 0 状态(线圈断电、按钮被放开)。

图 8-4 中的热继电器 FR 用于过载保护,电动机过载时,经过一段时间后,FR 的常闭触点断开,使 KM 的线圈断电,电动机停转。图 8-4 中的继电器电路称为起动-保持-停止电路,简称为"起保停"电路。

图 8-4 中的继电器控制电路实现的逻辑运算可以用逻辑代数表达式表示为

$$KM = (SB1 - KM) \cdot \overline{SB2} \cdot \overline{FR} \tag{8-1}$$

式(8-1)左边的 KM 与图中的线圈相对应,右边的 KM 与线圈的常开触点相对应,上划线表示作逻辑"非"运算,$\overline{SB2}$ 对应于 SB2 的常闭触点。式(8-1)中的加号表示逻辑"或"运算,小圆点(乘号)或星号表示逻辑"与"运算。

与普通算术运算"先乘除后加减"类似,逻辑运算的规则为先"与"后"或"。上式为了先进行"或"运算(触点的并联),用括号将"或"运算式括起来,括号中的运算优先执行。

8.2.2　用户程序结构简介

S7-1200 与 S7-300/400 的用户程序结构基本上相同。

1. 模块化编程

模块化编程将复杂的自动化任务划分为对应于生产过程的技术功能的较小子任务,每个子任务对应于一个称为"块"的子程序,可以通过块与块之间的相互调用来组织程序。这样的程序易于修改、查错和调试。块结构显著地增加了 PLC 程序的组织透明性、可理解性和易维护性。各种块的简要说明见表 8-2,其中的 OB、FB、FC 都包含程序,统称为代码(Code)块。所有的代码块和数据块的总数最多为 1 024 个。

表 8-2　用户程序中的块

块	简要描述
组织块(OB)	操作系统与用户程序的接口,决定用户程序的结构
函数块(FB)	用户编写的包含经常使用的功能的子程序,有专用的背景数据块
函数(FC)	用户编写的包含经常使用的功能的子程序,没有专用的背景数据块
背景数据块(DB)	用于保存 FB 的输入、输出参数和静态变量,其数据在编译时自动生成
全局数据块(DB)	存储用户数据的数据区域,供所有的代码块共享

被调用的代码块又可以调用别的代码块,这种调用称为嵌套调用。从程序循环 OB 或启动 OB 开始,嵌套深度为 16;从中断 OB 开始,嵌套深度为 6。

在块调用中,调用者可以是各种代码块,被调用的块是 OB 之外的代码块。调用函数块时需要为它指定一个背景数据块。

2. 组织块

组织块(Organization Block,OB)是操作系统与用户程序的接口,由操作系统调用,用于控制扫描循环和中断程序的执行、PLC 的启动和错误处理等。组织块的程序是用户编写的。

每个组织块必须有一个唯一的 OB 编号,123 之前的某些编号是保留的,其他 OB 的编号应大于或等于 123。CPU 中特定的事件触发组织块的执行,OB 不能相互调用,也不能被 FC 和 FB 调用。只有启动事件(如诊断中断事件或周期性中断事件)可以启动 OB 的执行。

(1) 程序循环组织块

OB1 是用户程序中的主程序,CPU 循环执行操作系统程序,在每一次循环中,操作系统程序调用一次 OB1。因此,OB1 中的程序也是循环执行的。允许有多个程序循环 OB,默认的是 OB1,其他程序循环 OB 的编号应大于或等于 123。

（2）启动组织块

当 CPU 的工作模式从 STOP 切换到 RUN 时，执行一次启动（STARTUP）组织块，来初始化程序循环 OB 中的某些变量。执行完启动 OB 后，开始执行程序循环 OB。可以有多个启动 OB，默认的为 OB100，其他启动 OB 的编号应大于或等于 123。

（3）中断组织块

中断处理用来实现对特殊内部事件或外部事件的快速响应。如果没有中断事件出现，那么 CPU 循环执行组织块 OB1 和它调用的块。如果出现中断事件，如诊断中断和时间延迟中断等，因为 OB1 的中断优先级最低，操作系统在执行完当前程序的当前指令（断点处）后，立即响应中断。CPU 暂停正在执行的程序块，自动调用一个分配给该事件的组织块（中断程序）来处理中断事件。执行完中断组织块后，返回被中断的程序的断点处继续执行原来的程序。部分用户程序不必在每次循环中处理，而是在需要时才被及时地处理。处理中断事件的程序放在该事件驱动的 OB 中。

3. 函数

函数（Function，FC）是用户编写的子程序，STEP7 V5.5x 称为功能。它包含完成特定任务的代码和参数。FC 和 FB（函数块）有与调用它的块共享的输入参数和输出参数。执行完 FC 和 FB 后，返回调用它的代码块。

函数是快速执行的代码块，可用于完成标准的和可重复使用的操作，如算术运算；或完成技术功能，如使用位逻辑运算的控制。可以在程序的不同位置多次调用同一个 FC 或 FB，这样可以简化重复执行的任务的编程。函数没有固定的存储区，函数执行结束后，其临时变量中的数据可能被别的块的变量覆盖。

4. 函数块

函数块（Function Block，FB）是用户编写的子程序，STEP7V5.x 称为功能块。调用函数块时，需要指定背景数据块，后者是函数块专用的存储区。CPU 执行 FB 中的程序代码，将块的输入、输出参数和局部静态变量保存在背景数据块中，以便在后面的扫描周期访问它们。FB 的典型应用是执行不能在一个扫描周期完成的操作。在调用 FB 时，自动打开对应的背景数据块，后者的变量可以被其他代码块访问。

调用同一个函数块时使用不同的背景数据块，可以控制不同的对象。

5. 数据块

数据块（DataBlock，DB）是用于存放执行代码块时所需数据的数据区，与代码块不同，数据块没有指令，STEP7 按变量生成的顺序自动为数据块中的变量分配地址。

有两种类型的数据块。

1）全局数据块存储供所有的代码块使用的数据，OB、FB 和 FC 都可以访问它们。

2）背景数据块存储的数据供特定的 FB 使用。背景数据块中保存的是对应的 FB 的输入、输出参数和局部静态变量。FB 的临时数据（Temp）不是用背景数据块保存的。

8.2.3　PLC 的工作过程

1. 操作系统与用户程序

CPU 的操作系统用来实现与具体的控制任务无关的 PLC 的基本功能。操作系统的任务包括处理暖启动、刷新过程映像输入/输出、调用用户程序、检测中断事件和调用中断组织块、检测和处理错误、管理存储器,以及处理通信任务等。

用户程序包含处理具体的自动化任务必需的所有功能。用户程序由用户编写并下载到 CPU,用户程序的任务如下。

1) 检查是否满足暖启动需要的条件。例如,限位开关是否在正确的位置。

2) 处理过程数据。例如,用数字量输入信号来控制数字量输出信号,读取和处理模拟量输入信号,输出模拟量值。

3) 用 OB(组织块)中的程序对中断事件做出反应。例如,在诊断错误中断组织块 OB82 中发出报警信号,编写处理错误的程序。

2. CPU 的工作模式

CPU 有 3 种工作模式:RUN(运行)、STOP(停止)与 STARTUP(启动)。CPU 面板上的状态 LED(发光二极管)用来指示当前的工作模式,可以用编程软件改变 CPU 的工作模式。

在 STOP 模式,CPU 仅处理通信请求和进行自诊断,不执行用户程序,不会自动更新过程映像。上电后 CPU 进入 STARTUP(启动)模式,进行上电诊断和系统初始化,检查到某些错误时,将禁止 CPU 进入 RUN 模式,保持在 STOP 模式。

在 CPU 内部的存储器中,设置了一片区域来存放输入信号和输出信号的状态,它们被称为过程映像输入区和过程映像输出区。从 STOP 模式切换到 RUN 模式时,CPU 进入启动模式,执行下列操作(见图 8-5 中各阶段的符号)。

阶段 A 复位过程映像输入区(I 存储区)。

阶段 B 用上一次 RUN 模式最后的值或替代值来初始化输出。

阶段 C 执行一个或多个启动 OB,将非保持性 M 存储器和数据块初始化为其初始值,并启用组态的循环中断事件和时钟事件。

阶段 D 将外设输入状态复制到过程映像输入区。

阶段 E(整个启动阶段)将中断事件保存到队列,以便在 RUN 模式进行处理。

阶段 F 将过程映像输出区(Q 区)的值写到外设输出。

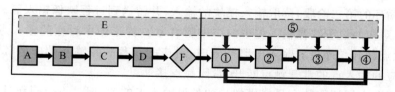

图 8-5　启动与运行过程示意图

启动阶段结束后,进入 RUN 模式。为了使 PLC 的输出及时地响应各种输入信号,CPU 反复地分阶段处理各种不同的任务(见图 8-5 中各阶段的符号)。

阶段①将过程映像输出区的值写到输出模块。

阶段②将输入模块处的输入传送到过程映像输入区。

阶段③执行一个或多个程序循环 OB,首先执行主程序 OB1。

阶段④进行自诊断。

上述任务按顺序循环执行,此工作方式称为扫描循环。在扫描循环的任意阶段(阶段⑤)处理中断和通信,执行中断程序。

3．工作模式的切换

CPU 模块上没有切换工作模式的模式选择开关,只能用 STEP7 在线工具中的 CPU 操作面板,或工具栏上的按钮█和按钮█,来切换 STOP 或 RUN 工作模式,也可以在用户程序中用 STP 指令使 CPU 进入 STOP 模式。

4．冷启动与暖启动

下载了用户程序的块和硬件组态后,下一次切换到 RUN 模式时,CPU 执行冷启动。冷启动时复位输入,初始化输出;复位存储器,即清除工作存储器、非保持性存储区和保持性存储区,并将装载存储器的内容复制到工作存储器。存储器复位不会清除诊断缓冲区,也不会清除永久保存的 IP 地址。

冷启动后,在下一次下载之前的 STOP 到 RUN 模式的切换均为暖启动。暖启动时所有非保持的系统数据和用户数据被初始化,不会清除保持性存储区。

暖启动不对存储器复位,可以用在线与诊断视图的"CPU 操作面板"上的"MRES"按钮来复位存储器。

移除或插入中央模块将导致 CPU 进入 STOP 模式。

5．RUN 模式 CPU 的操作

下面是 RUN 模式各阶段任务的详细介绍。

（1）写外设输出

在扫描循环的第一阶段,操作系统将过程映像输出中的值写到输出模块并锁存起来。梯形图中某输出位的线圈"通电"时,对应的过程映像输出位中的二进制数为 1。信号经输出模块隔离和功率放大后,继电器型输出模块中对应的硬件继电器的线圈通电,其常开触点闭合,使外部负载通电工作。若梯形图中某输出位的线圈"断电",对应的过程映像输出位中的二进制数为 0。将它送到继电器型输出模块,对应的硬件继电器的线圈断电,其常开触点断开,外部负载断电,停止工作。

可以用指令立即改写外设输出点的值,同时将刷新过程映像输出。

（2）读外设输入

在扫描循环的第二阶段,读取输入模块的输入,并传送到过程映像输入区。外接的输入电路闭合时,对应的过程映像输入位中的二进制数为 1,梯形图中对应的输入点的常开触点接通,常闭触点断开。外接的输入电路断开时,对应的过程映像输入位中的二进制数为 0,梯形图中对应的输入点的常开触点断开,常闭触点接通。

可以用指令立即读取数字量或模拟量的外设输入点的值,但是不会刷新过程映像输入。

（3）执行用户程序

PLC 的用户程序由若干条指令组成,指令在存储器中按顺序排列。读取输入后,从第一条指令开始,逐条顺序执行用户程序中的指令,包括程序循环 OB 调用 FC 和 FB 的指令,直到最后一条指令。

在执行指令时,从过程映像输入/输出或别的位元件的存储单元读出其 0、1 状态,并根据指令的要求执行相应的逻辑运算,运算的结果写入相应的过程映像输出和其他存储单元,它们的内容随着程序的执行而变化。

程序执行过程中,各输出点的值被保存到过程映像输出,而不是立即写给输出模块。

在程序执行阶段,即使外部输入信号的状态发生了变化,过程映像输入的状态也不会随

之而变,输入信号变化了的状态只能在下一个扫描周期的读取输入阶段被读入。执行程序时,对输入/输出的访问通常是通过过程映像,而不是实际的 I/O 点,这样做有以下好处。

1) 在整个程序执行阶段,各过程映像输入点的状态是固定不变的,程序执行完后再用过程映像输出的值更新输出模块,使系统的运行稳定。

2) 由于过程映像保存在 CPU 的系统存储器中,访问速度比直接访问信号模块快得多。

(4) 通信处理与自诊断

在扫描循环的通信处理和自诊断阶段,处理接收到的报文,在适当的时候将报文发送给通信的请求方。此外还要周期性地检查固件和 I/O 模块的状态。

(5) 中断处理

事件驱动的中断可以在扫描循环的任意阶段发生。有事件出现时,CPU 中断扫描循环,调用组态给该事件的 OB。OB 处理完事件后,CPU 在中断点恢复用户程序的执行。中断功能可以提高 PLC 对事件的响应速度。

8.3　数据类型与系统存储区

8.3.1　物理存储器

PLC 的操作系统使 PLC 具有基本的智能,能够完成 PLC 设计者规定的各种工作。用户程序由用户设计,它使 PLC 能完成用户要求的特定功能。

1. PLC 使用的物理存储器

(1) 随机存取存储器

CPU 可以读出随机存取存储器(RAM)中的数据,也可以将数据写入 RAM。它是易失性的存储器,电源中断后,存储的信息将会丢失。RAM 的工作速度快,价格便宜,改写方便。在关断 PLC 的外部电源后,可以用锂电池保存 RAM 中的用户程序和某些数据。

(2) 只读存储器

只读存储器(ROM)的内容只能读出,不能写入。它是非易失的,电源消失后,仍能保存存储的内容,ROM 一般用来存放 PLC 的操作系统。

(3) 快闪存储器和可电擦除可编程只读存储器

快闪存储器(Flash EPROM)简称为 FEPROM,可电擦除可编程的只读存储器简称为 EEPROM。它们是非易失性的,可以用编程装置对它们编程,兼有 ROM 的非易失性和 RAM 的随机存取优点,但是将数据写入它们所需的时间比 RAM 长得多。它们用来存放用户程序和断电时需要保存的重要数据。

2. 装载存储器与工作存储器

(1) 装载存储器

装载存储器是非易失性的存储器,用于保存用户程序、数据和组态信息。所有的 CPU 都有内部的装载存储器,CPU 插入存储卡后,用存储卡作装载存储器。项目下载到 CPU 时,保存在装载存储器中。装载存储器具有断电保持功能,它类似于计算机的硬盘,工作存储器类似于计算机的内存条。

（2）工作存储器

工作存储器是集成在 CPU 中的高速存取的 RAM,为了提高运行速度,CPU 将用户程序中与程序执行有关的部分。例如,组织块、函数块、函数和数据块从装载存储器复制到工作存储器。CPU 断电时,工作存储器中的内容将会丢失。

3. 保持性存储器

断电保持存储器(保持性存储器)用来防止在 PLC 电源关闭时丢失数据,暖启动后保持性存储器中的数据保持不变,存储器复位时其值被清除。

CPU 提供了 10KB 的保持性存储器,可以在断电时,将工作存储器的某些数据(如数据块或位存储器 M)的值永久保存在保持性存储器中。

断电时组态的工作存储器的值被复制到保持性存储器中。电源恢复后,系统将保持性存储器保存的断电之前工作存储器的数据,恢复到原来的存储单元。

在暖启动时,所有非保持的位存储器被删除,非保持的数据块的内容被设置为装载存储器中的初始值。保持性存储器和有保持功能的数据块的内容被保持。

在线时只能在 STOP 模式,用 CPU 操作面板上的"MRES"按钮来复位存储器。存储器复位使 CPU 进入所谓的"初始状态",清除所有的工作存储器,包括保持和非保持的存储区,将装载存储器的内容复制给工作存储器,数据块中变量的值被初始值替代。编程设备与CPU 的在线连接被中断时,诊断缓冲区、时间、IP 地址、硬件组态和激活的强制任务保持不变。

4. 存储卡

SIMATIC 存储卡基于 FEPROM,是预先格式化的 SD 存储卡,它用于在断电时保存用户程序和某些数据,不能用普通读卡器格式化存储卡。可以将存储卡作为程序卡、传送卡或固件更新卡。

装载了用户程序的存储卡将替代设备的内部装载存储器,后者的数据被擦除。拔掉存储卡不能运行。无须使用 STEP7,用传送卡就可将项目复制到 CPU 的内部装载存储器,复制后必须取出传送卡。

将模块的固件存储在存储卡上,就可以执行固件更新。忘记密码时,插入空的传送卡将会自动删除 CPU 内部装载存储器中受密码保护的程序,以后就可以将新程序下载到CPU 中。

8.3.2 数制与编码

1. 数制

（1）二进制数

二进制数的 1 位(bit)只能取 0 和 1 这两个不同的值,可以用来表示开关量(或称数字量)的两种不同的状态,如触点的断开和接通、线圈的通电和断电等。如果该位为 1,那么梯形图中对应的位编程元件(如位存储器 M 和过程映像输出位 Q)的线圈"通电",其常开触点接通,常闭触点断开,以后称该编程元件为 TRUE 或 1 状态,如果该位为 0,那么对应的编程元件的线圈和触点的状态与上述的相反,称该编程元件为 FALSE 或 0 状态。

（2）十六进制数

多位二进制数的书写和阅读很不方便。为了解决这一问题,可以用十六进制数来取代二进制数,每个十六进制数对应于 4 位二进制数。十六进制数的 16 个数字是 0~9 和 A~F(对应于十进制数 10~15)。B♯16♯、W♯16♯和 DW♯16♯分别用来表示十六进制字节、字和双字常数,例如 W♯16♯13AF。在数字后面加"H"也可以表示十六进制数。例如,16♯13AF 可以表示为 13AFH。表 8-3 给出了不同进制数的表示方法。

表 8-3　不同进制数的表示方法

十进制数	十六进制数	二进制数	BCD 码	十进制数	十六进制数	二进制数	BCD 码
0	0	00000	0000 0000	9	9	01001	0000 1001
1	1	00001	0000 0001	10	A	01010	0001 0000
2	2	00010	0000 0010	11	B	01011	0001 0001
3	3	00011	0000 0011	12	C	01100	0001 0010
4	4	00100	0000 0100	13	D	01101	0001 0011
5	5	00101	0000 0101	14	E	01110	0001 0100
6	6	00110	0000 0110	15	F	01111	0001 0101
7	7	00111	0000 0111	16	10	10000	0001 0110
8	8	01000	0000 1000	17	11	10001	0001 0111

2. 编码

(1) 补码

有符号二进制整数用补码来表示,其最高位为符号位,最高位为 0 时为正数,为 1 时为负数。正数的补码就是它本身,最大的 16 位二进制正数为 2♯0111111111111111,对应的十进制数为 32 767。

将正数的补码逐位取反(0 变为 1,1 变为 0)后加 1,得到绝对值与它相同的负数的补码。例如,将 1 158 对应的补码 2♯0000010010000110 逐位取反后加 1,得到−1 158 的补码 2♯1111101101111010。

将负数的补码的各位取反后加 1,得到它的绝对值对应的正数的补码。例如,将−1 158 的补码 2♯1111101101111010 逐位取反后加 1,得到 1 158 的补码 2♯0000010010000110。

整数的取值范围为−32 768~32 767,双整数的取值范围为−2 147 483 648~2 147 483 647。

(2) BCD 码

BCD(Binary-coded Decimal)是二进制编码的十进制数的缩写,BCD 码用 4 位二进制数表示一位十进制数(见表 8-3),每一位 BCD 码允许的数值范围为 2♯0000~2♯1001,对应于十进制数 0~9。BCD 码的最高位二进制数用来表示符号,负数为 1,正数为 0。一般令负数和正数的最高 4 位二进制数分别为 1111 或 0000(如图 8-6 所示)。3 位 BCD 码的范围为−999~+999,7 位 BCD 码(如图 8-7 所示)的范围为−9 999 999~+9 999 999。BCD 码各位之间的关系是逢十进一,图 8-6 中的 BCD 码为−829。

图 8-6　3 位 BCD 码的格式

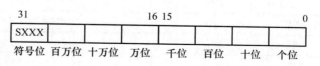

图 8-7　7 位 BCD 码的格式

BCD 码常用来表示 PLC 的输入/输出变量的值。TIA 博途用 BCD 码来显示日期和时间值。拨码开关(如图 8-8 所示)内的圆盘的圆周面上有 0～9 这 10 个数字,用按钮来增、减各位要输入的数字。它用内部硬件将 10 个十进制数转换为 4 位二进制数。PLC 用输入点读取的多位拨码开关的输出值就是 BCD 码,可以用"转换值"指令 CONVERT 将它转换为二进制整数。

用 PLC 的 4 个输出点给译码驱动芯片 4547 提供输入信号,可以用 LED 七段显示器显示一位十进制数,如图 8-9 所示。需要使用"转换值"指令 CONVERT,将 PLC 中的二进制整数或双整数转换为 BCD 码,然后分别送给各个译码驱动芯片。

图 8-8　拨码开关

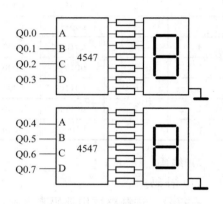

图 8-9　LED 七段显示器电路

(3)美国信息交换标准代码

美国信息交换标准代码(ASCII 码)用来表示所有的英语大/小写字母、数字 0～9、标点符号和在美式英语中使用的特殊控制字符。数字 0～9 的 ASCII 码为十六进制数 30H～39H,英语大写字母 A～Z 的 ASCII 码为 41H～5AH,英语小写字母 a～z 的 ASCII 码为 61H～7AH。

8.3.3　数据类型

1. 数据类型

数据类型用来描述数据的长度(二进制的位数)和属性。不同的任务使用不同长度的数据对象。例如,位逻辑指令使用位数据,MOVE 指令使用字节、字和双字。字节、字和双字分别由 8 位、16 位和 32 位二进制数组成。表 8-4 给出了基本数据类型的属性。

表 8-4　基本数据类型

变量类型	符号	位数	取值范围	常数举例
位	Bool	1	1,0	TRUE、FALSE 或 1,0
字节	Byte	8	16#00～16#FF	16#12,16#AB
字	Word	16	16#0000～16#FFFF	16#ABCD,16#0001
双字	DWord	32	16#00000000～16#FFFFFFFF	16#02468ACE
短整数	SInt	8	-128～127	123,-123

变量类型	符号	位数	取值范围	常数举例
整数	Int	16	$-32\,768\sim32\,767$	$12\,573,-12\,573$
双整数	DInt	32	$-2\,147\,483\,648\sim2\,147\,483\,647$	$12\,347\,934,-12\,357\,934$
无符号短整数	USInt	8	$0\sim255$	123
无符号整数	UInt	16	$0\sim65\,535$	12 321
无符号双整数	UDInt	32	$0\sim4\,294\,967\,295$	1 234 586
浮点数(实数)	Real	32	$\pm1.175\,495\times10^{-38}\sim\pm3.402\,823\times10^{38}$	$12.45,-3.4,$ $-1.2E+12,3.4E-3$
长浮点数	LReal	64	$\pm2.225\,073\,858\,507\,202\,0\times10^{-308}$ $\sim\pm1.797\,693\,134\,862\,315\,7\times10^{308}$	$12\,345.123\,456\,789,$ $-1.2E+40$
时间	Time	32	T#$-$24d20h31m23s648ms $\sim$T#$+$24d20h31m23s647ms	T#10d20h30m20s630ms
日期	Date	16	D#1990-1-1 到 D#2168-12-31	D#2017-10-31
实时时间	Time_of_Day	32	TOD#0:0:0.0 到 TOD#23:59:59.999	TOD#10:20:30.400
长格式日期和时间	DTL	12 B	最大 DTL#2262-04-11:23:47: 16.854 775 807	DTL#2016-10-16-20: 30:20.250
字符	Char	8	$16\#00\sim16\#FF$	'A','t'
16 位宽字符	WChar	16	$16\#0000\sim16\#FFFF$	WCHAR#'a'
字符串	String	$n+2$ B	$n=0\sim254$ B	STRING#'NAME'
16 位宽字符串	WString	$n+2$ B	$n=0\sim16\,382$ B	WSTRING#'Hello World'

2. 位

位数据的数据类型为 Bool(布尔)型,在编程软件中,Bool 变量的值 1 和 0 用英语单词 TRUE(真)和 FALSE(假)来表示。

位存储单元的地址由字节地址和位地址组成。例如,I3.2 中的区域标识符"I"表示输入 (Input),字节地址为 3,位地址为 2,如图 8-10 所示。这种存取方式称为"字节. 位"寻址方式。

3. 位字符串

数据类型 Byte、Word、Dword 统称为位字符串。它们不能比较大小,它们的常数一般用十六进制数表示。

1) 字节(Byte)由 8 位二进制数组成。例如,I3.0~I3.7 组成了输入字节 IB3(如图 8-10 所示),B 是 Byte 的缩写。

2) 字(Word)由相邻的两个字节组成。例如,字 MW100 由字节 MB100 和 MB101 组成 (如图 8-11 所示)。MW100 中的 M 为区域标识符,W 表示字。

3) 双字(Dword)由两个字(或 4 个字节)组成,双字 MD100 由字节 MB100~MB103 或字 MW100、MW102 组成(如图 8-11 所示),D 表示双字。需要注意以下两点:

① 用组成双字的编号最小的字节 MB100 的编号作为双字 MD100 的编号;

② 用组成双字 MD100 的编号最小的字节 MB100 为 MD100 的最高位字节,编号最大

的字节 MB103 为 MD100 的最低位字节,字也有类似的特点。

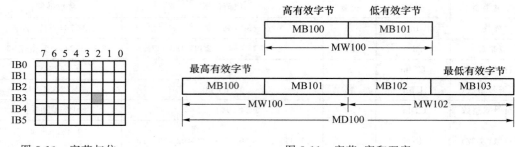

图 8-10　字节与位　　　　　　　　　　图 8-11　字节、字和双字

4. 整数

一共有 6 种整数(见表 8-4),SInt 和 USInt 分别为 8 位的短整数和无符号短整数,Int 和 UInt 分别为 16 位的整数和无符号整数,DInt 和 UDInt 分别为 32 位的双整数和无符号的双整数。所有整数的符号中均有 Int。符号中带 S 的为 8 位整数(短整数),带 D 的为 32 位双整数,不带 S 和 D 的为 16 位整数。带 U 的为无符号整数,不带 U 的为有符号整数。有符号整数的最高位为符号位,最高位为 0 时为正数,为 1 时为负数。有符号整数用补码来表示。

5. 浮点数

32 位的浮点数(Real)又称为实数,最高位(第 31 位)为浮点数的符号位(如图 8-12 所示),正数时为 0,负数时为 1。规定尾数的整数部分总是为 1,第 0~22 位为尾数的小数部分。8 位指数加上偏移量 127 后(0~255),放在第 23~30 位。

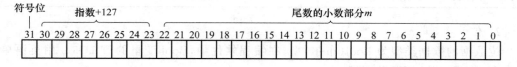

图 8-12　浮点数的结构

浮点数的优点是用很小的存储空间(4 B)可以表示非常大和非常小的数。PLC 输入和输出的数值大多是整数,如 AI 模块的输出值和 AQ 模块的输入值。用浮点数来处理这些数据需要进行整数和浮点数之间的转换,浮点数的运算速度比整数慢。

LReal 为 64 位的长浮点数,它的最高位(第 63 位)为符号位。尾数的整数部分总是为 1,第 0~51 位为尾数的小数部分。11 位的指数加上偏移量 1 023 后(0~2 047),放在第 52~62 位。

6. 时间与日期

Time 是有符号双整数,其单位为 ms,能表示的最大时间范围为 24 天多。Date(日期)为 16 位无符号整数,TOD(TIME_OF_DAY)为从指定日期的 0 时算起的毫秒数(无符号双整数)。其常数必须指定小时(24 小时/天)、分钟和秒,ms 是可选的。

数据类型 DTL 的 12 个字节分别为年(占 2B)、月、日、星期的代码,和小时、分、秒(各占 1 B)、纳秒(占 4 B),均为 BCD 码。星期日、星期一~星期六的代码分别为 1~7。可以在块的临时存储器或者 DB 中定义 DTL 数据。

7. 字符

每个字符(Char)占一个字节,Char 数据类型以 ASCII 格式存储。字符常量用英语的单引号来表示,如' A '。WChar(宽字符)占两个字节,可以存储汉字和中文的标点符号。

8.3.4　全局数据块与其他数据类型

1. 生成全局数据块

在项目"电动机控制"中,单击项目树 PLC 的"程序块"文件夹中的"添加新块",在打开的对话框中〔如图 8-13(a)所示〕,单击"数据块(DB)"按钮,生成一个数据块,可以修改其名称或采用默认的名称,其类型为默认的"全局 DB",生成数据块编号的方式为默认的"自动"。用单选框选中"手动",可以修改块的编号。

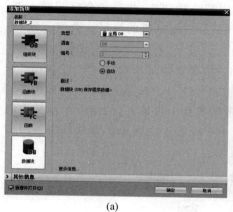
(a)

(b)

图 8-13　添加数据块与数据块中的变量

单击"确定"按钮后自动生成数据块。选中下面的复选框"新增并打开",生成新的块之后,将会自动打开它。右击项目树中新生成的"数据块_1",执行快捷菜单命令"属性",选中打开的对话框左边窗口中的"属性"(如图 8-14 所示),如果勾选右边窗口中的复选框"优化的块访问",只能用符号地址访问生成的块中的变量,不能使用绝对地址。这种访问方式可以提高存储器的利用率。

只有在未勾选复选框"优化的块访问"时,才能用绝对地址访问数据块中的变量,数据块中才会显示"偏移量"列中的偏移量。右击数据块灰色的表头所在的行,选中"显示/隐藏",通过勾选复选框,可以设置显示或隐藏某个列。

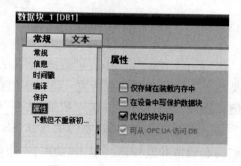
图 8-14　设置数据块的属性

2. 字符串

数据类型 String(字符串)是字符组成的一维数组,每个字节存放 1 个字符。第一个字节是字符串的最大字符长度,第二个字节是字符串当前有效字符的个数,字符从第 3 个字节开始存放,一个字符串最多 254 个字符。

数据类型 WString(宽字符串)存储多个数据类型为 WChar 的 Unicode 字符(长度为 16 位的宽字符,包括汉字)。第一个字是最大字符个数,默认的长度为 254 个宽字符,最多 16 382 个 WChar 字符。第二个字是当前的宽字符个数。

可以在代码块的接口区和全局数据块中创建字符串、数组和结构。

在"数据块_1"的第 2 行的"名称"列〔如图 8-13(b)所示〕输入字符串的名称"故障信息",单击"数据类型"列中的按钮▦,选中下拉式列表中的数据类型"String"。"String[30]"表示该字符串的最大字符个数为 30,其起始值(初始字符)为"OK"。

3. 数组

数组(Array)是由固定数目的同一种数据类型元素组成的数据结构。允许使用除了 Array 之外的所有数据类型作为数组的元素,数组的维数最多为 6 维。图 8-15 给出了一个名为"电流"的二维数组 Array[1..2,1..3]of Byte 的内部结构,它一共有 6 个字节型元素,第一维的下标 1、2 是电动机的编号,第二维的下标 1~3 是三相电流的序号。数组元素"电流[1,2]"是 1 号电动机第 2 相的电流。

在数据块_1 的第 3 行的"名称"列输入数组的名称"功率"〔如图 8-13(b)所示〕,单击"数据类型"列中的按钮▦,选中下拉式列表中的数据类型"Array[lo..hi]oftype"。其中的"lo"(low)和"hi"(high)分别是数组元素的编号(下标)的下限值和上限值,它们用两个小数点隔开,可以是任意的整数(−32 768~32 767),下限值应小于或等于上限值。方括号中各维的参数用逗号隔开,type 是数组元素的数据类型。

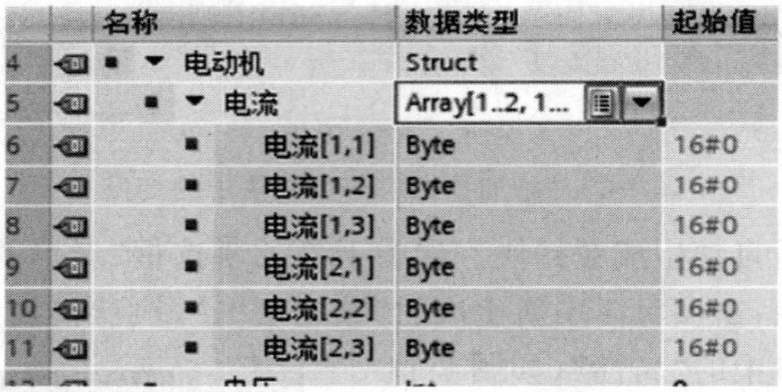

		名称	数据类型	起始值
4	▼	电动机	Struct	
5	▼	电流	Array[1..2, 1... ▦ ▼	
6		电流[1,1]	Byte	16#0
7		电流[1,2]	Byte	16#0
8		电流[1,3]	Byte	16#0
9		电流[2,1]	Byte	16#0
10		电流[2,2]	Byte	16#0
11		电流[2,3]	Byte	16#0
		电压		0

图 8-15　二维数组的元素

将"Array[lo..hi]of type"修改为"Array[0..23]of Int"(如图 8-13 所示),其元素的数据类型为 Int,元素的下标为 0~23。在用户程序中,可以用符号地址"数据块_1".功率[2]或绝对地址 DB1.DBW36 访问数组"功率"中下标为 2 的元素。

单击图 8-13 中"功率"左边的按钮▶,它变为▼,将会显示数组的各个元素,可以监控它们的起始值和监控值。单击"功率"左边的按钮▼,它变为▶,数组的元素被隐藏起来。

4. 结构

结构(Struct)是由固定数目的多种数据类型的元素组成的数据类型。可以用数组和结构做结构的元素,结构可以嵌套 8 层。用户可以把过程控制中有关的数据统一组织在一个结构中,作为一个数据单元来使用,而不是使用大量的单个的元素,为统一处理不同类型的数据或参数提供了方便。

在数据块_1 的第 4 行生成一个名为"电动机"的结构(如图 8-13 所示),数据类型为

Struct。在第 5～8 行生成结构的 4 个元素。单击"电动机"左边的按钮 ▼,它变为 ▶,结构的元素被隐藏起来。单击"电动机"左边的按钮 ▶,它变为 ▼,将会显示结构的各个元素。

数组和结构的"偏移量"列是它们在数据块中的起始绝对字节地址,可以看出数组"功率"占 48 B。

下面是用符号地址表示结构中元素的例子:"数据块_1".电动机.电流。

单击数据块编辑器的工具栏上的按钮 ▤(如图 8-13 所示),在选中的变量的下面增加一个空白行,单击工具栏上的按钮 ▤,在选中的变量的上面增加一个空白行。单击扩展模式按钮 ▤,可以显示或隐藏结构和数组的元素。

选中项目树中的 PLC_1,将 PLC 的组态数据和用户程序下载到 CPU,将 CPU 切换到 RUN 模式。打开数据块_1 以后,单击工具栏上的按钮 ◥◥,启动监控功能,出现"监视值"列,可以看到数据块_1 中的字符串和数组、结构的元素的当前值。

5. Variant 指针

Variant 数据类型可以指向各种数据类型或参数类型的变量。Variant 指针可以指向结构和结构中的单个元素,它不会占用任何存储器的空间。

下面是使用符号地址的 Variant 数据类型的例子:My DB. Struct1. pressure1。其中,My DB、Struct1 和 pressure1 分别是用小数点分隔的数据块、结构和结构中元素的符号地址。

下面是使用绝对地址的 Variant 数据类型的例子:P♯DB5. DBX10.0。

INT12 和%MW10,前者用来表示一个地址区,其起始地址为 DB5. DBW10,一共 12 个连续的 Int(整数)变量。

6. PLC 数据类型

PLC 数据类型用来定义可以在程序中多次使用的数据结构。打开项目树的"PLC 数据类型"文件夹,双击"添加新数据类型",可以创建 PLC 数据类型。定义好以后可以在用户程序中作为数据类型使用。

PLC 数据类型可以用作代码块接口或数据块中的数据类型,或用于创建具有相同数据结构的全局数据块的模板。例如,为混合颜色的配方创建 PLC 数据类型后,用户可以将该 PLC 数据类型分配给多个数据块。通过调节各数据块中的变量,就可以创建特定颜色的配方。

7. 使用符号方式访问非结构数据类型变量的"片段"

可以用符号方式按位、按字节、按字访问 PLC 变量表和数据块中某个符号地址变量的一部分。双字大小的变量可以按位 0～31、字节 0～3 或字 0、1 访问(如图 8-16 所示),字大小的变量可以按位 0～15、字节 0 或 1、字 0 访问。字节大小的变量则可以按位 0～7 或字 0 访问。

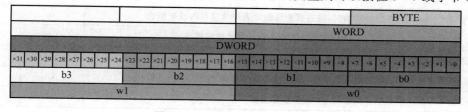

图 8-16　双字中的字、字节和位

例如，在 PLC 变量表中，"状态"是一个声明为 Dword 数据类型的变量，"状态".x11 是"状态"的第 11 位，"状态".b2 是"状态"的第 2 号字节，"状态".w0 是"状态"的第 0 号字。

8. 访问带有一个 AT 覆盖的变量

通过关键字"AT"，可以将一个已声明的变量覆盖为其他类型的变量。比如，通过 Bool 型数组访问 Word 变量的各个位。使用 AT 覆盖访问变频器的控制字和状态字的各位非常方便。

在 FC 或 FB 的块接口参数区组态覆盖变量。生成名为"函数块 1"的函数块 FB1，右击项目树中的"函数块 1"，选中快捷菜单中的"属性"，在"属性"选项卡取消"优化的块访问"属性。

打开函数块 1 的接口区，输入想要用新的数据类型覆盖的输入参数"状态字"，其数据类型为 Word（如图 8-17 所示）。在"状态字"下面的空行中输入变量名称"状态位"，双击"数据类型"列表中的"AT"，在"名称"列的变量名称"状态位"的右边出现"AT'状态字'"。

再次单击"数据类型"列，并声明变量"状态位"的数据类型为数组 Array[0..15]of Bool。单击"状态位"左边的 ▶ 按钮，它变为 ▼，显示出数组"状态位"的各个元素，如"状态位[0]"。至此覆盖变量的声明已经完成，可以在程序中使用数组"状态位"的各个元素，即 Word 变量"状态字"的各位。

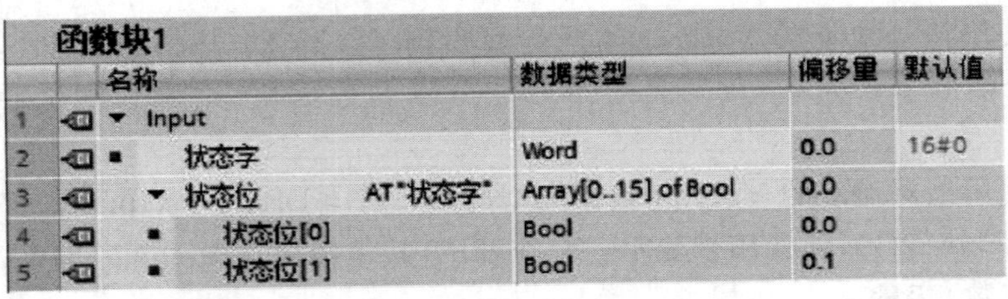

		名称	数据类型	偏移量	默认值
1		▼ Input			
2		▪ 状态字	Word	0.0	16#0
3		▼ 状态位 AT"状态字"	Array[0..15]of Bool	0.0	
4		▪ 状态位[0]	Bool	0.0	
5		▪ 状态位[1]	Bool	0.1	

函数块1

图 8-17 在块的接口区声明 AT 覆盖变量

8.3.5 系统存储区

1. 过程映像输入/输出

过程映像输入在用户程序中的标识符为 I，它是 PLC 接收外部输入的数字量信号的窗口。输入端可以外接常开触点或常闭触点，也可以接多个触点组成的串、并联电路。

在每次扫描循环开始时，CPU 读取数字量输入点的外部输入电路的状态，并将它们存入过程映像输入区（见表 8-5）。

表 8-5 系统存储区

存储区	描述	强制	保持性
过程映像输入（I）	在循环开始时，将输入模块的输入值保存到过程映像输入表	No	No
外设输入（I_:P）	通过该区域直接访问集中式和分布式输入模块	Yes	No
过程映像输出（Q）	在循环开始时，将过程映像输出表中的值写入输出模块	No	No
外设输出（Q_:P）	通过该区域直接访问集中式和分布式输出模块	Yes	No
位存储器（M）	用于存储用户程序的中间运算结果或标志位	No	Yes
临时局部存储器（L）	块的临时局部数据，只能供块内部使用	No	No
数据块（DB）	数据存储器与 FB 的参数存储器	No	Yes

过程映像输出在用户程序中的标识符为 Q,用户程序访问 PLC 的输入和输出地址区时,不是去读、写数字量模块中信号的状态,而是访问 CPU 的过程映像区。在扫描循环中,用户程序计算输出值,并将它们存入过程映像输出区。在下一扫描循环开始时,将过程映像输出区的内容写到数字量输出点,再由后者驱动外部负载。

I 和 Q 均可以按位、字节、字和双字来访问,如 I0.0、IB0、IW0 和 ID0。程序编辑器自动地在绝对操作数前面插入%,如%I3.2。在 SCL 中,必须在地址前输入"%"来表示该地址为绝对地址。如果没有"%",STEP7 将在编译时生成未定义的变量错误。

2. 外设输入

在 I/O 点的地址或符号地址的后面附加":P",可以立即访问外设输入或外设输出。通过给输入点的地址附加":P",如 I0.3:P 或"Stop:P",可以立即读取 CPU、信号板和信号模块的数字量输入和模拟量输入。访问时使用 I_:P 取代 I 的区别在于前者的数字直接来自被访问的输入点,而不是来自过程映像输入。因为数据从信号源被立即读取,而不是从最后一次被刷新的过程映像输入中复制,这种访问被称为"立即读"访问。

由于外设输入点从直接连接在该点的现场设备接收数据值,因此写外设输入点是被禁止的,即 I_:P 访问是只读的。I_:P 访问还受到硬件支持的输入长度的限制。以被组态为从 I4.0 开始的 2DI/2DQ 信号板的输入点为例,可以访问 I4.0:P、I4.1:P 或 IB4:P,但是不能访问 I4.2:P~I4.7:P,因为没有使用这些输入点,也不能访问 IW4:P 和 ID4:P,因为它们超过了信号板使用的字节范围。用 I_:P 访问外设输入不会影响存储在过程映像输入区中的对应值。

3. 外设输出

在输出点的地址后面附加":P"(如 Q0.3:P),可以立即写 CPU、信号板和信号模块的数字量和模拟量输出。访问时使用 Q_:P 取代 Q 的区别在于前者的数字直接写给被访问的外设输出点,同时写给过程映像输出。这种访问被称为"立即写",因为数据被立即写给目标点,不用等到下一次刷新时将过程映像输出中的数据传送给目标点。

由于外设输出点直接控制与该点连接的现场设备,因此读外设输出点是被禁止的,即 Q_:P 访问是只写的。与此相反,可以读写 Q 区的数据。

与 I_:P 访问相同,Q_:P 访问还受到硬件支持的输出长度的限制。

用 Q_:P 访问外设输出会影响外设输出点和存储在过程映像输出区中的对应值。

4. 位存储器

位存储器(M 存储器)用来存储运算的中间操作状态或其他控制信息,可以用位、字节、字或双字读/写位存储器区。

5. 数据块

数据块用来存储代码块使用的各种类型的数据,包括中间操作状态或 FB 的其他控制信息参数,以及某些指令(如定时器、计数器指令)需要的数据结构。

数据块可以按位(如 DB1.DBX3.5)、字节(DBB)、字(DBW)和双字(DBD)来访问。在访问数据块中的数据时,应指明数据块的名称,如 DB1.DBW20。

如果启用了块属性"优化的块访问",那么不能用绝对地址访问数据块和代码块的接口区中的临时局部数据。

6. 临时局部存储器

临时局部存储器用于存储代码块被处理时使用的临时数据。临时局部存储器类似于 M 存储器,二者的主要区别在于 M 存储器是全局的,而临时局部存储器是局部的。

1) 所有的 OB、FC 和 FB 都可以访问 M 存储器中的数据,即这些数据可以供用户程序中所有的代码块全局性地使用。

2) 在 OB、FC 和 FB 的接口区生成临时变量(Temp)。它们具有局部性,只能在生成它们的代码块内使用,不能与其他代码块共享。即使 OB 调用 FC,FC 也不能访问调用它的 OB 的临时存储器。

CPU 在代码块被启动(对于 OB)或被调用(对于 FC 和 FB)时,将临时局部存储器分配给代码块。代码块执行结束后,CPU 将它使用的临时局部存储器重新分配给其他要执行的代码块使用。CPU 不对在分配时可能包含数值的临时存储单元初始化。只能通过符号地址访问临时局部存储器。

可以通过菜单命令"工具"→"调用结构"查看程序中各代码块占用的临时局部存储器空间。

8.4 编写用户程序与使用变量表

8.4.1 编写用户程序

1. 在项目视图中生成项目

如果勾选了图 7-11 中的复选框"启动过程中,将加载上一次打开的项目",启动 STEP7 后,将自动打开上一次关闭软件之前打开的项目,如图 8-18 所示。

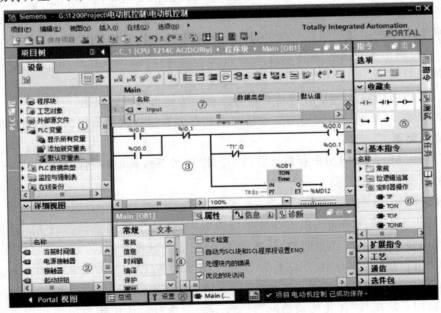

图 8-18　项目视图中的程序编辑器

执行菜单命令"项目"→"新建",生成一个新的项目,项目名称为"电动机控制"。

2. 添加新设备

双击项目树中的"添加新设备",添加一个新设备。单击打开的对话框中的"控制器"按钮(如图 7-10 所示),选中右边窗口的"CPU 1214C"文件夹中的某个订货号。单击"确定"按钮,生成名为"PLC_1"的新 PLC,该设备只有 CPU 模块。

图 8-18 中标有⑧的编辑器栏中的按钮对应于已经打开的编辑器。单击编辑器栏中的某个按钮,可以在工作区显示单击的按钮对应的编辑器。

3. 系统简介

图 8-19 和图 8-20 是异步电动机星形-三角形降压起动的主电路和 PLC 的外部接线图。起动时主电路中的接触器 KM1 和 KM2 接通,异步电动机在星形接线方式运行,以减小起动电流。延时后 KM1 和 KM3 接通,在三角形接线方式运行。

停车按钮和过载保护器的常开触点并联后接在 I0.1 对应的输入端,可以节约一个输入点。输入回路使用 CPU 模块内置的 DC 24V 电源,其负极 M 点与输入电路内部的公共点 1M 连接,L+是 DC 24V 电源的正极。

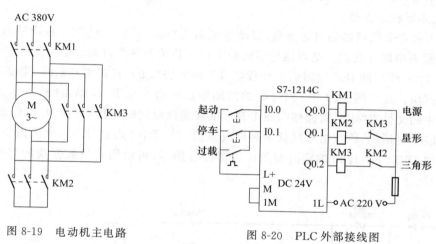

图 8-19　电动机主电路　　　　图 8-20　PLC 外部接线图

4. 程序编辑器简介

双击项目树的文件夹"PLC_1→程序块"中的 OB1,打开主程序(如图 8-18 所示)。选中项目树中的"默认变量表"后,标有②的详细视图显示该变量表中的变量,可以将其中的变量直接拖拽到梯形图中使用。拖拽到已设置的地址上时,原来的地址将会被替换。

将鼠标的光标放在 OB1 的程序区③最上面的分隔条上,按住鼠标左键,往下拉动分隔条,分隔条上面是代码块的接口(Interface)区(如图 8-18 中标有⑦的区域所示),下面标有③的是程序区。将水平分隔条拉至程序编辑器视窗的顶部,不再显示接口区,但是它仍然存在。

程序区的下面标有④的区域是打开的程序块的巡视窗口。标有⑥的区域是任务卡中的指令列表。标有⑤的区域是指令的收藏夹(Favorites),用于快速访问常用的指令。单击程序编辑器工具栏上的按钮,可以在程序区的上面显示或隐藏收藏夹。可以将指令列表中自己常用的指令拖拽到收藏夹,也可以右击收藏夹中的某条指令,用弹出的快捷菜单中的

"删除"命令删除它。

5. 生成用户程序

按下起动按钮 I0.0,Q0.0 和 Q0.1 同时变为 1 状态(如图 8-21 所示),使 KM1 和 KM2 同时动作,电动机按星形接线方式运行,定时器 TON 的 IN 输入端为 1 状态,开始定时。8 s 后定时器的定时时间到,其输出位"T1".Q 的常闭触点断开,使 Q0.1 和 KM2 的线圈断电。"T1".Q 的常开触点闭合,使 Q0.2 和 KM3 的线圈通电,电动机改为三角形接线方式运行。按下停车按钮,梯形图中 I0.1 的常闭触点断开,使 KM1 和 KM3 的线圈断电,电动机停止运行。过载时 I0.1 的常闭触点也会断开,使电动机停机。

下面介绍生成用户程序的过程。选中程序段 1 中的水平线,依次单击图 8-18 中标有⑤的收藏夹中的按钮⊣⊢、⊣/⊢和⊣()⊢,水平线上出现从左到右串联的常开触点、常闭触点和线圈,元件上面红色的地址域 <??.?> 用来输入元件的地址。选中最左边的垂直"电源线",依次单击收藏夹中的按钮➡、⊣⊢和↱,生成一个与上面的常开触点并联的 Q0.0 的常开触点。

选中图 8-21 中 I0.1 的常闭触点之后的水平线,依次单击按钮➡、⊣/⊢和⊣()⊢,出现图中 Q0.1 线圈所在的支路。

输入触点和线圈的绝对地址后,自动生成名为"tag_x"(x 为数字)的符号地址,可以在 PLC 变量表中修改它们。绝对地址前面的字符%是编程软件自动添加的。

S7-1200 使用的 IEC 定时器和计数器属于函数块(FB),在调用它们时,需要生成对应的背景数据块。选中图 8-21 中"T1".Q 的常闭触点左边的水平线,单击按钮➡,然后打开指令列表中的文件夹"定时器操作",双击其中的接通延时定时器指令 TON,出现图 8-22 中的"调用选项"对话框,将数据块默认的名称改为"T1"。单击"确定"按钮,生成指令 TON 的背景数据块 DB1。S7-1200 的定时器和计数器没有编号,可以用背景数据块的名称来作它们的标识符。

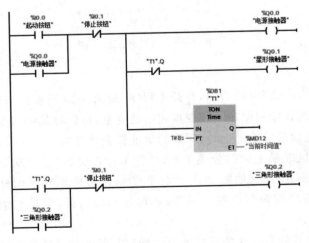

图 8-21　梯形图　　　　　　　　　　图 8-22　生成定时器的背景数据块

在定时器的 PT 输入端输入预设值 T #8 s。定时器的输出位 Q 是它的背景数据块"T1"中的 Bool 变量,符号名为"T1".Q。为了输入定时器左上方的常闭触点的地址"T1".

Q,单击触点上面的 <??.?>,再单击出现的小方框右边的按钮▦,单击出现的地址列表中的"T1"(如图 8-23 所示),地址域出现"T1",如图 8-24 所示。单击地址列表中的"Q",地址列表消失,地址域出现"T1".Q。

图 8-23　生成地址"T1"

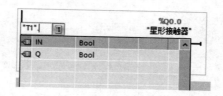

图 8-24　生成地址"T1".Q

生成定时器时,也可以将收藏夹中的图标▦拖拽到指定的位置,单击出现的图标中的问号,再单击图标中出现的按钮▼,用下拉式列表选中"TON",或者直接输入"TON"。可以用这个方法输入任意的指令。

选中最左边的垂直"电源线",单击收藏夹中的按钮➡,生成图 8-21 中用"T1".Q 和 I0.1 控制 Q0.2 的电路。

单击图 8-18 中工具栏上的按钮▦,将在选中的程序段的下面插入一个新的程序段。按钮▦用于删除选中的程序段。按钮▦用于打开或关闭所有的程序段。按钮▦▦用于关闭或打开程序段的注释。单击程序编辑器工具栏上的按钮▦,可以用下拉式菜单选择"只显示绝对地址""只显示符号地址",或"同时显示两种地址"。单击工具栏上的按钮▦,可以在上述 3 种地址显示方式之间切换。

即使程序块没有完整输入,或者有错误,也可以保存项目。

6. 设置程序编辑器的参数

用菜单命令"选项"→"设置"打开"设置"编辑器(如图 8-25 所示),选中工作区左边窗口中的"PLC 编程"文件夹,可以设置是否显示程序段注释。如果勾选了右边窗口的复选框"代码块的 IEC 检查",项目中所有的新块都将启用 IEC 检查。执行指令时,将用较严格的条件检查操作数的数据类型是否兼容。

"助记符"选择框用来选择使用英语助记符(国际)或德语助记符。

选中"设置"编辑器左边窗口的"LAD/FBD"组,图 8-25 的右图是此时右边窗口下面的部分内容。"字体"区的"字体大小"选择框用来设置程序编辑器中字体的大小。"视图"区的"布局"单选框用来设置操作数和其他对象(如操作数与触点)之间的垂直间距,建议设置为"紧凑"。

"操作数域"的"最大宽度"和"最大高度"分别是操作数域水平方向和垂直方向可以输入的最大字符数。若操作数域的最大宽度设置得过小,则有的方框指令内部的空间会不够用,方框的宽度将会自动成倍地增大,需要关闭代码块后重新打开它,修改后的设置才起作用。

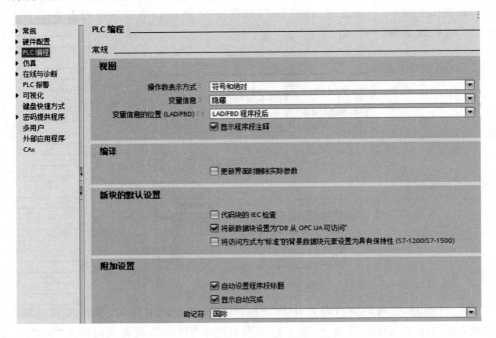

图 8-25　程序编辑器的参数设置

8.4.2　使用变量表与帮助功能

1. 生成和修改变量

打开项目树的文件夹"PLC 变量",双击其中的"默认变量表",打开变量编辑器。"变量"选项卡用来定义 PLC 的全局变量,"系统常数"选项卡中是系统自动生成的与 PLC 的硬件和中断事件有关的常数值。

在"变量"选项卡最下面的空白行的"名称"列输入变量的名称,单击"数据类型"列右侧隐藏的按钮,设置变量的数据类型,可用的 PLC 变量地址和数据类型见 TIA 博途的在线帮助。在"地址"列输入变量的绝对地址,"%"是自动添加的。

符号地址使程序易于阅读和理解,可以首先用 PLC 变量表定义变量的符号地址,然后在用户程序中使用它们,也可以在变量表中修改自动生成的符号地址的名称。图 8-26 是修改变量名称后项目"电动机控制"的 PLC 变量表。

		名称	数据类型	地址	保持
1		起动按钮	Bool	%I0.0	
2		电源接触器	Bool	%Q0.0	
3		停止按钮	Bool	%I0.1	
4		星形接触器	Bool	%Q0.1	
5		三角形接触器	Bool	%Q0.2	
6		当前时间值	Bool	%M12.0	
7		T1输出	Bool	%M10.0	
8		接触器	Byte	%QB0	
9		<新增>			

图 8-26　PLC 变量表的"变量"选项卡

266

2. 变量表中变量的排序

单击变量表表头中的"地址",该单元出现向上的三角形,各变量按地址的第一个字母从 A 到 Z 升序排列。再单击一次该单元,三角形的方向向下,各变量按地址的第一个字母从 Z 到 A 降序排列。可以用同样的方法,根据变量的名称和数据类型等来排列变量。

3. 快速生成变量

右击图 8-26 的变量"电源接触器",执行出现的快捷菜单中的命令"插入行",在该变量上面出现一个空白行。单击"接触器"最左边的单元,选中变量"接触器"所在的整行。将光标放到该行的标签列单元 左下角的小正方形上(如图 8-26 所示),光标变为深蓝色的小十字。按住鼠标左键不放,向下移动鼠标。松开左键,在空白行生成新的变量"接触器_1",它继承了上一行的变量的数据类型,其地址 QB1 与上一行顺序排列,其名称是自动生成的。如果选中最下面一行的变量,那么用上述方法可以快速生成多个相同数据类型的变量。

4. 设置变量的保持性功能

单击变量编辑器工具栏上的按钮 ,可以打开如图 8-27 所示对话框。设置 M 区从 MB0 开始的具有保持性功能的字节数。设置后变量表中有保持性功能的 M 区的变量的"保持性"列的复选框中出现"√"。将项目下载到 CPU 后,M 区的保持性功能开始起作用。

图 8-27　设置保持性存储器

5. 调整表格的列

右击 TIA 博途中某些表格灰色的表头所在的行,选中快捷菜单中的"显示/隐藏",勾选某一列对应的复选框,或去掉复选框中的钩,可以显示或隐藏该列。选中"调整所有列的宽度",将会调节各列的宽度,使表格各列尽量紧凑。单击某个列对应的表头单元,选中快捷菜单中的"调整宽度",将会使该列的宽度恰到好处。

6. 全局变量与局部变量

PLC 变量表中的变量是全局变量,可以用于整个 PLC 中所有的代码块,在所有的代码块中具有相同的意义和唯一的名称。可以在变量表中,为输入 I、输出 Q 和位存储器 M 的位、字节、字和双字定义全局变量。在程序中,变量表中的变量被自动添加英语的双引号,例如"起动按钮"。全局数据块中的变量也是全局变量,程序中的变量名称中,数据块的名称被自动添加双引号,例如"数据块_1".功率[1]。

局部变量只能在它被定义的块中使用,同一个变量的名称可以在不同的块中分别使用一次。可以在块的接口区定义块的输入/输出参数(Input、Output 和 Inout 参数)和临时数据(Temp),以及定义 FB 的静态数据(Static)。在程序中,局部变量被自动添加 ♯ 号,例如"♯起动按钮"。

7. 设置块的变量只能用符号访问

右击项目树中的某个全局数据块、FB 或 FC,选中快捷菜单中的"属性",再选中打开的对话框左边窗口中的"属性",勾选"优化的块访问"复选框,确认后在块的接口区声明的变量在块内没有固定的地址,只有符号名。在编译时变量的绝对地址被动态地传送,并且不会在全局数据块内或在 FB、FC 的接口区显示出来。变量以优化的方式保存,可以提高存储区的利用率。只能用符号地址的方式访问声明的变量。例如,用"Data". Level2 访问数据块 Data 中的变量 Level2。

8. 使用帮助功能

为了帮助用户获得更多的信息和快速高效地解决问题,STEP 7 提供了丰富全面的在线帮助信息和信息系统。

(1) 弹出项

将鼠标的光标放在 STEP 7 的文本框、工具栏上的按钮和图标等对象上,例如在设置 CPU 的"循环"属性的"循环周期监视时间"时,单击文本框,将会出现黄色背景的弹出项方框(如图 8-28 所示),方框内是对象的简要说明或帮助信息。

设置循环周期监视时间时,如果输入的值超过了允许的范围,按回车键后,出现红色背景的错误信息,如图 8-29 所示。

图 8-28 弹出项

图 8-29 弹出项中的错误信息

将光标放在指令的地址域的<???>上,将会出现该参数的类型(如 Input)和允许的数据类型等信息。如果放在指令已输入的参数上,将会出现该参数的数据类型和地址。

(2) 层叠工具提示

下面是使用层叠工具提示的例子。将光标放在程序编辑器的收藏夹的按钮上会出现如图 8-30 所示层叠工具提示框,出现的黄色背景的层叠工具提示框中的 ▶ 表示有更多信息。单击图标 ▶,层叠工具提示框出现第 2 行的蓝色有下划线的层叠项,它是指向相应帮助页面的链接。单击该链接,将会打开信息系统,显示对应的帮助页面。可以用"设置"窗口的"工具提示"区中的复选框设置是否自动打开工具提示框中的层叠功能(见图 7-11)。

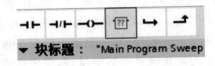

图 8-30 层叠工具提示框

(3) 信息系统

帮助又称为信息系统,除上述用层叠工具提示框打开信息系统外,还可以用下面两种方式打开信息系统,如图 8-31 所示。

1) 执行菜单命令"帮助"→"显示帮助"。

2) 选中某个对象(如程序中的某条指令)后,按"F1"键。

信息系统从左到右分为"搜索区""导航区"和"内容区"。可以用鼠标移动 3 个区的垂直分隔条,也可以用垂直分隔条上的小按钮打开或关闭某个分区。

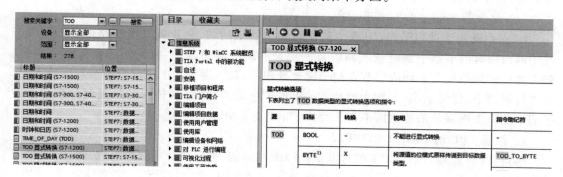

图 8-31　信息系统

8.5　用户程序的下载与仿真

8.5.1　下载与上传用户程序

1. 以太网设备的地址

(1) MAC 地址

媒体访问控制(Media Access Control,MAC)地址是以太网接口设备的物理地址。通常,由设备生产厂家将 MAC 地址写入 EEPROM 或闪存芯片。在网络底层的物理传输过程中,通过 MAC 地址来识别发送和接收数据的主机。MAC 地址是 48 位二进制数,分为 6 个字节(6 B),一般用十六进制数表示,如 00-05-BA-CE-07-0C。MAC 地址的前 3 个字节是网络硬件制造商的编号,它由 IEEE(电气与电子工程师协会)分配,后 3 个字节是该制造商生产的某个网络产品(如网卡)的序列号。MAC 地址就像我们的身份证号码,具有全球唯一性。

CPU 的每个 PN 接口在出厂时都装载了一个永久的唯一 MAC 地址,可以在模块的以太网端口上看到它的 MAC 地址。

(2) IP 地址

为了使信息能在以太网上快捷准确地传送到目的地,连接到以太网的每台计算机必须拥有一个唯一的 IP 地址。IP 地址由 32 位二进制数(4 B)组成,是 Internet Protocol(网际协议)地址。在控制系统中,一般使用固定的 IP 地址。IP 地址通常用十进制数表示,用小数点分隔。CPU 默认的 IP 地址为 192.168.0.1。

(3) 子网掩码

子网是连接在网络上的设备的逻辑组合。同一个子网中的节点彼此之间的物理位置相对较近。子网掩码(subnet mask)是一个 32 位二进制数,用于将 IP 地址划分为子网地址和子网内节点的地址。二进制的子网掩码的高位应该是连续的 1,低位应该是连续的 0。以常用的子网掩码 255.255.255.0 为例,其高 24 位二进制数(前 3 个字节)为 1,表示 IP 地址中的子网地址(类似于长途电话的地区号)为 24 位;低 8 位二进制数为 0,表示子网内节点的地址(类似于长途电话的电话号)为 8 位。

（4）路由器

IP 路由器用于连接子网,IP 报文被发送到别的子网前,会先被发送到路由器。在组态时子网内所有的节点中都应输入路由器的地址。路由器通过 IP 地址发送和接收数据包。路由器的子网地址与子网内的节点的子网地址相同,其区别仅在于子网内的节点地址不同。在串行通信中,传输速率(又称为波特率)的单位为 bit/s,即每秒传送的二进制位数。西门子的工业以太网默认的传输速率为 10 Mbit/s 或 100 Mbit/s。

2. 组态 CPU 的 PROFINET 接口

通过 CPU 与运行 STEP 7 的计算机的以太网通信,可以执行项目的下载、上传、监控和故障诊断等任务。一对一的通信不需要交换机,两台以上的设备通信则需要交换机。CPU 可以使用直通的或交叉的以太网电缆进行通信。打开 STEP 7,生成一个项目,在项目中生成一个 PLC 设备,其 CPU 的型号和订货号应与实际的硬件相同。

双击项目树中 PLC 文件夹内的"设备组态",打开该 PLC 的设备视图。双击 CPU 的以太网接口,打开该接口的巡视窗口(如图 8-32 所示),选中左边的"以太网地址",采用右边窗口默认的 IP 地址和子网掩码。设置的地址在下载后才起作用。

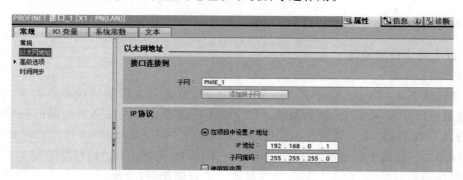

图 8-32　设置 CPU 集成的以太网接口的 IP 地址

3. 设置计算机网卡的 IP 地址

如果操作系统是 Windows 7,用以太网电缆连接计算机和 CPU,接通 PLC 的电源。打开计算机的控制面板,单击"查看网络状态和任务"。再单击"本地连接",打开"本地连接状态"对话框。单击其中的"属性"按钮,在"本地连接属性"对话框中(如图 8-33 的左图所示),双击"此连接使用下列项目"列表框中的"Internet 协议版本 4(TCP/IPv4)",打开"Internet 协议版本 4(TCP/IPv4)属性"对话框。

用单选框选中"使用下面的 IP 地址",键入 PLC 以太网接口默认的子网地址 192.168.0.12 (如图 8-33 的右图所示,应与 CPU 的子网地址相同),IP 地址的第 4 个字节是子网内设备的地址,可以取 0~255 中的某个值,但是不能与子网中其他设备的 IP 地址重叠。单击"子网掩码"输入框,自动出现默认的子网掩码 255.255.255.0。

使用宽带上互联网时,一般只需要用单选框选中图 8-33 中的"自动获得 IP 地址"。

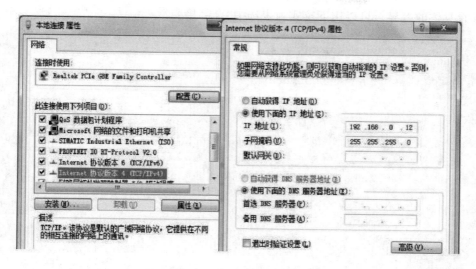

图 8-33　设置计算机网卡的 IP 地址

　　设置结束后,单击各级对话框中的"确定"按钮,最后关闭"本地连接状态"对话框和控制面板。

　　如果计算机的操作系统是 Windows 10,单击屏幕左下角的"开始"按钮,选中"设置"按钮。单击"设置"对话框中的"网络和 Internet",再单击"更改适配器选项",双击"网络连接"对话框中的"以太网",打开"以太网状态"对话框。单击"属性"按钮,打开与图 8-33 左图基本上相同的"以太网属性"对话框。后续的操作与 Windows 7 相同。

4. 下载项目到 CPU

　　做好上述的准备工作后,接通 PLC 的电源,选中项目树中的 PLC_1,单击工具栏上的"下载到设备"按钮,出现"扩展的下载到设备"对话框(如图 8-34 所示)。

　　有的计算机有多块以太网卡。例如,笔记本电脑一般有一块有线网卡和一块无线网卡,用"PG/PC 接口"下拉式列表选择实际使用的网卡。用下拉式列表选中"显示所有兼容的设备"或"显示可访问的设备"。

　　单击"开始搜索"按钮,经过一定的时间后,在"选择目标设备"列表中,出现搜索到的网络上所有的 CPU 和它们的 IP 地址,图 8-34 中计算机与 PLC 之间的连线由断开变为接通。CPU 所在方框的背景色变为实心的橙色,表示 CPU 进入在线状态。

　　新出厂的 CPU 还没有 IP 地址,只有厂家设置的 MAC 地址,搜索后显示的是 CPU 的 MAC 地址。将硬件组态中的 IP 地址下载到 CPU 以后,才会显示搜索到的 IP 地址。

　　如果搜索到网络上有多个 CPU,为了确认设备列表中的 CPU 对应的硬件,选中列表中的某个 CPU,勾选左边的 CPU 图标下面的"闪烁 LED"复选框(如图 8-34 所示),对应的 CPU 上的"RUN/STOP"等 3 个 LED(发光二极管)将会闪动。

　　选中列表中的 CPU,"下载"按钮上的字符由灰色变为黑色。单击该按钮,出现"下载预览"对话框(如图 8-35 所示)。如果出现"装载到设备前的软件同步"对话框,单击"在不同步的情况下继续"按钮。编程软件首先对项目进行编译,编译成功后,单击"装载"按钮,开始下载到设备。

　　如果要在 RUN 模式下载修改后的硬件组态,应在"停止模块"行选择"全部停止"。

　　如果组态的模块与在线的模块略有差异,将会出现"不同的模块"行。单击该行的按钮 ▶,

可以查看具体的差异。可以用下拉式列表选中"全部接受"。

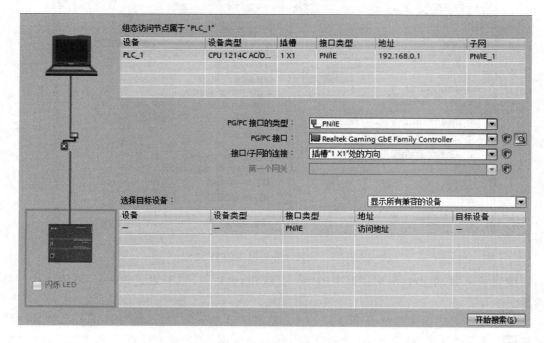

图 8-34 "扩展的下载到设备"对话框

下载结束后,出现"下载结果"对话框(如图 8-35 所示),如果想切换到 RUN 模式,用下拉式列表选中"启动模块",单击"完成"按钮,PLC 切换到 RUN 模式,CPU 上的"RUN/STOP"LED 变为绿色。

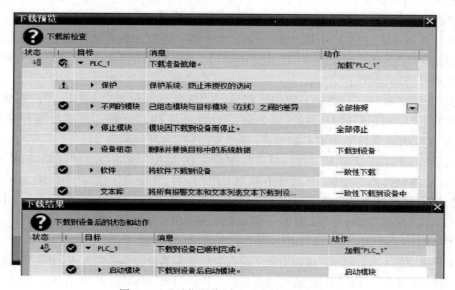

图 8-35 "下载预览"与"下载结果"对话框

5. 使用菜单命令下载

1）选中 PLC_1,执行菜单命令"在线"→"下载到设备",如果在线版本和离线版本之间存在差异,将硬件组态数据和程序下载给选中的设备。

2) 执行菜单命令"在线"→"扩展的下载到设备",出现"扩展的下载到设备"对话框,其功能与"下载到设备"相同。通过扩展的下载,可以显示所有可访问的网络设备,以及是否为所有设备分配了唯一的 IP 地址。

6. 用快捷菜单下载部分内容

右击项目树中的 PLC_1,选中快捷菜单中的"下载到设备"和其中的子选项"硬件和软件(仅更改)""硬件配置""软件(仅更改)"或"软件(全部下载)",执行相应的操作。

也可以在打开某个程序块时,单击工具栏上的下载按钮 ⏬,下载该程序块。

7. 上传设备作为新站

做好计算机与 PLC 通信的准备工作后,首先生成一个新项目,选中项目树中的项目名称,执行菜单命令"在线"→"将设备作为新站上传(硬件和软件)",出现"将设备上传到 PG/PC"对话框(如图 8-36 所示)。设置"PG/PC 接口的类型"为"PN/IE",用"PG/PC 接口"下拉式列表选择实际使用的网卡。

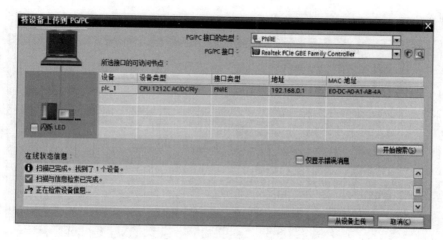

图 8-36 "将设备上传至 PG/PC"对话框

单击"开始搜索"按钮,经过一定的时间后,在"所选接口的可访问节点"列表中,出现连接的 CPU 和它的 IP 地址,计算机与 PLC 之间的连线由断开变为接通。CPU 所在方框的背景色变为实心的橙色,表示 CPU 进入在线状态。

选中可访问节点列表中的 CPU,单击对话框下面的"从设备上传"按钮,上传成功后,可以获得 CPU 完整的硬件配置和用户程序。

8.5.2 用户程序的仿真调试

1. S7-1200/S7-1500 的仿真软件

S7-1200 对仿真的硬件、软件的要求如下:固件版本为 V4.0 或更高版本的 S7-1200,S7-PLCSIM 的版本为 V13SP1 及以上。

S7-PLCSIMV15SP1 不支持计数、PID 和运动控制工艺模块,不支持 PID 和运动控制工艺对象,支持通信指令 PUT、GET、TSEND、TRCV、TSEND_C 和 TRCV_C,不支持对包含受专有技术保护的块的程序进行仿真。

2. 启动仿真和下载程序

选中项目树中的 PLC_1,单击工具栏上的"启动仿真"按钮 ,S7-PLCSIM V15 SP1 被

启动,出现"自动化许可证管理器"对话框,显示"启动仿真将禁用所有其他的在线接口"。勾选"不再显示此消息"复选框,以后启动仿真时不会再显示该对话框。单击"确定"按钮,出现如图 8-37 所示 S7-PLCSIM 的精简视图。

打开仿真软件后,如果出现"扩展的下载到设备"对话框(如图 8-38 所示),将"接口/子网的连接"设置为"PN/IE_1"或"插槽'1×1'处的方向",用以太网接口下载程序。

单击"开始搜索"按钮(如图 8-38 所示),"选择目标设备"列表中显示出搜索到的仿真 CPU 的以太网接口

图 8-37 S7-PLCSIM 的精简视图

的 IP 地址。

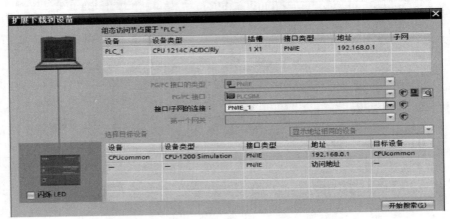

图 8-38 "扩展的下载到设备"对话框

单击"下载"按钮,出现与图 8-35 基本上相同的"下载预览"对话框,编译组态成功后,勾选"全部覆盖"复选框,单击"装载"按钮,将程序下载到 PLC。

下载结束后,出现"下载结果"对话框。用选择框将"无动作"改为"启动模块",单击"完成"按钮,仿真 PLC 被切换到 RUN 模式(如图 8-37 所示)。

3. 生成仿真表

单击精简视图右上角的按钮 ,切换到项目视图(如图 8-39 所示)。单击工具栏最左边的按钮 ,创建一个 S7-PLCSIM 的新项目。

双击项目树的"SIM 表格"(仿真表)文件夹中的"SIM 表格_1",打开该仿真表。在右边窗口的"地址"列输入 I0.0、I0.1 和 QB0,可以用 QB0 所在的行来显示 Q0.0~Q0.7 的状态。如果在 SIM 表中生成 IB0,那么可以用一行来分别设置和显示 I0.0~I0.7 的状态。

单击"名称"列空白行中隐藏的按钮 ,再单击选中出现的变量列表中的"T1"(如图 8-23 所示),名称列出现""T1""。单击地址列表中的"T1".ET,地址列表消失,名称列出

现"T1". ET。用同样的方法在"名称"列生成"T1". Q。

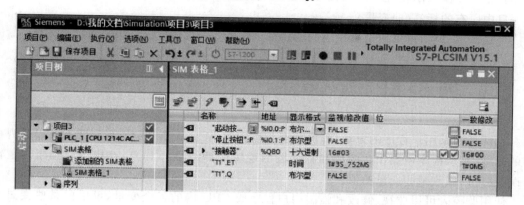

图 8-39　S7-PLCSIM 的项目视图

4. 用仿真表调试程序

两次单击图 8-39 中"位"列第一行中的小方框,方框中出现"√",I0. 0 变为 TRUE 后又变为 FALSE,即模拟按下和放开起动按钮。梯形图中 I0. 0 的常开触点闭合后又断开。由于 OB1 中程序的作用,Q0.0(电源接触器)和 Q0.1(星形接触器)变为 TRUE,梯形图中其线圈通电,SIM 表中"接触器"(QB0)所在行右边 Q0.0 和 Q0.1 对应的小方框中出现"√"(如图 8-39 所示)。同时,当前时间值"T1". ET 的监视值不断增大。它等于预设时间值 T♯8 s 时其监视值保持不变,变量"T1". Q 变为 TURE,"接触器"行的 Q0.1 变为 FALSE,Q0.2 变为 TRUE,电动机由星形接法切换到三角形接法。

两次单击 I0.1 对应的小方框,分别模拟按下和放开停止按钮的操作。由于用户程序的作用,Q0.0 和 Q0.2 变为 FALSE,电动机停机。仿真表中对应的小方框中的钩消失。

单击 S7-PLCSIM 项目视图工具栏最右边的按钮 ,可以返回图 8-37 所示的精简视图。单击精简视图工具栏上的"切换到项目视图"按钮 ,将会切换到项目视图。

5. SIM 编辑器的表格视图和控制视图

图 8-39 中 SIM 编辑器的上半部分是表格视图,选中 I0.0 所在的行,编辑器下半部分出现控制视图,其中显示一个按钮,按钮上面是 I0.0 的变量名称"起动按钮"。可以用该按钮来控制 I0.0 的状态。在表格视图中生成变量 IW64(模拟量输入),选中它所在的行,在下面的控制视图中出现一个用于调整模拟值的滚动条,它的两边显示最小值 16♯0000 和最大值 16♯FFFF。用鼠标按住并拖动滚动条的滑块,可以看到表格视图中 IW64 的"监视/修改值"快速变化。

6. 仿真软件的其他功能

在 S7-PLCSIM 的项目视图中,可以用工具栏上的按钮 打开保存的项目,用按钮 和 启动和停止 S7-PLCSIM 项目的运行。

执行项目视图的"选项"菜单中的"设置"命令,在"设置"视图中,可以设置起始视图为项目视图或紧凑视图(精简视图),还可以设置项目的存储位置。

在默认情况下,只允许更改 I 区的输入值,Q 区或 M 区变量(非输入变量)的"监视/修改值"列的背景为灰色,只能监视不能更改非输入变量的值。单击按下 SIM 表格工具栏的

"启动/禁用非输入修改"按钮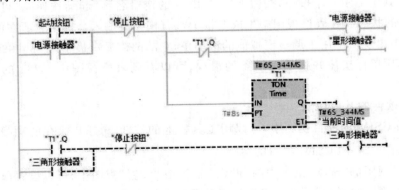，便可以修改非输入变量。单击工具栏上的按钮，可以加载项目中所有的标签(即变量)。

生成新项目后，可以用工具栏上的选择框来选择"S7-1200""S7-1500"和"ET200SP"。

8.6 用 STEP7 调试程序

有两种调试用户程序的方法：程序状态与监控表(Watch Table)。程序状态可以监视程序的运行，显示程序中操作数的值和程序段的逻辑运算结果(RLO)，查找用户程序的逻辑错误，还可以修改某些变量的值。

使用监控表可以监视、修改和强制用户程序或 CPU 内的各个变量，可以向某些变量写入需要的数值来测试程序或硬件。例如，为了检查接线，可以在 CPU 处于 STOP 模式时给外设输出点指定固定的值。

8.6.1 用程序状态功能调试程序

1. 启动程序状态监视

与 PLC 建立好在线连接后，打开需要监视的代码块，单击程序编辑器工具栏上的"启用/禁用监视"按钮，启动程序状态监视。如果在线(PLC 中的)程序与离线(计算机中的)程序不一致，那么项目树中的项目、站点、程序块和有问题的代码块的右边均会出现表示故障的符号。需要重新下载有问题的块，使在线、离线的块一致，上述对象右边均出现绿色的表示正常的符号后，才能启动程序状态功能。进入在线模式后，程序编辑器最上面的标题栏变为橘红色。

如果在运行时测试程序出现功能错误或程序错误，可能会对人员或财产造成严重损害，应确保不会出现这样的危险情况。

2. 程序状态的显示

启动程序状态后，梯形图用绿色连续线来表示状态满足，即有能流流过，如图 8-40 中较浅的实线所示；用蓝色虚线表示状态不满足，没有能流流过；用灰色连续线表示状态未知或程序没有执行；用黑色表示没有连接。

图 8-40 程序状态监视

Bool 变量为 0 状态和 1 状态时，它们的常开触点和线圈分别用蓝色虚线和绿色连续线来表示,常闭触点的显示与变量状态的关系则相反。

进入程序状态之前,梯形图中的线和元件因为状态未知,全部为黑色。启动程序状态监视后,梯形图左侧垂直的"电源"线和与它连接的水平线均为连续的绿线,表示有能流从"电源"线流出。有能流流过的处于闭合状态的触点、指令方框、线圈和"导线"均用连续的绿色线表示。

图 8-40 是星形-三角形降压起动的梯形图。接通连接在 PLC 的输入端 I0.0 的小开关后马上断开它(模拟外接的起动按钮的操作),梯形图中 I0.0 的常开触点接通,使 Q0.0(电源接触器)和 Q0.1(星形接触器)的线圈通电并自保持。TON 定时器的 IN 输入端有能流流入,开始定时。TON 的当前时间值 ET 从 0 开始增大,达到 PT 预置的时间 8 s 时,定时器的位输出"T1".Q 变为 1 状态,其常开触点接通,使 Q0.2(三角形接触器)的线圈通电;其常闭触点断开,使 Q0.1 的线圈断电。电动机由星形接法切换到三角形接法运行。

3. 在程序状态修改变量的值

右击程序状态中的某个变量,执行出现的快捷菜单中的某个命令,可以修改该变量的值。对于 Bool 变量,执行命令"修改"→"修改为 1"或"修改"→"修改为 0";对于其他数据类型的变量,执行命令"修改"→"修改值"。执行命令"修改"→"显示格式",可以修改变量的显示格式。

不能修改连接外部硬件输入电路的过程映像输入(I)的值。如果被修改的变量同时受到程序的控制(例如,受线圈控制的 Bool 变量),那么程序控制的作用优先。

8.6.2　用监控表监控与强制变量

使用程序状态功能,可以在程序编辑器中形象直观地监视梯形图程序的执行情况,触点和线圈的状态一目了然。但是程序状态功能只能在屏幕上显示一小块程序,调试较大的程序时,往往不能同时看到与某一程序功能有关的全部变量的状态。

监控表可以有效地解决上述问题。使用监控表可以在工作区同时监视、修改和强制用户感兴趣的全部变量。一个项目可以生成多个监控表,以满足不同的调试要求。

监控表可以赋值或显示的变量包括过程映像输入和输出(I 和 Q)、外设输入(I_:P)、外设输出(Q_:P)、位存储器(M)和数据块(DB)内的存储单元。

1. 监控表的功能

1) 监视变量:在计算机上显示用户程序或 CPU 中变量的当前值。

2) 修改变量:将固定值分配给用户程序或 CPU 中的变量。

3) 对外设输出赋值:允许在 STOP 模式下将固定值赋给 CPU 的外设输出点,这一功能可用于硬件调试时检查接线。

2. 生成监控表

打开项目树中 PLC 的"监控与强制表"文件夹,双击其中的"添加新监控表",生成一个名为"监控表_1"的新监控表,并在工作区自动打开它。根据需要,可以为一台 PLC 生成多个监控表,应将有关联的变量放在同一个监控表内。

3. 在监控表中输入变量

如图 8-41 所示,在监控表的"名称"列输入 PLC 变量表中定义过的变量的符号地址,"地址"列将会自动出现该变量的地址。在地址列输入 PLC 变量表中定义过的地址,"名称"

列将会自动地出现它的名称。如果输入了错误的变量名称或地址,出错的单元的背景变为提示错误的浅红色,标题为"i"的标示符列出现红色的叉。

可以使用监控表的"显示格式"列默认的显示格式,也可以右击该列的某个单元,选中出现的列表中需要的显示格式。图 8-41 的监控表用二进制格式显示 QB0,可以同时显示和分别修改 Q0.0~Q0.7 这 8 个 Bool 变量。这一方法用于 I、Q 和 M,可以用字节(8 位)、字(16 位)或双字(32 位)来监视和修改多个 Bool 变量。

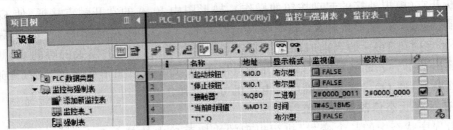

图 8-41 监控表

复制 PLC 变量表中的变量名称,然后将它粘贴到监控表的"名称"列,可以快速生成监控表中的变量。

4. 监视变量

可以用监控表的工具栏上的按钮来执行各种功能。与 CPU 建立在线连接后,单击工具栏上的按钮 ,启动监视功能,将在"监视值"列连续显示变量的动态实际值。

再次单击该按钮,可关闭监视功能。单击工具栏上的"立即一次性监视所有变量"按钮 ,即使没有启动监视,也会立即读取一次变量值,在"监视值"列用表示在线的橙色背景显示变量值。几秒钟后,背景色变为表示离线的灰色。

位变量为 TRUE(1 状态)时,监视值列的方形指示灯为绿色。位变量为 FALSE(0 状态)时,指示灯为灰色。图 8-41 中的 MD12 是定时器的当前时间值,在定时器的定时过程中,MD12 的值不断增大。

5. 修改变量

单击监控表工具栏上的"显示/隐藏所有修改列"按钮 ,出现隐藏的"修改值"列,在"修改值"列输入变量的新值,并勾选要修改的变量的"修改值"列右边的复选框。输入 Bool 变量的修改值 0 或 1 后,单击监控表的其他地方,它们将自动变为"FALSE"(假)或"TRUE"(真)。单击工具栏上的"立即一次性修改所有选定值"按钮 ,复选框打钩的"修改值"被立即送入指定的地址。

右击某个位变量,执行出现的快捷菜单中的"修改"→"修改为 0"或"修改为 1"命令,可以将选中的变量修改为 FALSE 或 TRUE。在 RUN 模式修改变量时,各变量同时又受到用户程序的控制。假设用户程序运行的结果使 Q0.1 的线圈断电,用监控表不可能将 Q0.1 修改和保持为 TRUE。在 RUN 模式不能改变 I 区分配给硬件的数字量输入点的状态,因为它们的状态取决于外部输入电路的通/断状态。

在程序运行时如果修改变量值出错,可能导致人身或财产的损害。执行修改功能之前,应确认不会有危险情况出现。

6. 在 STOP 模式改变外设输出的状态

在调试设备时,这一功能可以用来检查输出点连接的过程设备的接线是否正确。以 Q0.0 为例(如图 8-42 所示),操作的步骤如下。

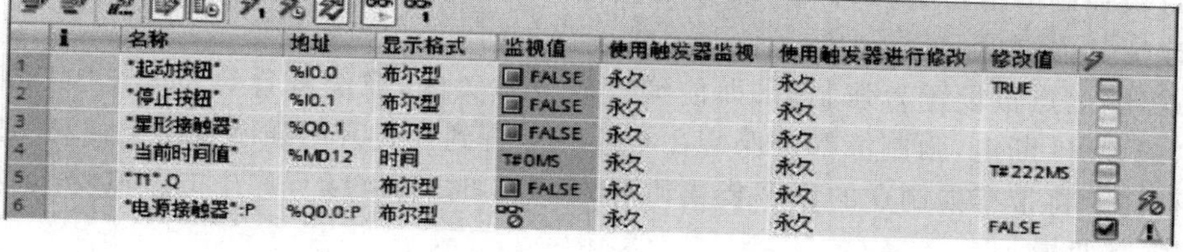

		名称	地址	显示格式	监视值	使用触发器监视	使用触发器进行修改	修改值	
1		"起动按钮"	%I0.0	布尔型	☐ FALSE	永久	永久		☐
2		"停止按钮"	%I0.1	布尔型	☐ FALSE	永久	永久	TRUE	☐
3		"星形接触器"	%Q0.1	布尔型	☐ FALSE	永久	永久		☐
4		"当前时间值"	%MD12	时间	T#0MS	永久	永久		☐
5		"T1".Q		布尔型	☐ FALSE	永久	永久	T#222MS	☐
6		"电源接触器":P	%Q0.0:P	布尔型	🚫	永久	永久	FALSE	☑ !

图 8-42　在 STOP 模式改变外设输出的状态

1) 在监控表中输入外设输出点 Q0.0:P,勾选该行"修改值"列右边的复选框。

2) 将 CPU 切换到 STOP 模式。

3) 单击监控表工具栏上的按钮 ▦,切换到扩展模式,出现与"触发器"有关的两列,如图 8-42 所示。

4) 单击监控表工具栏上的按钮 ☎,启动监视功能。

5) 单击工具栏上的按钮 ☒,出现"启用外围设备输出"对话框,单击"是"确认。

6) 右击 Q0.0:P 所在的行,执行出现的快捷菜单中的"修改"→"修改为 1"或"修改为 0"命令,CPU 上 Q0.0 对应的 LED(发光二极管)亮或熄灭。

CPU 切换到 RUN 模式后,工具栏上的按钮 ☒ 变为灰色,该功能被禁止,Q0.0 受到用户程序的控制。若有输入点或输出点被设置为强制,则不能使用这一功能。为了在 STOP 模式下允许外设输出,应取消强制功能。

因为 CPU 只能改写,不能读取外设输出变量 Q0.0:P 的值,符号 🚫 表示该变量被禁止监视(不能读取)。将光标放到图 8-42 最下面一行的"监视值"单元时,将会弹出信息框,提示"无法监视外围设备输出"。

7. 定义监控表的触发器

触发器用来设置在扫描循环的哪一点来监视或修改选中的变量。可以选择在扫描循环开始、扫描循环结束或从 RUN 模式切换到 STOP 模式时监视或修改某个变量。

单击监控表工具栏上的按钮 ▦,可切换到扩展模式,监控表会出现"使用触发器监视"和"使用触发器进行修改"列,如图 8-42 所示。单击这两列的某个单元,再单击单元右边出现的按钮 ▼,用出现的下拉式列表设置监视和修改该行变量的触发点。

触发方式可以选择"仅一次"或"永久"(每个循环触发一次)。如果设置为触发一次,单击一次工具栏上的按钮,执行一次相应的操作。

8. 强制的基本概念

可以用强制表给用户程序中的单个变量指定固定的值,这一功能被称为强制(Force)。强制应在与 CPU 建立了在线连接时进行。使用强制功能时,不正确的操作可能会危及人员的生命或健康,造成设备或整个工厂的损失。

S7-1200 系列 PLC 只能强制外设输入和外设输出,例如强制 I0.0:P 和 Q0.0:P 等。不能强制组态时指定给 HSC(高速计数器)、PWM(脉冲宽度调制)和 PTO(脉冲列输出)的 I/O 点。在测试用户程序时,可以通过强制 I/O 点来模拟物理条件,例如用来模拟输入信号的变化。强制功能不能仿真。

在执行用户程序之前,强制值被用于输入过程映像。在处理程序时,使用的是输入点的强制值。在写外设输出点时,强制值被送给过程映像输出,输出值被强制值覆盖。强制值在外设输出点出现,并且被用于过程。

变量被强制的值不会因为用户程序的执行而改变。被强制的变量只能读取,不能用写访问来改变其强制值。

输入、输出点被设置为强制后,即使编程软件被关闭,或编程计算机与 CPU 的在线连接断开,或 CPU 断电,强制值都被保持在 CPU 中,直到在线时用强制表停止强制功能。

用存储卡将带有强制点的程序装载到别的 CPU 时,将继续程序中的强制功能。

9. 强制变量

双击打开项目树中的强制表,输入 I0.0 和 Q0.0(如图 8-43 所示),它们后面被自动添加表示外设输入/输出的":P"。只有在扩展模式才能监视外设输入的强制监视值。单击工具栏上的"显示/隐藏扩展模式列"按钮,切换到扩展模式。将 CPU 切换到 RUN 模式。

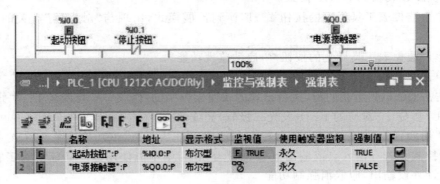

图 8-43 用强制表强制外设输入和外设输出点

同时打开 OB1 和强制表,用"窗口"菜单中的命令,水平拆分编辑器空间,同时显示 OB1 和强制表,如图 8-43 所示。单击程序编辑器工具栏上的按钮,启动程序状态功能。

单击强制表工具栏上的按钮,启动监视功能。右击强制表的第一行,执行快捷菜单命令,将 I0.0:P 的强制功能设置为 TRUE。单击出现的"强制为 1"对话框中的"是"按钮确认。强制表第一行出现表示被强制的符号,第一行"F"列的复选框中出现对钩。PLC 面板上 I0.0 对应的 LED 不亮,梯形图中 I0.0 的常开触点接通,上面出现被强制的符号,由于 PLC 程序的作用,梯形图中 Q0.0 和 Q0.1 的线圈通电,PLC 面板上 Q0.0 和 Q0.1 对应的 LED 亮。

右击强制表的第二行,执行快捷菜单命令,将 Q0.0:P 强制为 FALSE。单击出现的"强制为 0"对话框中的"是"按钮确认。强制表第二行出现表示被强制的符号。梯形图中 Q0.0 线圈上面出现表示被强制的符号,PLC 面板上 Q0.0 对应的 LED 熄灭。

10. 停止强制

单击强制表工具栏上的按钮,停止对所有地址的强制。被强制的变量最左边和输入点的"监视值"列红色的标有"F"的小方框消失,表示强制被停止。复选框后面的黄色三角形符号重新出现,表示该地址被选择强制,但是 CPU 中的变量没有被强制。梯形图中的符号也消失了。

为了停止对单个变量的强制,单击去掉该变量的 F 列的复选框中的钩,然后单击工具栏上的按钮,重新启动强制。

习　　题

8-1　填空。

1) 数字量输入模块某一外部输入电路接通时,对应的过程映像输入位为_____,梯形图中对应的常开触点_____,常闭触点_____。

2) 若梯形图中某一过程映像输出位 Q 的线圈"断电",对应的过程映像输出位为_____,在写入输出模块阶段之后,继电器型输出模块对应的硬件继电器的线圈_____,其常开触点_____,外部负载_____。

3) 二进制数 2#0100000110000101 对应的十六进制数是 16#_____,对应的十进制数是_____,绝对值与它相同的负数的补码是 2#_____。

4) 二进制补码 2#1111111110100101 对应的十进制数为_____。

5) Q4.2 是过程映像输出字节_____的第_____位。

6) MW4 由 MB_____和 MB_____组成,MB_____是它的高位字节。

7) MD104 由 MW_____和 MW_____组成,MB_____是它的最低位字节。

8-2　S7-1200 可以使用哪些编程语言?

8-3　S7-1200 的代码块包括哪些块? 代码块有什么特点?

8-4　RAM 与 FEPROM 各有什么特点?

8-5　装载存储器和工作存储器各有什么作用?

8-6　字符串的第一个字节和第二个字节存放的是什么?

8-7　数组元素的下标的下限值和上限值分别为 1 和 10,数组元素的数据类型为Word,写出数组的数据类型表达式。

8-8　在符号名为 Pump 的数据块中生成一个由 50 个整数组成的一维数组,数组的符号名为 Press;此外生成一个由 Bool 变量 Start、Stop 和 Int 变量 Speed 组成的结构,结构的符号名为 Motor。

8-9　在程序中怎样用符号地址表示第 8 题中数组 Press 的下标为 15 的元素? 怎样用符号地址表示第 8 题的结构中的元素 Start?

8-10　在变量表中生成一个名为"双字"的变量,数据类型为 DWord,写出它的第 23 位和第 3 号字节的符号名。

8-11　I0.3:P 和 I0.3 有什么区别? 为什么不能写外设输入点?

8-12　怎样将 Q4.5 的值立即写入到对应的输出模块?

8-13　怎样设置梯形图中触点的宽度和字符的大小?

8-14　怎样切换程序中地址的显示方式?

8-15　怎样设置块的"优化的块访问"属性?"优化的块访问"有什么特点?

8-16　什么是 MAC 地址和 IP 地址? 子网掩码有什么作用?

8-17　计算机与 S7-1200 通信时,怎样设置网卡的 IP 地址和子网掩码?

8-18　写出 S7-1200CPU 默认的 IP 地址和子网掩码。

8-19　怎样打开 S7-PLCSIM 和下载程序到 S7-PLCSIM?

8-20　程序状态监控有什么优点? 什么情况应使用监控表?

8-21　修改变量和强制变量有什么区别?

第 9 章　S7-1200 的指令

9.1　位逻辑指令

本章主要介绍梯形图编程语言中的基本指令和部分扩展指令,其他指令将在后面各章中陆续介绍。

1. 常开触点与常闭触点

常开触点(见表 9-1)在指定的位为 1 状态(TRUE)时闭合,指定的位为 0 状态(FALSE)时断开。常闭触点在指定的位为 1 状态时断开,指定的位为 0 状态时闭合。两个触点串联将进行"与"运算,两个触点并联将进行"或"运算。

2. 取反 RLO 触点

RLO 是逻辑运算结果的简称,图 9-1 中间有"NOT"的触点为取反 RLO 触点,它用来转换能流输入的逻辑状态。

若没有能流流入取反 RLO 触点,则有能流流出(如图 9-1 的左图所示)。若有能流流入取反 RLO 触点,则没有能流流出(如图 9-1 的右图所示)。

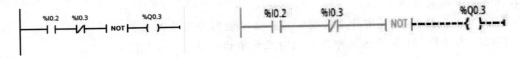

图 9-1　取反 RLO 触点

表 9-1　位逻辑指令

指令	描述	指令	描述
┤├	常开触点	RS	复位/置位触发器
┤/├	常闭触点	SR	置位/复位触发器
┤NOT├	取反 RLO	┤P├	扫描操作数的信号上升沿
—( )—	赋值	┤N├	扫描操作数的信号下降沿
—(/)—	赋值取反	—(P)—	在信号上升沿置位操作数

指令	描述	指令	描述
—(S)—	置位输出	—(N)—	在信号下降沿置位操作数
—(R)—	复位输出	P_TRIG	扫描 RLO 的信号上升沿
—(SET_BF)—	置位位域	N_TRIG	扫描 RLO 的信号下降沿
—(RESET_BF)—	复位位域	R_TRIG	检测信号上升沿
		F_TRIG	检测信号下降沿

3. 赋值与赋值取反指令

梯形图中的线圈对应于赋值指令,该指令将线圈输入端的逻辑运算结果(RLO)的信号状态写入指定的操作数地址,线圈通电(RLO 的状态为"1")时写入 1,线圈断电时写入 0。可以用 Q0.4:P 的线圈将位数据值写入过程映像输出 Q0.4,同时立即直接写给对应的物理输出点(如图 9-2 的左图所示)。

赋值取反线圈中间有"/"符号,若有能流流过 M4.1 的赋值取反线圈(如图 9-2 的左图所示),则 M4.1 为 0 状态,其常开触点断开(如图 9-2 的右图所示),反之 M4.1 为 1 状态,其常开触点闭合。

图 9-2　取反线圈和立即输出

4. 置位、复位输出指令

S(Set,置位输出)指令将指定的位操作数置位(变为 1 状态并保持)。R(Reset,复位输出)指令将指定的位操作数复位(变为 0 状态并保持)。若同一操作数的 S 线圈和 R 线圈同时断电(线圈输入端的 RLO 为"0"),则指定操作数的信号状态保持不变。

置位输出指令与复位输出指令最主要的特点是有记忆和保持功能。

若图 9-3 中 I0.4 的常开触点闭合,则 Q0.5 变为 1 并保持该状态。即使 I0.4 的常开触点断开,Q0.5 也仍然保持 1 状态(如图 9-3 中的波形图所示)。I0.5 的常开触点闭合时,Q0.5 变为 0 并保持该状态,即使 I0.5 的常开触点断开,Q0.5 也仍然保持为 0 状态。

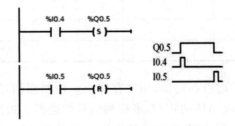

图 9-3　置位输出与复位输出指令

在程序状态中,用 Q0.5 的 S 和 R 线圈连续的绿色圆弧和线圈中绿色的字母表示 Q0.5 为 1 状态,用间断的蓝色圆弧和蓝色的字母表示 0 状态。图 9-3 中 Q0.5 为 1 状态。

5. 置位位域指令与复位位域指令

置位位域指令 SET_BF 将指定的地址开始的连续的若干个位地址置位(变为 1 状态并保持)。在图 9-4 的 I0.6 的上升沿(从 0 状态变为 1 状态),从 M5.0 开始的 4 个连续的位被置位为 1 状态并保持该状态不变。

复位位域指令 RESET_BF 将指定的地址开始的连续的若干个位地址复位(变为 0 状态并保持)。在图 9-4 的 M4.4 的下降沿(从 1 状态变为 0 状态),从 M5.4 开始的 3 个连续的位被复位为 0 状态并保持该状态不变。

6. 置位/复位触发器与复位/置位触发器

图 9-5 中的 SR 方框是置位/复位(复位优先)触发器,其输入/输出关系见表 9-2,两种触发器的区别仅在于表的最下面一行。在置位(S)和复位(R1)信号同时为 1 时,图 9-5 的 SR 方框上面的输出位 M7.2 被复位为 0。M7.2 的当前信号状态被传送到输出 Q。

RS 方框是复位/置位(置位优先)触发器(其功能见表 9-2)。在置位(S1)和复位(R)信号同时为 1 时,方框上面的 M7.6 被置位为 1。M7.6 的当前信号状态被传送到输出 Q。

7. 扫描操作数信号边沿的指令

图 9-4 中间有 P 的触点指令的名称为"扫描操作数的信号上升沿",若该触点上面的输入信号 I0.6 由 0 状态变为 1 状态(输入信号 I0.6 的上升沿),则该触点接通一个扫描周期。在其他任何情况下,该触点均断开。边沿检测触点不能放在电路结束处。

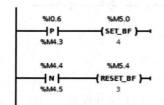 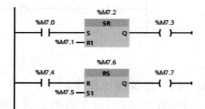

图 9-4 边沿检测触点与置位/复位位域指令   图 9-5 SR 触发器与 RS 触发器

表 9-2   SR 与 RS 触发器的功能

置位/复位(SR)触发器			复位/置位(RS)触发器		
S	R1	输出位	S1	R	输出位
0	0	保持前一状态	0	0	保持前一状态
0	1	0	0	1	0
1	0	1	1	0	1
1	1	0	1	1	1

P 触点下面的 M4.3 为边沿存储位,用来存储上一次扫描循环时 I0.6 的状态。通过比较 I0.6 的当前状态和上一次循环的状态,来检测信号的边沿。边沿存储位的地址只能在程序中使用一次,它的状态不能在其他地方被改写。只能用 M、DB 和 FB 的静态局部变量(Static)来作边沿存储位,不能用块的临时局部数据或 I/O 变量来作边沿存储位。

图 9-4 中间有 N 的触点指令的名称为"扫描操作数的信号下降沿",若该触点上面的输入信号 M4.4 由 1 状态变为 0 状态(即 M4.4 的下降沿),则 RESET_BF 的线圈"通电"一个

扫描周期。该触点下面的 M4.5 为边沿存储位。

8. 在信号边沿置位操作数的指令

图 9-6 中间有 P 的线圈是"在信号上升沿置位操作数"指令,仅在流进该线圈的能流 (RLO)的上升沿(线圈由断电变为通电),该指令的输出位 M6.1 为 1 状态。其他情况下 M6.1 均为 0 状态,M6.2 为保存 P 线圈输入端的 RLO 的边沿存储位。

图 9-6 中间有 N 的线圈是"在信号下降沿置位操作数"指令,仅在流进该线圈的能流 (RLO)的下降沿(线圈由通电变为断电),该指令的输出位 M6.3 为 1 状态。其他情况下 M6.3 均为 0 状态,M6.4 为边沿存储位。

上述两条线圈格式的指令不会影响逻辑运算结果 RLO,它们对能流是畅通无阻的,其 输入端的逻辑运算结果被立即送给它的输出端。这两条指令可以放置在程序段的中间或程 序段的最右边。

在运行时用外接的小开关使 I0.7 和 I0.3 的串联电路由断开变为接通,RLO 由 0 状态 变为 1 状态,在 I0.7 的上升沿 M6.1 的常开触点闭合一个扫描周期,使 M6.6 置位。在上述 串联电路由接通变为断开时,RLO 由 1 状态变为 0 状态,M6.3 的常开触点闭合一个扫描周 期,使 M6.6 复位。

9. 扫描 RLO 的信号边沿指令

在流进"扫描 RLO 的信号上升沿"指令(P_TRIG 指令)的 CLK 输入端(如图 9-7 所示) 的能流(RLO)的上升沿(能流刚流进),Q 端输出脉冲宽度为一个扫描周期的能流,使 M8.1 置位。指令方框下面的 M8.0 是脉冲存储位。

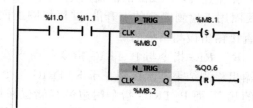

图 9-6　在 RLO 边沿置位操作数指令　　　　图 9-7　扫描 RLO 的信号边沿指令

在流进"扫描 RLO 的信号下降沿"指令(N_TRIG 指令)的 CLK 输入端的能流的下降 沿(能流刚消失),Q 端输出脉冲宽度为一个扫描周期的能流,使 Q0.6 复位。指令方框下面 的 M8.2 是脉冲存储器位。P_TRIG 指令与 N_TRIG 指令不能放在电路的开始处和结 束处。

10. 检测信号边沿指令

图 9-8 中的 R_TRIG 是"检测信号上升沿"指令,F_TRIG 是"检测信号下降沿"指令。 它们是函数块,在调用时应为它们指定背景数据块。这两条指令将输入 CLK 的当前状态与 背景数据块中的边沿存储位保存的上一个扫描周期的 CLK 的状态进行比较,如果指令检测 到 CLK 的上升沿或下降沿,将会通过 Q 端输出一个扫描周期的脉冲,将 M2.2 置位或 复位。

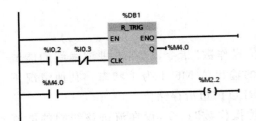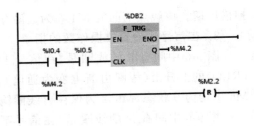

图 9-8 R_TRIG 指令和 F_TRIG 指令

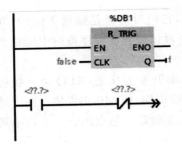

图 9-9 R_TRIG 指令

在生成 CLK 输入端的电路时,首先选中左侧的垂直"电源"线,双击收藏夹中的"打开分支"按钮➡,生成一个带双箭头的分支。双击收藏夹中的按钮,生成一个常开触点和常闭触点的串联电路。将鼠标的光标放到串联电路右端的双箭头上,按住鼠标左键不放,移动鼠标。光标放到 CLK 端绿色的小方块上时,出现一根连接双箭头和小方块的浅色折线(如图 9-9 所示)。松开鼠标左键,串联电路被连接到 CLK 端(如图 9-8 所示)。

11. 边沿检测指令的比较

以上升沿检测为例,下面比较前面介绍的这 4 种边沿检测指令的功能。

在─┤P├─触点上面的地址的上升沿,该触点接通一个扫描周期。因此,P 触点用于检测触点上面的地址的上升沿,并且直接输出上升沿脉冲。其他 3 种指令都是用来检测 RLO(流入它们的能流)的上升沿。

在流过─┤P├─线圈的能流的上升沿,线圈上面的地址在一个扫描周期为 1 状态。因此,P 线圈用于检测能流的上升沿,并用线圈上面的地址来输出上升沿脉冲。其他 3 种指令都是直接输出检测结果的。

R_TRIG 指令与 P_TRIG 指令都用于检测流入它们的 CLK 端的能流的上升沿,并直接输出检测结果。其区别在于 R_TRIG 指令用背景数据块保存上一次扫描循环 CLK 端信号的状态,而 P_TRIG 指令用边沿存储位来保存它。若 P_TRIG 指令与 R_TRIG 指令的 CLK 电路只有某地址的常开触点,则可以用该地址的─┤P├─触点来代替它的常开触点和这两条指令之一的串联电路。例如,图 9-10 中的两个程序段的功能是等效的。

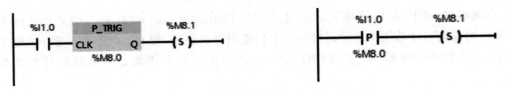

图 9-10 两个等效的上升沿检测电路

12. 故障显示电路

【例 9-1】 设计故障信息显示电路,从故障信号 I0.0 的上升沿开始,Q0.7 控制的指示灯以 1 Hz 的频率闪烁。操作人员按复位按钮 I0.1 后,若故障已经消失,则指示灯熄灭。若没有消失,则指示灯转为常亮,直至故障消失。

信号波形图和故障信息显示电路如图 9-11 和图 9-12 所示。在设置 CPU 的属性时,令

MB0 为时钟存储器字节（如图 7-17 所示），其中的 M0.5 提供周期为 1 s 的时钟脉冲。出现故障时，将 I0.0 提供的故障信号用 M2.1 锁存起来，M2.1 和 M0.5 的常开触点组成的串联电路使 Q0.7 控制的指示灯以 1 Hz 的频率闪烁。按下复位按钮 I0.1，故障锁存标志 M2.1 被复位为 0 状态。若这时故障已经消失，则指示灯熄灭。若没有消失，则 M2.1 的常闭触点与 I0.0 的常开触点组成的串联电路使指示灯转为常亮，直至 I0.0 变为 0 状态，故障消失，指示灯熄灭。

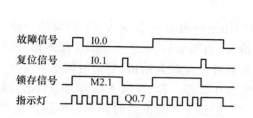

图 9-11　故障显示电路波形图

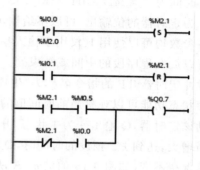

图 9-12　故障显示电路

如果将程序中的 ┤P├ 触点改为 I0.0 的常开触点，在故障没有消失的时候按复位按钮 I0.1，松手后 M2.1 又会被置位，指示灯不会由闪烁变为常亮，仍然继续闪烁。

9.2　定时器指令与计数器指令

S7-1200 使用符合 IEC 标准的定时器指令和计数器指令。

9.2.1　定时器指令

1. 脉冲定时器

IEC 定时器和 IEC 计数器属于函数块，调用时需要指定配套的背景数据块，定时器和计数器指令的数据保存在背景数据块中。打开程序编辑器右边的指令列表窗口，将"定时器操作"文件夹中的定时器指令拖放到梯形图中适当的位置。在出现的"调用选项"对话框中，可以修改默认的背景数据块的名称。IEC 定时器没有编号，可以用背景数据块的名称（如"T1"或"1 号电机起动延时"），来做定时器的标示符。单击"确定"按钮，自动生成的背景数据块如图 9-13 所示。

		名称	数据类型	起始值	保持
1	▼	Static			☐
2	■	ST	Time	T#0ms	☐
3	■	PT	Time	T#0ms	☐
4	■	ET	Time	T#0ms	☐
5	■	RU	Bool	false	☐
6	■	IN	Bool	false	☐
7	■	Q	Bool	false	☐

图 9-13　定时器的背景数据块

定时器的输入 IN(如图 9-14 所示)为启动输入端,在输入 IN 的上升沿(从 0 状态变为 1 状态),启动脉冲定时器 TP、接通延时定时器 TON 和时间累加器 TONR 开始定时。在输入 IN 的下降沿,启动关断延时定时器 TOF 开始定时。

各定时器的输入参数 PT(Preset Time)为预设时间值,输出参数 ET(Elapsed Time)为定时开始后经过的时间,称为当前时间值,它们的数据类型为 32 位的 Time,单位为 ms,最大定时时间为 T#24D_20H_31M_23S_647MS,D、H、M、S、MS 分别为日、小时、分、秒和毫秒。Q 为定时器的位输出,可以不给输出 Q 和 ET 指定地址。

各参数均可以使用 I(仅用于输入参数)、Q、M、D、L 存储区,PT 可以使用常量。定时器指令可以放在程序段的中间或结束处。

脉冲定时器 TP 的指令名称为"生成脉冲",用于将输出 Q 置位为 PT 预设的一段时间。用程序状态功能可以观察当前时间值的变化情况(如图 9-14 所示)。在 IN 输入信号的上升沿启动该定时器,Q 输出变为 1 状态,开始输出脉冲。定时开始后,当前时间 ET 从 0 ms 开始不断增大,达到 PT 预设的时间时,Q 输出变为 0 状态。若 IN 输入信号为 1 状态,则当前时间值保持不变(如图 9-15 的波形 A 所示)。若达到 PT 预设的时间时,IN 输入信号为 0 状态(如图 9-15 的波形 B 所示),则当前时间变为 0s。

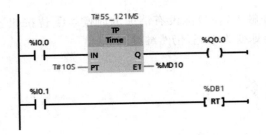

图 9-14　脉冲定时器的程序状态

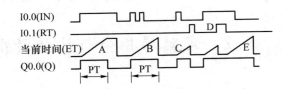

图 9-15　脉冲定时器的波形图

IN 输入的脉冲宽度可以小于预设值,在脉冲输出期间,即使 IN 输入出现下降沿和上升沿(如图 9-15 的波形 B 所示),也不会影响脉冲的输出。

图 9-14 中的 I0.1 为 1 时,定时器复位线圈(RT)通电,定时器被复位。用定时器的背景数据块的编号或符号名来指定需要复位的定时器。若此时正在定时,且 IN 输入信号为 0 状态,则会使当前时间 ET 清零,Q 输出也变为 0 状态(如图 9-15 的波形 C 所示)。若此时正在定时,且 IN 输入信号为 1 状态,则会使当前时间 ET 清零,但是 Q 输出保持为 1 状态(如图 9-15 中的波形 D 所示)。复位信号 I0.1 变为 0 状态时,若 IN 输入信号为 1 状态,则会重新开始定时(如图 9-15 中的波形 E 所示)。只是在需要时才对定时器使用 RT 指令。

2. 接通延时定时器

接通延时定时器(TON,如图 9-16 所示)用于将 Q 输出的置位操作延时 PT 指定的一段时间。IN 输入端的输入电路由断开变为接通时开始定时。定时时间大于或等于预设时间 PT 指定的设定值时,输出 Q 变为 1 状态,当前时间值 ET 保持不变(如图 9-17 中的波形 A 所示)。

IN 输入端的电路断开时,定时器被复位,当前时间被清零,输出 Q 变为 0 状态。CPU 第一次扫描时,定时器输出 Q 被清零。如果 IN 输入信号在未达到 PT 设定的时间时变为 0 状态(如图 9-17 中的波形 B 所示),输出 Q 保持 0 状态不变。

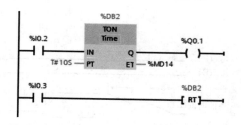

图 9-16　接通延时定时器

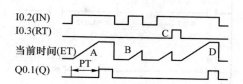

图 9-17　接通延时定时器的波形图

图 9-16 中的 I0.3 为 1 状态时,定时器复位线圈 RT 通电(如图 9-17 中的波形 C 所示),定时器被复位,当前时间被清零,Q 输出变为 0 状态。复位输入 I0.3 为 0 状态时,如果 IN 输入信号为 1 状态,将开始重新定时(如图 9-17 中的波形 D 所示)。

3. 关断延时定时器

关断延时定时器(TOF,如图 9-18 所示)用于将 Q 输出的复位操作延时 PT 指定的一段时间。其 IN 输入电路接通时,输出 Q 为 1 状态,当前时间被清零。IN 输入电路由接通变为断开时(IN 输入的下降沿)开始定时,当前时间从 0 逐渐增大。当前时间等于预设值时,输出 Q 变为 0 状态,当前时间保持不变,直到 IN 输入电路接通(如图 9-19 的波形 A 所示)。

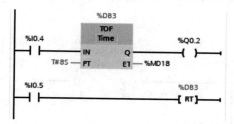

图 9-18　关断延时定时器

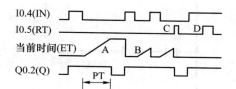

图 9-19　关断延时定时器的波形图

如果当前时间 ET 未达到 PT 预设的值,IN 输入信号就变为 1 状态,当前时间被清 0,输出 Q 将保持 1 状态不变(如图 9-19 的波形 B 所示)。图 9-18 中的 I0.5 为 1 状态时,定时器复位线圈 RT 通电。如果此时 IN 输入信号为 0 状态,则定时器被复位,当前时间被清零,输出 Q 变为 0 状态(如图 9-19 的波形 C 所示)。如果复位时 IN 输入信号为 1 状态,则复位信号不起作用(如图 9-19 的波形 D 所示)。

4. 时间累加器

时间累加器(TONR,如图 9-20 所示)的 IN 输入电路接通时开始定时(如图 9-21 中的波形 A 和 B 所示)。输入电路断开时,累计的当前时间值保持不变。可以用 TONR 来累计输入电路接通的若干个时间段。图 9-21 中的累计时间 $t_1 + t_2$ 等于预设值 PT 时,Q 输出变为 1 状态(见波形 D)。复位输入 R 为 1 状态时(如图 9-21 中的波形 C 所示),TONR 被复位,它的当前时间值变为 0,同时输出 Q 变为 0 状态。

图 9-20 中的 PT 线圈为"加载持续时间"指令,该线圈通电时,将 PT 线圈下面指定的时间预设值(持续时间),写入图 9-20 中 TONR 定时器名为"T4"的背景数据块 DB4 中的静态变量 PT("T4".PT),将它作为 TONR 的输入参数 PT 的实参,定时器才能定时。用 I0.7 复位 TONR 时,"T4".PT 也被清 0。

289

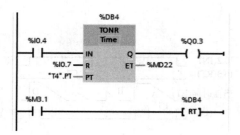

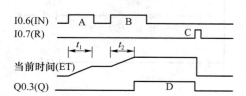

图 9-20　时间累加器　　　　　　　图 9-21　时间累加器的波形图

【例 9-2】　用接通延时定时器设计周期和占空比可调的振荡电路。

图 9-22 中的串联电路接通后,左边的定时器的 IN 输入信号为 1 状态,开始定时。2 s 后定时时间到,它的 Q 输出端的能流流入右边的定时器的 IN 输入端,使右边的定时器开始定时,同时 Q0.7 的线圈通电。3 s 后右边的定时器的定时时间到,它的输出 Q 变为 1 状态,使"T6".Q(T6 是 DB6 的符号地址)的常闭触点断开,左边的定时器的 IN 输入电路断开,其 Q 输出变为 0 状态,使 Q0.7 和右边的定时器的 Q 输出也变为 0 状态。下一个扫描周期因为"T6".Q 的常闭触点接通,左边的定时器又从预设值开始定时,以后 Q0.7 的线圈将这样周期性地通电和断电,直到串联电路断开。Q0.7 线圈通电和断电的时间分别等于右边和左边的定时器的预设值。

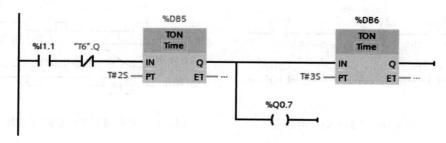

图 9-22　振荡电路

5. 用数据类型为 IEC_TIMER 的变量提供背景数据

图 9-23 是卫生间冲水控制电路与波形图。I0.7 是光电开关检测到的有使用者的信号,用 Q1.2 控制冲水电磁阀。在项目"定时器和计数器例程"中,生成符号地址为"定时器 DB"的全局数据块 DB15。在 DB15 中生成数据类型为 IEC_TIMER 的变量 T1、T2、T3(如图 9-23 右下角的图所示),用它们提供定时器的背景数据。

将 TON 方框指令拖放到程序区后,单击方框上面的 <??.?>,再单击出现的小方框右边的按钮 🔳,单击出现的地址列表中的"'定时器 DB'",地址域出现"'定时器 DB'."。单击地址列表中的"T1",地址域出现"'定时器 DB'.T1."。单击地址列表中的"无",指令列表消失,地址域出现"'定时器 DB'.T1"。可以用同样的方法为 TP 和 TOF 提供背景数据,并生成触点上各定时器的 Q 输出的地址。

从 I0.7 的上升沿(有人使用)开始,接通延时定时器 TON 并延时 3 s,3 s 后 TON 的 Q 输出变为 1 状态,使脉冲定时器 TP 的 IN 输入信号变为 1 状态,TP 输出脉冲。

由波形图可知,控制冲水电磁阀的 Q1.2 的高电平脉冲波形由两块组成,4 s 的脉冲波形由 TP 的触点"定时器 DB".T2.Q 提供。TOF 的 Q 输出"定时器 DB".T3.Q 的波形减去

I0.7 的波形得到宽度为 5 s 的脉冲波形,可以用"定时器 DB". T3. Q 的常开触点与 I0.7 的常闭触点的串联电路来实现上述要求。两块脉冲波形的叠加用并联电路来实现。"定时器 DB". T1. Q 的常开触点用于防止 3 s 内有人进入和离开时冲水。

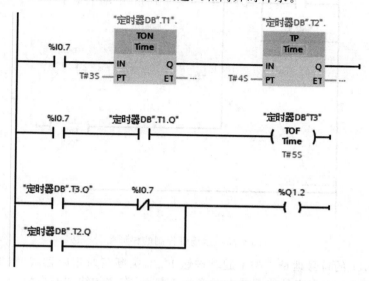

图 9-23　卫生间冲水控制电路与波形图

6. 定时器线圈指令

两条运输带顺序相连(如图 9-24 所示),为了避免运送的物料在 1 号运输带上堆积,按下起动按钮 I0.3,1 号运输带开始运行,8 s 后 2 号运输带自动起动。停机的顺序与起动的顺序刚好相反,即按了停止按钮 I0.2 后,先停 2 号运输带,8 s 后停 1 号运输带。PLC 通过 Q1.1 和 Q0.6 控制两台电动机 M1 和 M2。

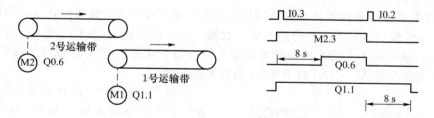

图 9-24　运输带示意图与波形图

运输带控制的梯形图程序如图 9-25 所示,程序中设置了一个用起动按钮和停止按钮控制的辅助元件 M2.3,用它来控制接通延时定时器(TON)的 IN 输入端,以及关断延时定时器(TOF)线圈。

中间标有 TP、TON、TOF 和 TONR 的线圈是定时器线圈指令。将指令列表的"基本指令"窗格的"定时器操作"文件夹中的"TOF"线圈指令拖放到程序区。它的上面可以是自动生成的类型为 IEC_TIMER 的背景数据块(如图 9-25 中的 DB11 所示),也可以是数据块中数据类型为 IEC_TIMER 的变量,它的下面是时间预设值 T#8 s。定时器线圈通电时被启动,它的功能与对应的 TOF 方框定时器指令相同。

TON 的 Q 输出端控制的 Q0.6 在 I0.3 的上升沿之后 8 s 变为 1 状态,在停止按钮 I0.2

的上升沿时变为 0 状态。综上所述,可以用 TON 的 Q 输出端直接控制 2 号运输带 Q0.6。

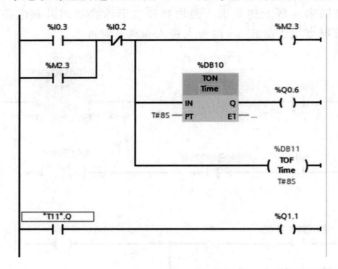

图 9-25　运输带控制的梯形图

T11 是 DB11 的符号地址。按下起动按钮 I0.3,关断延时定时器线圈(TOF)通电。它的 Bool 输出"T11".Q 在它的线圈通电时变为 1 状态,在它的线圈断电后延时 8 s 变为 0 状态,因此可以用"T11".Q 的常开触点控制 1 号运输带 Q1.1。

9.2.2　计数器指令

1. 计数器的数据类型

S7-1200 有 3 种 IEC 计数器:加计数器(CTU)、减计数器(CTD)和加减计数器(CTUD)。它们属于软件计数器,其最大计数频率受到 OB1 的扫描周期的限制。

IEC 计数器指令是函数块,调用它们时,需要生成保存计数器数据的背景数据块。

如图 9-26 所示,CU 和 CD 分别是加计数输入和减计数输入,在 CU 或 CD 由 0 状态变为 1 状态时(信号的上升沿),当前计数器值 CV 被加 1 或减 1。PV 为预设计数值,Q 为布尔输出,R 为复位输入。CU、CD、R 和 Q 均为 Bool 变量。

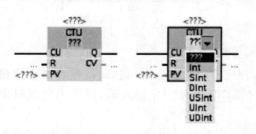

图 9-26　设置计数器的数据类型

将指令列表的"计数器操作"文件夹中的 CTU 指令拖放到工作区,单击方框中 CTU 下面的 3 个问号(如图 9-26 的左图所示),再单击问号右边出现的按钮 ▼,用下拉式列表设置 PV 和 CV 的数据类型为 Int。

PV 和 CV 可以使用的数据类型如图 9-26 的右图所示。各变量均可以使用 I(仅用于输入变量)、Q、M、D 和 L 存储区,PV 还可以使用常数。

2. 加计数器

当接在 R 输入端的复位输入 I1.1 为 FALSE(0 状态,如图 9-27 所示),接在 CU 输入端的加计数脉冲输入电路由断开变为接通时(在 CU 信号的上升沿),当前计数器值 CV 加 1,

直到 CV 达到指定的数据类型的上限值。此后 CU 输入的状态变化不再起作用,CV 的值不再增加。

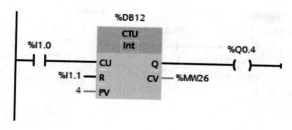

图 9-27　加计数器

CV 大于或等于预设计数值 PV 时,输出 Q 为 1 状态,反之为 0 状态。第一次执行指令时,CV 被清零。各类计数器的复位输入 R 为 1 状态时,计数器被复位,输出 Q 变为 0 状态,CV 被清零。图 9-28 是加计数器的波形图。

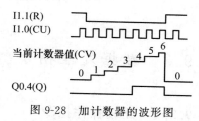

图 9-28　加计数器的波形图

3. 减计数器

图 9-29 中的减计数器的装载输入 LD 为 1 状态时,输出 Q 被复位为 0,并把预设计数值 PV 的值装入 CV。LD 为 1 状态时,减计数输入 CD 不起作用。

LD 为 0 状态时,在减计数输入 CD 的上升沿,当前计数器值 CV 减 1,直到 CV 达到指定的数据类型的下限值。此后,CD 输入信号的状态变化不再起作用,CV 的值不再减小。

当前计数器值 CV 小于或等于 0 时,输出 Q 为 1 状态,反之 Q 为 0 状态。第一次执行指令时,CV 被清零。图 9-30 是减计数器的波形图。

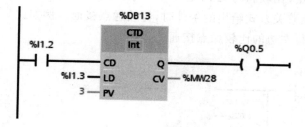

图 9-29　减计数器

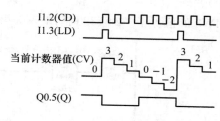

图 9-30　减计数器的波形图

4. 加减计数器

在加减计数器的加计数输入 CU 的上升沿(如图 9-31 所示),当前计数器值 CV 加 1,CV 达到指定的数据类型的上限值时不再增加。在减计数输入 CD 的上升沿,CV 减 1,CV 达到指定的数据类型的下限值时不再减小。

若同时出现计数脉冲 CU 和 CD 的上升沿,则 CV 保持不变。CV 大于或等于预设计数值 PV 时,输出 QU 为 1,反之为 0。CV 小于或等于 0 时,输出 QD 为 1,反之为 0。

装载输入 LD 为 1 状态时,预设值 PV 被装入当前计数器值 CV,输出 QU 变为 1 状态,QD 被复位为 0 状态。

复位输入 R 为 1 状态时,计数器被复位,CV 被清零,输出 QU 变为 0 状态,QD 变为 1

状态。R 为 1 状态时，CU、CD 和 LD 不再起作用。图 9-32 是加减计数器的波形图。

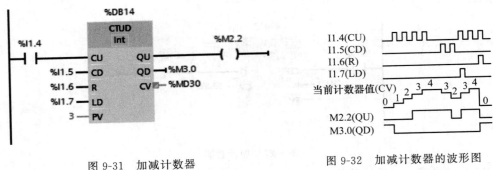

图 9-31　加减计数器　　　　　　　　　　图 9-32　加减计数器的波形图

9.3　数据处理指令

9.3.1　比较操作指令

1. 比较指令

比较指令用来比较数据类型相同的两个数 IN1 与 IN2 的大小（如图 9-33 所示），IN1 和 IN2 分别在触点的上面和下面。操作数可以是 I、Q、M、L、D 存储区中的变量或常数。比较两个字符串是否相等时，实际上比较的是它们各对应字符的 ASCII 码的大小，第一个不相同的字符决定了比较的结果。

可以将比较指令视为一个等效的触点，比较符号可以是"＝＝"（等于）、"＜＞"（不等于）、"＞"、"＞＝"、"＜"和"＜＝"。满足比较关系式给出的条件时，等效触点接通。例如，当 MW8 的值等于−24 732 时，图 9-33 第一行左边的比较触点接通。

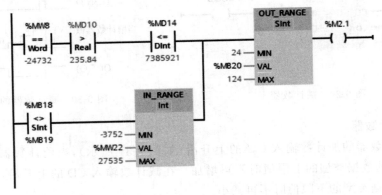

图 9-33　比较操作指令

2. 值在范围内指令与值超出范围指令

值在范围内指令 IN_RANGE 与值超出范围指令 OUT_RANGE 可以等效为一个触点。若有能流流入指令方框，则执行比较，反之不执行比较。图 9-33 中 IN_RANGE 指令的参数 VAL 满足 MIN≤VAL≤MAX（−3 752≤MW22≤27 535），或 OUT_RANGE 指令的参数 VAL 满足 VAL＜MIN 或 VAL＞MAX（MB20＜24 或 MB20＞124）时,等效触点闭合,指令框为绿色。不满足比较条件则等效触点断开,指令框为蓝色的虚线。

这两条指令的 MIN、MAX 和 VAL 的数据类型必须相同,可选整数和浮点数,可以是 I、Q、M、L、D 存储区中的变量或常数。

【例 9-3】　用接通延时定时器和比较指令组成占空比可调的脉冲发生器。

T1 是接通延时定时器 TON 的背景数据块 DB1 的符号地址。"T1".Q 是 TON 的位输出。PLC 进入 RUN 模式时,TON 的 IN 输入端为 1 状态,定时器的当前值从 0 开始不断增大。当前值等于预设值时,"T1".Q 变为 1 状态,其常闭触点断开,定时器被复位,"T1".Q 变为 0 状态。下一扫描周期其常闭触点接通,定时器又开始定时。

TON 和它的 Q 输出"T1".Q 的常闭触点组成了一个脉冲发生器,使 TON 的当前时间"T1".ET 按图 9-34 所示的锯齿波形变化。比较指令用来产生脉冲宽度可调的方波,"T1".ET 小于 1 000 ms 时,Q1.0 为 0 状态,反之为 1 状态。比较指令上面的操作数"T1".ET 的数据类型为 Time,输入该操作数后,指令中"＞＝"符号下面的数据类型自动变为 "Time"。

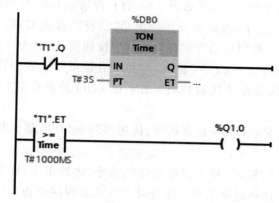

图 9-34　占空比可调的脉冲发生器

9.3.2　使能输入与使能输出

在梯形图中,用方框表示某些指令、函数(FC)和函数块(FB),输入信号和输入/输出 (InOut)信号均在方框的左边,输出信号均在方框的右边。"转换值"指令 CONVERT 在指令方框中的标示符为 CONV。梯形图中有一条提供"能流"的左侧垂直母线,图 9-35 中 I0.0 的常开触点接通时,能流流到方框指令 CONV 的使能输入端 EN(EnableInput),方框指令才能执行。"使能"有允许的意思。

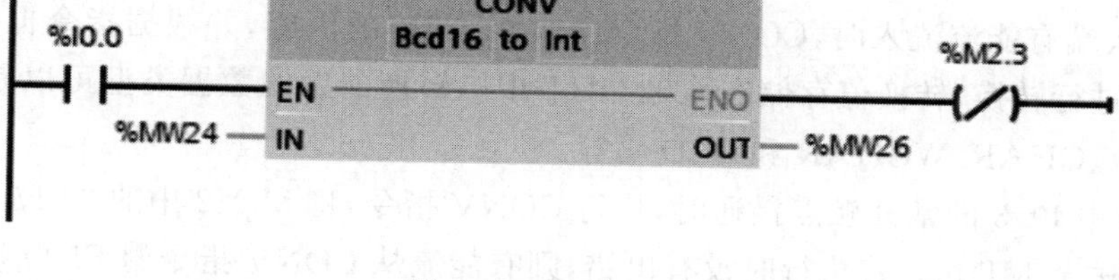

图 9-35　EN 与 ENO

若方框指令的 EN 端有能流流入,而且执行时无错误,则使能输出 ENO(EnableOutput)端将能流传递给下一个元件(如图 9-35 的左图所示)。若执行过程中有错误,则能流会在出现错误的方框指令处终止(如图 9-35 的右图所示)。

将指令列表中的 CONVERT 指令拖放到梯形图中时,CONV 下面的"to"两边分别有 3个红色的问号,用来设置转换前后的数据的数据类型。单击"to"前面或后面的 3 个问号,再单击问号右边出现的按钮 ▼,用下拉式列表设置转换前的数据的数据类型为 16 位 BCD 码(Bcd16),用同样的方法设置转换后的数据的数据类型为 Int(有符号整数)。

在程序中用十六进制格式显示 BCD 码。在 RUN 模式用程序状态功能监视程序的运行情况。如果用监控表设置转换前 MW24 的值为 16♯F234(如图 9-35 的左图所示),最高位的"F"对应于 2♯1111,表示负数。转换以后的十进制数为 -234,因为程序执行成功,有能流从 ENO 输出端流出。指令框和 ENO 输出线均为绿色的连续线。

也可以右击图 9-35 中的 MW24,执行出现的快捷菜单中的"修改"→"修改值"命令,在出现的"修改"对话框中设置变量的值,单击"确定"按钮确认。

设置转换前的数值为 16♯023F(如图 9-35 的右图所示),BCD 码每一位的有效数字应为 0~9,16♯F 是非法的数字,因此指令执行出错,没有能流从 ENO 流出,指令框和 ENO 输出线均为蓝色的虚线。可以在指令的在线帮助中找到使 ENO 为 0 状态的原因。

ENO 可以作为下一个方框的 EN 输入,即几个方框可以串联,只有前一个方框被正确执行,与它连接的后面的程序才能被执行。EN 和 ENO 的操作数均为能流,数据类型为Bool。

下列指令使用 EN/ENO:数学运算指令、传送与转换指令、移位与循环指令、字逻辑运算指令等。

下列指令不使用 EN/ENO:绝大多数位逻辑指令、比较指令、计数器指令、定时器指令和部分程序控制指令。这些指令不会在执行时出现需要程序中止的错误,因此不需要使用EN/ENO。

退出程序状态监控,右击带 ENO 的指令框,执行快捷菜单中相应的命令,可以生成ENO 或不生成 ENO。执行"不生成 ENO"命令后,ENO 变为灰色(如图 9-36 所示),表示不起作用,不论指令执行是否成功,ENO 端均有能流输出。ENO 默认状态是"不生成"。

9.3.3 转换操作指令

1. 转换值指令

转换值指令 CONVERT(CONV)的参数 IN、OUT 可以设置为十多种数据类型,IN 还可以是常数。

EN 输入端有能流流入时,CONV 指令读取参数 IN 的内容,并根据指令框中选择的数据类型对其进行转换,转换值存储在输出 OUT 中。转换前后的数据类型可以是位字符串、整数、浮点数、CHAR、WCHAR 和 BCD 码等。

图 9-36 中 I0.3 的常开触点接通时,执行 CONV 指令,将 MD42 中的 32 位 BCD 码转换为双整数后送至 MD46。若执行时没有出错,则有能流从 CONV 指令的 ENO 端流出。

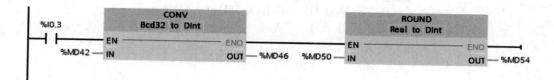

图 9-36　数据转换指令

2. 浮点数转换为双整数的指令

浮点数转换为双整数有 4 条指令,如图 9-36 所示取整指令 ROUND 用得最多,它将浮点数转换为四舍五入的双整数。截尾取整指令 TRUNC 仅保留浮点数的整数部分,去掉其小数部分。

浮点数向上取整指令 CEIL 和浮点数向下取整指令 FLOOR 极少使用。

如果被转换的浮点数超出了 32 位整数的表示范围,得不到有效的结果,ENO 为 0 状态。

3. 标准化指令

图 9-37 中的标准化指令 NORM_X 的整数输入值 VALUE(MIN≤VALUE≤MAX)被线性转换(标准化,或称归一化)为 0.0~1.0 之间的浮点数,转换结果用 OUT 指定的地址保存。

NORM_X 的输出 OUT 的数据类型可选 Real 或 LReal,单击方框内指令名称下面的问号,用下拉式列表设置输入 VALUE 和输出 OUT 的数据类型。图 9-38 所示的输入、输出之间的线性关系如下式所示:

$$OUT=(VALUE-MIN)/(MAX-MIN)$$

4. 缩放指令

图 9-37 中的缩放(或称标定)指令 SCALE_X 的浮点数输入值 VALUE(0.0≤VALUE≤1.0)被线性转换(映射)为参数 MIN(下限)和 MAX(上限)定义的范围之间的数值。转换结果用 OUT 指定的地址保存。

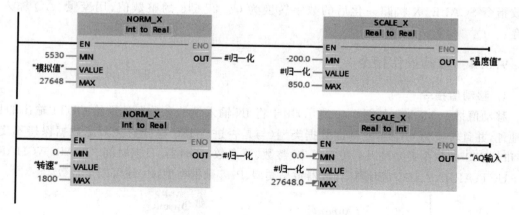

图 9-37　NORM_X 指令与 SCALE_X 指令

单击方框内指令名称下面的问号,用下拉式列表设置变量的数据类型。参数 MIN、MAX 和 OUT 的数据类型应相同,VALUE、MIN 和 MAX 可以是常数。图 9-39 所示的输入、输出之间的线性关系如下式所示:

$$OUT = VALUE \times (MAX-MIN) + MIN$$

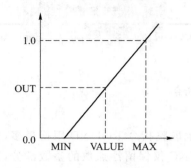

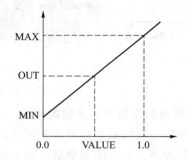

图 9-38　NORM_X 指令的线性关系　　　　图 9-39　SCALE_X 指令的线性关系

【例 9-4】　某温度变送器的量程为－200～850 ℃,输出信号为 4～20 mA,符号地址为模拟值的 IW96 将 0～20 mA 的电流信号转换为数字 0～27 648,求以℃为单位的浮点数温度值。4 mA 对应的模拟值为 5 530,IW96 将－200～850 ℃ 的温度转换为模拟值 5 530～27 648,用标准化指令 NORM_X 将 5 530～27 648 的模拟值归一化为 0.0～1.0 之间的浮点数(如图 9-37 中上半部分所示),然后用缩放指令 SCALE_X 将归一化后的数字转换为－200～850 ℃ 的浮点数温度值,用变量"温度值"(MD74)保存。

【例 9-5】　地址为 QW96 的整型变量"AQ 输入"转换后的 DC 0～10 V 电压作为变频器的模拟量给定输入值,通过变频器内部参数的设置,0～10 V 的电压对应的转速为 0～1 800 rpm。求以 rpm 为单位的整型变量"转速"(MW80)对应的 AQ 模块的输入值"AQ 输入"。

解:如图 9-37 中下半部分所示,应去掉 OB1 属性中的"IEC 检查"复选框中的钩,否则不能将 SCALE_X 指令输出参数 OUT 的数据类型设置为 Int。

标准化指令 NORM_X 将 0～1 800 的转速值归一化为 0.0～1.0 之间的浮点数,然后用缩放指令 SCALE_X 将归一化后的数字转换为 0～27 648 的整数值,用变量"AQ 输入"保存。

9.3.4　移动操作指令

1. 移动值指令

移动值指令 MOVE(如图 9-40 所示)用于将 IN 输入端的源数据传送给 OUT1 输出的目的地址,并且转换为 OUT1 允许的数据类型(与是否进行 IEC 检查有关),源数据保持不变。IN 和 OUT1 的数据类型可以是位字符串、整数、浮点数、定时器、日期时间、CHAR、WCHAR、STRUCT、ARRAY、IEC 定时器/计数器数据类型、PLC 数据类型,IN 还可以是常数。

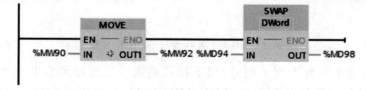

图 9-40　MOVE 与 SWAP 指令

可用于 S7-1200 CPU 的不同数据类型之间的数据传送见 MOVE 指令的在线帮助。若输入 IN 数据类型的位长度超出输出 OUT1 数据类型的位长度,则源值的高位会丢失。若输入 IN 数据类型的位长度小于输出 OUT1 数据类型的位长度,则目标值的高位会被改写为 0。

MOVE 指令允许有多个输出,单击"OUT1"前面的按钮 ﹩,将会增加一个输出,增加的输出的名称为 OUT2,以后增加的输出的编号按顺序排列。右击某个输出的短线,执行快捷菜单中的"删除"命令,将会删除该输出参数。删除后自动调整剩下的输出的编号。

2. 交换指令

IN 和 OUT 为数据类型 Word 时,交换指令 SWAP 交换输入 IN 的高、低字节后,保存到 OUT 指定的地址。IN 和 OUT 为数据类型 Dword 时,交换 4 个字节中数据的顺序,交换后保存到 OUT 指定的地址(如图 9-40 所示)。

3. 填充块指令

打开例程"数据处理指令应用",其中的"数据块_1"(DB3)中的数组 Source 和"数据块_2"(DB4)中的数组 Distin 分别有 40 个 Int 元素。

图 9-41 中的"Tag_13"(I0.4)的常开触点接通时,填充块指令 FILL_BLK 将常数 3 527 填充到数据块_1 中的数组 Source 的前 20 个整数元素中。

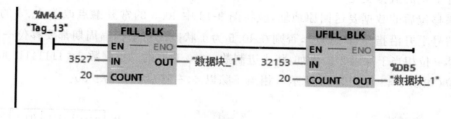

图 9-41　填充块指令与不可中断的存储区填充指令

不可中断的存储区填充指令 UFILL_BLK 与 FILL_BLK 指令的功能相同,其区别在于前者的填充操作不会被操作系统的其他任务打断。

4. 块移动指令

图 9-42 中 Tag_12(I0.3)的常开触点接通时,块移动指令 MOVE_BLK 将源区域数据块_1 的数组 Source 的 0 号元素开始的 20 个 Int 元素的值,复制给目标区域数据块_2 的数组 Distin 的 0 号元素开始的 20 个元素。COUNT 为要传送的数组元素的个数,复制操作按地址增大的方向进行。源区域和目标区域的数据类型应相同。

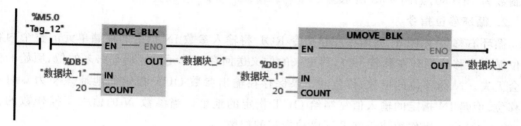

图 9-42　块移动指令与不可中断的存储区移动指令

IN 和 OUT 是待复制的源区域和目标区域中的首个元素。

不可中断的存储区移动指令 UMOVE_BLK(如图 9-42 所示)与 MOVE_BLK 指令的功能基本上相同,其区别在于前者的复制操作不会被操作系统的其他任务打断。

9.3.5 移位指令与循环移位指令

1. 移位指令

右移指令 SHR 和左移指令 SHL 将输入参数 IN 中的操作数(位字符串或整数)的内容逐位右移或左移,移位的位数用输入参数 N 来定义,移位的结果保存在输出参数 OUT 指定的地址中。

无符号数移位和有符号数左移后空出来的用 0 填充。有符号整数右移后空出来的位用符号位(原来的最高位)填充,正数的符号位为 0,负数的符号位为 1。

移位位数 N 为 0 时不会移位,但是 IN 指定的输入值被复制给 OUT 指定的地址。

若参数 N 的值大于操作数的位数,则输入 IN 中的所有原始位的值将被移出,OUT 为 0。

将指令列表中的移位指令拖放到梯形图后,单击方框内指令名称下面的问号,用下拉式列表设置变量的数据类型。

如果移位后的数据要送回原地址,应将图 9-43 中 I0.5 的常开触点改为 I0.5 的扫描操作数的信号上升沿指令(P 触点),否则在 I0.5 为 1 状态的每个扫描周期都要移位一次。

右移 n 位相当于除以 2^n。例如,将十进制数 -200 对应的二进制数 $2\#1111111100111000$ 右移 2 位(如图 9-43 和图 9-44 所示),相当于除以 4,右移后的数为 -50。

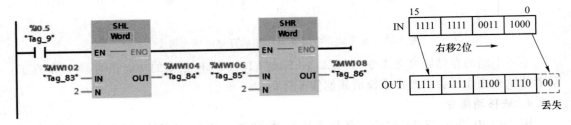

图 9-43　移位指令　　　　　　　　　　图 9-44　数据的右移

左移 n 位相当于乘以 2^n。例如,将 $16\#20$ 左移 2 位,相当于乘以 4,左移后得到的十六进制数为 $16\#80$,如图 9-43 所示。

2. 循环移位指令

循环右移指令 ROR 和循环左移指令 ROL 将输入参数 IN 指定的存储单元的整个内容逐位循环右移或循环左移若干位,移出来的位又送回存储单元另一端空出来的位,原始的位不会丢失。N 为移位的位数,移位的结果保存在输出参数 OUT 指定的地址。N 为 0 时不会移位,但是 IN 指定的输入值复制给 OUT 指定的地址。当参数 N 的值大于操作数的位数,输入 IN 中的操作数值仍将循环移动指定的位数。

3. 使用循环移位指令的彩灯控制器

在图 9-45 的 8 位循环移位彩灯控制程序中,QB0 是否移位用 I0.6 来控制,移位的方向用 I0.7 来控制。为了获得移位用的时钟脉冲和首次扫描脉冲,在组态 CPU 的属性时,设置系统存储器字节和时钟存储器字节的地址分别为默认的 MB1 和 MB0(如图 7-17 所示),时钟存储器位 M0.5 的频率为 1 Hz。PLC 首次扫描时 M1.0 的常开触点接通,MOVE 指令给 QB0(Q0.0～Q0.7)置初始值 7,其低 3 位被置为 1。

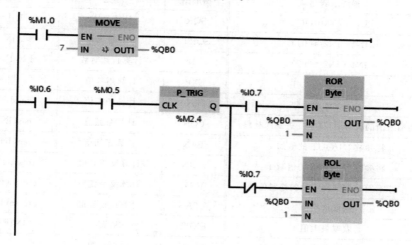

图 9-45　使用循环移位指令的彩灯控制器

输入、下载和运行彩灯控制程序,通过观察 CPU 模块上与 Q0.0～Q0.7 对应的 LED(发光二极管),观察彩灯的运行效果。

I0.6 为 1 状态时,在时钟存储器位 M0.5 的上升沿,指令 P_TRIG 输出一个扫描周期的脉冲。若此时 I0.7 为 1 状态,则执行一次 ROR 指令,QB0 的值循环右移 1 位。若 I0.7 为 0 状态,则执行一次 ROL 指令,QB0 的值循环左移 1 位。表 9-3 是 QB0 循环移位前后的数据。因为 QB0 循环移位后的值又送回 QB0,循环移位指令的前面必须使用 P_TRIG 指令,否则每个扫描循环周期都要执行一次循环移位指令。

表 9-3　QB0 循环移位前后的数据

内容	循环左移	循环右移
移位前	0000 0111	0000 0111
第 1 次移位后	0000 1110	1000 0011
第 2 次移位后	0001 1100	1100 0001
第三次移位后	0011 1000	1110 0000

9.4　数学运算指令

9.4.1　数学函数指令

1. 四则运算指令

数学函数指令中的 ADD、SUB、MUL、DIV 分别是加、减、乘、除指令,它们执行的操作见表 9-4。操作数的数据类型可选整数（SInt、Int、DInt、USInt、UInt、UDInt）和浮点数 Real，IN1 和 IN2 可以是常数。IN1、IN2 和 OUT 的数据类型应相同。

表 9-4　数学函数指令

梯形图	描述或表达式	梯形图	描述	表达式
ADD	IN1＋IN2＝OUT	SQR	计算平方	$IN^2=OUT$
SUB	IN1－IN2＝OUT	SQRT	计算平方根	$\sqrt{IN}=OUT$
MUL	IN1＊IN2＝OUT	LN	计算自然对数	$LN(IN)=OUT$
DIV	IN1/IN2＝OUT	EXP	计算指数值	$e^{IN}=OUT$
MOD	返回除法的余数	SIN	计算正弦值	$\sin(IN)=OUT$
NEG	将输入值的符号取反（求二进制的补码）	COS	计算余弦值	$\cos(IN)=OUT$
INC	将参数 IN/OUT 的值加 1	TAN	计算正切值	$\tan(IN)=OUT$
DEC	将参数 IN/OUT 的值减 1	ASIN	计算反正弦值	$\arcsin(IN)=OUT$
ABS	求有符号整数和实数的绝对值	ACOS	计算反余弦值	$\arccos(IN)=OUT$
MIN	获取最小值	ATAN	计算反正切值	$\arctan(IN)=OUT$
MAX	获取最大值	EXPT	取幂	$IN1^{IN2}=OUT$
LIMIT	将输入值限制在指定的范围内	FRAC	返回小数	—

整数除法指令将得到的商截尾取整后，作为整数格式的输出 OUT。

ADD 和 MUL 指令允许有多个输入，单击方框中参数 IN2 后面的按钮，将会增加输入 IN3，以后增加的输入的编号依次递增。

【例 9-6】　压力变送器的量程为 0～10 MPa，输出信号为 0～10 V，被 CPU 集成的模拟量输入的通道 0 的地址 IW64 转换为 0～27 648 的数字。假设转换后的数字为 N，试求以 kPa 为单位的压力值。

解：0～10 MPa（0～10 000 kPa）对应于转换后的数字 0～27 648，转换公式为：

$$P=(1\,000\times N)/27\,648 \qquad （P 的单位为 kPa） \qquad (9-1)$$

值得注意的是，在运算时一定要先乘后除，否则将会损失原始数据的精度。

公式中乘法运算的结果可能会大于一个字能表示的最大值，因此应使用数据类型为双整数的乘法和除法（如图 9-46 所示）。为此首先使用 CONV 指令，将 IW64 转换为双整数（DInt）。

将指令列表中的 MUL 和 DIV 指令拖放到梯形图中后，单击指令方框内指令名称下面的问号，再单击出现的按钮，用下拉式列表框设置操作数的数据类型为双整数 DInt。在 OB1 的块接口区定义数据类型为 DInt 的临时局部变量 Temp1，用来保存运算的中间结果。

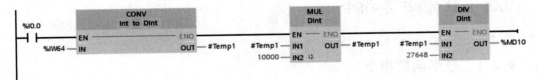

图 9-46　使用整数运算指令的压力计算程序

双整数除法指令 DIV 的运算结果为双整数,但是由式(9-1)可知运算结果实际上不会超过 16 位正整数的最大值 32 767,所以双字 MD10 的高位字 MW10 为 0,运算结果的有效部分在 MD10 的低位字 MW12 中。

【例 9-7】 使用浮点数运算计算上例以 kPa 为单位的压力值。

解: 将式(9-1)改写为式(9-2):

$$P=(1\,000\times N)/27\,648=0.361\,690\times N \qquad (P\text{ 的单位为 kPa}) \tag{9-2}$$

在 OB1 的接口区定义数据类型为 Real 的局部变量 Temp2,用来保存运算中间结果。

首先用 CONV 指令将 IW64 中的变量的数据类型转换为实数(Real),再用实数乘法指令完成式(9-2)的运算(如图 9-47 所示)。最后使用四舍五入的 ROUND 指令,将运算结果转换为整数。

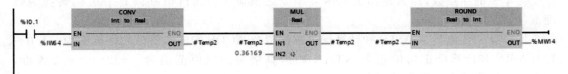

图 9-47　使用浮点数运算指令的压力计算程序

2. CALCULATE 指令

可以使用计算指令 CALCULATE 定义和执行数学表达式,根据所选的数据类型计算复杂的数学运算或逻辑运算。

单击图 9-48 指令框中 CALCULATE 下面的<???>,在出现的下拉式列表中选择该指令的数据类型为 Real。根据所选的数据类型,可以用某些指令组合的函数来执行复杂的计算。单击指令框右上角的图标▦,或双击指令框中间的数学表达式方框,打开图 9-48 下半部分的对话框。对话框给出了所选数据类型可以使用的指令,在该对话框中输入待计算的表达式,表达式可以包含输入参数的名称(INn)和运算符,不能指定方框外的地址和常数。

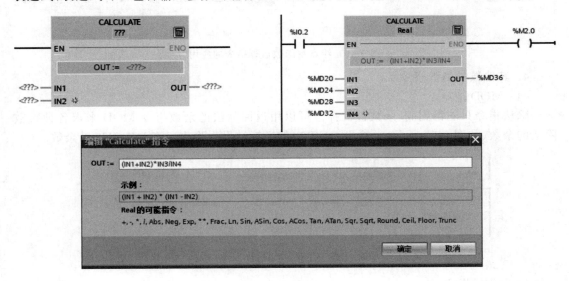

图 9-48　CALCULATE 指令实例

在初始状态下,指令框只有 IN1 和 IN2 两个输入。单击指令框左下角的符号 ✳,可以增加输入参数的个数。指令框按升序对插入的输入进行编号,表达式可以不使用所有已定义的输入。

运行时使用方框外输入的值执行指定的表达式的运算,运算结果传送到 MD36 中。

3. 浮点数函数运算指令

浮点数(实数)数学运算指令(见表 9-4)的操作数 IN 和 OUT 的数据类型为 Real。

计算指数值指令 EXP 和计算自然对数指令 LN 中的指数和对数的底数 e=2.718 282。

计算平方根指令 SQRT 和计算自然对数指令 LN 的输入值若小于 0,则输出 OUT 为无效的浮点数。

三角函数指令和反三角函数指令中的角度均为以弧度为单位的浮点数。如果输入值是以度为单位的浮点数,那么使用三角函数指令之前应先将角度值乘以 $\pi/180.0$,转换为弧度值。

计算反正弦值指令 ASIN 和计算反余弦值指令 ACOS 的输入值的允许范围为 $-1.0\sim1.0$,ASIN 和计算反正切值指令 ATAN 的运算结果的取值范围为 $-\pi/2\sim+\pi/2$ 弧度,ACOS 的运算结果的取值范围为 $0\sim\pi$ 弧度。

求以 10 为底的对数时,需要将自然对数值除以 2.302 585(10 的自然对数值)。例如,$\lg 100=\ln 100/2.302\,585=4.605\,170/2.302\,585=2$。

【例 9-8】 测量远处物体的高度时,已知被测物体到测量点的距离 L 和以度为单位的夹角 θ,求被测物体的高度 $H,H=L\tan\theta$,角度的单位为度。

解: 假设以度为单位的实数角度值存储在 MD40 中,将它乘以 $\pi/180=0.017\,453\,3$,得到角度的弧度值(如图 9-49 所示),运算的中间结果用实数临时局部变量 Temp2 保存。MD44 中是 L 的实数值,运算结果在 MD48 中。

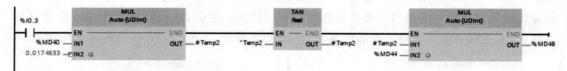

图 9-49　浮点数函数运算指令的应用

4. 其他数学函数指令

(1) MOD 指令

除法指令只能得到商,余数被丢掉。可以用返回除法的余数指令 MOD 来求各种整数除法的余数(如图 9-50 所示)。输出 OUT 中的运算结果为除法运算 IN1/IN2 的余数。

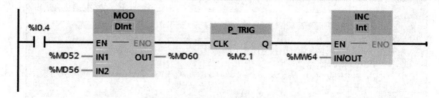

图 9-50　MOD 指令和 INC 指令

(2) NEG 指令

求二进制补码(取反)指令 NEG(negation)将输入 IN 的值的符号取反后,保存在输出

OUT 中。IN 和 OUT 的数据类型可以是 SInt、Int、DInt 和 Real,输入 IN 还可以是常数。

（3）INC 与 DEC 指令

执行递增指令 INC 与"递减"指令 DEC 时,参数 IN/OUT 的值分别被加 1 和减 1。IN/OUT 的数据类型为各种有符号或无符号的整数。

若图 9-50 中的 INC 指令用来计 I0.4 动作的次数,则应在 INC 指令之前添加用来检测能流上升沿的 P_TRIG 指令或带 P 的触点。否则,在 I0.4 为 1 状态的每个扫描周期,MW64 都要加 1。

（4）ABS 指令

计算绝对值指令 ABS 用来求输入 IN 中的有符号整数(SInt、Int、DInt)或实数(Real)的绝对值,将结果保存在输出 OUT 中。IN 和 OUT 的数据类型应相同。

（5）MIN 与 MAX 指令

获取最小值指令 MIN 比较输入 IN1 和 IN2 的值(如图 9-51 所示),将其中较小的值送给输出 OUT。获取最大值指令 MAX 比较输入 IN1 和 IN2 的值,将其中较大的值送给输出 OUT。输入参数和 OUT 的数据类型为各种整数和浮点数,可以增加输入的个数。

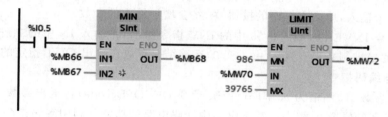

图 9-51 MIN 指令和 LIMIT 指令

（6）LIMIT 指令

设置限值指令 LIMIT(如图 9-51 所示)将输入 IN 的值限制在输入 MIN 与 MAX 的值范围之间。若 IN 的值没有超出该范围,则将它直接保存在 OUT 指定的地址中。若 IN 的值小于 MIN 的值或大于 MAX 的值,则将 MIN 或 MAX 的值送给输出 OUT。

（7）返回小数指令与取幂指令

返回小数指令 FRAC 将输入 IN 的小数部分传送到输出 OUT。取幂指令 EXPT 计算以输入 IN1 的值为底,以输入 IN2 为指数的幂(OUT=IN1IN2),结果在 OUT 中。

9.4.2 字逻辑运算指令

1. 字逻辑运算指令

字逻辑运算指令对两个输入 IN1 和 IN2 逐位进行逻辑运算,运算结果在输出 OUT 指定的地址中(如图 9-52 所示)。

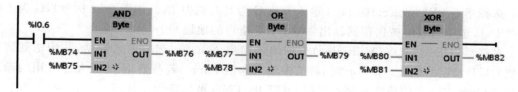

图 9-52 字逻辑运算指令

"与"运算（AND）指令的两个操作数的同一位若均为 1，则运算结果的对应位为 1，否则为 0（见表 9-5）。"或"运算（OR）指令的两个操作数的同一位若均为 0，则运算结果的对应位为 0，否则为 1。"异或"运算（XOR）指令的两个操作数的同一位如果不相同，运算结果的对应位为 1，否则为 0。以上指令的操作数 IN1、IN2 和 OUT 的数据类型为位字符串 Byte、Word 或 DWord。

表 9-5　字逻辑运算举例

参数	数值
IN1	0101 1001
IN2 或 INV 指令的 IN	1101 0100
AND 指令的 OUT	0101 0000
OR 指令的 OUT	1101 1101
XOR 指令的 OUT	1000 1101
INV 指令的 OUT	0010 1011

允许有多个输入，单击方框中的按钮 ❖，将会增加输入的个数。

求反码指令 INVERT（如图 9-53 中的 INV 指令所示）将输入 IN 中的二进制整数逐位取反，即各位的二进制数由 0 变 1，由 1 变 0，运算结果存放在输出 OUT 指定的地址。

2. 解码与编码指令

如果输入参数 IN 的值为 n，解码（译码）指令 DECO（Decode）将输出参数 OUT 的第 n 位置位为 1，其余各位置 0，相当于数字电路中译码电路的功能。利用解码指令，可以用输入 IN 的值来控制 OUT 中指定位的状态。如果输入 IN 的值大于 31，将 IN 的值除以 32 以后，用余数来进行解码操作。图 9-53 中 DECO 指令的参数 IN 的值为 5，OUT 为 2#00100000（16#20），仅第 5 位为 1。

编码指令 ENCO（Encode）与解码指令相反，将 IN 中为 1 的最低位的位数送给输出参数 OUT 指定的地址。若 IN 为 2#00101000（16#28，如图 9-53 所示），则 OUT 指定的 MW98 中的编码结果为 3。若 IN 为 1 或 0，则 MW98 的值为 0。若 IN 为 0，则 ENO 为 0 状态。

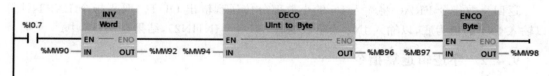

图 9-53　字逻辑运算指令

3. SEL 与 MUX、DEMUX 指令

选择指令 SEL（Select）的 Bool 输入参数 G 为 0 时选中 IN0（如图 9-54 所示），G 为 1 时选中 IN1，选中的数值被保存到输出参数 OUT 指定的地址。

多路复用指令 MUX（Multiplex）根据输入参数 K 的值，选中输入数据，并传送到输出参数 OUT 指定的地址。$K=m$ 时，将选中输入参数 INm。若参数 K 的值大于可用的输入个数，则参数 ELSE 的值将复制到输出 OUT 中，ENO 被指定为 0 状态。

单击方框内的符号 ❖，可以增加输入参数 INn 的个数。INn、ELSE 和 OUT 的数据类型应相同,它们可以取多种数据类型。参数 K 的数据类型为整数。

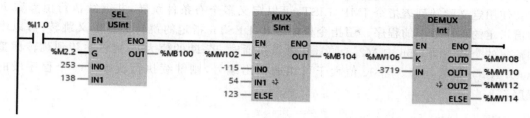

图 9-54　字逻辑运算指令

多路分用指令 DEMUX 根据输入参数 K 的值,将输入 IN 的内容复制到选定的输出,其他输出则保持不变。K＝m 时,将复制到输出 OUTm。若参数 K 的值大于可用的输出个数,则参数 ELSE 输出 IN 的值,并且 ENO 为 0 状态。单击方框中的符号 ⁂,可以增加输出参数 OUTn 的个数。参数 K 的数据类型为整数,IN、ELSE 和 OUTn 的数据类型应相同,它们可以取多种数据类型。

9.5　其他指令

9.5.1　程序控制操作指令

1. 跳转指令与标签指令

没有执行跳转指令时,各个程序段按从上到下的先后顺序执行。跳转指令中止程序的顺序执行,跳转到指令中的跳转标签指定的目的地址。跳转时不执行跳转指令与跳转标签(LABEL)之间的程序,跳转到目的地址后,程序继续顺序执行。可以向前或向后跳转,可以在同一个代码块中从多个位置跳转到同一个标签。

只能在同一个代码块内跳转,不能从一个代码块跳转到另一个代码块。在一个块内,跳转标签的名称只能使用一次。一个程度段中只能设置一个跳转标签。

若图 9-55 中 M2.0 的常开触点闭合,则跳转条件满足。若 RLO＝"1"则跳转指令的 JMP(Jump)线圈通电(跳转线圈为绿色),跳转被执行,将跳转到指令给出的跳转标签 W1234 处,从跳转指令标签之后的第一条指令继续执行。若 RLO＝"0"则跳转指令 JMPN 的线圈断电时,将跳转到指令给出的跳转标签处,从跳转标签之后的第一条指令继续执行。反之则不跳转。

2. 跳转分支指令与定义跳转列表指令

跳转分支指令 SWITCH(如图 9-56 所示)根据一个或多个比较指令的结果,定义要执行的多个程序跳转,可以为每个输入选择比较符号。M2.4 的常开触点接通时,若 K 的值等于 235 或大于 74,则将分别跳转到跳转标签 LOOP0 和 LOOP1 指定的程序段。若不满足上述条件,则将执行输出 ELSE 处的跳转。若输出 ELSE 未指定跳转标签,则从下一个程序段继续执行程序。

单击 SWITCH 和 JMP_LIST 方框中的符号 ⁂,可以增加输出 DESTn 的个数。

SWITCH 指令每增加一个输出都会自动插入一个输入。

使用定义跳转列表指令 JMP_LIST,可以定义多个有条件跳转,并继续执行由参数 K 的值指定的程序段中的程序。用指令框的输出 DESTn 指定的跳转标签定义跳转,可以增加输出的个数。图 9-56 中 M2.5 的常开触点接通时,若 K 的值为 1,则将跳转到跳转标签 LOOP1 指定的程序段。若 K 值大于可用的输出编号,则继续执行块中下一个程序段的程序。

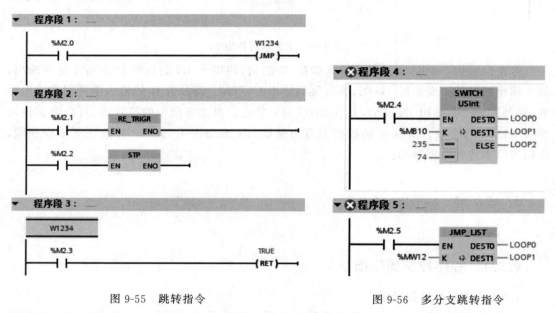

图 9-55　跳转指令　　　　　　　　　　图 9-56　多分支跳转指令

3. RE_TRIGR 指令

监控定时器又称为看门狗(Watchdog),每次循环它都被自动复位一次,正常工作时最大循环周期小于监控定时器的时间设定值,它不会起作用。

若循环时间大于监控定时器的设定时间,则监控定时器将会起作用。可以在所有的块中调用重置周期监视时间指令 RE_TRIGR(如图 9-55 所示),来复位监控定时器。

4. STP 指令与返回指令 RET

有能流流入退出程序指令 STP(如图 9-55 所示)的 EN 输入端时,PLC 进入 STOP 模式。

返回指令 RET(如图 9-55 所示)用来有条件地结束块,它的线圈通电时,停止执行当前的块,不再执行该指令后面的指令,返回调用它的块。RET 线圈上面的参数是返回值,数据类型为 Bool。若当前的块是 OB,则返回值被忽略。若当前的块是 FC 或 FB,则返回值作为 FC 或 FB 的 ENO 的值传送给调用它的块。

此外,程序控制指令还有获取本地错误信息指令 GET_ERROR、获取本地错误 ID 指令 GET_ERR_ID、启用/禁用 CPU 密码指令 ENDIS_PW 和测量程序运行时间指令 RUNTIME。

9.5.2　日期和时间指令

在 CPU 断电时,用超级电容保证实时时钟(Time-of-dayClock)的运行。保持时间通常为 20 天,40℃时最少为 12 天。打开在线与诊断视图,可以设置实时时钟的时间值,也可以用日期和时间指令来读、写实时时钟。

1. 日期时间的数据类型

数据类型 Time 的长度为 4 B,时间单位为 ms。数据类型 DTL 的 12 B 依次为:年(占 2 B);月、日、星期的代码、小时、分、秒(各占 1 B);纳秒(占 4 B)。DTL 的 12 B 均为 BCD 码。星期日、星期一~星期六的代码分别为 1~7。可以在全局数据块或块的接口区定义 DTL 变量。

2. 时钟功能指令

系统时间是格林尼治标准时间,本地时间是根据当地时区设置的本地标准时间。我国的本地时间(北京时间)比系统时间多 8 小时。在组态 CPU 的属性时,设置时区为北京,不使用夏令时。

时钟功能指令在指令列表的"扩展指令"窗格的"日期和时间"文件夹中,读取和写入时间指令的输出参数 RET_VAL 返回的是指令的状态信息,数据类型为 Int。

生成全局数据块"数据块_1",在其中生成数据类型为 DTL 的变量 DT1~DT3。用监控表将新的时间值写入"数据块_1".DT3。"写时间"(M3.2)为 1 状态时,写入本地时间指令 WR_LOC_T(如图 9-57 所示)将输入参数 LOCTIME 输入的日期时间作为本地时间写入实时时钟。参数 DST 为 FALSE 表示不使用夏令时。

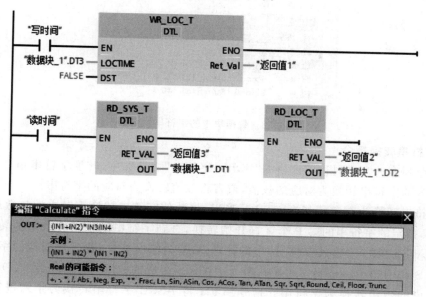

图 9-57　读写时间指令与数据块

"读时间"(M3.1)为 1 状态时,读取时间指令 RD_SYS_T 和读取本地时间指令 RD_LOC_T(如图 9-57 所示)的输出 OUT 分别是数据类型为 DTL 的 PLC 中的系统时间和本地时间。在组态 CPU 的属性时,应设置实时时间的时区为北京,不使用夏令时。图 9-57 给出了同时读出的系统时间 DT1 和本地时间 DT2,本地时间多 8 小时。

设置时区指令 SET_TIMEZONE 设置本地时区和夏令时/标准时间切换的参数。

运行时间定时器指令 RTM 用于对 CPU 的 32 位运行小时计数器的设置、启动、停止和读取操作。转换时间并提取指令 T_CONV 用于在整数和时间数据类型之间转换。

时间相加指令 T_ADD、时间相减指令 T_SUB 和时间值相减指令 T_DIFF 用于时间值的加减。组合时间指令 T_COMBINE 用于合并日期值和时间值。

9.5.3 字符串与字符指令

1. 字符串的结构

String(字符串)数据类型有 2B 的头部，其后是最多 254 B 的 ASCII 字符代码。字符串的首字节是字符串的最大长度，第 2 个字节是当前长度，即当前实际使用的字符数。字符串占用的字节数为最大长度加 2。宽字符串 Wstring 的定义见 8.3.4 小节。

2. 定义字符串

执行字符串指令之前，首先应定义字符串。不能在变量表中定义字符串，只能在代码块的接口区或全局数据块中定义它。

生成符号名为 DB_1 的全局数据块 DB1，取消它的"优化的块访问"属性后，可以用绝对地址访问它。在 DB_1 中定义字符串变量 String1～String3（如图 9-58 所示）。字符串的数据类型 String[18] 中的"[18]"表示其最大长度为 18 个字符，加上两个头部字节，共 20 B。如果字符串的数据类型为 String（没有方括号），每个字符串变量将占用 256 B。

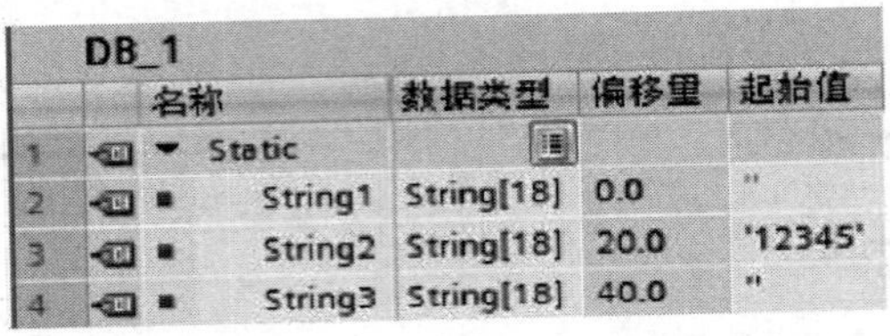

DB_1				
	名称	数据类型	偏移量	起始值
1	▼ Static			
2	String1	String[18]	0.0	"
3	String2	String[18]	20.0	'12345'
4	String3	String[18]	40.0	"

图 9-58　数据块中的字符串变量

3. 字符串转换指令

在指令列表的"扩展指令"窗格的"字串＋字符串"文件夹中，转换字符串指令 S_CONV 用于将输入的字符串转换为对应的数值，或者将数值转换为对应的字符串。

将字符串转换为数字值指令 STRG_VAL 将数值字符串转换为对应的整数或浮点数。从参数 IN 指定的字符串的第 P 个字符开始转换，直到字符串结束。将数字值转换为字符串指令 VAL_STRG 将输入参数 IN 中的数字，转换为输出参数 OUT 中对应的字符串。

指令 Strg_TO_Chars 将字符串转换为字符元素组成的数组，指令 Chars_TO_Strg 将字符元素组成的数组转换为字符串。指令 ATH 将 ASCII 字符串转换为十六进制数，指令 HTA 将十六进制数转换为 ASCII 字符串。

上述指令具体的使用方法见在线帮助或 S7-1200 的系统手册。

4. 获取字符串长度指令与移动字符串指令

执行图 9-59 中的获取字符串长度指令 LEN 后，MW24 中是输入的字符串的长度（7 个字符）。获取字符串最大长度指令 MAX_LEN 用输出参数 OUT（整数）提供输入参数 IN 指定的字符串的最大长度。移动字符串指令 S_MOVE 用于将参数 IN 中的字符串的内容写入参数 OUT 指定的数据区域。

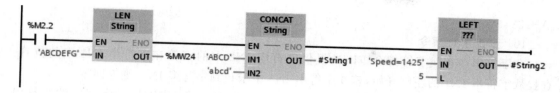

图 9-59　字符串指令

5. 合并字符串的指令

合并字符串指令 CONCAT(如图 9-59 所示)将输入参数 IN1 和 IN2 指定的两个字符串连接在一起,然后用参数 OUT 输出合并后的字符串。

6. 读取字符串中的字符的指令

读取字符串左边的字符指令 LEFT 提供由字符串参数 IN 的前 L 个字符组成的子字符串。执行图 9-59 中的 LEFT 指令后,输出参数 OUT 中的字符串包含了 IN 输入的字符串左边的 5 个字符'Speed'。读取字符串右边的字符指令 RIGHT 提供字符串的最后 L 个字符。执行图 9-60 中的 RIGHT 指令后,输出参数 OUT 中的字符串包含了 IN 输入的字符串右边的 4 个字符'1425'。

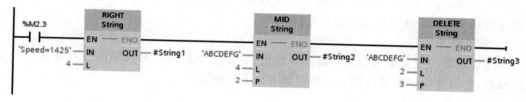

图 9-60　字符串指令

执行图 9-60 中的读取字符串中间的字符指令 MID 后,输出参数 OUT 中的字符串包含了 IN 输入的字符串从第 2 个字符开始的中间 4 个字符'BCDE'。

7. 删除字符指令

执行图 9-60 中的删除字符串中的字符指令 DELETE,IN 输入的字符串被删除了从第 3 个字符开始的 2 个字符'CD',然后将字符串'ABEFG'输出到 OUT 指定的字符串。

8. 插入字符指令

执行图 9-61 中的在字符串中插入字符指令 INSERT 后,IN2 指定的字符'ABC'被插入到 IN1 指定的字符串'abcde'第 3 个字符之后。输出的字符串为'abcABCde'。

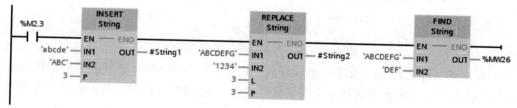

图 9-61　字符串指令

9. 替换字符指令

执行图 9-61 中的替换字符串中的字符指令 REPLACE 以后,字符串 IN1 中从第 3 个字符开始的 3 个字符('CDE')被 IN2 指定的字符'1234'代替。替换后得到字符串

'AB1234FG'。

10. 查找字符指令

在字符串中查找字符指令 FIND 提供字符串 IN2 中的字符在字符串 IN1 中的位置。查找从字符串 IN1 的左侧开始,若在字符串 IN1 中未找到字符串 IN2,则返回零。

执行图 9-61 中的 FIND 指令后,查找到 IN2 指定的字符'DEF'从 IN1 指定的字符串'ABCDEFG'的第 4 个字符开始。

9.6 高速计数器与高速脉冲输出

9.6.1 高速计数器

PLC 的普通计数器的计数过程与扫描工作方式有关,CPU 通过每一个扫描周期读取一次被测信号的方法来捕捉被测信号的上升沿,被测信号的频率较高时,会丢失计数脉冲,因此普通计数器的最高工作频率一般仅有几十赫兹。高速计数器(HSC)可以对发生速率快于程序循环 OB 执行速率的事件进行计数。

1. 编码器

高速计数器一般与增量式编码器一起使用,后者每圈发出一定数量的计数脉冲和一个复位脉冲,作为高速计数器的输入。编码器有以下几种类型。

(1)增量式编码器

光电增量式编码器的码盘上有均匀刻制的光栅。码盘旋转时,输出与转角的增量成正比的脉冲,需要用计数器来计脉冲数。有两种增量式编码器。

1)单通道增量式编码器内部只有 1 对光耦合器,只能产生一个脉冲列。

2)双通道增量式编码器又称为 A/B 相或正交相位编码器,内部有两对光耦合器,输出相位差为 90°的两组独立脉冲列。正转和反转时两路脉冲的超前、滞后关系相反(如图 9-62 所示),如果使用 A/B 相编码器,PLC 可以识别出转轴旋转的方向。

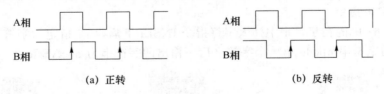

(a) 正转   (b) 反转

图 9-62 A/B 相编码器的输出波形图

A/B 相正交计数器可以选择 1 倍频模式(如图 9-63 所示)和 4 倍频模式(如图 9-64 所示),1 倍频模式在时钟脉冲的每一个周期计 1 次数,4 倍频模式在时钟脉冲的每一个周期计 4 次数。

(2)绝对式编码器

N 位绝对式编码器有 N 个码道,最外层的码道对应于编码的最低位。每一码道有一个光耦合器,用来读取该码道的 0、1 数据。绝对式编码器输出的 N 位二进制数反映了运动物体所处的绝对位置,根据位置的变化情况,可以判别出旋转的方向。

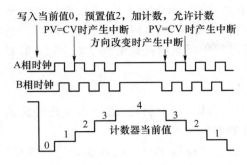

图 9-63　1 倍频 A/B 相计数器波形

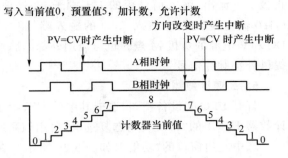

图 9-64　4 倍频 A/B 相计数器波形

2. 高速计数器使用的输入点

S7-1200 的系统手册给出了各种型号的 CPU 的 HSC1～HSC6 分别在单向、双向和 A/B 相输入时默认的数字量输入点,以及各输入点在不同计数模式的最高计数频率。

HSC1～HSC6 的当前计数器值的数据类型为 DInt,默认的地址为 ID1000～ID1020,可以在组态时修改地址。

3. 高速计数器的功能

(1) HSC 的工作模式

HSC 有 4 种高速计数工作模式:具有内部方向控制的单相计数器,具有外部方向控制的单相计数器,具有两路时钟脉冲输入的双相计数器和 A/B 相正交计数器。

每种 HSC 模式都可以使用或不使用复位输入。复位输入为 1 状态时,HSC 的当前计数器值被清除。直到复位输入变为 0 状态时,才能启动计数功能。

(2) 频率测量功能

某些 HSC 模式可以选用 3 种频率测量的周期(0.01 s、0.1 s 和 1.0 s)来测量频率值。频率测量周期决定了多长时间计算和报告一次新的频率值。根据信号脉冲的计数值和测量周期计算出频率的平均值,频率的单位为 Hz(每秒的脉冲数)。

(3) 周期测量功能

使用扩展高速计数器指令 CTRL_HSC_EXT,可以按指定的时间周期,用硬件中断的方式测量被测信号的周期数和精确到微秒的时间间隔,计算出被测信号的周期。

4. 硬件接线

生成项目"频率测量例程",CPU 为继电器输出的 CPU1214C。为了输出高频脉冲,使用了一块 2DI/2DQ 信号板。

图 9-65 是硬件接线图,用信号板的输出点 Q4.0 发出 PWM 脉冲,送给高速计数器 HSC1 的高速脉冲输入点 I0.0 计数。使用 PLC 内部的脉冲发生器的优点是简单方便,做频率测量实验时易于验证测量的结果。

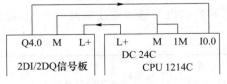

图 9-65　硬件接线图

CPU 的 L＋和 M 端子之间是内置 DC 24V 电源。将它的参考点 M 与数字量输入的内部电路的公共点 1M 相连,用内置的电源作输入回路的电源。内置的电源同时又作为2DI/2DQ信号板的电源。电流从 DC 24V 电源的正极 L＋流出，流入信号板的 L＋端子，经过信号板内部的 MOSFET（场效应管）开关，从 Q4.0 输出端子流出，流入 I0.0 的输入端，经内部的输入电路，从 1M 端子流出，最后回到 DC 24V 电源的负极 M 点。也可以用外部的脉冲信号发生器或增量式编码器为高速计数器提供外部脉冲信号。

5. 高速计数器组态

打开 PLC 的设备视图，选中其中的 CPU。选中巡视窗口的"属性"选项卡左边的高速计数器 HSC1 的"常规"，勾选复选框"启用该高速计数器"。

选中左边窗口的"功能"（如图 9-66 所示），在右边窗口设置 HSC1 的功能，"计数类型"设置为"频率"（频率测量），"工作模式"设置为"单相"，"计数方向取决于"设置为"用户程序（内部方向控制）"，"初始计数方向"设置为"加计数"，"频率测量周期"设置为"1.0"。

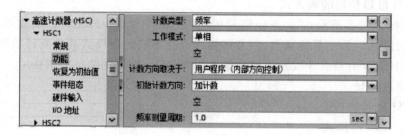

图 9-66　组态高速计数器的功能

选中左边窗口的"硬件输入"，设置"时钟发生器输入"地址为"I4.0"。选中左边窗口的"I/O 地址"，可以看到 HSC1 默认地址为 ID1000，运行时可用该地址监视 HSC 的频率测量值。

6. 设置数字量输入的输入滤波器的滤波时间

CPU 和信号板的数字量输入通道的输入滤波器的滤波时间默认值为 6.4 ms，若滤波时间过大，则输入脉冲会被过滤掉。对于高速计数器的数字量输入，可以用期望的最小脉冲宽度来设置对应的数字量输入滤波器。本例的输入脉冲宽度为 1 ms，因此设置用于高速脉冲输入的I0.0 的输入滤波时间为 0.8 ms。如果改变了输入脉冲宽度，应同时改变输入滤波器的滤波时间。

9.6.2　高速脉冲输出

1. 高速脉冲输出

每个 CPU 有 4 个 PTO/PWM 发生器，分别通过 DC 输出的 CPU 集成的 Q0.0～Q0.7 或信号板上的 Q4.0～Q4.3 输出 PTO 或 PWM 脉冲（见表 9-6）。CPU1211C 没有 Q0.4～ Q0.7，CPU1212C 没有 Q0.6 和 Q0.7。

脉冲宽度与脉冲周期之比称为占空比，脉冲列输出（PTO）功能提供占空比为 50% 的方波脉冲列输出。脉冲宽度调制（PWM）功能提供脉冲宽度可以用程序控制的脉冲列输出。

表 9-6　PTO/PWM 的输出点

PTO1 或 PWM1 脉冲	PTO1 方向	PTO2 或 PWM2 脉冲	PTO2 方向	PTO3 或 PWM3 脉冲	PTO3 方向	PTO4 或 PWM4 脉冲	PTO4 方向
Q0.0 或 Q4.0	Q0.1 或 Q4.1	Q0.2 或 Q4.2	Q0.3 或 Q4.3	Q0.4 或 Q4.0	Q0.5 或 Q4.1	Q0.6 或 Q4.2	Q0.7 或 Q4.3

2. PWM 的组态

PWM 功能提供可变占空比的脉冲输出,脉冲宽度为 0 时占空比为 0,没有脉冲输出,输出一直为 FALSE(0 状态)。脉冲宽度等于脉冲周期时,占空比为 100%,没有脉冲输出,输出一直为 TRUE(1 状态)。

打开项目"频率测量例程"的设备视图,选中 CPU。选中巡视窗口的"属性＞常规"选项卡(如图 9-67 所示),再选中左边的"PTO1/PWM1"文件夹中的"常规",用右边窗口的复选框启用该脉冲发生器。

选中图 9-67 左边窗口的"参数分配",在右边的窗口用下拉式列表设置"信号类型"为"PWM","时基"(时间基准)为"毫秒","脉宽格式"为"百分之一"。

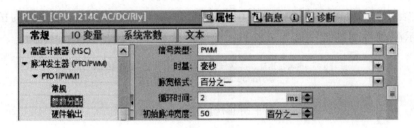

图 9-67　设置脉冲发生器的参数

用"循环时间"输入域设置脉冲的周期值为 2 ms,用"初始脉冲宽度"输入域设置脉冲的占空比为 50%,即脉冲周期为 2 ms,脉冲宽度为 1 ms。

选中左边窗口的"硬件输出",设置用信号板上的 Q4.0 输出脉冲。

选中左边窗口的"I/O 地址"(如图 9-68 所示),在右边窗口可以看到 PWM1 的起始地址和结束地址,可以修改其起始地址。在运行时可以用 QW1000 来修改脉冲宽度(单位为图 9-67 中组态的百分之一),用 ID1000 来监视测量得到的频率值(如图 9-70 所示)。

图 9-68　设置脉冲发生器的 I/O 地址

3. PWM 的编程

打开 OB1,将右边指令列表的"扩展指令"窗格的文件夹"脉冲"中的"脉宽调制"指令 CTRL_PWM 拖放到程序区(如图 9-69 所示),单击出现的"调用选项"对话框中的"确定"按钮,生成该指令的背景数据块 DB1。

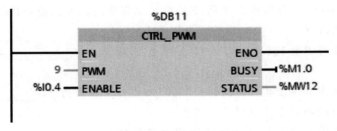

图 9-69　CTRL_PWM 指令

单击参数 PWM 左边的问号,再单击出现的按钮 ▦,用下拉式列表选中"Local～Pulse_1",其值为 267,它是 PWM1 的硬件标识符的值。

EN 输入信号为 1 状态时,用输入参数 ENABLE(I0.4)来启动或停止脉冲发生器,用 PWM 的输出地址(如图 9-68 所示)来修改脉冲宽度。因为在执行 CTRL_PWM 指令时 S7-1200 激活了脉冲发生器,输出 BUSY 总是 0 状态。参数 STATUS 是状态代码。

4. 实验情况

将组态数据和用户程序下载到 CPU 后运行程序。用外接的小开关使 I0.4 为 1 状态,信号板的 Q4.0 开始输出 PWM 脉冲,送给 I0.0 测频。PWM 脉冲使 Q4.0 和 I0.0 的 LED 点亮,如果脉冲的频率较低,Q4.0 和 I0.0 的 LED 将会闪动。

在监控表中输入 HSC1 的地址 ID1000(如图 9-70 所示),单击工具栏上的按钮 ▶,"监视值"列显示测量得到的频率值为 500 Hz,与理论计算值相同。

i	名称	地址	显示格式	监视值	修改值	⚡
1		%ID1000	带符号十进制	500		□

图 9-70 监控表

用图 9-67 中的巡视窗口修改 PWM 脉冲的循环时间(即周期),用图 9-66 中的巡视窗口修改频率测量的周期,修改后下载到 CPU。脉冲周期在 10 μs～100 ms 之间变化时,都能得到准确的频率测量值。信号频率较低时,应选用较大的测量周期。信号频率较高时,频率测量周期为 0.01 s 时也能得到准确的测量值。

习 题

9-1 填空。

1) RLO 是_____的简称。

2) 接通延时定时器的 IN 输入电路_____时开始定时,定时时间大于或等于预设时间时,输出 Q 变为_____。IN 输入电路断开时,当前时间值 ET_____,输出 Q 变为_____。

3) 在加计数器的复位输入 R 为_____,加计数脉冲输入信号 CU 的_____,若计数器值 CV 小于_____,则 CV 加 1。CV 大于或等于预设计数值 PV 时,输出 Q 为_____。复位输入 R 为 1 状态时,CV 被_____,输出 Q 变为_____。

4) 每一位 BCD 码用_____位二进制数来表示,其取值范围为二进制数 2#_____～2#_____。BCD 码 2#0000000110000101 对应的十进制数是_____。

5) 若方框指令的 ENO 输出为深色,EN 输入端有能流流入且指令执行时出错,则 ENO 端_____能流流出。

6) MB2 的值为 2#10110110,循环左移 2 位后为 2#_____,再左移 2 位后为 2#_____。

7) 整数 MW4 的值为 2#1011011011000010,右移 4 位后为 2#_____。

9-2 4 种边沿检测指令各有什么特点?

9-3 用 TON 线圈指令实现图 9-22 振荡电路的功能。

9-4　在全局数据块中生成数据类型为 IEC_TIMER 的变量 T1,用它提供定时器的背景数据,实现接通延时定时器的功能。

9-5　在全局数据块中生成数据类型为 IEC_CONTER 的变量 C1,用它提供计数器的背景数据,实现加计数器的功能。

9-6　在 MW2 等于 3 592 或 MW4 大于 27 369 时将 M6.6 置位,反之将 M6.6 复位。用比较指令设计出满足要求的程序。

9-7　监控表用什么数据格式显示 BCD 码?

9-8　AIW64 中 A/D 转换得到的数值 0~27 648 正比于温度值 0~800 ℃。用整数运算指令编写程序,在 I0.2 的上升沿,将 IW64 输出的模拟值转换为对应的温度值(单位为 0.1 ℃),存放在 MW30 中。

9-9　频率变送器的量程为 45~55 Hz,被 IW96 转换为 0~27 648 的整数。用标准化指令和缩放指令编写程序,在 I0.2 的上升沿,将 AIW96 输出的模拟值转换为对应的浮点数频率值,单位为 Hz,存放在 MD34 中。

9-10　编写程序,在 I0.5 的下降沿将 MW50~MW68 清零。

9-11　用 I1.0 控制接在 QB1 上的 8 个彩灯是否移位,每 2s 循环左移 1 位。用 IB0 设置彩灯的初始值,在 I1.1 的上升沿将 IB0 的值传送到 QB1,设计出梯形图程序。

9-12　字节交换指令 SWAP 为什么必须采用脉冲执行方式?

9-13　编写程序,将 MW10 中的电梯轿厢所在的楼层数转换为 2 位 BCD 码后送给 QB2,通过两片译码驱动芯片和七段显示器显示楼层数(如图 8-9 所示)。

9-14　半径(小于 1 000 的整数)在 DB4.DBW2 中,取圆周率为 3.141 6,用浮点数运算指令编写计算圆周长的程序,将运算结果转换为整数,存放在 DB4.DBW4 中。

9-15　以 0.1° 为单位的整数格式的角度值在 MW8 中,在 I0.5 的上升沿,求出该角度的正弦值,运算结果转换为以 10^{-5} 为单位的双整数,存放在 MD12 中,设计出程序。

9-16　编写程序,在 I0.3 的上升沿,用"与"运算指令将 MW16 的最高 3 位清零,其余各位保持不变。

9-17　编写程序,在 I0.4 的上升沿,用"或"运算指令将 Q3.2~Q3.4 变为 1,QB3 其余各位保持不变。

9-18　按下起动按钮 I0.0,Q0.5 控制的电机运行 30s,然后自动断电,同时 Q0.6 控制的制动电磁铁开始通电,10 s 后自动断电。设计梯形图程序。

9-19　编写程序,I0.2 为 1 状态时求出 MW50~MW56 中最小的整数,存放在 MW58 中。

9-20　系统时间和本地时间分别是什么时间? 怎样设置本地时间的时区?

第10章 S7-1200 的用户程序结构

第 10 章 PPT

10.1 函数与函数块

10.1.1 生成与调用函数

1. 函数的特点

S7-1200 的用户程序由代码块和数据块组成。代码块包括组织块、函数和函数块,数据块包括全局数据块和背景数据块。

函数(Function,FC)和函数块(Function Block,FB)是用户编写的子程序,它们包含完成特定任务的程序。FC 和 FB 有与调用它的块共享的输入、输出参数,执行完 FC 和 FB 后,将执行结果返回给调用它的代码块。

STEP7 V5. x 中 Function 和 Function Block 被翻译为功能和功能块。

设压力变送器的量程下限为 0MPa,上限为 HighMPa,经 A/D 转换后得到 $0 \sim 27\ 648$ 的整数。下式是转换后得到的数字 N 和压力 P 之间的计算公式:

$$P = (High \times N)/27\ 648 \quad (P \text{ 的单位为 MPa}) \tag{10-1}$$

用函数 FC1 实现上述运算,在 OB1 中调用 FC1。

2. 生成函数

打开 STEP7 的项目视图,生成一个名为“函数与函数块”的新项目。双击项目树中的“添加新设备”,添加一块 CPU 1214C。

打开项目视图中的文件夹“\PLC_1\程序块”,双击其中的“添加新块”(如图 10-1 所示),打开“添加新块”对话框(如图 9-13 所示),单击选中其中的“函数”按钮,FC 默认的编号为 1,默认的语言为 LAD(梯形图)。设置函数的名称为“计算压力”。单击“确定”按钮,在项目树的文件夹“\PLC_1\程序块”中可以看到新生成的 FC1。

3. 定义函数的局部变量

将鼠标的光标放在 FC1 的程序区最上面标有“块接口”的水平分隔条上,按住鼠标左键,往下拉动分隔条,分隔条上面是函数的接口(Interface)区(如图 10-1 所示),下面是程序区。将分隔条拉至程序编辑器视窗的顶部,不再显示接口区,但是它仍然存在。

在接口区中生成局部变量,后者只能在它所在的块中使用。在 Input(输入)下面的"名称"列生成输入参数"输入数据",单击"数据类型"列的按钮▼,用下拉式列表设置其数据类型为 Int(16 位整数)。用同样的方法生成输入参数"量程上限"、输出参数(Output)"压力值"和临时数据(Temp)"中间变量",它们的数据类型均为 Real。

右击项目树中的 FC1,单击快捷菜单中的"属性",选中打开的对话框左边的"属性",用鼠标去掉复选框"块的优化访问"中的钩。单击工具栏上的"编译"按钮🔳,成功编译后 FC1 的接口区出现"偏移量"列,只有临时数据才有偏移量。在编译时,程序编辑器自动地为临时局部变量指定偏移量。

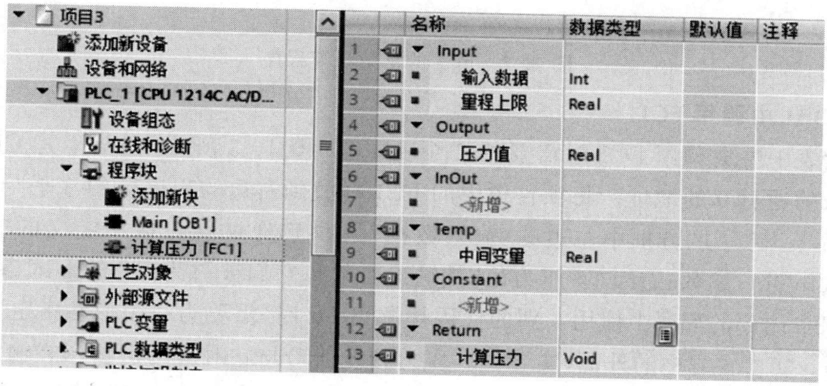

图 10-1　项目树与 FC1 接口区的局部变量

函数各种类型的局部变量的作用如下。

1) Input(输入参数):用于接收调用它的块提供的输入数据。

2) Output(输出参数):用于将块的程序执行结果返回给调用它的块。

3) InOut(输入/输出参数):初值由调用它的块提供,块执行完后用同一个参数将它的值返回给调用它的块。

4) 文件夹 Return 中自动生成的返回值"计算压力"与函数的名称相同,属于输出参数,其值返回给调用它的块。返回值默认的数据类型为 Void,表示函数没有返回值。在调用 FC1 时,看不到它。若将它设置为除 Void 以外的数据类型,则在 FC1 内部编程时可以使用该输出变量,调用 FC1 时可以在方框的右边看到它,说明它属于输出参数。返回值的设置与 IEC6113-3 标准有关,该标准的函数没有输出参数,只有一个与函数同名的返回值。

函数还有两种局部数据。

1) Temp(临时局部数据):用于存储临时中间结果的变量。同一优先级的 OB 及其调用的块的临时数据保存在局部数据堆栈中的同一片物理存储区,它类似于公用的布告栏,大家都可以往上面贴布告,后贴的布告将原来的布告覆盖掉。只是在执行块时使用临时数据,每次调用块之后,不再保存它的临时数据的值,它可能被同一优先级中后面调用的块的临时数据覆盖。调用 FC 和 FB 时,首先应初始化它的临时数据(写入数值),然后再使用它,简称为"先赋值后使用"。

2) Constant(常量):在块中使用并且带有声明的符号名的常数。

4. FC1 的程序设计

首先用 CONV 指令将参数"输入数据"接收的 A/D 转换后的整数值(0～27 648)转换为实数(Real),再用实数乘法指令和实数除法指令完成式(10-1)的运算(如图 10-2 所示)。运算的中间结果用临时局部变量"中间变量"保存。STEP7 自动地在局部变量的前面添加♯,如"♯输入数据"。

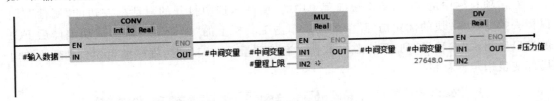

图 10-2　FC1 的压力计算程序

5. 在 OB1 中调用 FC1

在变量表中生成调用 FC1 时需要的 3 个变量(如图 10-3 所示),IW64 是 CPU 集成的模拟量输入的通道 0 的地址。将项目树中的 FC1 拖放到右边的程序区的水平"导线"上(如图 10-4 所示)。FC1 的方框中左边的"输入数据"是在 FC1 的接口区中定义的输入参数和输入/输出(InOut)参数,右边的"压力值"是输出参数。它们被称为 FC 的形式参数,简称形参,形参在 FC 内部的程序中使用。别的代码块调用 FC 时,需要为每个形参指定实际的参数(简称实参)。实参在方框的外面,实参(如"压力转换值")与它对应的形参(如"输入数据")应具有相同的数据类型。STEP7 自动地在程序中的全局变量的符号地址两边添加双引号。

图 10-3　PLC 变量表　　　　　　图 10-4　OB1 调用 FC1 的程序

实参既可以是变量表和全局数据块中定义的符号地址或绝对地址,也可以是调用 FC1 的块(如本例的 OB1)的局部变量。

块的 Output(输出)和 InOut(输入/输出)参数不能用常数来作实参。用来保存变量值(如计算结果)的参数,其实参应为地址。而 Input(输入参数)的实参可以设置为常数。

6. 函数应用的实验

选中项目树中的 PLC_1,将组态数据和用户程序下载到 CPU,将 CPU 切换到 RUN 模式。在 CPU 集成的模拟量输入的通道 0 的输入端输入一个 DC 0～10 V 的电压,用程序状态功能监视 FC1 或 OB1 中的程序。调节该通道的输入电压,观察 MD18 中的压力计算值是否与理论计算值相同。

也可以通过仿真来调试程序。选中项目树中的 PLC_1,单击工具栏上的"启动仿真"按钮🖥,出现 S7-PLCSIM 的精简视图。将程序下载到仿真 PLC,后者进入 RUN 模式。单击精简视图右上角的按钮🖼,切换到项目视图。生成一个新的项目,双击打开项目树中的"SIM 表格_1"。在表中生成图 10-3 中的条目(如图 10-5 所示)。

图 10-5　S7-PLCSIM 的 SIM 表格_1

勾选 IB0 所在的第一行中 I0.6 对应的小方框,I0.6 的常开触点接通,调用 FC1。在第二行的"一致修改"列中输入 13 824(27 648 的一半),单击工具栏上的"修改所有选定值"按钮 , 13 824 被送给 IW64 后,被传送给 FC1 的形参"输入数据"。执行 FC1 中的程序后,输出参数"压力值"的值 5.0MPa 被传送给它的实参"压力计算值"MD18。

7. 为块提供密码保护

右击项目树中的 FC1,执行快捷菜单命令"专有技术保护",单击打开的对话框中的"定义",在"定义密码"对话框中输入密码和密码的确认值。两次单击"确定"按钮后,项目树中 FC1 的图标变为有一把锁的符号 ,表示 FC1 受到保护。双击打开 FC1,需要在出现的对话框中输入密码,才能看到程序区的程序。右击项目树中已加密的 FC1,执行快捷菜单命令"专有技术保护",在打开的对话框中输入旧密码,单击"删除"按钮,FC1 的密码保护被解除。

10.1.2　生成与调用函数块

1. 函数块

函数块(FB)是用户编写的有自己的存储区(背景数据块)的代码块,FB 的典型应用是执行不能在一个扫描周期结束的操作。每次调用函数块时,都需要指定一个背景数据块。后者随函数块的调用而打开,在调用结束时自动关闭。函数块的输入、输出参数和静态局部数据(Static)用指定的背景数据块保存。

2. 生成函数块

打开项目"函数与函数块"的项目树中的文件夹"\PLC_1\程序块",双击其中的"添加新块",单击打开的对话框中的"函数块"按钮 ,默认的编号为 1,默认的语言为 LAD(梯形图)。设置函数块的名称为"电动机控制",单击"确定"按钮,生成 FB1。去掉 FB1"优化的块访问"属性。可以在项目树的文件夹"\PLC_1\程序块"中看到新生成的 FB1。

3. 定义函数块的局部变量

双击打开 FB1,用鼠标往下拉动程序编辑器的分隔条,分隔条上面是函数块的接口区,生成的局部变量如图 10-6 所示,FB1 的背景数据块如图 10-7 所示。

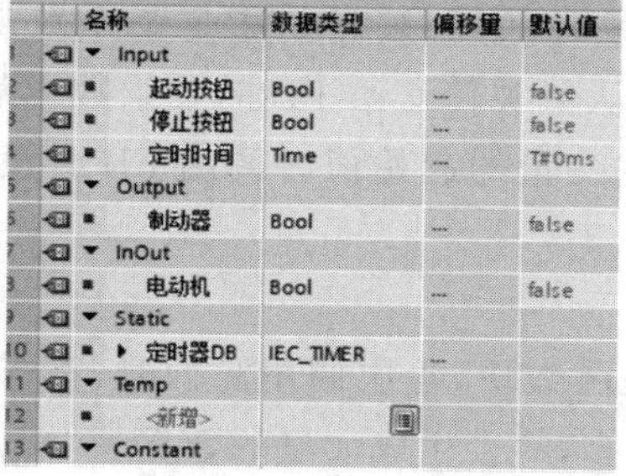

	名称	数据类型	偏移量	默认值
1	▼ Input			
2	起动按钮	Bool	...	false
3	停止按钮	Bool	...	false
4	定时时间	Time	...	T#0ms
5	▼ Output			
6	制动器	Bool	...	false
7	▼ InOut			
8	电动机	Bool	...	false
9	▼ Static			
10	▶ 定时器DB	IEC_TIMER		
11	▼ Temp			
12	<新增>			
13	▼ Constant			

电动机控制

图 10-6　FB1 的接口区

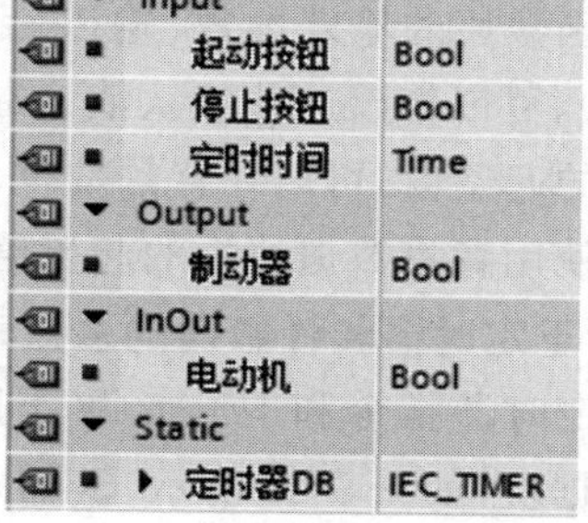

▼ Input		
起动按钮	Bool	
停止按钮	Bool	
定时时间	Time	
▼ Output		
制动器	Bool	
▼ InOut		
电动机	Bool	
▼ Static		
▶ 定时器DB	IEC_TIMER	

图 10-7　FB1 的背景数据块

IEC 定时器、计数器实际上是函数块,方框上面是它的背景数据块。如果 FB 中 IEC 定时器、计数器的背景数据块是一个固定的数据块,那么在同时多次调用 FB1 时,该数据块将会被同时用于两处或多处。这犯了程序设计的大忌,程序运行时将会出错。为了解决这一问题,在块接口中生成了数据类型为 IEC_TIMER 的静态变量"定时器 DB"(如图 10-6 所示),用它提供定时器 TOF 的背景数据。其内部结构如图 10-8 所示,与图 9-13 中 IEC 定时器的背景数据块中的变量相同。每次调用 FB1 时,在 FB1 不同的背景数据块中,不同的被控对象都有用来保存 TOF 的背景数据的静态变量"定时器 DB"。

名称	数据类型	偏移量	起始值
▼ Static			
▼ 定时器DB	IEC_TIMER	10.0	
PT	Time	14.0	T#0ms
ET	Time	18.0	T#0ms
IN	Bool	22.1	false
Q	Bool	22.2	false

图 10-8　定时器 DB 的内部变量

4. FB1 的控制要求与程序

FB1 的控制要求如下:用输入参数"起动按钮"和"停止按钮"控制 InOut 参数"电动机"(如图 10-9 所示)。按下停止按钮,断开延时定时器(TOF)开始定时,输出参数"制动器"为 1 状态,经过输入参数"定时时间"设置的时间预设值后,停止制动。

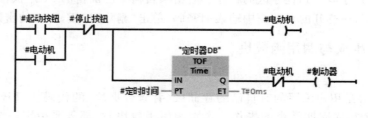

图 10-9　FB1 的程序

在 TOF 定时期间,每个扫描周期执行完 FB1 之后,都需要保存"定时器 DB"中的数据。函数块执行完后,下一次重新调用它时,其 Static(静态)变量的值保持不变。所以"定时器 DB"必须是静态变量,不能在函数块的临时数据区(Temp 区)生成数据类型为 IEC_TIMER 的变量。

函数块的背景数据块中的变量就是它对应的 FB 接口区中的 Input、Output、InOut 参数和 Static 变量(如图 10-6 和图 10-7 所示)。函数块上述的数据因为用背景数据块保存,在函数块执行完后也不会丢失,以供下次执行时使用。其他代码块也可以访问背景数据块中的变量。不能直接删除和修改背景数据块中的变量,只能在它对应的函数块的接口区中删除和修改这些变量。

生成函数块的输入参数、输出参数和静态变量时,它们被自动指定一个默认值(如图 10-6 所示),可以修改这些默认值。局部变量的默认值被传送给 FB 的背景数据块,作为同一个变量的起始值,可以在背景数据块中修改上述变量的起始值。调用 FB 时没有指定实参的形参使用背景数据块中的起始值。

5. 用于定时器和计数器的多重背景

IEC 定时器指令和 IEC 计数器指令实际上是函数块,每次调用它们时,都需要指定一个背景数据块(如图 9-22 所示)。如果这类指令很多,将会生成大量的数据块"碎片"。为了解决这个问题,在函数块中使用定时器、计数器指令时,可以在函数块的接口区定义数据类型为 IEC_Timer(IEC 定时器)或 IEC_Counter(IEC 计数器)的静态变量(如图 10-6 中的"定时器 DB"),用它们来提供定时器和计数器的背景数据。这种程序结构被称为多重背景或多重实例。

将定时器 TON 方框拖放到 FB1 的程序区,出现"调用选项"对话框(如图 10-10 所示)。单击选中"多重背景",用选择框选中列表中的"定时器 DB",用 FB1 的静态变量"定时器 DB"提供 TON 的背景数据。这样处理后,多个定时器或计数器的背景数据被包含在它们所在的函数块的背景数据块中,而不需要为每个定时器或计数器设置一个单独的背景数据块。这减少了背景数据块的个数,能更合理地利用存储空间。此外,"顺便"解决了多次调用使用固定的背景数据块的定时器、计数器的函数块 FB1 带来的问题。

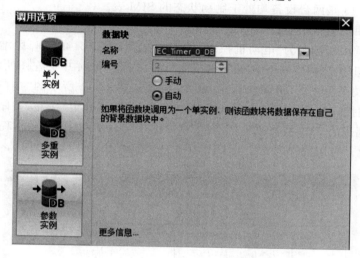

图 10-10　"调用选项"对话框

6. 在 OB1 中调用 FB1

在 PLC 变量表中生成两次调用 FB1 使用的符号地址(如图 10-11 所示)。将项目树中的 FB1 拖放到程序区的水平"导线"上(如图 10-12 所示)。在出现的"调用选项"对话框中,输入背景数据块的名称。单击"确定"按钮,自动生成 FB1 的背景数据块。为各形参指定实参时,既可以使用变量表或全局数据块中定义的符号地址,也可以使用尚未定义的绝对地址,然后在变量表中修改自动生成的符号的名称。

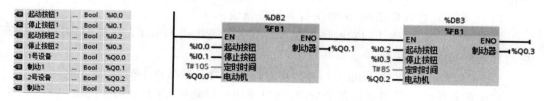

图 10-11　PLC 变量表　　　　　　图 10-12　OB1 调用 FB1 的程序

7. 调用函数块的仿真实验

选中项目树中的 PLC_1,单击工具栏上的"启动仿真"按钮 ,打开 S7-PLCSIM。将程序下载到仿真 PLC,使后者进入 RUN 模式。在 S7-PLCSIM 的项目视图中生成一个新的项目,打开项目树中的"SIM 表格_1",生成 IB0 和 QB0 的 SIM 表条目(如图 10-13 所示)。

名称	地址	显示格式	监视/修改值	位		一致修改	
▶ -...	%IB0	十六进制	16#00	□□□□□□□□		16#00	□
▶ -...	%QB0	十六进制	16#0A	□□□□☑□☑□		16#00	□

图 10-13　S7-PLCSIM 的 SIM 表格_1

两次单击 I0.0(起动按钮 1)对应的小方框,Q0.0(1 号设备)变为 1 状态。两次单击 I0.1(停止按钮 1)对应的小方框,Q0.0 变为 0 状态,Q0.1(制动 1)变为 1 状态。经过参数"定时时间"设置的时间后 Q0.1 变为 0 状态。可以令两台设备几乎同时起动、同时停车和制动延时,图 10-13 是两台设备均处于制动状态的 SIM 表。

8. 修改调用的函数块接口

在 OB1 中调用符号名为"电动机控制"的 FB1 之后,在 FB1 的接口区增加了输入参数"定时时间",OB1 中被调用的 FB1 的字符变为红色(如图 10-14 中的左图所示)。右击出错的 FB1,执行快捷菜单中的"更新块调用"命令,出现如图 10-14 所示的"接口同步"对话框,显示出原有的块接口和增加了输入参数后的块接口。单击"确定"按钮,关闭"接口同步"对话框。OB1 中调用的 FB1 被修改为新的接口(如图 10-14 中的右图所示),程序中 FB1 的红色字符变为黑色。可用同样的方法处理图 10-12 右边的 FB1 的调用错误。

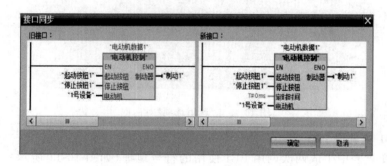

图 10-14　"接口同步"对话框

9. 函数与函数块的区别

FB 和 FC 均为用户编写的子程序,接口区中均有 Input、Output、InOut 参数和 Temp 数据。FC 的返回值实际上属于输出参数。下面是 FC 和 FB 的区别。

1)函数没有背景数据块,函数块有背景数据块。

2)只能在函数内部访问它的局部变量。其他代码块或 HMI(人机界面)可以访问函数块的背景数据块中的变量。

3)函数没有静态变量(Static),函数块有保存在背景数据块中的静态变量。

若函数有执行完后需要保存的数据,则只能用全局数据区(如全局数据块和 M 区)来保存。若块的内部使用了全局变量,则在移植时需要重新统一分配所有的块内部使用的全局变量的地址,以保证不会出现地址冲突。当程序很复杂,代码块很多时,这种重新分配全局变量地址的工作量非常大,也很容易出错。

若函数或函数块的内部不使用全局变量,只使用局部变量,则不需要做任何修改,就可以将块移植到其他项目。这样的块具有很好的可移植性。

若代码块有执行完后需要保存的数据,则应使用函数块,而不是函数。

4) 函数块的局部变量(不包括 Temp)有默认值(初始值),函数的局部变量没有默认值。在调用函数块时可以不设置某些有默认值的输入、输出参数的实参,在这种情况下将使用这些参数在背景数据块中的起始值,或使用上一次执行后的参数值。这可以简化调用函数块的操作。调用函数时应给所有的形参指定实参。

5) 函数块的输出参数值不仅与来自外部的输入参数有关,还与用静态数据保存的内部状态数据有关。函数因为没有静态数据,相同的输入参数产生相同的执行结果。

10. 组织块与函数和函数块的区别

出现事件或故障时,由操作系统调用对应的组织块(OB),函数(FC)和函数块(FB)是用户程序在代码块中调用的。组织块没有输出参数、InOut 参数和静态数据,它的输入参数是操作系统提供的启动信息。用户可以在组织块的接口区生成临时变量和常量。组织块中的程序是用户编写的。

10.1.3　多重背景

在项目"多重背景"中生成与 10.1.2 节相同的名为"电动机控制"的函数块 FB1,其接口区和程序分别如图 10-6 和图 10-9 所示,去掉 FB1"优化的块访问"属性。

为了实现多重背景,生成一个名为"多台电动机控制"的函数块 FB3,去掉 FB3"优化的块访问"属性。在它的接口区生成两个数据类型为"电动机控制"的静态变量"1 号电动机"和"2 号电动机"(如图 10-15 所示)。每个静态变量内部的输入参数、输出参数等局部变量是自动生成的,与 FB1"电动机控制"的静态变量参数相同。

		名称	数据类型	偏移量	默认值
		多台电动机控制			
1		▶ Input			
2		▶ Output			
3		▶ InOut			
4		▼ Static			
5		▼ 1号电动机	"电动机控制"		
6		▼ Input			
7		起动按钮	Bool		false
8		停止按钮	Bool		false
9		定时时间	Time		T#0ms
10		▼ Output			
11		制动器	Bool		false
12		▼ InOut			
13		电动机	Bool		false
14		▼ Static			
15		Static_1			
16		▶ 2号电动机	"电动机控制"		

图 10-15　FB3 的接口区与 OB1 调用 FB3 的程序

双击打开 FB3,调用 FB1"电动机控制"(如图 10-16 所示),出现"调用选项"对话框(如图 10-15 所示)。单击选中"多重实例 DB"(多重背景 DB),对话框中有对多重背景的解释。单击"接口参数中的名称"选择框右边的按钮 ▤,选中列表中的"1 号电动机",用 FB3 的静态变量"1 号电动机"(如图 10-15 所示)提供数据类型为"电动机控制"的 FB1 的背景数据。用同样的方法在 FB3 中再次调用 FB1,用 FB3 的静态变量"2 号电动机"提供 FB1 的背景数据。

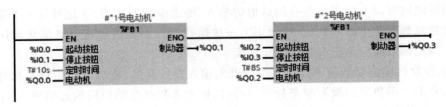

图 10-16　在 FB3 中两次调用 FB1

在 OB1 中调用 FB3"多台电动机控制",其背景数据块为"电动机控制 DB"(DB3)。FB3 的背景数据块与图 10-15 中 FB3 的接口区均只有静态变量"1 号电动机"和"2 号电动机"。两次调用 FB1 的背景数据都在 FB3 的背景数据块 DB3 中。

选中项目树中的 PLC_1,单击工具栏上的"启动仿真"按钮██,打开 S7-PLCSIM。将程序下载到仿真 PLC,后者进入 RUN 模式。在 S7-PLCSIM 的项目视图中生成一个新的项目,打开项目树中的"SIM 表格_1",在表中生成 IB0 和 QB0 的 SIM 表条目(如图 10-17 所示)。

名称	地址	显示格式	监视/修改值	位	一致修改	
▶ -...	%IB0	十六进制	16#00	☐☐☐☐☐☐☐☐	16#00	☐
▶ -...	%QB0	十六进制	16#0A	☐☐☐☐☑☐☑☐	16#00	☐

图 10-17　S7-PLCSIM 的 SIM 表格_1

两次单击 I0.0(起动按钮 1),Q0.0(1 号设备)变为 1 状态。两次单击 I0.1(停止按钮 1),Q0.0 变为 0 状态,Q0.1(制动 1)变为 1 状态。经过参数"定时时间"设置的时间后 Q0.1 变为 0 状态。可以令两台设备几乎同时起动、同时停车和制动延时。

10.2　数据类型与间接寻址

10.2.1　数据类型

1. 数据类型的分类
(1) 参数类型
参数类型是传递给被调用块的形参的数据类型。参数类型 Void 不保存数值,它用于函数不需要返回值的情况(见图 10-1 中自动生成的返回值"计算变量"的数据类型)。
(2) 系统数据类型
系统数据类型(SDT)由系统提供,可供用户使用,具有不能更改的预定义的结构。TIA 博途的帮助给出了系统数据类型和硬件数据类型详细的说明。
下面是部分系统数据类型:IEC 定时器指令的定时器结构 IEC_TIMER;数据类型为 SInt、USInt、UInt、Int、DInt 和 UDInt 的计数器指令的计数器结构;用于 GET_ERROR 指令的错误信息结构 ErrorStruct;RCV_GFG 指令用于定义数据接收的开始条件和结束条件的 CONDITIONS，TADDR_Param、TCON_Param 用于存储 PROFINET 开放式用户通信的连接描述数据块的结构。HSC_Period 用于高速计数器的 CTRL_HSC_EXT 指令。

（3）硬件数据类型

硬件数据类型由 CPU 提供，与硬件组态时模块的设置有关。它用于识别硬件元件、事件和中断 OB 等与硬件有关的对象。用户程序使用与模块有关的指令时，用硬件数据类型的常数来作指令的参数。

PLC 变量表的"系统常量"选项卡列出了项目中的硬件数据类型变量的值，即硬件组件和中断事件的标识符。其中的变量与项目中组态的硬件结构和组件的型号有关。例如，高速计数器的硬件数据类型为 HwHsc。

2. 数据类型的转换方式

用户程序中的操作与特定长度的数据对象有关。例如，位逻辑指令使用位（bit）数据，MOVE 指令使用字节、字和双字数据。

一个指令中有关的操作数的数据类型应是协调一致的，这一要求也适用于块调用时的参数设置。如果操作数具有不同的数据类型，那么应对它们进行转换，有隐式转换、显示转换两种不同的转换方式。

（1）隐式转换

隐式转换是在执行指令时自动地进行转换。

如果操作数的数据类型兼容，将自动执行隐式转换。不能将 Bool 隐式转换为其他数据类型，源数据类型的位长度不能超过目标数据类型的位长度。兼容性测试可以使用两种标准：

1）进行 IEC 检查（默认），采用严格的兼容性规则，允许转换的数据类型较少。

2）不进行 IEC 检查，兼容性测试采用不太严格的标准，允许转换的数据类型较多。

可以在博途的帮助中搜索"数据类型转换概述"，以获取有关的详细信息。

（2）显式转换

显式转换是在执行指令之前使用转换指令进行转换。

操作数不兼容时，不能执行隐式转换，可以使用显式转换指令。转换指令在指令列表的"数学函数""转换操作"和"字符串＋字符"文件夹中。

显式转换的优点是可以检查出所有不符合标准的问题，并用 ENO 的状态指示出来。

3. 设置 IEC 检查功能

若激活了"IEC 检查"，则在执行指令时会采用严格的数据类型兼容性标准。

（1）设置对项目中所有新的块进行 IEC 检查

执行"选项"菜单中的"设置"命令，选中出现的"设置"编辑器左边窗口的"PLC 编程"中的"常规"组（如图 10-18 所示），用复选框选中右边窗口"新块的默认设置"区中的"IEC 检查"，新生成的块默认的设置将使用 IEC 检查。

（2）设置单独的块进行 IEC 检查

若没有设置对项目中所有的新块进行 IEC 检查，则可以设置对单独的块进行 IEC 检查。右击项目树中的某个代码块，执行快捷菜单中的"属性"命令，选中打开的对话框左边窗口的"属性"组（如图 10-18 所示），用右边窗口中的"IEC 检查"复选框激活或取消这个块的 IEC 检查功能。

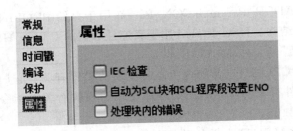

图 10-18　设置块的属性

10.2.2　间接寻址

1. 使用 FieldRead 与 FieldWrite 指令的间接寻址

生成名为"间接寻址"的项目,CPU 为 CPU 1214C。生成名为"数据块 1"的全局数据块 DB1,在 DB1 中生成名为"数组 1"的数组,其数据类型为 Array[1..5]ofInt(这两条指令在指令列表的文件夹"\移动操作\原有"中)。

单击生成的指令框中的"???",用下拉式列表设置要写入或读取的数据类型为 Int(如图 10-19 所示)。两条指令的参数 MEMBER 的实参必须是上述数组的第一个元素"数据块 1". 数组 1[1]。

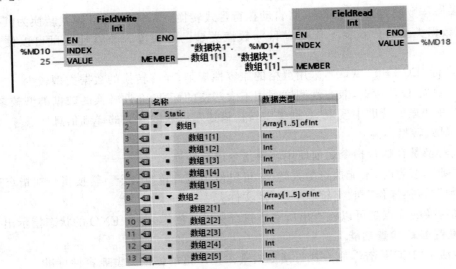

图 10-19　间接寻址的程序与数据块

指令的输入参数索引值"INDEX"是要读/写的数组元素的下标,数据类型为 DInt(双整数)。参数"VALUE"是要写入数组元素的操作数或保存读取的数组元素的值的地址。

选中项目树中的 PLC_1,单击工具栏上的"启动仿真"按钮,打开 S7-PLCSIM。将程序下载到仿真 PLC,后者进入 RUN 模式。打开 OB1,单击工具栏上的按钮,启动程序状态监视功能。

右击指令 FieldWrite 的输入参数 INDEX 的实参 MD10,执行出现的快捷菜单中的命令"修改"→"修改值",用出现的"修改"对话框将 MD10 的值修改为 3。启用数据块 1 的监视功能(如图 10-19 所示),可以看到输入参数 VALUE 的值 25 被写入下标为 3 的数组元素"数据块 1". 数组 1[3]。再次修改 INDEX 的值,VALUE 的值将被写入 INDEX 对应的数组元素。

用上述方法设置指令 FieldRead 的输入参数 INDEX 的值为 3,输出参数 VALUE 的实参 MW18 中是读取的下标为 3 的数组元素"数据块 1". 数组 1[3]的值。

2. 使用 MOVE 指令的间接寻址

要寻址数组的元素,既可以用常量作下标,也可以用 DInt 数据类型的变量作下标。可以用多个变量作多维数组的下标,实现多维数组的间接寻址。

图 10-20 左边的 MOVE 指令的功能类似于图 10-19 中的 FieldWrite 指令。修改参数 OUT1 的实参"数据块 1". 数组 2["下标 3"]中的"下标 3"(MD30)的值,就可以改写"数据块 1". 数组 2 中不同下标的元素的值。

图 10-20 右边的 MOVE 指令的功能类似于图 10-19 中的 FieldRead 指令。修改参数 IN 的实参"数据块 1". 数组 2["下标 4"]中的"下标 4"(MD34)的值,就可以读取"数据块 1". 数组 2 中不同下标的元素的值。

图 10-20　使用 MOVE 指令的间接寻址程序

图 10-19 和图 10-20 中的程序的仿真调试方法相同。

刚进入 RUN 模式时,变量"下标 3"和"下标 4"的值为默认值 0,超出了数组 2 定义的范围,出现了区域长度错误,CPU 的 ERRORLED 闪烁。令"下标 3"和"下标 4"的值为 1~5 之后,错误消失,ERRORLED 熄灭。为了避免出现上述错误,可将数组下标的起始值设置为 1。

3. 使用间接寻址的循环程序

循环程序用来完成多次重复的操作。S7-1200 的 SCL 语言有用于循环程序的指令,但是梯形图语言没有循环程序专用的指令。为了用梯形图编写循环程序,可以用 FieldRead 指令或 MOVE 指令实现间接寻址,用普通指令来编写循环程序。

在项目"间接寻址"的 DB1 中生成有 5 个 DInt 元素的数组"数组 3",数据类型为 Array[1..5]ofDInt(如图 10-23 所示),设置各数组元素的初始值。

生成一个名为"累加双字"的函数 FC1,图 10-21 是其接口区中的局部变量。参数"数组 IN"的数据类型为 Array[1..5]ofDInt,其实参(数据块 1 中的数组 3)应与它的结构完全相同。

FC1 的程序首先将变量"累加结果"清零(如图 10-22 所示),设置数组下标的初始值为 1,程序段 2 的跳转标签 Back 表示循环的开始。指令 FieldRead 用来实现间接寻址,其参数 INDEX 是要读/写的数组元素的下标。参数 MEMBER 的实参"数组 IN[1]"是数据类型为数组的输入参数"数组 IN"的第一个元素,参数 VALUE 中是读取的数组元素的值。

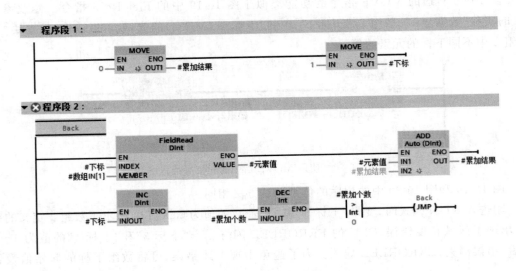

		名称	数据类型
1		▼ Input	
2		▶ 数组IN	Array[1..5] of DInt
3		▼ Output	
4		累加结果	Bool
5		▼ InOut	
6		累加个数	Int
7		▼ Temp	
8		下标	DInt
9		元素值	DInt
10		▶ Constant	
11		▶ Return	

图 10-21 FC1 的接口区

图 10-22 FC1 的程序

读取数组元素值后,将它与输出参数"累加结果"的值相加,将数组的下标(临时变量"下标")加 1,它指向下一个数组元素,为下一次循环做好准备。将作为循环次数计数器的"累加个数"减 1。减 1 后若非 0,则返回标签 Back 处,开始下一次循环的操作。减 1 后若为 0,则结束循环。

在 OB1 中调用 FC1"累加双字"(如图 10-23 中的上图所示),求数据块 1 中的数组 3 从第一个元素开始,若干个数组元素之和,运算结果用 MD20("累加值")保存。

将程序下载到仿真 PLC,CPU 切换到 RUN 模式。用 MW24 设置求和的数组元素的个数为 5,FC1 中设置的数组元素的下标的起始值为 1。单击监控表工具栏上的按钮（如图 10-23 下图的左半部分所示),启动监视功能。首先令"累加启动"信号 M2.0 的修改值为 0(FALSE),单击按钮,将修改值写入 CPU。再令 M2.0 的修改值为 1(TRUE),将修改值写入 CPU 以后,在 M2.0 的上升沿调用 FC1"累加双字"(如图 10-23 的上图所示),通过循环程序计算出数组 3 的 5 个元素(如图 10-23 所示)的累加和为 15。

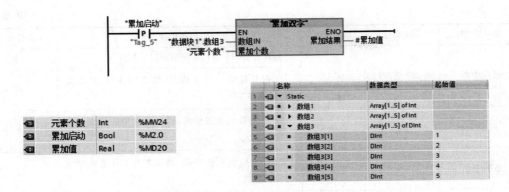

图 10-23　OB1 调用 FC1 的程序、监控表与数据块 1

10.3　中断事件与中断指令

10.3.1　事件与组织块

1. 启动组织块的事件

组织块(OB)是操作系统与用户程序的接口,出现启动组织块的事件时,由操作系统调用对应的组织块。若当前不能调用 OB,则按照事件的优先级将其保存到队列。若没有为该事件分配 OB,则会触发默认的系统响应。启动组织块的事件的属性见表 10-1,OB 优先级为 1 的优先级最低。

若插入/拔出中央模块,或超出最大循环时间的两倍,则 CPU 会切换到 STOP 模式。系统忽略过程映像更新期间出现的 I/O 访问错误。块中有编程错误或 I/O 访问错误时,保持 RUN 模式不变。

启动事件与程序循环事件不会同时发生,在启动期间,只有诊断错误事件能中断启动事件,其他事件将进入中断队列,在启动事件结束后处理它们。OB 用局部变量提供启动信息。

2. 事件执行的优先级与中断队列

优先级、优先级组和队列用来决定事件服务程序的处理顺序。每个 CPU 事件都有它的优先级,表 10-1 给出了各类事件的优先级。优先级的编号越大,优先级越高。时间错误中断具有最高的优先级。

表 10-1　启动 OB 的事件

事件类型	OB 编号	OB 个数	启动事件	OB 优先级
程序循环	1 或≥123	≥1	启动或结束前一个程序循环 OB	1
启动	100 或≥123	≥0	从 STOP 切换到 RUN 模式	1
时间中断	≥10	最多 2 个	已达到启动时间	2
延时中断	≥20	做多 4 个	延时时间结束	3
循环中断	≥30		固定的循环时间结束	8

事件类型	OB 编号	OB 个数	启动事件	OB 优先级
硬件中断	40～47 或≥123	≤50	上升沿（≤16 个）、下降沿（≤16 个）	18
			HSC 计数值＝设定值，计数方向变化、外部复位，最多各 6 次	18
状态中断	55	0 或 1	CPU 接收到状态中断，例如从站中的模块更改了操作模式	4
更新中断	56	0 或 1	CPU 接收到更新中断，例如更改了从站或设备的插槽参数	4
制造商中断	57	0 或 1	CPU 接收到制造商或配置文件特定的中断	4
诊断错误中断	82	0 或 1	模块检测到错误	5
拔出/插入中断	83	0 或 1	拔出/插入分布式 I/O 模块	6
机架错误	86	0 或 1	分布式 I/O 的 I/O 系统错误	6
时间错误	80	0 或 1	超过最大循环时间，调用的 OB 仍在执行，错过时间中断，STOP 期间错过时间中断，中断队列溢出，因为中断负荷过大丢失中断	22

事件一般按优先级的高低来处理，先处理高优先级的事件。优先级相同的事件按"先来先服务"的原则来处理。S7-1200 从 V4.0 开始，可以用 CPU 的"启动"属性中的复选框"OB 应该可中断"（如图 9-18 所示）设置 OB 是否可以被中断。

优先级大于或等于 2 的 OB 将中断循环程序的执行。若设置为可中断模式，则优先级为 2～25 的 OB 可被优先级高于当前运行的 OB 的任何事件中断。优先级为 26 的时间错误会中断所有其他的 OB。如果未设置可中断模式，优先级为 2～25 的 OB 不能被任何事件中断。

如果执行可中断 OB 时发生多个事件，CPU 将按照优先级顺序处理这些事件。

3. 用 DIS_AIRT 与 EN_AIRT 指令禁止与激活中断

使用指令 DIS_AIRT，将延时处理优先级高于当前组织块的中断 OB。输出参数 RET_VAL 返回调用 DIS_AIRT 的次数。

发生中断时，调用指令 EN_AIRT，可以启用以前被 DIS_AIRT 指令延时处理的组织块。要取消所有的延时，EN_AIRT 的执行次数必须与 DIS_AIRT 的调用次数相同。

10.3.2 初始化组织块与循环中断组织块

1. 程序循环组织块

主程序 OB1 属于程序循环 OB，CPU 在 RUN 模式时循环执行 OB1，可以在 OB1 中调用 FC 和 FB。其他程序循环 OB 的编号应大于或等于 123，CPU 按程序循环 OB 编号的顺序执行它们。一般只需要一个程序循环 OB（OB1）。程序循环 OB 的优先级最低，其他事件都可以中断它们。

打开 STEP7 的项目视图，生成一个名为"启动组织块与循环中断组织块"的新项目，CPU 的型号为 CPU 1214C。

打开项目视图中的文件夹"\PLC_1\程序块",双击其中的"添加新块",单击打开的对话框中的"组织块"按钮(如图 10-24 所示),选中列表中的"Program cycle",生成一个程序循环组织块。OB 默认的编号为 123,语言为 LAD(梯形图),默认的名称为 Main_1。单击"确定"按钮,生成 OB123,可以在项目树的文件夹"\PLC_1\程序块"中看到新生成的 OB123。

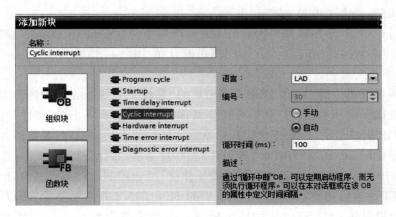

图 10-24　生成循环中断组织块

分别在 OB1 和 OB123 中生成简单的程序(如图 10-25 和图 10-26 所示),将它们下载到 CPU,CPU 切换到 RUN 模式后,可以用 I0.4 和 I0.5 分别控制 Q1.0 和 Q1.1,说明 OB1 和 OB123 均被循环执行。

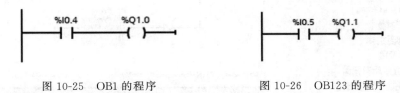

图 10-25　OB1 的程序　　　　　图 10-26　OB123 的程序

2. 启动组织块

启动组织块用于系统初始化,CPU 从 STOP 切换到 RUN 时,执行一次启动 OB。执行完后,将外设输入状态复制到过程映像输入区,将过程映像输出区的值写到外设输出,然后开始执行 OB1。允许生成多个启动 OB,默认的是 OB100,其他启动 OB 的编号应大于或等于 123。一般只需要一个启动组织块。

用前述方法生成启动(Startup)组织块 OB100。OB100 中的初始化程序如图 10-27 所示。将它下载到 CPU,将 CPU 切换到 RUN 模式后,可以看到 QB0 的值被 OB100 初始化为 7,其最低 3 位为 1。

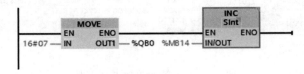

图 10-27　OB100 的程序

该项目的 M 区没有设置保持功能,暖启动时 M 区的存储单元的值均为 0。在监控时看到 MB14 的值为 1,说明只执行了一次 OB100,是 OB100 中的 INC 指令使 MB14 的值加 1。

3. 循环中断组织块

循环中断组织块以设定的循环时间(1～60 000 ms)周期性地执行,而与程序循环 OB 的执行无关。循环中断和延时中断组织块的个数之和最多允许 4 个,循环中断 OB 的编号应为 OB30～OB38,或大于等于 123。

双击项目树中的"添加新块",选中出现的对话框中的"Cyclic interrupt",默认的编号为 OB30。将循环中断的时间间隔(循环时间)由默认值 100 ms 修改为 1 000 ms(如图 10-24 所示)。

双击打开项目树中的 OB30,选中巡视窗口的"属性＞常规＞循环中断"(如图 10-28 所示),可以设置循环时间和相移。相移是相位偏移的简称,用于防止循环时间有公倍数的几个循环中断 OB 同时启动,导致连续执行中断程序的时间太长,相移的默认值为 0。

如果循环中断 OB 的执行时间大于循环时间,将会启动时间错误 OB。

图 10-28 中的程序用于控制 8 位彩灯循环移位,I0.2 控制彩灯是否移位,I0.3 控制移位的方向。在 CPU 运行期间,可以使用 OB1 中的 SET_CINT 指令重新设置循环中断的循环时间 CYCLE 和相移 PHASE(如图 10-29 所示),时间的单位为 μs;使用 QRY_CINT 指令可以查询循环中断的状态。这两条指令在"扩展指令"窗格的"中断"文件夹中。

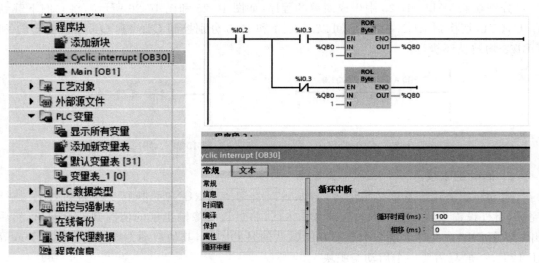

图 10-28 循环中断组织块 OB30

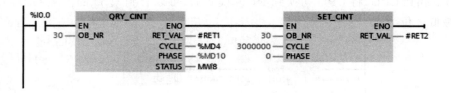

图 10-29 查询与设置循环中断

单击工具栏上的"启动仿真"按钮，打开 S7-PLCSIM。将程序下载到仿真 PLC,后者进入 RUN 模式。在 S7-PLCSIM 的项目视图中生成一个新的项目,在 SIM 表格_1 中生成

IB0 和 QB0 的 SIM 表条目(如图 10-30 所示),由于 OB100 的作用,QB0 的初始值为 7,其低 3 位为 1。单击 I0.2 对应的小方框,使它变为 1 状态,彩灯循环左移。令 I0.3 为 1 状态,彩灯循环右移。

令 I0.0 为 1 状态,执行 QRY_CINT 指令和 SET_CINT 指令,将循环时间由 1 s 修改为 3 s。图 10-30 中的 MD4 是 QRY_CINT 指令读取的循环时间(单位为 μs),MB9 是读取的状态字 MW8 的低位字节,M9.4 为 1 表示已下载 OB30,M9.2 为 1 表示已启用循环中断。

名称	地址	显示格式	监视/修改值	位	一致修改	
▶ ‘…	%IB0	十六进制	16#04	□□□□□☑□□	16#00	□
▶ ‘…	%QB0	十六进制	16#07	□□□□□☑☑☑	16#00	□
‘…	%MD4	DEC	3000000		0	□
▶ ‘…	%MB9	十六进制	16#14	□□□☑□☑□□	16#00	□

图 10-30　S7-PLCSIM 的 SIM 表格_1

10.3.3　时间中断组织块

1. 时间中断的功能

时间中断又称为"日时钟中断",它用于在设置的日期和时间产生一次中断,或者从设置的日期时间开始,周期性地重复产生中断,例如每分钟、每小时、每天、每周、每月、每月末、每年产生一次时间中断。可以用专用的指令来设置、激活和取消时间中断。时间中断 OB 的编号应为 10~17,或大于等于 123。

在项目视图中生成一个名为"时间中断例程"的新项目,CPU 为 CPU 1214C。

打开项目视图中的文件夹"\PLC_1\程序块",添加一个名为"Timeofday"(日时钟)的组织块,它又称为时间中断组织块,默认的编号为 10,默认的语言为 LAD(梯形图)。

2. 程序设计

时间中断有关的指令在指令列表的"扩展指令"窗格的"中断"文件夹中。在 OB1 中调用指令 QRY_TINT 来查询时间中断状态(如图 10-31 所示),读取的状态字用 MW8 保存。

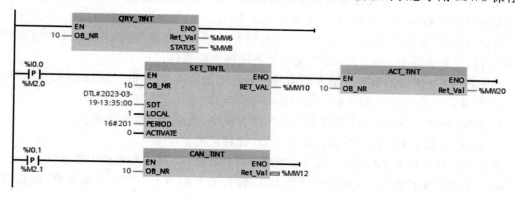

图 10-31　OB1 的程序

在 I0.0 的上升沿,调用指令 SET_TINTL 和 ACT_TINT 来分别设置和激活时间中断 OB10。在 I0.1 的上升沿,调用指令 CAN_TINT 来取消时间中断。

上述指令的参数 OB_NR 是组织块的编号,SET_TINT 用来设置时间中断,它的参数

SDT 是开始产生中断的日期和时间。参数 LOCAL 为 TRUE(1)和 FALSE(0)分别表示使用本地时间和系统时间。参数 PERIOD 用来设置执行的方式,16♯0201 表示每分钟产生一次时间中断。参数 ACTIVATE 为 1 时,该指令设置并激活时间中断;为 0 时,仅设置时间中断,需要调用指令 ACT_TINT 来激活时间中断。RET_VAL 是执行时可能出现的错误代码,为 0 时无错误。图 10-31 中的程序用 ACT_TINT 来激活时间中断。

图 10-32 是 OB10 中的程序,每调用一次 OB10,将 MB4 加 1。

3. 仿真实验

打开仿真软件 S7-PLCSIM,生成一个新的仿真项目。打开 SIM 表格_1,生成 IB0、MB4 和 MB9 的 SIM 表条目(如图 10-33 所示),MB9 是 QRY_TINT 读取的状态字 MW8 的低位字节。下载所有的块后,仿真 PLC 切换到 RUN 模式,M9.4 为 1 状态,表示已经下载了 OB10。两次单击 I0.0,设置和激活时间中断。M9.2 为 1 状态,表示时间中断已被激活。若设置的是已经过去的日期和时间,则 CPU 会在 0 秒时每分钟调用一次 OB10,将 MB4 加 1。两次单击 I0.1 对应的小方框,在 I0.1 的上升沿,时间中断被禁止,M9.2 变为 0 状态,MB4 停止加 1。两次单击 I0.0 对应的小方框,在 I0.0 的上升沿,时间中断被重新激活,M9.2 变为 1 状态,MB4 每分钟又被加 1。

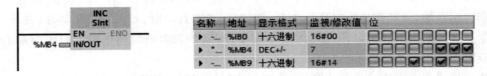

图 10-32　OB10 的程序　　　　图 10-33　S7-PLCSIM 的 SIM 表格_1

10.3.4　硬件中断组织块

1. 硬件中断事件与硬件中断组织块

硬件中断组织块用于处理需要快速响应的过程事件。出现硬件中断事件时,立即中止当前正在执行的程序,改为执行对应的硬件中断 OB。

最多可以生成 50 个硬件中断 OB,在硬件组态时定义中断事件,硬件中断 OB 的编号应为 40～47,或大于等于 123。S7-1200 支持下列硬件中断事件。

1)CPU 某些内置的数字量输入和信号板的数字量输入的上升沿事件和下降沿事件。

2)高速计数器(HSC)的当前计数器值等于设定值。

3)HSC 的方向改变,即计数器值由增大变为减小,或由减小变为增大。

4)HSC 的数字量外部复位输入的上升沿,计数值被复位为 0。

若在执行硬件中断 OB 期间,同一个中断事件再次发生,则新发生的中断事件丢失。

若一个中断事件发生,在执行该中断 OB 期间,又发生多个不同的中断事件,则新发生的中断事件进入排队,等待第一个中断 OB 执行完毕后依次执行。

2. 硬件中断事件的处理方法

1)给一个事件指定一个硬件中断 OB,这种方法最为简单方便,应优先采用。

2)多个硬件中断 OB 分时处理一个硬件中断事件(见 10.3.5 小节),需要用 DETACH 指令取消原有的 OB 与事件的连接,用 ATTACH 指令将一个新的硬件中断 OB 分配给中断事件。

3. 生成硬件中断组织块

打开项目视图，生成一个名为"硬件中断例程 1"的新项目。CPU 的型号为 CPU 1214C。

打开项目视图中的文件夹"\PLC_1\程序块"，双击其中的"添加新块"，单击打开的对话框中的"组织块"按钮（如图 10-24 所示），选中"Hardwareinterrupt"（硬件中断），生成一个硬件中断组织块，OB 的编号为 40，语言为 LAD（梯形图）。将块的名称修改为"硬件中断 1"。单击"确定"按钮，OB 块被自动生成和打开，用同样的方法生成名为"硬件中断 2"的 OB41。

4. 组态硬件中断事件

双击项目树的文件夹"PLC_1"中的"设备组态"，打开设备视图，首先选中 CPU，再选中巡视窗口的"属性＞常规"选项卡左边的"数字量输入"的通道 0（即 I0.0，如图 10-34 所示），勾选复选框启用上升沿检测功能。单击选择框"硬件中断"右边的按钮 ...，用下拉式列表将 OB40（硬件中断 1）指定给 I0.0 的上升沿中断事件，出现该中断事件时将调用 OB40。

用同样的方法，勾选复选框启用通道 1 的下降沿中断，并将 OB41 指定给该中断事件。如果选中"硬件中断"下拉式列表中的"—"，则表示没有 OB 连接到中断事件。

选中巡视窗口的"属性＞常规＞系统和时钟存储器"，启用系统存储器字节 MB1。

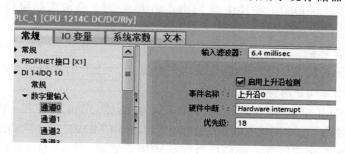

图 10-34　组态硬件中断事件

5. 编写 OB 的程序

在 OB40 和 OB41 中，分别用 M1.2 一直闭合的常开触点将 Q0.0:P 立即置位和立即复位（如图 10-35 和图 10-36 所示）。

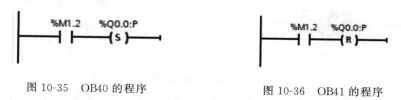

图 10-35　OB40 的程序　　　　　　图 10-36　OB41 的程序

6. 仿真实验

打开仿真软件 S7-PLCSIM，下载所有的块，仿真 PLC 切换到 RUN 模式。生成一个新的仿真项目，打开 SIM 表格_1，生成 IB0 和 QB0 的 SIM 表条目（如图 10-37 所示）。

两次单击 I0.0 对应的小方框，方框中出现对钩以后消失。在 I0.0 的上升沿，CPU 调用 OB40，将 Q0.0 置位为 1。两次单击 I0.1 对应的小方框，在方框中的对钩消失时（I0.1 的下降沿），CPU 调用 OB41，将 Q0.0 复位为 0。

名称	地址	显示格式	监视/修改值	位		一致修改	⚡
▶ -...	%IB0	十六进制	16#01	☐☐☐☐☐☐☐☑		16#00	☐
▶ -...	%QB0	十六进制	16#01	☐☐☐☐☐☐☐☑		16#00	☐

图 10-37　S7-PLCSIM 的 SIM 表格_1

10.3.5　中断连接指令与中断分离指令

1．ATTACH 指令与 DETACH 指令

将 OB 附加到中断事件指令 ATTACH 和将 OB 与中断事件分离指令 DETACH 分别用于在 PLC 运行时建立和断开硬件中断事件与中断 OB 的连接。

2．组态硬件中断事件

打开项目视图,生成一个名为"硬件中断例程 2"的新项目。CPU 的型号为 CPU1214C。打开项目视图中的文件夹"\PLC_1\程序块",双击其中的"添加新块",生成名为"硬件中断 1"和"硬件中断 2"的硬件中断组织块 OB40 和 OB41。

选中设备视图中的 CPU,再选中巡视窗口的"属性＞常规"选项卡左边的"数字量输入"的通道 0(即 I0.0,如图 10-34 所示),勾选复选框启用上升沿中断功能。单击选择框"硬件中断"右边的按钮 ...,将 OB40(硬件中断 1)指定给 I0.0 的上升沿中断事件。出现该中断事件时调用 OB40。

3．程序的基本结构

要求使用指令 ATTACH 和 DETACH,在出现 I0.0 上升沿事件时,交替调用硬件中断组织块 OB40 和 OB41,分别将不同的数值写入 QB0。

在 OB40 中,DETACH 指令断开 I0.0 上升沿事件与 OB40 的连接,ATTACH 指令建立 I0.0 上升沿事件与 OB41 的连接(如图 10-38 所示)。用 MOVE 指令给 QB0 赋值为 16#F。

打开 OB40,在程序编辑器上面的接口区生成两个临时局部变量 RET1 和 RET2,用来作指令 ATTACH 和 DETACH 的返回值的实参。返回值是指令的状态代码。

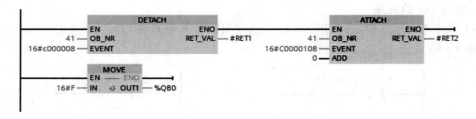

图 10-38　OB40 的程序

打开指令列表中的"扩展指令"窗格的"中断"文件夹,将其中的指令 DETACH 拖放到程序编辑器,设置参数 OB_NR(组织块的编号)为 40。

双击中断事件 EVENT 左边的红色问号,然后单击出现的按钮 📄,选中出现的下拉式列表中的中断事件"上升沿 0"(I0.0 的上升沿事件),其代码值为 16#C0000108。在 PLC 默认的变量表的"系统常量"选项卡中,也能找到"上升沿 0"的代码值。DETACH 指令用来断开 I0.0 的上升沿中断事件与 OB40 的连接。

图 10-38 中的 ATTACH 指令将参数 OB_NR 指定的 OB41 连接到 EVENT 指定的事

件"上升沿 0"。在该事件发生时,将调用 OB41。参数 ADD 为默认值 0 时,指定的事件取代连接到原来分配给这个 OB 的所有事件。

下一次出现 I0.0 上升沿事件时,调用 OB41(如图 10-39 所示)。在 OB41 的接口区生成两个临时局部变量 RET1 和 RET2,DETACH 指令断开 I0.0 上升沿事件与 OB41 的连接,用 ATTACH 指令建立 I0.0 上升沿事件与 OB40 的连接。MOVE 指令给 QB0 赋值为 16#F0。

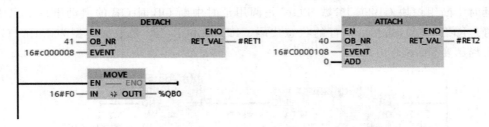

图 10-39　OB41 的程序

4. 仿真实验

打开仿真软件 S7-PLCSIM,下载所有的组织块,仿真 PLC 切换到 RUN 模式。生成一个新的仿真项目,打开 SIM 表格_1,生成 I0.0 和 QB0 的 SIM 表条目(如图 10-40 所示)。

图 10-40　S7-PLCSIM 的 SIM 表格_1

两次单击 I0.0 对应的小方框,在 I0.0 的上升沿,CPU 调用 OB40,断开 I0.0 的上升沿事件与 OB40 连接,将该事件与 OB41 连接。将 16#0F 写入 QB0,后者的低 4 位为 1。

两次单击 I0.0 对应的小方框,在 I0.0 的上升沿,CPU 调用 OB41,断开 I0.0 的上升沿事件与 OB41 的连接,该事件与 OB40 连接。将 16#F0 写入 QB0,后者的高 4 位为 1。

连续多次单击 I0.0 对应的小方框,由于 OB40 和 OB41 中的 ATTACH 和 DETACH 指令的作用,在 I0.0 奇数次的上升沿调用 OB40,QB0 被写入 16#0F(低 4 位为 1);在 I0.0 偶数次的上升沿调用 OB41,QB0 被写入 16#F0(高 4 位为 1)。

10.3.6　延时中断组织块

PLC 的普通定时器的工作过程与扫描工作方式有关,其定时精度较差。若需要高精度的延时,则应使用延时中断。在指令 SRT_DINT 的 EN 使能输入的上升沿,启动延时过程(如图 10-41 所示)。该指令的延时时间为 1～60 000 ms,精度为 1 ms。延时时间到时触发延时中断,调用指定的延时中断组织块。循环中断和延时中断组织块的个数之和最多允许 4 个,延时中断 OB 的编号应为 20～23,或大于等于 123。

1. 硬件组态

生成一个名为"延时中断例程"的新项目。CPU 的型号为 CPU 1214C。打开项目视图中的文件夹"\PLC_1\程序块",双击其中的"添加新块",生成名为"硬件中断"的组织块 OB40、名为"延时中断"的组织块 OB20 以及全局数据块 DB1。

选中设备视图中的 CPU,再选中巡视窗口的"属性＞常规"选项卡左边的"数字量输入"

的通道 0(即 I0.0,如图 10-34 所示),勾选复选框启用上升沿中断功能。单击"硬件中断"右边的按钮▦,用下拉式列表将 OB40 指定给 I0.0 的上升沿中断事件。

2.硬件中断组织块程序设计

在 I0.0 的上升沿触发硬件中断,CPU 调用 OB40,在 OB40 中调用指令 SRT_DINT 启动延时中断的延时(如图 10-41 所示),延时时间为 10 s。延时时间到时调用参数 OB_RN 指定的延时中断组织块 OB20。参数 SIGN 是调用延时中断 OB 时 OB 的启动事件信息中的标识符。RET_VAL 是指令执行的状态代码。RET1 和 RET2 是数据类型为 Int 的 OB40 的临时局部变量。

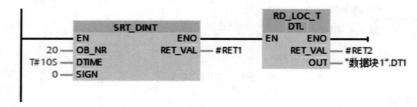

图 10-41 OB40 的程序

为了保存读取的定时开始和定时结束时的日期时间值,在 DB1 中生成数据类型为 DTL 的变量 DT1 和 DT2。在 OB40 中调用"读取本地时间"指令 RD_LOC_T,读取启动 10 s 延时的实时时间,用 DB1 中的变量 DT1 保存。

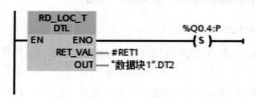

图 10-42 OB20 的程序

3.时间延迟中断组织块程序设计

在 I0.0 上升沿调用的 OB40 中启动时间延迟,延时时间到时调用时间延迟中断组织块 OB20。在 OB20 中调用 RD_LOC_T 指令(如图 10-42 所示),读取 10 s 延时结束的实时时间,用 DB1 中的变量 DT2 保存。同时将 Q0.4:P 立即置位。

4.OB1 的程序设计

在 OB1 中调用指令 QRY_DINT 来查询延时中断的状态字 STATUS(如图 10-43 所示),查询的结果用 MW8 保存,其低字节为 MB9。OB_NR 的实参是 OB20 的编号。

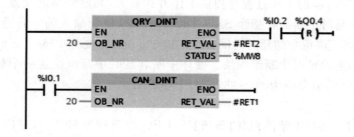

图 10-43 OB1 的程序

在延时过程中,在 I0.1 为 1 状态时调用指令 CAN_DINT 来取消延时中断过程。在

I0.2 为 1 状态时复位 Q0.4。

5．仿真实验

打开仿真软件 S7-PLCSIM，下载所有的块。生成一个新的仿真项目，打开 SIM 表格_1，生成 IB0、QB0 和 MB9 的 SIM 表条目（如图 10-44 所示）。仿真 PLC 切换到 RUN 模式时，M9.4 马上变为 1 状态，表示 OB20 已经下载到 CPU。

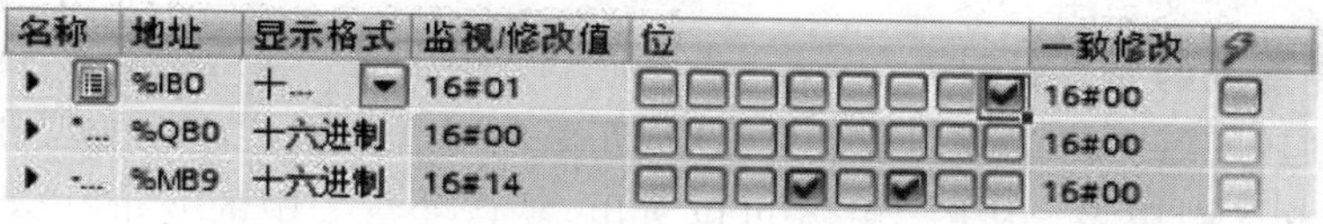

名称	地址	显示格式	监视/修改值	位	一致修改	
▶ 🗔	%IB0	十… ▼	16#01	☐☐☐☐☐☐☐☑	16#00	☐
▶ `…`	%QB0	十六进制	16#00	☐☐☐☐☐☐☐☐	16#00	☐
▶ `…`	%MB9	十六进制	16#14	☐☐☐☑☐☑☐☐	16#00	☐

图 10-44　S7-PLCSIM 的 SIM 表格_1

打开 DB1，单击工具栏上的按钮 ⚏，启动监视功能（如图 10-45 所示）。单击 SIM 表中 I0.0 对应的小方框，在 I0.0 的上升沿，CPU 调用 OB40，M9.2 变为 1 状态，表示正在执行 SRT_DINT 启动的时间延时。DB1 中的 DT1 显示出在 OB40 中读取的 DTL 格式的时间值。

	名称	数据类型	偏移量	监视值
1	▼ Static			
2	▶ DT1	DTL	0.0	DTL#2020-06-29-12:34:51.443150
3	▶ DT2	DTL	12.0	DTL#2020-06-29-12:35:01.443340

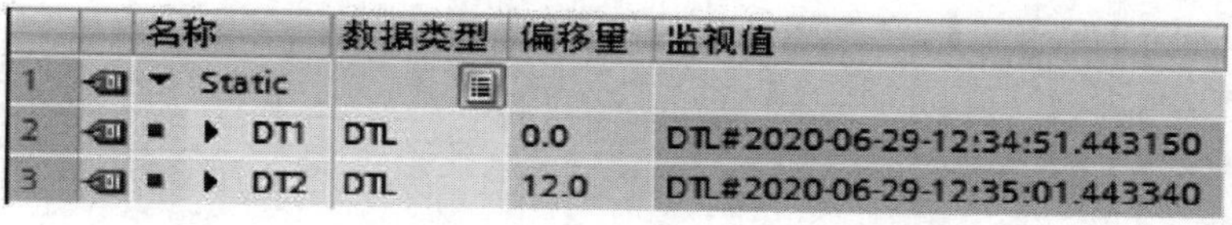

图 10-45　数据块中的日期时间值

定时时间到时，M9.2 变为 0 状态，表示定时结束。CPU 调用 OB20，DB1 中的 DT2 是在 OB20 中读取的 DTL 格式的时间值，Q0.4 被置位。DT1 和 DT2 分别为启动延时和延时结束的实时时间。多次试验发现，DT2 和 DT1 之差与设定值 10 s 的定时误差小于 0.2 ms，说明定时精度是相当高的。

令 I0.2 为 1，可以将 Q0.4 复位（如图 10-43 所示）。令 I0.0 变为 1 状态，CPU 调用硬件中断组织块 OB40，再次启动时间延迟中断的定时。在定时期间令 I0.1 为 1 状态，执行指令 CAN_DINT（如图 10-43 所示），时间延迟被取消，M9.2 变为 0 状态。10 s 的延迟时间到时，不会调用 OB20，Q0.4 不会变为 1 状态，DB1 中的 DT2 也不会显示出新读取的时间值。

10.4　交叉引用表与程序信息

10.4.1　交叉引用表

1．交叉引用表

交叉引用表提供用户程序中操作数和变量使用情况的概览。可以从交叉引用表直接跳转到使用操作数和变量的地方。

在程序测试和查错时,可以从交叉引用表获取下列消息:某个操作数在哪些块的哪个程序段使用;某个变量被用于 HMI 哪个画面中的哪个元件;某个块被哪些块调用。

2. 生成和显示交叉引用表

在项目视图中,可以生成下列对象的交叉引用:PLC 文件夹、程序块文件夹、单独的块和 PLC 变量表。生成和显示交叉引用表最简单的方法是右击项目树中的上述对象,执行快捷菜单中的命令"交叉引用"。

3. PLC 变量表的交叉引用表

选中项目"PLC_HMI"的项目树的"默认变量表",单击工具栏上的交叉引用按钮 ✖ ,生成该变量表的交叉引用表。从图 10-46 可以看出,默认变量表中的变量"电动机"在主程序 Main 的程序段 1(NW1)中被两次使用,在 HMI 的根画面的"圆_1"(指示灯)的动画外观中也被使用。

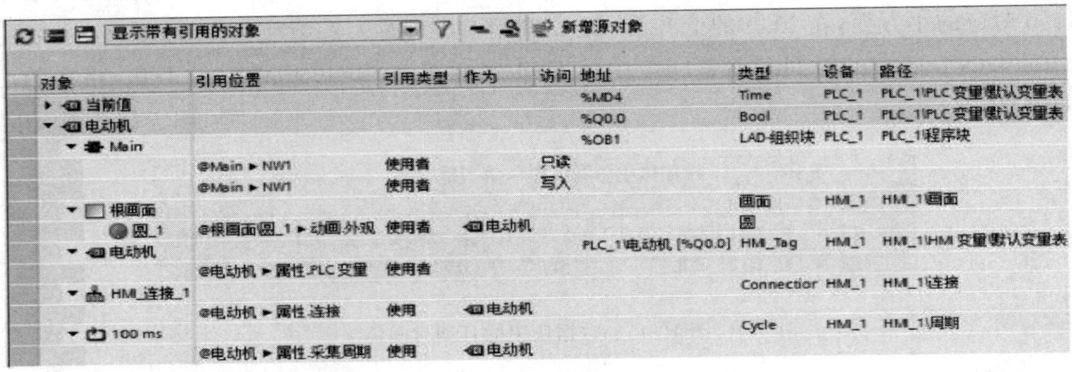

图 10-46　PLC 的默认变量表的交叉引用表

"引用类型"列的"使用者"表示源对象"电动机"被对象 Main 和"圆_1"使用。该列中的"使用"表示源对象"电动机"使用其连接属性中的对象"HMI_连接_1"。

"作为"列是被引用对象更多的信息,"访问"列是访问的读、写类型,"地址"列是操作数的绝对地址,"类型"列是创建对象时使用的类型和语言,"路径"列是项目树中该对象的路径以及文件夹和组的说明。

"引用位置"列中的字符为蓝色,表示有链接。单击图 10-46 中访问方式为"写入"的"@Main▶NW1",将会打开主程序 Main 的程序段 1,光标在变量"电动机"Q0.0 的线圈处。单击"引用位置"列的"@根画面\圆1▶动画.外观",将会打开 HMI 的根画面,连接了变量"电动机"的圆(即指示灯)被选中。

工具栏上的按钮 🔄 用来刷新交叉引用表,按钮 ➖ 用来关闭下一层的对象,按钮 ➕ 用来展开下一层的对象。

4. 在巡视窗口显示单个变量的交叉引用信息

选中 OB1 中的变量"电动机"(Q0.0),在下面的巡视窗口的"信息>交叉引用"选项卡中,可以看到选中的变量"电动机"的交叉引用信息,与图 10-46 中的基本上相同。

5. 程序块的交叉引用表

选中项目树中的主程序 Main,单击工具栏上的交叉引用按钮 ✖ ,生成 Main 的交叉引用表(如图 10-47 所示)。由交叉引用表可以看到各对象在程序中的引用位置。单击"引用位置"列有链接的"@Main▶NW1",将会打开 OB1 的程序段 1,光标在对应的对象处。

对象		引用位置	引用类型	作为	访问	地址	类型	设备	路径
▼ ▤ Main						%OB1	LAD组织块	PLC_1	PLC_1\程序块
▼ ▤ T1						%DB1	源自 IEC_TIMER的数据块	PLC_1	PLC_1\程序块\系统块\程序资源
	▤ T1	@Main ▶ NW1	使用		单实例	%DB1	源自 IEC_TIMER的数据块		
	◁▯ "T1".Q	@Main ▶ NW1	使用		只读		Bool		
▼ ▤ TON [V1.0]							指令	PLC_1	
		@Main ▶ NW1	使用		调用				
▼ ◁▯ FirstScan						%M1.0	Bool	PLC_1	PLC_1\PLC 变量\默认变量表
		@Main ▶ NW1	使用		只读				
▼ ◁▯ 当前值						%MD4	Time	PLC_1	PLC_1\PLC 变量\默认变量表
		@Main ▶ NW1	使用		写入				

图 10-47　主程序 Main 的交叉引用表

10.4.2　分配列表

用户程序的程序信息包括分配列表、调用结构、从属性结构和资源。

1. 显示分配列表

分配列表提供 I、Q、M 存储区的字节中各个位的使用情况,显示地址是否分配给用户程序(被程序访问),或者地址是否被分配给 S7 模块。它是检查和修改用户程序的重要工具。

选中项目"数据处理指令应用"的项目树中的"程序块"文件夹,或选中其中的某个块,执行菜单命令"工具"→"分配列表",将显示选中的设备的分配列表(如图 10-48 所示)。

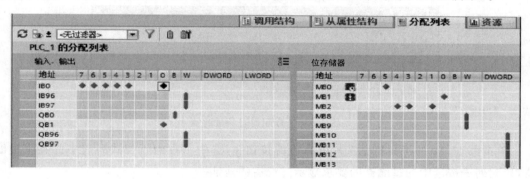

图 10-48　分配列表

2. 分配列表中的图形符号

分配列表的每一行对应于一个字节,每个字节由第 0～7 位组成。单击表格上面的按钮 ▤,将显示分配列表中的图形符号列表(如图 10-49 所示)。

分配列表中 B、W、DWORD 和 LWORD 列的竖条用来表示程序使用了对应的字节、字、双字和 64 位字符串来访问地址,组成它们的位用浅色的小正方形表示。例如,MB10～MB13 的 DWORD 列的竖条表示程序使用了这 4 个字节组成的双字 MD10。

- ◆ 位访问
- ▮ BYTE、WORD、DWORD、LWORD 访问
- ▪ 指针访问
- ◇ 相同位的位和指针访问
- ▢ 未组态硬件
- ▢ BYTE、WORD、DWORD、LWORD 访问中的位
- ▤ 数据保持区

图 10-49　分配列表中的图形符号

图 10-48 中"地址"列中的 ▤ 表示 MB0 被设置为时钟存储器字节,用户使用了其中的 M0.5。▤ 表示 MB1 被设置为系统存储器字节,用户使用了其中的 M1.0。

3. 显示和设置 M 区的保持功能

单击分配列表工具栏上的按钮 ![icon]，可以用打开的对话框（如图 8-27 所示）设置 M 区从 MB0 开始的具有断电保持功能的字节数。单击工具栏上的按钮 ![icon]，可以隐藏或显示 M 区地址的保持功能。有保持功能的 M 区的地址用"地址"列中的符号 ![icon] 表示。

4. 分配列表的附加功能

1）选中分配列表中的某个地址（图 10-48 选中了 I0.0），在下面的巡视窗口的"信息＞交叉引用"选项卡中会显示出选中的地址的交叉引用信息。

2）右击分配列表中的某个地址（包括位地址），执行快捷菜单中的"打开编辑器"命令，将会打开 PLC 变量表，可以编辑指定的变量的属性。

3）单击工具栏上的按钮 ![icon]，出现的下拉式列表中有两个复选框。"已使用的地址"复选框用于激活或禁止显示已使用的地址；"空闲的硬件地址"复选框用于激活或禁止显示未使用的硬件地址，图 10-48 中禁止了此选项。

5. 过滤器

可以使用预定义的过滤器（Filter）或生成自己的过滤器来"过滤"分配列表显示的内容。

单击工具栏上的按钮 ![icon]，打开"过滤分配表"对话框（如图 10-50 所示），用它来生成自己的过滤器。可以生成和编辑几个不同用途的过滤器，单击该对话框中工具栏上的按钮 ![icon]，可生成一个新的过滤器。单击按钮 ![icon]，将删除当前的过滤器。

图 10-50　分配列表的过滤器

单击图 10-50 的工具栏上选择框右边的按钮 ![icon]，选中出现的下拉式列表中的某个过滤器，分配列表按选中的过滤器的要求显示过滤后的地址。

如果未选中图中的某个复选框，那么分配列表不显示对应的地址区。可以在"过滤区域"文本框中输入要显示的唯一的地址或部分地址。例如，在"存储器"（M）区的文本框中输入 12 表示只显示 MB12；输入"0；12；18"表示只显示 MB0、MB12 和 MB18；输入"10-19"表示只显示 MB10～MB19 范围内已分配的地址；输入"＊"表示显示该地址区所有已分配的地址。注意上述表达式应使用英语的标点符号。最后，单击"确定"按钮，确认对过滤器的编辑。

10.4.3　调用结构、从属性结构与资源

1. 显示调用结构

调用结构描述了用户程序中块与块之间调用与被调用的关系的体系结构。定时器、计数器指令实际上是函数块，但是在调用结构中不会显示它们。

调用结构提供使用的块、块与块之间的关系、块需要的局部数据和块的状态的概览，可以通过链接跳转到程序中调用块或访问块的地方。

打开项目"1200_1200ISO_C",选中项目树中的"PLC_1"文件夹,执行菜单命令"工具"→
"调用结构",将显示 PLC_1 的程序块之间的调用结构。也可以用图 10-48 中的"调用结构"
选项卡打开它。

2. 调用结构的显示内容

在图 10-51 的调用结构表中,"调用结构"列显示被调用块的总览,"地址"列显示块的绝
对地址(块的编号),函数块还显示它的背景数据块的绝对地址。单击调用结构表第 2 行的
"详细信息"列中蓝色的有链接的"@Main▶NW2",打开主程序 Main,光标在网络 2 中的功
能块 TSEND_C 的实参 DB5(PLC_1_Send_DB)上。单击第 7 行的"详细信息"列,打开主程
序 Main,光标在网络 2 中的功能块 TRCV_C 的背景数据块 DB4(TRCV_C_DB)上。

被优化访问的块的符号寻址的信息和块存储在一起,因此需要较多的局部数据。"局部
数据(在路径中)"列显示完整的路径需要的局部数据。"局部数据(用于块)"列显示块需要
的局部数据。只有在完成块的编译之后,才能显示或更新当前所有的局部数据。

调用结构的第一层是组织块,它们不会被程序中的其他块调用。在"调用结构"列中,下
一层的块是被调用的块,它比上一层的块(调用它的块)后退若干个字符。程序中可能有多
级调用。从图 10-51 可以看到,主程序 Main 调用了函数块 TRCV_C 和 TSEND_C。

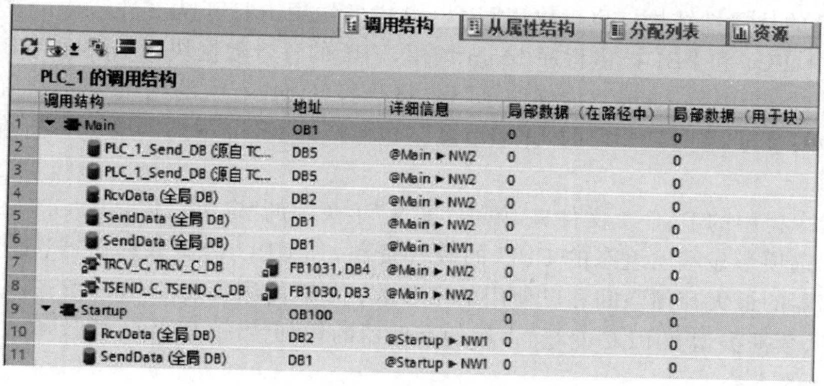

	调用结构	从属性结构	分配列表	资源

PLC_1 的调用结构

	调用结构	地址	详细信息	局部数据（在路径中）	局部数据（用于块）
1	▼ Main	OB1		0	0
2	PLC_1_Send_DB (源自 TC...	DB5	@Main ▶ NW2	0	0
3	PLC_1_Send_DB (源自 TC...	DB5	@Main ▶ NW2	0	0
4	RcvData (全局 DB)	DB2	@Main ▶ NW2	0	0
5	SendData (全局 DB)	DB1	@Main ▶ NW2	0	0
6	SendData (全局 DB)	DB1	@Main ▶ NW1	0	0
7	TRCV_C, TRCV_C_DB	FB1031, DB4	@Main ▶ NW2	0	0
8	TSEND_C, TSEND_C_DB	FB1030, DB3	@Main ▶ NW2	0	0
9	▼ Startup	OB100		0	0
10	RcvData (全局 DB)	DB2	@Startup ▶ NW1	0	0
11	SendData (全局 DB)	DB1	@Startup ▶ NW1	0	0

图 10-51　调用结构

选中调用结构中的某个块,在下面的巡视窗口的"信息>交叉引用"选项卡中,可以看到
它的交叉引用信息。右击调用结构中的某个块,执行快捷菜单中的"打开编辑器"命令,可用
对应的编辑器打开选中的块。

3. 工具栏上按钮的功能

单击工具栏上的按钮,出现的下拉式列表中有两个复选框。

1) 若勾选了"仅显示冲突"复选框,则仅显示被调用的有冲突的块,如有时间标记冲突
的块、使用修改了地址或数据类型的变量的块、调用了接口已更改的块、没有被 OB 调用
的块。

2) 若勾选了"组合多次调用"复选框,则对同一个块的多次调用或对同一个数据块的多
次访问被组合到一行显示。块被调用的次数在"调用频率"列显示。若没有选中该复选框,
则会用多行来分别显示每次调用或访问同一个块时的"详细信息"。

工具栏上的按钮用于检查块的一致性。

4. 显示从属性结构

从属性结构显示用户程序中每个块与其他块的从属关系,图 10-52 是例程"函数与函数块"的从属性结构。块在第一级显示,调用或使用它的块在它的下面向右后退若干个字符。与调用结构相比,背景数据块被单独列出。

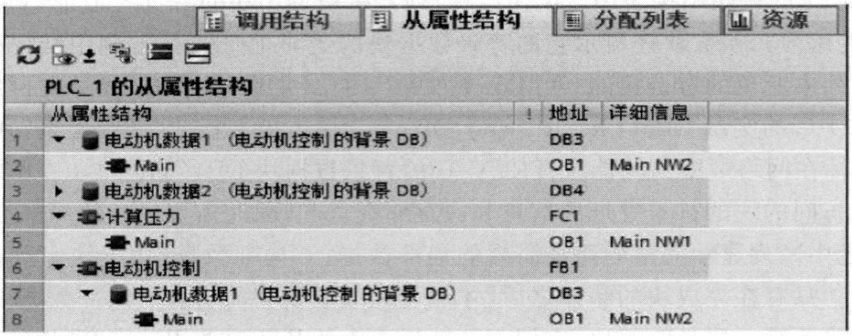

图 10-52 从属性结构

选中程序块文件夹或选中其中的某个块,执行菜单命令"工具"→"从属性结构",将显示选中的 PLC 的从属性结构。也可以用图 10-48 中的选项卡打开从属性结构。在项目"函数与函数块"中,FC1 和 FB1 被主程序 Main 调用,FB1 的背景数据块为 DB3 和 DB4。

单击图 10-52 中第 2 行的"详细信息"列,将会打开 Main 中的网络 2,光标在 FB1 的背景数据块 DB3 上。单击第 5 行的"详细信息"列,将打开 Main 中的网络 1,光标在 FC1 上。

5. 资源

选中指令树中的 PLC_1 文件夹,单击"工具"菜单中的"资源",将显示 CPU 的资源。

"资源"选项卡显示已组态的 CPU 的硬件资源,如 CPU 的装载存储器、工作存储器和保持性存储器的最大存储空间和已使用的字节数;CPU 的编程对象(如 OB、FC、FB、DB、运动工艺对象、数据类型和 PLC 变量)占用的存储器的详细情况;以及已组态和已使用的 DI、DO、AI、AO 的点数。

习　　题

10-1　填空。

1) 背景数据块中的数据是函数块的_____中的参数和数据(不包括临时数据和常数)。

2) 在梯形图中调用函数和函数块时,方框内是块的_____,方框外是对应的_____。方框的左边是块的_____参数和_____参数,右边是块的_____参数。

3) S7-1200 在起动时调用 OB_____。

10-2　函数和函数块有什么区别?

10-3　什么情况应使用函数块?

10-4　组织块与 FB 和 FC 有什么区别?

10-5　怎样实现多重背景?

10-6　在什么地方能找到硬件数据类型变量的值?

10-7　设计循环程序,求 DB1 中 10 个浮点数数组元素的平均值。

10-8　设计求圆周长的函数 FC1,其输入参数为直径 Diameter(整数),圆周率为 3.141 6,用整数运算指令计算圆的周长,存放在双整数输出参数 Circle 中。TMP1 是 FC1 中的双整数临时局部变量。在 OB1 中调用 FC1,直径的输入值用 MW6 提供,存放圆周长的地址为 MD8。

10-9　AI 模块的输出值 0~27 648 正比于温度值 0~1 200 ℃。设计函数 FC2,其输入参数为 AI 模块输出的转换值 In_Value(整数),输出参数为计算出的以 ℃ 为单位的整数 Out_Value,TMP1 是 FC1 中的实数临时变量。在 OB1 中调用 FC2 来计算以 ℃ 为单位的温度测量值,模拟量输入点的地址为 IW96,运算结果用 MW30 保存。设计出梯形图程序。

10-10　用循环中断组织块 OB30,每 2.8 s 将 QW1 的值加 1。在 I0.2 的上升沿,将循环时间修改为 1.5 s。设计出主程序和 OB30 的程序。

10-11　编写程序,用 I0.2 启动时间中断,在指定的日期时间将 Q0.0 置位。在 I0.3 的上升沿取消时间中断。

10-12　编写程序,在 I0.3 的下降沿时调用硬件中断组织块 OB40,将 MW10 加 1。在 I0.2 的上升沿时调用硬件中断组织块 OB41,将 MW10 减 1。

第11章 数字量控制系统梯形图程序设计方法

第 11 章 PPT

11.1 梯形图的经验设计法

开关量控制系统(如继电器控制系统)又称数字量控制系统。下面介绍数字量控制系统的经验设计法常用的基本电路。

1. 起保停电路与置位/复位电路

第8章和第9章已经介绍过起动-保持-停止电路(简称起保停电路),由于该电路在梯形图中的应用很广,现在将它重画在图 11-1 中。左图中的起动信号 I0.0 和停止信号 I0.1 (如起动按钮和停止按钮提供的信号)持续为 1 状态的时间一般都很短。起保停电路最主要的特点是具有"记忆"功能,按下起动按钮,I0.0 的常开触点接通,Q0.0 的线圈"通电",它的常开触点同时接通。放开起动按钮,I0.0 的常开触点断开,"能流"经 Q0.0 的常开触点和 I0.1 的常闭触点流过 Q0.0 的线圈,Q0.0 仍然为 1 状态,这就是所谓的"自锁"或"自保持"功能。按下停止按钮,I0.1 的常闭触点断开,使 Q0.0 的线圈"断电",其常开触点断开。以后即使放开停止按钮,I0.1 的常闭触点恢复接通状态,Q0.0 的线圈仍然"断电"。

这种记忆功能也可以用图 11-1 中的 S 指令和 R 指令来实现。置位/复位电路是后面要重点介绍的顺序控制设计法的基本电路。

在实际电路中,起动信号和停止信号可能由多个触点组成的串、并联电路提供。

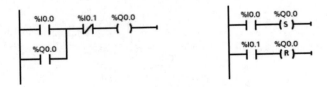

图 11-1 起保停电路与置位复位电路

2. 三相异步电动机的正反转控制电路

图 11-2 是三相异步电动机正反转控制的主电路和继电器控制电路图,KM1 和 KM2 分别是控制正转运行和反转运行的交流接触器。用 KM1 和 KM2 的主触点改变进入电动机

的三相电源的相序,就可以改变电动机的旋转方向。图中的 FR 是热继电器,在电动机过载时,经过一定的时间之后,它的常闭触点断开,使 KM1 或 KM2 的线圈断电,电动机停转。

图 11-2 中的控制电路由两个起保停电路组成,为了节省触点,FR 和 SB1 的常闭触点供两个起保停电路公用。

按下正转起动按钮 SB2,KM1 的线圈通电并自保持,电动机正转运行。按下反转起动按钮 SB3,KM2 的线圈通电并自保持,电动机反转运行。按下停止按钮 SB1,KM1 或 KM2 的线圈断电,电动机停止运行。

为了方便操作和保证 KM1 和 KM2 不会同时动作,在图 11-2 中设置了"按钮联锁",将正转起动按钮 SB2 的常闭触点与控制反转的 KM2 的线圈串联,将反转起动按钮 SB3 的常闭触点与控制正转的 KM1 的线圈串联。设 KM1 的线圈通电,电动机正转,这时若想改为反转,则不按停止按钮 SB1,直接按反转起动按钮 SB3,它的常闭触点断开,使 KM1 的线圈断电,同时 SB3 的常开触点接通,使 KM2 的线圈得电,电动机由正转变为反转。

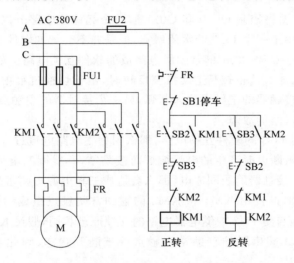

图 11-2　三相异步电动机正反转控制的主电路和继电器控制电路

由主电路可知,若 KM1 和 KM2 的主触点同时闭合,则会造成三相电源相间短路的故障。在控制电路中,KM1 的线圈串联了 KM2 的辅助常闭触点,KM2 的线圈串联了 KM1 的辅助常闭触点,它们组成了硬件互锁电路。

假设 KM1 的线圈通电,其主触点闭合,电动机正转。因为 KM1 的辅助常闭触点与主触点是联动的,此时与 KM2 的线圈串联的 KM1 的常闭触点断开,因此按反转起动按钮 SB3 之后,要等到 KM1 的线圈断电,它在主电路的常开触点断开,辅助常闭触点闭合,KM2 的线圈才会通电,因此这种互锁电路可以有效地防止电源短路故障。

图 11-3 和图 11-4 是实现上述功能的 PLC 的外部接线图和梯形图。将继电器电路图转换为梯形图时,首先应确定 PLC 的输入信号和输出信号。3 个按钮提供操作人员发出的指令信号,按钮信号必须输入到 PLC 中去,热继电器的常开触点提供了 PLC 的另一个输入信号。两个交流接触器的线圈是 PLC 输出端的负载。

画出 PLC 的外部接线图后,同时也确定了外部输入/输出信号与 PLC 内的过程映像输入/输出位的地址之间的关系。可以将继电器电路图"翻译"为梯形图,即采用与图 11-2 中的继电器电路完全相同的结构来画梯形图。各触点的常开、常闭的性质不变,根据 PLC 外部接线图给出的关系,来确定梯形图中各触点的地址。图 11-2 中 SB1 和 FR 的常闭触点串联电路对应于图 11-4 中 I0.2 的常闭触点。

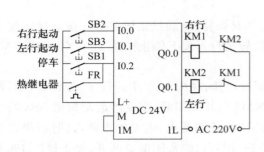
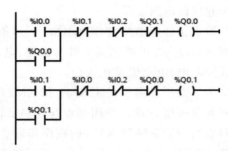

图 11-3　PLC 的外部接线图　　　　　　　　　图 11-4　梯形图

图 11-4 中的梯形图将控制 Q0.0 和 Q0.1 的两个起保停电路分离开来,电路的逻辑关系比较清晰。虽然多用了一个 I0.2 的常闭触点,但是并不会增加硬件成本。

图 11-4 使用了 Q0.0 和 Q0.1 的常闭触点组成的软件互锁电路。如果没有图 11-3 输出回路的硬件互锁电路,那么从正转马上切换到反转时,由于切换过程中电感的延时作用,可能会出现原来接通的接触器的主触点还未断弧,另一个接触器的主触点已经合上的现象,从而造成交流电源瞬间短路的故障。

此外,如果没有图 11-3 的硬件互锁电路,那么因为主电路电流过大或接触器质量不好,某一接触器的主触点被断电时产生的电弧熔焊而被黏结,其线圈断电后主触点仍然是接通的。这时,如果另一个接触器的线圈通电,那么会造成三相电源短路事故。为了防止出现这种情况,应在 PLC 外部设置由 KM1 和 KM2 的辅助常闭触点组成的硬件互锁电路(如图 11-3 所示)。这种互锁与图 11-2 的继电器电路的互锁原理相同,假设 KM1 的主触点被电弧熔焊,这时它与 KM2 线圈串联的辅助常闭触点处于断开状态,因此 KM2 的线圈不可能得电。

3. 小车自动往返控制程序的设计

可以用设计继电器电路图的方法来设计比较简单的数字量控制系统的梯形图,即在一些典型电路的基础上,根据被控对象对控制系统的具体要求,不断地修改和完善梯形图。有时需要多次反复地调试和修改梯形图,增加一些中间编程元件和触点,最后才能得到一个较为满意的结果。

这种方法没有普遍的规律可以遵循,具有很大的试探性和随意性,最后的结果不是唯一的,设计所用的时间、设计的质量与设计者的经验有很大的关系,所以有人把这种设计方法叫作经验设计法,它可以用于较简单的梯形图(如手动程序)的设计。

异步电动机的主回路与图 11-2 中的相同。在图 11-3 的基础上,增加了接在 I0.3 和 I0.4 输入端子的左限位开关 SQ1 和右限位开关 SQ2 的常开触点(如图 11-5 所示)。

按下右行起动按钮 SB2 或左行起动按钮 SB3 后,要求小车在两个限位开关之间不停地循环往返,按下停止按钮 SB1 后,电动机断电,小车停止运动。可以在三相异步电动机正反转继电器控制电路的基础上,设计出满足要求的梯形图(如图 11-6 所示)。

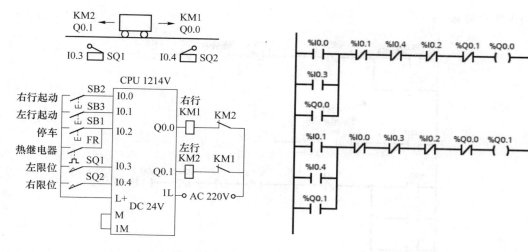

图 11-5 PLC 的外部接线图   图 11-6   小车自动往返的梯形图

　　为了使小车的运动在极限位置自动停止,将右限位开关 I0.4 的常闭触点与控制右行的 Q0.0 的线圈串联,将左限位开关 I0.3 的常闭触点与控制左行的 Q0.1 的线圈串联。为了使小车自动改变运动方向,将左限位开关 I0.3 的常开触点与手动起动右行的 I0.0 的常开触点并联,将右限位开关 I0.4 的常开触点与手动起动左行的 I0.1 常开触点并联。

　　假设按下左行起动按钮 I0.1,Q0.1 变为 1 状态,小车开始左行,碰到左限位开关时, I0.3 的常闭触点断开,使 Q0.1 的线圈"断电",小车停止左行。I0.3 的常开触点接通,使 Q0.0 的线圈"通电",开始右行。碰到右限位开关时,I0.4 的常闭触点断开,使 Q0.0 的线圈"断电",小车停止右行。I0.4 的常开触点接通,使 Q0.1 的线圈"通电",又开始左行。以后将这样不断地往返运动下去,直到按下停车按钮,I0.2 的常闭触点使 Q0.0 或 Q0.1 的线圈断电。

　　这种控制方式适用于小容量的异步电动机,往返不能太频繁,否则电动机将会过热。

4. 较复杂的小车自动运行控制程序的设计

　　打开项目"经验设计法小车控制",PLC 的外部接线图与图 11-5 相同。小车开始时停在左边,左限位开关 SQ1 的常开触点闭合。要求按下列顺序控制小车:

　　1) 按下右行起动按钮,小车开始右行。

　　2) 走到右限位开关处,小车停止运动,延时 8 s 后开始左行。

　　3) 回到左限位开关处,小车停止运动。

　　在异步电动机正反转控制电路的基础上设计满足上述要求的梯形图如图 11-7 所示。

　　在控制右行的 Q0.0 的线圈回路中串联了 I0.4 的常闭触点,小车走到右限位开关 SQ2 处时,I0.4 的常闭触点断开,使 Q0.0 的线圈断电,小车停止右行。同时 I0.4 的常开触点闭合,定时器 TON 的 IN 输入为 1 状态,开始定时。8 s 后定时时间到,定时器的 Q 输出信号 "T1". Q 的常开触点闭合,使 Q0.1 的线圈通电并自保持,小车开始左行。离开限位开关 SQ2 后,I0.4 的常开触点断开,定时器因为其 IN 输入变为 0 状态而被复位。小车运行到左边的起始点时,左限位开关 SQ1 的常开触点闭合,I0.3 的常闭触点断开,使 Q0.1 的线圈断电,小车停止运动。

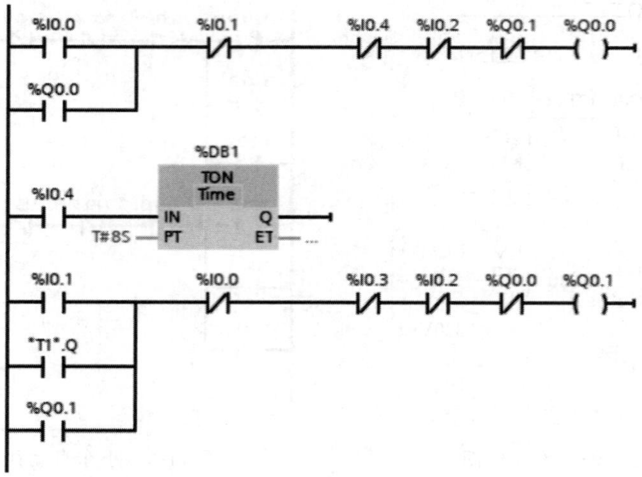

图 11-7　小车自动运行的梯形图

在梯形图中,保留了左行起动按钮 I0.1 和停止按钮 I0.2 的触点,使系统有手动操作的功能。串联在起保停电路中的限位开关 I0.3 和 I0.4 的常闭触点可以防止小车的运动超限。

11.2　顺序控制设计法与顺序功能图

用经验设计法设计梯形图时,没有一套固定的方法和步骤可以遵循,具有很大的试探性和随意性,对于不同的控制系统,没有一种通用的容易掌握的设计方法。在设计复杂系统的梯形图时,用大量的中间单元来完成记忆、联锁和互锁等功能,由于需要考虑的因素很多,它们往往又交织在一起,分析起来非常困难,并且很容易遗漏一些应该考虑的问题。修改某一局部电路时,很可能会"牵一发而动全身",对系统的其他部分产生意想不到的影响,因此梯形图的修改也很麻烦,往往花了很长的时间还得不到一个满意的结果。用经验法设计出的复杂的梯形图很难阅读,给系统的维修和改进带来了很大的困难。

所谓顺序控制,就是按照生产工艺预先规定的顺序,在各个输入信号的作用下,根据内部状态和时间的顺序,在生产过程中各个执行机构自动有秩序地进行操作。

使用顺序控制设计法时,首先根据系统的工艺过程,画出顺序功能图(Sequentialfunctionchart,SFC),然后根据顺序功能图画出梯形图。

顺序功能图是描述控制系统的控制过程、功能和特性的一种图形,也是设计 PLC 的顺序控制程序的有力工具。顺序功能图并不涉及所描述的控制功能的具体技术,它是一种通用的技术语言,可以供进一步设计和不同专业的人员之间进行技术交流时使用。

顺序控制设计法是一种先进的设计方法,很容易被初学者接受,对于有经验的工程师,也会提高设计的效率,程序的调试、修改和阅读也很方便。

顺序功能图是 PLC 的国际标准 IEC61131-3 中位居首位的编程语言,有的 PLC 为用户提供了顺序功能图语言,如 S7-300/400/1500 的 S7-Graph 语言,在编程软件中生成顺序功能图后便完成了编程工作。现在还有相当多的 PLC(包括 S7-1200)没有配备顺序功能图语言,但是可以用顺序功能图来描述系统的功能,根据它来设计梯形图程序。

11.2.1　顺序功能图的基本元件

1. 步的基本概念

顺序控制设计法最基本的思想是将系统的一个工作周期划分为若干个顺序相连的阶段,这些阶段称为步(Step),并用编程元件(如位存储器 M)来代表各步。步是根据输出量的状态变化来划分的,在任何一步之内,各输出量的 1、0 状态不变,但是相邻两步输出量总的状态是不同的,步的这种划分方法使代表各步的编程元件的状态与各输出量的状态之间有着极为简单的逻辑关系。

顺序控制设计法用转换条件控制代表各步的编程元件,让它们的状态按一定的顺序变化,然后用代表各步的编程元件去控制 PLC 的各输出位。

图 11-8 中的小车开始时停在最左边,限位开关 I0.2 为 1 状态。按下起动按钮 I0.0,Q0.0 变为 1 状态,小车右行。碰到右限位开关 I0.1 时,Q0.0 变为 0 状态,Q0.1 变为 1 状态,小车改为左行。返回起始位置时,Q0.1 变为 0 状态,小车停止运行,同时 Q0.2 变为 1 状态,使制动电磁铁线圈通电,接通延时定时器 T1 开始定时。定时时间到,制动电磁铁线圈断电,系统返回初始状态。

根据 Q0.0～Q0.2 的 1、0 状态的变化,显然可以将上述工作过程划分为 3 步,分别用 M4.1～M4.3 来代表这 3 步,另外还设置了一个等待起动的初始步。图 11-9 是描述该系统的顺序功能图,图中用矩形方框表示步。为了便于将顺序功能图转换为梯形图,用代表各步的编程元件的地址作为步的代号,并用编程元件的地址来标注转换条件和各步的动作或命令。

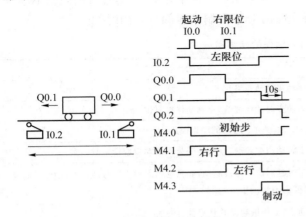

图 11-8　系统示意图与波形图

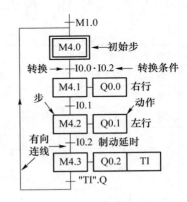

图 11-9　顺序功能图

2. 初始步与活动步

与系统的初始状态相对应的步称为初始步,初始状态一般是系统等待起动命令的相对静止的状态。初始步用双线方框表示,每一个顺序功能图至少应该有一个初始步。

当系统正处于某一步所在的阶段时,该步处于活动状态,称为"活动步"。步处于活动状态时,执行该步非存储型动作;处于不活动状态时,停止执行该步非存储型动作。

3. 与步对应的动作或命令

可以将一个控制系统划分为被控系统和施控系统,例如在数控车床系统中,数控装置是施控系统,而车床是被控系统。对于被控系统,在某一步中要完成某些"动作"(Action),对于施控系统,在某一步中则要向被控系统发出某些"命令"(Command)。为了叙述方便,下面将命令或动作统称为动作,并用矩形框中的文字或变量表示动作,该矩形框应与它所在的步对应的方框相连。

如果某一步有几个动作,可以用图 11-10 中的两种画法来表示,但是并不隐含这些动作之间的任何顺序。应清楚地表明动作是存储型的还是非存储型的。图 11-9 中的 Q0.0～Q0.2 均为非存储型动作,例如在步 M4.1 为活动步时,动作 Q0.0 为 1 状态,步 M4.1 为不活动步时,动作 Q0.0 为 0 状态。步与它的非存储性动作的波形完全相同。

某些动作在连续的若干步都应为 1 状态,可以在顺序功能图中,用动作的修饰词"S"(见表 11-1)将它在应为 1 状态的第一步置位,用动作的修饰词"R"将它在应为 1 状态的最后一步的下一步复位为 0 状态(如图 11-26 所示)。这种动作是存储性动作,在程序中用置位、复位指令来实现。在图 11-9 中,定时器线圈 T1 在步 M4.3 为活动步时通电,步 M4.3 为不活动步时断电,从这个意义上来说,定时器 T1 相当于步 M4.3 的一个非存储型动作,所以将 T1 放在步 M4.3 的动作框内。

图 11-10　动作的两种画法

使用动作的修饰词(见表 11-1),可以在一步中完成不同的动作。修饰词允许在不增加逻辑的情况下控制动作。例如,可以使用修饰词 L 来限制配料阀打开的时间。

表 11-1　动作的修饰词

修饰词	类型	对应的动作
N	非存储型	当步变为不活动步时动作终止
S	置位(存储)	当步变为不活动步时动作继续,直到动作被复位
R	复位	当修饰词 S、SD、SL 或 DS 起动的动作终止
L	时间限制	步变为活动步时动作被起动,直到步变为不活动步或设定时间到
D	时间延迟	步变为活动步时延迟定时器被起动,如果延迟之后仍然是活动的,动作被起动和继续,直到步变为不活动步
P	脉冲	当步变为活动步时,动作被起动并且只执行一次
SD	存储与时间延迟	在时间延迟之后动作被起动,一直到动作被复位
DS	延迟与储存	在延迟之后如果步仍然是活动的,动作被起动到被复位
SL	存储与时间限制	步变为活动步时动作被起动,一直到设定的时间到或动作被复位

4. 有向连线

在顺序功能图中,随着时间的推移和转换条件的实现,将会发生步的活动状态的进展,这种进展按有向连线规定的路线和方向进行。在画顺序功能图时,将代表各步的方框按它们成为活动步的先后次序顺序排列,并用有向连线将它们连接起来。步的活动状态习惯的进展方向是从上到下或从左至右,在这两个方向有向连线上的箭头可以省略。若不是上述的方向,则应在有向连线上用箭头注明进展方向。为了更易于理解,在可以省略箭头的有向连线上也加箭头。

若在画图时有向连线必须中断(例如,在复杂的图中或者用几个图来表示一个顺序功能图时),则应在有向连线中断之处标明下一步的标号。

5. 转换与转换条件

转换用有向连线上与有向连线垂直的短划线来表示,转换将相邻两步分隔开。步的活动状态的进展是由转换的实现来完成的,并与控制过程的发展相对应。

使系统由当前步进入下一步的信号称为转换条件,转换条件可以是外部的输入信号,如按钮、指令开关、限位开关的接通或断开等;也可以是 PLC 内部产生的信号,如定时器、计数器输出位的常开触点的接通等,转换条件还可以是若干个信号的与、或、非逻辑组合。

转换条件可以用文字语言、布尔代数表达式或图形符号标注在表示转换的短线的旁边,使用得最多的是布尔代数表达式(如图 11-11 所示)。

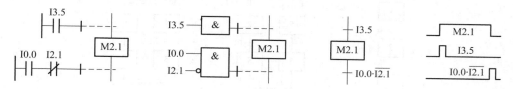

图 11-11　转换与转换条件

转换条件"↑I0.0"和"↓I0.0"分别表示当 I0.0 从 0 状态到 1 状态(上升沿)和从 1 状态到 0 状态(下降沿)时转换实现。实际上,即使不加符号"↑",转换一般也是在信号的上升沿实现的,因此一般不加"↑"。

图 11-11 中的波形图用高电平表示步 M2.1 为活动步,反之则用低电平表示。

图 11-9 中步 M4.3 下面的转换条件"T1".Q 是定时器 T1 的 Q 输出信号,T1 的定时时间到时,该转换条件满足。

在顺序功能图中,只有当某一步的前级步是活动步,该步才有可能变成活动步。如果用没有断电保持功能的编程元件来代表各步,那么进入 RUN 工作模式时,它们均处于 0 状态。

在对 CPU 组态时设置默认的 MB1 为系统存储器字节(如图 7-17 所示),用开机时接通一个扫描周期的 M1.0(FirstScan)的常开触点作为转换条件,将初始步预置为活动步(如图 11-9 所示),否则因为顺序功能图中没有活动步,系统将无法工作。如果系统有自动、手动两种工作方式,那么顺序功能图是用来描述自动工作过程的。在系统由手动工作方式进入自动工作方式时,还应该用一个适当的信号将初始步置为活动步。

11.2.2　顺序功能图的基本结构

1. 单序列

单序列由一系列相继激活的步组成,每一步的后面仅有一个转换,每一个转换的后面只有一个步〔如图 11-12(a)所示〕,单序列的特点是没有下述的分支与合并。

2. 选择序列

选择序列的开始称为分支〔如图 11-12(b)所示〕,转换符号只能标在水平连线之下。若步 4 是活动步,并且转换条件 h 为 1 状态,则发生由步 4→步 5 的进展。若步 4 是活动步,并且 k 为 1 状态,则发生由步 4→步 7 的进展。若将选择条件 k 改为 $k \cdot \overline{h}$,则当 k 和 h 同时为 1 状态时,将优先选择 h 对应的序列,只允许同时选择一个序列。

选择序列的结束称为合并〔如图 11-12(b)所示〕,几个选择序列合并到一个公共序列时,用需要重新组合的序列数量相同的转换符号和水平连线来表示,转换符号只允许标在水平连线之上。

若步 6 是活动步,并且转换条件 j 为 1 状态,则发生由步 6→步 9 的进展。若步 8 是活动步,并且 n 为 1 状态,则发生由步 8→步 9 的进展。

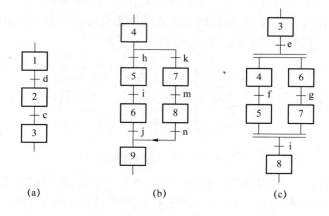

(a)　　　　　　(b)　　　　　　(c)

图 11-12　单序列、选择序列与并行序列

3. 并行序列

并行序列用来表示系统的几个独立部分同时工作的情况。并行序列的开始称为分支〔如图 11-12(c)所示〕,当转换的实现导致几个序列同时激活时,这些序列称为并行序列。当步 3 是活动步,并且转换条件 e 为 1 状态,步 4 和步 6 同时变为活动步,同时步 3 变为不活动步。为了强调转换的同步实现,水平连线用双线表示。步 4 和步 6 被同时激活后,每个序列中活动步的进展将是独立的。在表示同步的水平双线之上,只允许有一个转换符号。

并行序列的结束称为合并〔如图 11-12(c)所示〕,在表示同步的水平双线之下,只允许有一个转换符号。只有直接连在双线上的所有前级步(步 5 和步 7)都处于活动状态,并且转换条件 i 为 1 状态时,才会发生步 5 和步 7 到步 8 的进展,即步 5 和步 7 同时变为不活动步,而步 8 变为活动步。

4. 专用钻床的顺序功能图

某专用钻床用来加工圆盘状零件上均匀分布的 6 个孔(如图 11-13 中的左图所示),上半部分是侧视图,下半部分是工件的俯视图。在进入自动运行之前,两个钻头应在最上面,上限位开关 I0.3 和 I0.5 为 1 状态,系统处于初始步,加计数器 C1 被复位,当前计数值 CV 被清零。

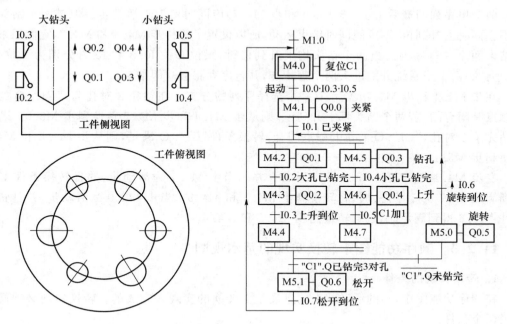

图 11-13　专用钻床控制系统的示意图与顺序功能图

用位存储器 M 来代表各步,因为要求两个钻头向下钻孔和钻头提升的过程同时进行,故采用并行序列来描述上述的过程。顺序功能图中还包含了选择序列。

操作人员放好工件后,按下起动按钮 I0.0,转换条件 I0.0 · I0.3 · I0.5 满足,由初始步 M4.0 转换到步 M4.1,Q0.0 变为 1 状态,工件被夹紧。夹紧后压力继电器 I0.1 为 1 状态,由步 M4.1 转换到步 M4.2 和 M4.5,Q0.1 和 Q0.3 使两只钻头同时开始向下钻孔。大钻头钻到由限位开关 I0.2 设定的深度时,进入步 M4.3,Q0.2 使大钻头上升,升到由限位开关 I0.3 设定的起始位置时停止上升,进入等待步 M4.4。小钻头钻到由限位开关 I0.4 设定的深度时,进入步 M4.6,Q0.4 使小钻头上升,设定值为 3 的加计数器 C1 的当前计数器值加 1。升到由限位开关 I0.5 设定的起始位置时停止上升,进入等待步 M4.7。

C1 加 1 后的当前计数器值为 1,小于预设值 3。C1 的 Q 输出"C1". Q 的常闭触点闭合。两个钻头都上升到位后,将转换到步 M5.0。Q0.5 使工件旋转 120°,旋转后"旋转到位"限位开关 I0.6 变为 0 状态。旋转到位时 I0.6 为 1 状态,返回步 M4.2 和 M4.5,开始钻第二对孔。转换条件"↑I0.6"中的"↑"表示转换条件仅在 I0.6 的上升沿时有效。如果将转换条件改为 I0.6,因为在转换到步 M5.0 之前 I0.6 就为 1 状态,进入步 M5.0 之后将会马上离开步 M5.0,不能使工件旋转。转换条件改为"↑I0.6"后,解决了这个问题。3 对孔都钻完后,当前计数器值为 3,转换条件"C1". Q 变为 1 状态,转换到步 M5.1,Q0.6 使工件松开。松开到位时,限位开关 I0.7 为 1 状态,系统返回初始步 M4.0。

由 M4.2～M4.4 和 M4.5～M4.7 组成的两个单序列分别用来描述大钻头和小钻头的工作过程。在步 M4.1 之后,有一个并行序列的分支。当 M4.1 为活动步,并且转换条件

I0.1得到满足(I0.1为1状态),并行序列的两个单序列中的第1步(步M4.2和步M4.5)同时变为活动步。此后,两个单序列内部各步的活动状态的转换是相互独立的。例如,大孔或小孔钻完时的转换一般不是同步的。

两个单序列的最后1步(步M4.4和步M4.7)应同时变为不活动步。但是两个钻头一般不会同时上升到位,不可能同时结束运动,所以设置了等待步M4.4和M4.7,它们用来同时结束两个并行序列。当两个钻头均上升到位时,限位开关I0.3和I0.5分别为1状态,大、小钻头两个子系统分别进入两个等待步,并行序列将会立即结束。

在步M4.4和步M4.7之后,有一个选择序列的分支。在钻完3对孔前,"C1".Q的常闭触点是闭合的,若两个钻头都上升到位,则从步M4.4和步M4.7转换到步M5.0。若已经钻完了3对孔,"C1".Q的常开触点闭合,转换条件"C1".Q满足,则从步M4.4和M4.7转换到步M5.1。

在步M4.1之后,有一个选择序列的合并。当步M4.1为活动步,并且转换条件I0.1得到满足(I0.1为1状态)时,将转换到步M4.2和M4.5。当步M5.0为活动步,并且转换条件↑I0.6得到满足时,也会转换到步M4.2和M4.5。

11.2.3 顺序功能图中转换实现的基本规则

1. 转换实现的条件

在顺序功能图中,步的活动状态的进展是由转换的实现来完成的。转换实现必须同时满足两个条件。

1) 该转换所有的前级步都是活动步。

2) 相应的转换条件得到满足。

这两个条件是缺一不可的。如果取消了第一个条件,假设因为误操作按了起动按钮,那么在任何情况下都将使以起动按钮作为转换条件的后续步变为活动步,造成设备的误动作,甚至会出现重大的事故。

2. 转换实现应完成的操作

转换实现时应完成以下两个操作。

1) 使所有由有向连线与相应转换符号相连的后续步都变为活动步。

2) 使所有由有向连线与相应转换符号相连的前级步都变为不活动步。

以上规则可以用于任意结构中的转换,其区别如下:在单序列和选择序列中,一个转换仅有一个前级步和一个后续步。在并行序列的分支处,转换有几个后续步〔如图11-12(c)所示〕,在转换实现时应同时将它们对应的编程元件置位。在并行序列的合并处,转换有几个前级步,它们均为活动步时才有可能实现转换,在转换实现时应将它们对应的编程元件全部复位。

转换实现的基本规则是根据顺序功能图设计梯形图的基础,它适用于顺序功能图中的各种基本结构,和下一节将要介绍的顺序控制梯形图的编程方法。

3. 绘制顺序功能图时的注意事项

下面是针对绘制顺序功能图时常见的错误提出的注意事项。

1) 两个步绝对不能直接相连,必须用一个转换将它们分隔开。

2) 两个转换也不能直接相连,必须用一个步将它们分隔开。这两条可以作为检查顺序功能图是否正确的判据。

3）顺序功能图中的初始步一般对应于系统等待起动的初始状态，这一步可能没有什么输出为 1 状态，因此有的初学者在画顺序功能图时很容易遗漏这一步。初始步是必不可少的，一方面因为该步与它的相邻步相比，从总体上说输出变量的状态各不相同；另一方面如果没有该步，无法表示初始状态，系统也无法返回等待起动的停止状态。

4）自动控制系统应能多次重复执行同一工艺过程，因此在顺序功能图中一般应有由步和有向连线组成的闭环，即在完成一次工艺过程的全部操作之后，应从最后一步返回初始步，系统停留在初始状态（单周期操作，如图 11-9 所示），在连续循环工作方式时，应从最后一步返回下一工作周期开始运行的第一步（如图 11-13 所示）。

4. 顺序控制设计法的本质

经验设计法实际上是试图用输入信号 I 直接控制输出信号 Q〔如图 11-14（a）所示〕，如果无法直接控制，或者为了实现记忆和互锁等功能，只好被动地增加一些辅助元件和辅助触点。由于不同的系统的输出量 Q 与输入量 I 之间的关系各不相同，以及它们对联锁、互锁的要求千变万化，不可能找出一种简单通用的设计方法。

顺序控制设计法则是用输入量 I 控制代表各步的编程元件（如位存储器 M），再用它们控制输出量 Q〔如图 11-14（b）所示〕。步是根据输出量 Q 的状态划分的，M 与 Q 之间具有很简单的"或"或者"相等"的逻辑关系，输出电路的设计极为简单。任何复杂系统的代表步的位存储器 M 的控制电路，其设计方法都是通用的，并且很容易掌握，所以顺序控制设计法具有简单、规范、通用的优点。由于代表步的 M 是依次变为 1、0 状态的，实际上已经基本解决了经验设计法中的记忆和联锁等问题。

(a) (b)

图 11-14 信号关系图

11.3 使用置位/复位指令的顺序控制梯形图设计方法

11.3.1 单序列的编程方法

1. 设计顺序控制梯形图的基本问题

本节介绍根据顺序功能图设计梯形图的方法，这种编程方法很容易掌握，用它可以迅速地、得心应手地设计出复杂的数字量控制系统的梯形图。

控制程序一般采用图 11-15 所示的典型结构。系统有自动和手动两种工作方式，每次扫描都会执行公用程序，自动方式和手动方式都需要执行的操作放在公用程序中，公用程序还用于自动程序和手动程序相互切换的处理。Bool 变量"自动开关"为 1 状态时调用自动程

图 11-15 OB1 中的程序

序,为 0 状态时调用手动程序。

开始执行自动程序时,要求系统处于与自动程序的顺序功能图的初始步对应的初始状态。如果开机时系统没有处于初始状态,则应进入手动工作方式,用手动操作使系统进入初始状态后,再切换到自动工作方式,也可以设置使系统自动进入要求的初始状态的工作方式。在本节中,假设刚开始执行用户程序时,系统的机械部分已经处于要求的初始状态。在

图 11-16　OB1 中的初始化电路

OB1 中用仅在首次扫描循环时为 1 状态的 M1.0(FirstScan)将各步对应的编程元件(例如图中的 MW4)均复位为 0 状态,然后将初始步对应的编程元件(例如图 11-16 中的 M4.0)置位为 1 状态,为转换的实现做好准备。如果 MW4 没有断电保持功能,起动时它被自动清零,可以删除图 11-16 中的 MOVE 指令。也可以用复位位域指令来复位非初始步。

2. 编程的基本方法

图 11-17 中转换的上面是并行序列的合并,转换的下面是并行序列的分支。如果转换的前级步或后续步不止一个,那么转换的实现称为同步实现。为了强调同步实现,有向连线的水平部分用双线表示。

在梯形图中,用编程元件(如 M)代表步,当某一步为活动步时,该步对应的编程元件为 1 状态。当该步之后的转换条件满足时,转换条件对应的触点或电路接通。因此,可以将该触点或电路与代表所有前级步的编程元件的常开触点串联,作为与转换实现的两个条件同时满足对应的电路。

以图 11-17 为例,它的两个前级步对应于 M4.2 和 M4.4,应将 M4.2、M4.4 的常开触点组成的串联电路与 I0.3 和 I0.1 的触点组成的并联电路串联,作为转换实现的两个条件同时满足对应的电路。在梯形图中,该电路接通时,应使所有的后续步变为活动步,使所有的前级步变为不活动步。

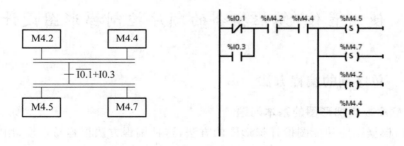

图 11-17　转换的同步实现

因此将 M4.2、M4.4、I0.3 的常开触点与 I0.1 的常闭触点组成的串并联电路,作为使代表后续步的 M4.5 和 M4.7 置位和使代表前级步的 M4.2 和 M4.4 复位的条件。

在任何情况下,代表步的位存储器的控制电路都可以用这一原则来设计,每一个转换对应一个这样的控制置位和复位的电路块,有多少个转换就有多少个这样的电路块。这种设计方法特别有规律,梯形图与转换实现的基本规则之间有着严格的对应关系,在设计复杂的

顺序功能图的梯形图时既容易掌握,又不容易出错。

3. 编程方法应用举例

生成一个名为"小车顺序控制"的项目,CPU 的型号为 CPU 1214C。

将图 11-9 的小车控制系统的顺序功能图重新画在图 11-18 中。图 11-19 是根据顺序功能图编写的 OB1 中的梯形图程序。第一行的功能与图 11-16 中的初始化程序相同。

实现图 11-18 中 I0.1 对应的转换需要同时满足两个条件,即该转换的前级步是活动步(M4.1 为 1 状态)和转换条件满足(I0.1 为 1 状态)。在梯形图中,用 M4.1 和 I0.1 的常开触点组成的串联电路来表示上述条件。该电路接通时,两个条件同时满足。此时应将该转换的后续步变为活动步,即用置位指令(S 指令)将 M4.2 置位。还应将该转换的前级步变为不活动步,即用复位指令(R 指令)将 M4.1 复位。

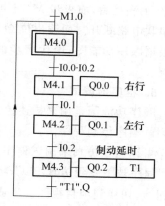

图 11-18　顺序功能图

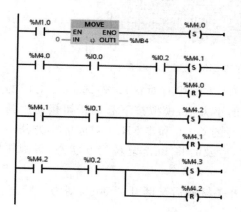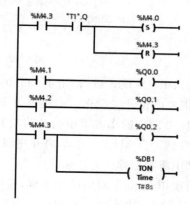

图 11-19　梯形图

用上述的方法编写控制代表步的 M4.0～M4.3 的电路,每一个转换对应一个这样的电路(如图 11-19 所示)。初始步下面的转换条件为 I0.0・I0.2,对应于 I0.0 和 I0.2 的常开触点组成的串联电路。该转换的前级步为 M4.0,所以用这 3 个 Bool 变量的常开触点的串联电路,作为使代表后续步的 M4.1 置位和使代表前级步的 M4.0 复位的条件。

4. 输出电路的处理

在顺序功能图中,Q0.0～Q0.2 都只是在某一步中为 1 状态,在输出电路中,用它们所在步的位存储器的常开触点分别控制它们的线圈。例如,用 M4.1 的常开触点控制 Q0.0 的线圈。如果某个输出位在几步中都为 1 状态,那么应使用这些步对应的位存储器的常开触点的并联电路来控制该输出位的线圈。

在制动延时步,M4.3 为 1 状态,它的常开触点接通,使 TON 定时器线圈开始定时。定时时间到时,定时器 T1 的 Q 输出"T1".Q 变为 1 状态,转换条件满足,将从步 M4.3 转换到初始步 M4.0。

使用这种编程方法时,不能将输出位的线圈与置位指令和复位指令并联,这是因为

图 11-19 中控制置位、复位的串联电路接通的时间是相当短的,只有一个扫描周期。转换条件 I0.1 满足后,前级步 M4.1 被复位,下一个扫描循环周期 M4.1 和 I0.1 的常开触点组成的串联电路断开。而输出位 Q 的线圈至少应该在某一步对应的全部时间内被接通。所以应根据顺序功能图,用代表步的位存储器的常开触点或它们的并联电路来驱动输出位的线圈。

5. 程序的调试

顺序功能图是用来描述控制系统的外部性能的,因此应根据顺序功能图而不是梯形图来调试顺序控制程序。

可以通过仿真来调试程序。选中项目树中的 PLC_1,单击工具栏上的"启动仿真"按钮。程序被下载到仿真 PLC,将后者切换到 RUN 模式。单击 PLCSIM 精简视图右上角的按钮,切换到项目视图。生成一个新的项目,双击打开项目树中的"SIM 表格_1",在表格中生成图 11-20 中的条目。

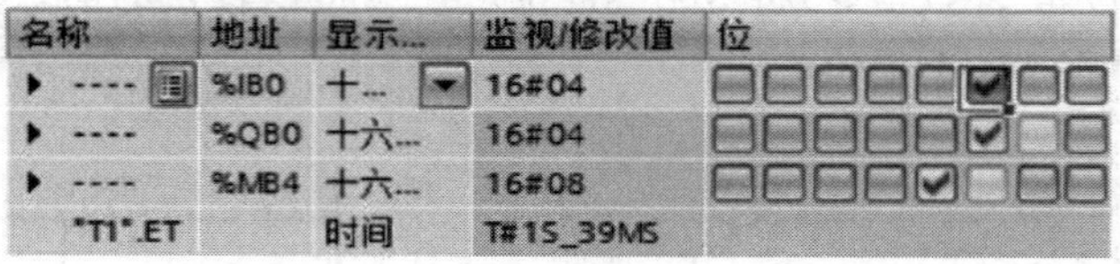

图 11-20　仿真软件的 SIM 表格_1

进入 RUN 模式后,初始步 M4.0 为活动步(小方框中有对钩)。勾选 I0.2 对应的小方框,模拟左限位开关动作。两次单击 I0.0 对应的小方框,模拟按下起动按钮接通后马上松开。M4.0 对应的小方框中的对钩消失,控制右行的 Q0.0 和步 M4.1 对应的小方框出现对钩,转换到了步 M4.1。小车离开左限位开关后,应及时将 I0.2 复位为 0 状态,否则在后面的调试中将会出错。

两次单击 I0.1 对应的小方框,模拟右限位开关接通后又断开。Q0.0 变为 0 状态,Q0.1 变为 1 状态,转换到了步 M4.2,小车左行。

最后勾选 I0.2 对应的小方框,模拟左限位开关动作。Q0.1 变为 0 状态,停止左行。Q0.2 变为 1 状态,开始制动,T1 的当前时间值"T1". ET 不断增大。到达 8 s 时,从步 M4.3 返回初始步,M4.3 变为 0 状态,M4.0 变为 1 状态。Q0.2 变为 0 状态,停止制动。

也可以用硬件 PLC 和数字量输入端外接的小开关来调试程序,用监控表监视图 11-20 中的 IB0、QB0、MB4 和"T1". ET。

11.3.2　选择序列与并行序列的编程方法

生成一个名为"复杂的顺序功能图的顺控程序"的项目,CPU 的型号为 CPU 1214C。

1. 选择序列的编程方法

如果某一转换与并行序列的分支、合并无关,则它的前级步和后续步都只有一个,需要复位、置位的位存储器也只有一个,因此选择序列的分支与合并的编程方法实际上与单序列的编程方法完全相同。

图 11-21 所示的顺序功能图中,除了 I0.3 与 I0.6 对应的转换以外,其余的转换均与并行序列的分支、合并无关,I0.0~I0.2 对应的转换与选择序列的分支、合并有关,它们都只有

一个前级步和一个后续步。与并行序列的分支、合并无关的转换对应的梯形图是非常标准的,每一个控制置位、复位的电路块都由前级步对应的一个位存储器的常开触点和转换条件对应的触点组成的串联电路、一条置位指令和一条复位指令组成。

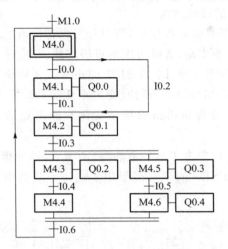

图 11-21　选择序列与并行序列

2. 并行序列的编程方法

图 11-21 中步 M4.2 之后有一个并行序列的分支,当 M4.2 是活动步,并且转换条件 I0.3 满足时,步 M4.3 与步 M4.5 应同时变为活动步,这是用 M4.2 和 I0.3 的常开触点组成的串联电路使 M4.3 和 M4.5 同时置位来实现的(如图 11-22 所示)。与此同时,步 M4.2 应变为不活动步,这是用复位指令来实现的。

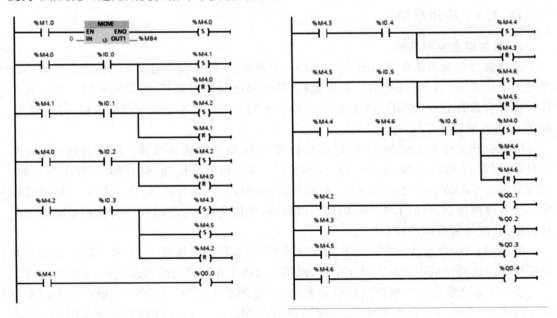

图 11-22　选择序列与并行序列的梯形图

I0.6 对应的转换之前有一个并行序列的合并,该转换的条件是所有的前级步都是活动步,同时转换条件 I0.6 满足。由此可知,应将 M4.4、M4.6 和 I0.6 的常开触点串联,作为控制后续步 M4.0 置位和前级步 M4.4、M4.6 复位的电路。

3. 复杂的顺序功能图的调试方法

调试复杂的顺序功能图对应的程序时,应充分考虑各种可能的情况,对系统的各种工作方式、顺序功能图中的每一条支路、各种可能的进展路线,都应逐一检查,不能遗漏。特别要注意并行序列中各子序列的第一步(图 11-21 中的步 M4.3 和步 M4.5)是否同时变为活动步,最后一步(步 M4.4 和步 M4.6)是否同时变为不活动步。发现问题后应及时修改程序,直到每一条进展路线上步的活动状态的顺序变化和输出点的变化都符合顺序功能图的规定。

选中项目树中的 PLC_1,单击工具栏上的"启动仿真"按钮█,程序被下载到仿真 PLC,切换到 RUN 模式。在 PLCSIM 的项目视图中生成一个新的项目,在 SIM 表格_1 中生成图 11-23 中的条目。

图 11-23　仿真软件的 SIM 表格_1

第一次调试时从初始步转换到步 M4.1,经过并行序列,最后返回初始步。第二次调试时从初始步开始,跳过步 M4.1,进入步 M4.2。经过并行序列,最后返回初始步。

11.3.3　应用举例

1. 液体混合控制系统

液体混合装置的示意图如图 11-24 所示,上限位、下限位和中限位液位传感器被液体淹没时为 1 状态,阀 A、阀 B 和阀 C 为电磁阀,线圈通电时阀门打开,线圈断电时关闭。在初始状态时容器是空的,各阀门均关闭,各液位传感器均为 0 状态。按下起动按钮,打开阀 A,液体 A 流入容器。

中限位开关变为 1 状态时,关闭阀 A,打开阀 B,液体 B 流入容器。液面升到上限位开关时,关闭阀 B,电动机 M 开始运行,搅拌液体。50s 后停止搅拌,打开阀 C,放出混合液。当液面降至下限位开关之后再过 6s,容器放空,关闭阀 C,打开阀 A,又开始下一周期的操作。按下停机按钮,当前工作周期的操作结束后,才停止操作,返回并停留在初始状态。项目名称为"液体混合顺序控制"。

图 11-24 中的"连续标志"M2.0 用起动按钮 I0.3 和停止按钮 I0.4 来控制。它用来实现在按下停止按钮后不会马上停止工作,而是在当前工作周期的操作结束后,才停止运行。

步 M4.5 之后有一个选择序列的分支,放完混合液后,"T2".Q 的常开触点闭合。未按停止按钮 I0.4 时,M2.0 为 1 状态,此时转换条件 M2.0・"T2".Q 满足。所以用 M4.5 的常开触点和转换条件 M2.0・"T2".Q 对应的电路串联,作为对后续步 M4.1 置位和对前级步 M4.5 复位的条件。

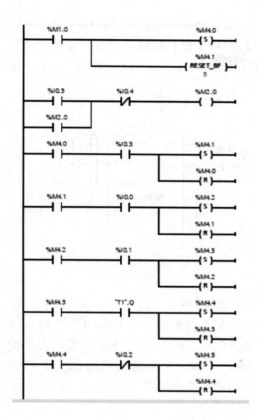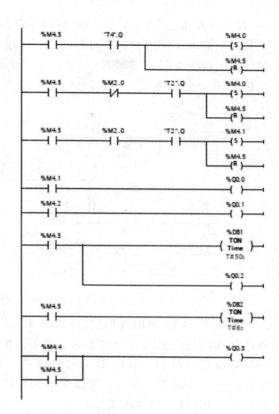

图 11-24　液体混合控制系统的顺序功能图和梯形图

步 M4.1 之前有一个选择序列的合并，步 M4.0 为活动步时转换条件 I0.3 满足，或步 M4.5 为活动步时转换条件 M2.0 · "T2".Q 满足，都将转换到步 M4.1。只要正确地编写出每个转换条件对应的置位、复位电路，就会"自然地"实现选择序列的合并。

控制放料阀的 Q0.3 在步 M4.4 和步 M4.5 都应为 1 状态，所以用 M4.4 和 M4.5 的常开触点的并联电路来控制 Q0.3 的线圈。

选中项目树中的 PLC_1，单击工具栏上的"启动仿真"按钮，程序被下载到仿真 CPU，后者进入 RUN 模式。生成一个新的项目，在仿真表 SIM 表格_1 中生成 IB0、QB0、MB4 和 M2.0 的 SIM 表条目。

刚进入 RUN 模式时仅 M4.0 为 1 状态，两次单击 I0.3 对应的小方框，模拟按下和放开起动按钮，转换到步 M4.1，同时 M2.0 变为 1 状态并保持。液体流入容器后，令下限位开关 I0.2 为 1 状态。然后令中限位开关 I0.0 为 1 状态，转换到步 M4.2。令上限位开关 I0.1 为 1 状态，转换到步 M4.3，开始搅拌。T1 的延时时间到时，转换到步 M4.4，开始放混合液。先后令上限位开关 I0.1、中限位开关 I0.0 和下限位开关 I0.2 为 0 状态，转换到步 M4.5。T2 的延时时间到时，返回到步 M4.1。重复上述对液位开关的模拟操作，在此过程中两次单击 I0.4 对应的小方框，模拟按下和放开停止按钮，M2.0 变为 0 状态。在最后一步 M4.5 中，T2 的延时时间到时，返回到初始步 M4.0。

2. 运输带顺序控制系统

3 条运输带顺序相连（如图 11-25 所示），为了避免运送的物料在 1 号和 2 号运输带上堆

365

积,按下起动按钮 I0.2,1 号运输带开始运行,5 s 后 2 号运输带自动起动,再过 5 s 后 3 号运输带自动起动。停机的顺序与起动的顺序刚好相反,即按了停止按钮 I0.3 后,先停 3 号运输带,5 s 后停 2 号运输带,再过 5 s 停 1 号运输带。分别用 Q0.2~Q0.4 控制 1~3 号运输带。

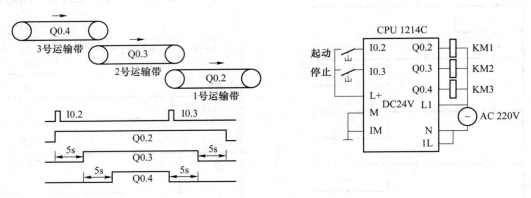

图 11-25　运输带示意图与外部接线图

　　根据图 11-25 中的波形图,显然可以将系统的一个工作周期划分为 6 步(6 个阶段),即等待起动的初始步、4 个延时步和 3 条运输带同时运行的步。用 M4.0~M4.5 来代表各步(如图 11-26 所示)。从波形图可知,Q0.2 在步 M4.1~M4.5 均为 1 状态,Q0.3 在步 M4.2~M4.4 均为 1 状态。可以在步 M4.1~M4.5 的动作框中都填入 Q0.2,在步 M4.2~M4.4 的动作框中都填入 Q0.3。

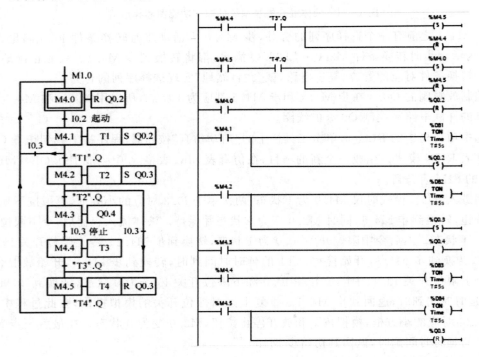

图 11-26　运输带控制的顺序功能图与梯形图

　　为了简化程序,在 Q0.2 应为 1 状态的第一步(步 M4.1)将它置位,用顺序功能图动作框中的"SQ0.2"来表示这一操作;在 Q0.2 应为 1 状态的最后一步的下一步(步 M4.0)将 Q0.2 复位为 0 状态,用动作框中的"RQ0.2"来表示这一操作。同样地,在 Q0.3 应为 1 状态的第一步(步 M4.2)将它置位;在 Q0.3 应为 1 状态的最后一步的下一步(步 M4.5)将它复位。

　　在顺序起动 3 条运输带的过程中,操作人员如果发现异常情况,可以将由起动改为停车。按下停止按钮 I0.3 后,将已经起动的运输带停车,仍采用后起动的运输带先停车的原则。图 11-26 左边是满足上述要求的顺序功能图。

　　图中步 M4.1 之后有一个选择序列的分支。在步 M4.1,只起动了 1 号运输带。按下停止按钮 I0.3,系统应返回初始步。为了实现这一要求,在步 M4.1 的后面增加一条返回初始步的有向连线,并用停止按钮 I0.3 作为转换条件。若步 M4.1 为活动步,T1 的定时时间到,"T1".Q 的常开触点闭合,则从步 M4.1 转换到步 M4.2。

　　在步 M4.2,已经起动了两条运输带。按下停止按钮,首先使后起动的 2 号运输带停车,延时 5 s 后再使 1 号运输带停车。为了实现这一要求,在步 M4.2 的后面,增加一条转换到步 M4.5 的有向连线,并用停止按钮 I0.3 作为转换条件。

　　步 M4.2 之后有一个选择序列的分支,当它是活动步(M4.2 为 1 状态),并且转换条件 I0.3 得到满足,后续步 M4.5 将变为活动步,M4.2 变为不活动步。若步 M4.2 为活动步,并且转换条件"T2".Q 得到满足,则后续步 M4.3 将变为活动步,步 M4.2 变为不活动步。

　　步 M4.5 之前有一个选择序列的合并,当步 M4.2 为活动步,并且转换条件 I0.3 满足时,或者当步 M4.4 为活动步,并且转换条件"T3".Q 满足时,步 M4.5 都应变为活动步。

　　此外,在步 M4.1 之后有一个选择序列的分支,在步 M4.0 之前有一个选择序列的合并。

3. 运输带顺序控制程序的调试

　　打开项目"运输带顺序控制",根据顺序功能图设计出的梯形图程序如图 11-26 所示。打开 S7-PLCSIM,程序被下载到仿真 PLC,将 CPU 切换到 RUN 模式。调试时用 S7-PLCSIM 监控 MB4、QB0 和 IB0。

　　1) 从初始步开始,按正常起动和停车的顺序调试程序。即在初始步 M4.0 为活动步时,按下起动按钮 I0.2,观察是否能转换到步 M4.1,延时后是否能依次转换到步 M4.2 和步 M4.3。在步 M4.3 为活动步时按下停止按钮 I0.3,观察是否能转换到步 M4.4,延时后是否能依次转换到步 M4.5 和返回到初始步 M4.0。

　　2) 从初始步开始,模拟调试起动了一条运输带时停机的过程。即在第 2 步 M4.1 为活动步时,两次单击 I0.3 对应的小方框,模拟按下和放开停止按钮,观察是否能返回初始步。

　　3) 从初始步开始,模拟调试起动了两条运输带时停机的过程。即在步 M4.2 为活动步时,两次单击 I0.3 对应的小方框,模拟按下和放开停止按钮,观察是否能跳过步 M4.3 和步 M4.4,进入步 M4.5,经过 T3 的延时后,是否能返回初始步。

4. 人行横道交通灯顺序控制系统

　　图 11-27 的左图是人行横道处的交通信号灯波形图。按下起动按钮 I0.0,车道和人行道的交通灯将按顺序功能图所示的顺序变化,图 11-28 是梯形图。

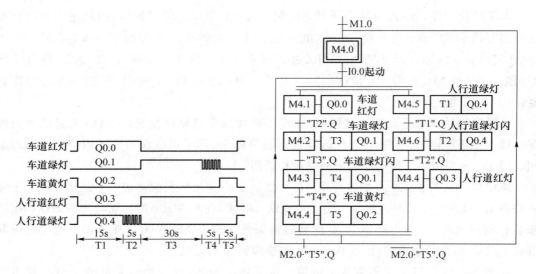

图 11-27　人行横道交通灯波形图与顺序功能图

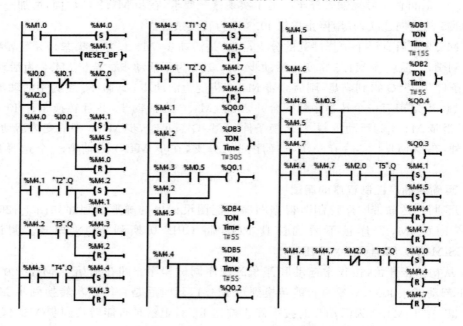

图 11-28　人行横道交通灯控制系统梯形图

PLC 由 STOP 模式进入 RUN 模式时,M1.0 将初始步 M4.0 置位为 1 状态,将其他步复位为 0 状态。为了控制交通灯的连续循环运行,设置了一个连续标志 M2.0。按下起动按钮 I0.0,步 M4.1 和步 M4.5 同时变为活动步,车道红灯和人行道绿灯亮,禁止车辆通过;同时起保停电路使 M2.0 变为 1 状态并保持(如图 11-28 左边第二块电路所示)。

车道交通灯和人行道交通灯是同时工作的,所以用并行序列来表示它们的工作情况。交通灯的闪烁是通过梯形图中串联的周期为 1 s 的时钟存储器位 M0.5 的触点实现的。在 T5 的定时时间到时,转换条件 M2.0·"T5".Q 满足,将从步 M4.4 和步 M4.7 转换到步 M4.1 和步 M4.5,交通灯进入下一循环。

按下停止按钮 I0.1,M2.0 变为 0 状态,但是系统不会马上返回初始步,因为 M2.0 只是在一个工作循环结束时才起作用。在 T5 的定时时间到时,转换条件满足,将从步 M4.4 和步 M4.7 返回初始步。

顺序功能图中步 M4.0 之后有一个并行序列的分支,当 M4.0 是活动步,并且转换条件 I0.0 满足,步 M4.1 与步 M4.5 应同时变为活动步,这是用 M4.0 和 I0.0 的常开触点的串联电路驱动两条置位指令来实现的。步 M4.0 变为不活动步是用复位指令来实现的。

M2.0·"T5".Q 对应的转换之前有一个并行序列的合并,该转换实现的条件是所有的前级步(即步 M4.4 和 M4.7)都是活动步,和转换条件 M2.0·"T5".Q 满足。由此可知,应将 M4.4、M4.7、M2.0 和"T5".Q 的常开触点串联,作为使后续步 M4.1 和 M4.5 置位和使前级步 M4.4、M4.7 复位的条件。用同样的方法设计转换条件对应的控制置位、复位的电路。

车道绿灯 Q0.1 应在步 M4.2 常亮,在步 M4.3 闪烁。为此将 M4.3 与秒时钟存储器位 M0.5 的常开触点串联,然后与 M4.2 的常开触点并联,来控制 Q0.1 的线圈。用同样的方法来设计控制人行道绿灯 Q0.4 的电路。

11.3.4 专用钻床的顺序控制程序设计

1. 程序结构

下面介绍 11.2.2 小节中的专用钻床控制系统的程序。

图 11-29 是 OB1 中的程序,符号名为"自动开关"的 I2.0 为 1 状态时,调用名为"自动程序"的 FC1,为 0 状态时,调用名为"手动程序"的 FC2。

在开机时(M1.0 即 FirstScan 为 1 状态)和手动方式时("自动开关"I2.0 为 0 状态),将初始步对应的 M4.0 置位(如图 11-29 所示),将非初始步对应的 M4.1~M5.1 复位。上述操作主要是防止由自动方式切换到手动

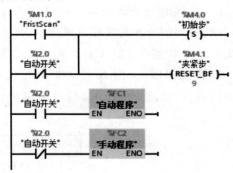

图 11-29   OB1 中的程序

方式,然后又返回自动方式时,可能会出现同时有两个或三个活动步的异常情况。PLC 的默认变量表如图 11-30 所示。

	名称	数据类型	地址			名称	数据类型	地址
1	起动按钮	Bool	%I0.0	13		正转按钮	Bool	%I1.4
2	已夹紧	Bool	%I0.1	14		反转按钮	Bool	%I1.5
3	大孔钻完	Bool	%I0.2	15		夹紧按钮	Bool	%I1.6
4	大钻升到位	Bool	%I0.3	16		松开按钮	Bool	%I1.7
5	小孔钻完	Bool	%I0.4	17		自动开关	Bool	%I2.0
6	小钻升到位	Bool	%I0.5	18		夹紧阀	Bool	%Q0.0
7	旋转到位	Bool	%I0.6	19		大钻头降	Bool	%Q0.1
8	已松开	Bool	%I0.7	20		大钻头升	Bool	%Q0.2
9	大钻升按钮	Bool	%I1.0	21		小钻头降	Bool	%Q0.3
10	大钻降按钮	Bool	%I1.1	22		小钻头升	Bool	%Q0.4
11	小钻升按钮	Bool	%I1.2	23		工件正转	Bool	%Q0.5
12	小钻降按钮	Bool	%I1.3	24		松开阀	Bool	%Q0.6
				25		工件反转	Bool	%Q0.7

图 11-30   PLC 的默认变量表

2. 手动程序

图 11-31 是手动程序 FC2。在手动方式,用 8 个手动按钮分别独立操作大、小钻头的升降、工件的旋转、夹紧和松开。每对相反操作的输出点用对方的常闭触点实现互锁,用限位开关对钻头的升降限位。

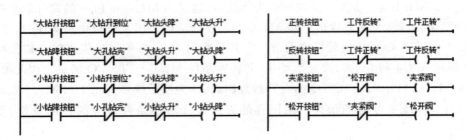

图 11-31 手动程序

3. 自动程序

钻床控制的顺序功能图重画在图 11-32 中,图 11-33 是用置位/复位指令编写的自动程序。

图 11-32 中分别由 M4.2～M4.4 和 M4.5～M4.7 组成的两个单序列是并行工作的,设计梯形图时应保证这两个序列同时开始工作和同时结束,即两个序列的第一步 M4.2 和 M4.5 应同时变为活动步,两个序列的最后一步 M4.4 和 M4.7 应同时变为不活动步。

并行序列的分支的处理是很简单的,在图 11-32 中,当步 M4.1 是活动步,并且转换条件 I0.1 为 1 状态时,步 M4.2 和 M4.5 同时变为活动步,两个序列开始同时工作。在图 11-33 的梯形图中,用 M4.1 和 I0.1 的常开触点组成的串联电路,来控制对 M4.2 和 M4.5 的置位,以及对前级步 M4.1 的复位。

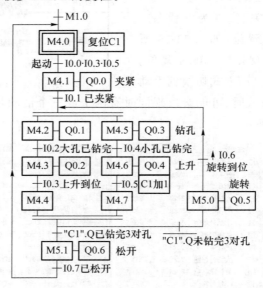

图 11-32 顺序功能图

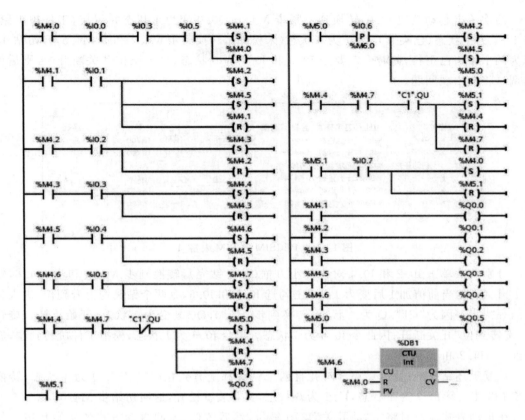

图 11-33　专用钻床控制系统的自动程序

　　另一种情况是当步 M5.0 为活动步,并且在转换条件 I0.6 的上升沿时,步 M4.2 和步 M4.5 也应同时变为活动步。在梯形图中用 M5.0 的常开触点和 I0.6 的扫描操作数的信号上升沿触点组成的串联电路,来控制对 M4.2 和 M4.5 的置位,以及对前级步 M5.0 的复位。图 11-32 的并行序列合并处的转换有两个前级步 M4.4 和 M4.7,当它们均为活动步并且转换条件满足时,将实现并行序列的合并。未钻完 3 对孔时,计数器 C1 输出位的常闭触点闭合,转换条件"C1". Q 满足,将转换到步 M5.0。在梯形图中,用 M4.4、M4.7 的常开触点和"C1". Q 的常闭触点组成的串联电路将 M5.0 置位,使后续步 M5.0 变为活动步;同时用 R 指令将 M4.4 和 M4.7 复位,使前级步 M4.4 和 M4.7 变为不活动步。

　　钻完 3 对孔时,C1 的当前值等于设定值,"C1". Q 的常开触点闭合,转换条件"C1". Q 满足,将转换到步 M5.1。在梯形图中,用 M4.4、M4.7 和"C1". Q 的常开触点组成的串联电路将 M5.1 置位,使后续步 M5.1 变为活动步;同时用 R 指令将 M4.4 和 M4.7 复位,使前级步 M4.4 和 M4.7 变为不活动步。STEP7 用"C1". QU 表示"C1". Q。

　　调试程序时,应注意并行序列中各子序列的第 1 步(图 11-32 中的步 M4.2 和步 M4.5)是否同时变为活动步,最后一步(步 M4.4 和步 M4.7)是否同时变为不活动步。经过 3 次循环后,是否能进入步 M5.1,最后返回初始步。

　　仿真时 SIM 表格_1 中的条目如图 11-34 所示,自动运行的初始状态时开关 I2.0 为 1 状态(自动模式),M4.0 为 1 状态(初始步为活动步),"C1". CV(C1 的当前值)为 0。令 I0.3 和 I0.5 为 1 状态(钻头在上面),I0.6 和 I0.7 为 1 状态(旋转到位、夹紧装置松开)。

两次单击起动按钮 I0.0,转换到夹紧步 M4.1,Q0.0 变为 1 状态并保持,工件被夹紧。令 I0.1 为 1 状态(已夹紧),I0.7 为 0 状态(未松开),转换到步 M4.2 和步 M4.5,开始钻孔。因为两个钻头已下行,此时一定要令 I0.3 和 I0.5 为 0 状态,将上限位开关断开,否则后面的调试将会出现问题。

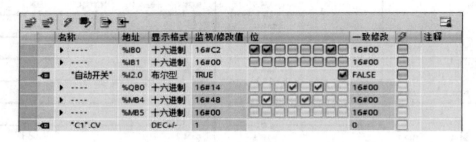

图 11-34　PLCSIM 的 SIM 表格_1

分别两次单击 I0.2 和 I0.4 对应的小方框(孔已钻完),转换到步 M4.3 和步 M4.6,钻头上升,C1 的当前值加 1 后变为 1。单击勾选 I0.3 和 I0.5,令两个钻头均上升到位,进入各自的等待步。因为"C1".Q 为 0 状态,转换到步 M5.0,Q0.5 变为 1 状态,开始旋转。旋转后"旋转到位"开关断开,因此令 I0.6 为 0 状态。再令 I0.6 为 1 状态,模拟工件旋转到位,返回到步 M4.2 和步 M4.5。

重复上述钻孔的过程,钻完 3 对孔且两个钻头都上升到位时,"C1".Q 为 1 状态,转换到步 M5.1。令 I0.7 为 1 状态,I0.1 为 0 状态,夹紧装置松开,返回初始步 M4.0。

在自动方式运行时将"自动开关"I2.0 复位,然后置位,返回自动方式的初始状态。各输出位和非初始步对应的位存储器被复位,C1 的当前值被清零,初始步变为活动步。

习　　题

11-1　简述划分步的原则。

11-2　简述转换实现的条件和转换实现时应完成的操作。

11-3　试设计满足图 11-35 所示波形的梯形图。

11-4　试设计满足图 11-36 所示波形的梯形图。

11-5　画出图 11-37 所示波形对应的顺序功能图。

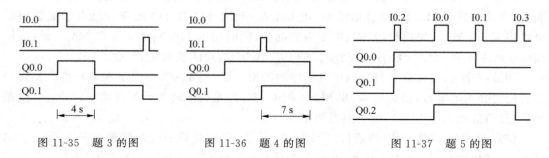

图 11-35　题 3 的图　　　　图 11-36　题 4 的图　　　　图 11-37　题 5 的图

11-6 冲床的运动示意图如图 11-38 所示。初始状态时机械手在最左边,I0.4 为 1 状态;冲头在最上面,I0.3 为 1 状态;机械手松开(Q0.0 为 0 状态)。按下起动按钮 I0.0,Q0.0 变为 1 状态,工件被夹紧并保持,2s 后 Q0.1 变为 1 状态,机械手右行,直到碰到右限位开关 I0.1,以后将顺序完成以下动作:冲头下行,冲头上行,机械手左行,机械手松开(Q0.0 被复位),系统返回初始状态。各限位开关和定时器提供的信号是相应步之间的转换条件。画出控制系统的顺序功能图。

11-7 小车开始停在左边,限位开关 I0.2 为 1 状态。按下起动按钮 I0.3 后,小车开始右行,以后按图 11-39 所示从上到下的顺序运行,最后返回并停在限位开关 I0.2 处。画出顺序功能图和梯形图。

11-8 指出图 11-40 的顺序功能图中的错误。

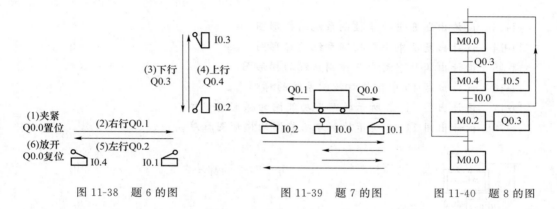

图 11-38 题 6 的图   图 11-39 题 7 的图   图 11-40 题 8 的图

11-9 某组合机床动力头进给运动示意图如图 11-41 所示,设动力头在初始状态时停在左边,限位开关 I0.1 为 1 状态。按下起动按钮 I0.0 后,Q0.0 和 Q0.2 为 1 状态,动力头向右快速进给(简称快进)。碰到限位开关 I0.2 后变为工作进给(简称工进),仅 Q0.0 为 1 状态。碰到限位开关 I0.3 后,暂停 5 s。5 s 后 Q0.2 和 Q0.1 为 1 状态,工作台快速退回(简称快退),返回初始位置后停止运动。画出控制系统的顺序功能图。

11-10 试画出图 11-42 所示信号灯控制系统的顺序功能图,I0.0 为起动信号。

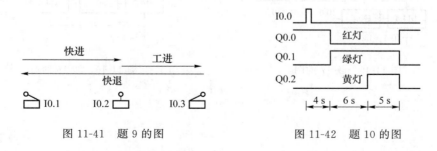

图 11-41 题 9 的图   图 11-42 题 10 的图

11-11 设计出图 11-43 所示的顺序功能图的梯形图程序,定时器"T1"的预设值为 5 s。

11-12 设计出图 11-44 所示的顺序功能图的梯形图程序。

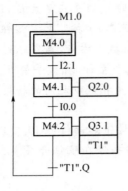

图 11-43　题 11 的图

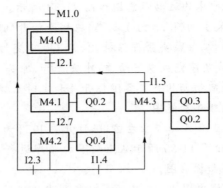

图 11-44　题 12 的图

11-13　设计出题 6 中冲床控制系统的梯形图。

11-14　设计出题 7 中小车控制系统的梯形图。

11-15　设计出题 9 中动力头控制系统的梯形图。

11-16　设计出题 10 中信号灯控制系统的梯形图。

11-17　设计出图 11-45 所示的顺序功能图的梯形图程序。

11-18　设计出图 11-46 所示的顺序功能图的梯形图程序。

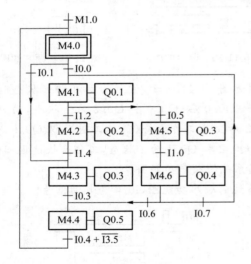

图 11-45　题 17 的图

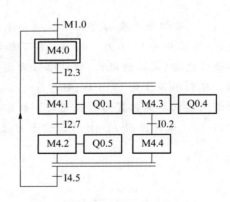

图 11-46　题 18 的图

第12章　S7-1200 的通信

第 12 章 PPT

12.1　网络通信基础

12.1.1　串行通信的基本概念

1. 串行通信与异步通信

工业控制通信中广泛使用的串行数据通信是以二进制的位(bit)为单位的数据传输方式,每次只传送一位。串行通信最少只需要两根线就可以连接多台设备,组成控制网络。串行通信可用于距离较远的场合。

在串行通信中,接收方和发送方应使用相同的传输速率,但是由于实际的发送速率与接收速率之间的微小差别,如果不采取措施,在连续传送大量的数据时,将会因为积累误差造成错位,使接收方收到错误的信息。为了解决这一问题,需要使发送过程和接收过程同步。有异步通信和同步通信这两种同步方式,工业控制多采用异步通信方式。

异步通信采用字符同步方式,其字符信息格式如图 12-1 所示,发送的字符由 1 个起始位、7 个或 8 个数据位、1 个奇偶校验位(可以没有)、1 个或 2 个停止位组成。通信双方需要对采用的信息格式和数据的传输速率做相同的约定。接收方检测到停止位和起始位之间的下降沿后,将它作为接收的起始点,在每一位的中点接收信息。由于一个字符信息格式仅有十来位,即使发送方和接收方的收发频率略有不同,也不会因为两台设备之间的时钟周期差异产生的积累误差而导致信息的发送和接收错位。

图 12-1　异步通信的字符信息格式

奇偶校验用来检测接收到的数据是否出错。如果指定的是偶校验,那么发送的每一个字符的数据位和奇偶校验位中"1"的个数为偶数。如果数据位包含偶数个"1",那么奇偶校验位为 0;如果数据位包含奇数个"1",那么奇偶校验位为 1。

接收方对接收到的每一个字符的奇偶性进行校验,可以检验出传送过程中的错误。有的系统在组态时允许设置为不进行奇偶校验,在传输时没有校验位。

在串行通信中,传输速率(又称波特率)的单位为波特,即每秒传送的二进制位数,其符号为 bit/s。

2. 串行通信的接口标准

(1) RS-232

RS-232 使用单端驱动、单端接收电路,是一种共地的传输方式,容易受到公共地线上的电位差和外部引入的干扰信号的影响,只能进行一对一的通信。RS-232 的最大通信距离为15m,最高传输速率为 20kbit/s,现在已基本上被 USB 取代。

(2) RS-422

RS-422 采用平衡驱动、差分接收电路(如图 12-2 所示),利用两根导线之间的电位差传输信号。这两根导线称为 A 线和 B 线。当 B 线的电压比 A 线高时,一般认为传输的是数字"1";反之认为传输的是数字"0"。平衡驱动器有一个输入信号,两个输出信号互为反相信号,图中的小圆圈表示反相。两根导线相对于通信对象信号地的电位差称为共模电压,外部输入的干扰信号主要以共模方式出现。两根传输线上的共模干扰信号相同,因为接收器是差分输入,两根线上的共模干扰信号可以互相抵消。只要接收器有足够的抗共模干扰能力,就能从干扰信号中识别出驱动器输出的有用信号,从而克服外部干扰的影响。

在最大传输速率 10 Mbit/s 时,RS-422 允许的最大通信距离为 12 m。传输速率为100 kbit/s时,最大通信距离为 1 200 m,一台驱动器可以连接 10 台接收器。RS-422 是全双工的,用 4 根导线传送数据(如图 12-2 所示),两对平衡差分信号线可以同时用于发送和接收。

(3) RS-485

RS-485 是 RS-422 的变形,RS-485 为半双工,对外只有一对平衡差分信号线,通信的双方在同一时刻只能发送数据或只能接收数据。使用 RS-485 通信接口和双绞线可以组成串行通信网络(如图 12-3 所示),构成分布式系统,总线上最多可以有 32 个站。

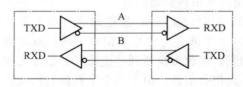

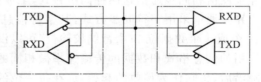

图 12-2　RS-422 通信接线图　　　　　　　　　图 12-3　RS-485 网络

12.1.2　SIMATIC 通信网络

1. SIMATIC NET

西门子的工业自动化通信网络 SIMATIC NET 的顶层为工业以太网,它是基于国际标准 IEEE 802.3 的开放式网络,可以集成到互联网。S7-1200 的 CPU 集成了一个PROFINET 以太网接口,可以与编程计算机、人机界面和其他 S7 PLC 通信。

PROFIBUS 用于少量和中等数量数据的高速传送,AS-i 是底层的低成本网络,底层的通用总线系统 KNX 用于楼宇自动控制,IWLAN 是工业无线局域网。各个网络之间用链接器或有路由器功能的 PLC 连接。

此外,MPI 是 SIMATIC 产品使用的内部通信协议,可以建立传送少量数据的低成本网络。PPI(点对点接口)是用于 S7-200 和 S7-200 SMART 的通信协议。点对点(P2P)通信协议用于特殊协议的串行通信。

2. PROFINET

PROFINET 是基于工业以太网的开放的现场总线(IEC 61158 的类型 10),可以将分布式 I/O 设备直接连接到工业以太网,实现从公司管理层到现场层的直接的、透明的访问。

通过代理服务器(如 IE/PB 链接器),PROFINET 可以透明地集成现有的 PROFIBUS 设备,保护对现有系统的投资,实现现场总线系统的无缝集成。

使用 PROFINET IO,现场设备可以直接连接到以太网,与 PLC 进行高速数据交换。PROFIBUS 各种丰富的设备诊断功能同样也适用于 PROFINET。

使用故障安全通信的标准行规 PROFIsafe,PROFINET 用一个网络就可以同时满足标准应用和故障安全方面的应用。PROFINET 支持驱动器配置行规 PROFIdrive,后者为电气驱动装置定义了设备特性和访问驱动器数据的方法,用来实现 PROFINET 上的多驱动器运动控制通信。

PROFINET 使用以太网和 TCP/IP/UDP 作为通信基础,对快速性没有严格要求的数据使用 TCP/IP,响应时间在 100 ms 数量级,可以满足工厂控制级的应用。

PROFINET 的实时(Real-Time,RT)通信功能适用于对信号传输时间有严格要求的场合,例如用于传感器和执行器的数据传输。通过 PROFINET,分布式现场设备可以直接连接到工业以太网,与 PLC 等设备通信。典型的更新循环时间为 1~10 ms,完全能满足现场级的要求。

PROFINET 的同步实时(IRT)功能用于高性能的同步运动控制。IRT 提供了等时执行周期,以确保信息始终以相等的时间间隔进行传输。IRT 的响应时间为 0.25~1 ms,波动小于 1 μs。IRT 通信需要特殊的交换机的支持。

PROFINET 能同时用一条工业以太网电缆满足三个自动化领域的需求,包括 IT 集成化领域、实时(RT)自动化领域和同步实时(IRT)运动控制领域,它们不会相互影响。

使用铜质电缆最多 126 个节点,网络最长 5 km。使用的光纤多于 1 000 个节点,网络最长 150 km。无线网络最多 8 个节点,每个网段最长 1 000 m。

3. PROFIBUS

PROFIBUS 是开放式的现场总线,已被纳入现场总线的国际标准 IEC 61158。传输速率最高 12Mbit/s,响应时间的典型值为 1 ms,使用屏蔽双绞线电缆(最长 9.6 km)或光缆(最长 90 km),最多可以接 127 个从站。

PROFIBUS 提供了下列 3 种通信服务。

1) PROFIBUS-DP(PROFIBUS Decentralized Periphery,PROFIBUS 分布式外部设备)用得最多,特别适合于 PLC 与现场级分布式 I/O(如西门子的 ET 200)设备之间的通信。主站之间的通信为令牌方式,主站与从站之间为主从方式,以及这两种方式的组合。

2) PROFIBUS-PA(PROFIBUS Process Automation,PROFIBUS 过程自动化)是用于 PLC 与过程自动化的现场传感器和执行器的低速数据传输,特别适合于过程工业使用。PROFIBUS-PA 可以用于防爆区域的传感器和执行器与中央控制系统的通信。PROFIIBUS-PA 使用屏蔽双绞线电缆,由总线提供电源。

3) FMS(现场总线报文规范)已基本上被以太网通信取代,现在很少使用。

此外,还有用于运动控制的总线驱动技术 PROFIdrive 和故障安全通信技术 PROFIsafe。

12.2 PROFINET IO 系统组态

12.2.1 S7-1200 作 IO 控制器

1. PROFINET 网络的组态

在基于以太网的现场总线 PROFINET 中,PROFINET IO 设备是分布式现场设备,如 ET 200 分布式 I/O、调节阀、变频器和变送器等。PLC 是 PROFINET IO 控制器,S7-1200 最多可以带 16 个 IO 设备,256 个子模块。只需要对 PROFINET 网络做简单的组态,不用编写任何通信程序,就可以实现 IO 控制器和 IO 设备之间的周期性数据交换。

在博途中新建项目"1200 作 IO 控制器",PLC_1 为 CPU 1215C。打开网络视图(如图 12-4 所示),将右边的硬件目录窗口的"\分布式 I/O\ET200S\接口模块\PROFINET\IM151-3 PN"文件夹中,订货号为 6ES7 151-3AA23-0AB0 的接口模块拖拽到网络视图,生成 IO 设备 ET 200S PN。CPU 1215C 和 ET 200S PN 站点的 IP 地址分别为默认值 192.168.0.1 和 192.168.0.2。双击生成的 ET 200S PN 站点,打开它的设备视图(如图 12-5 所示)。将电源模块、4DI、2DQ 和 2AQ 模块插入 1~4 号槽。

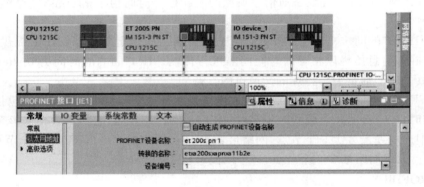

图 12-4 网络视图与 PROFINET IO 系统

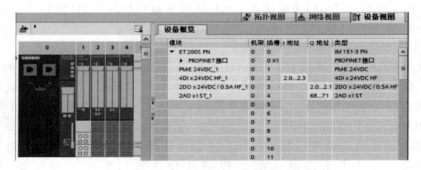

图 12-5 ET 200S PN 的设备视图与设备概览

　　IO 控制器通过设备名称对 IO 设备寻址。选中 IM151-3PN 的以太网接口,再选中巡视窗口中的"属性＞常规＞以太网地址",去掉"自动生成 PROFINET 设备名称"复选框中的钩(如图 12-4 所示),将自动生成的该 IO 设备的名称"et 200s pn"改为"et 200s pn 1"。STEP 7 自动地为 IO 设备分配编号(从 1 开始),该 IO 设备的编号为 1。

　　右击网络视图中 CPU 1215C 的 PN 接口(如图 12-4 所示),执行快捷菜单命令"添加 IO 系统",生成 PROFINET IO 系统。单击 ET 200S PN 方框内蓝色的"未分配",再单击出现的小方框中的"CPU 1215C PROFINET 接口_1",它被分配给该 IO 控制器的 PN 接口。ET 200S PN 方框内的"未分配"变为蓝色的带下划线的"CPU 1215C"。

　　双击网络视图中的 ET 200S PN,打开它的设备视图。单击设备视图右边竖条上向左的小三角形按钮(如图 12-5 所示),在从右向左弹出的 ET 200S PN 的设备概览中,可以看到分配给它的信号模块的 I、Q 地址。在用户程序中,可以用这些地址直接读、写 ET 200S PN 的模块。

　　用同样的方法生成第 2 台 IO 设备 ET 200S PN,将它分配给 IO 控制器 CPU 1215C。IP 地址为默认的 192.168.0.3,设备编号为 2。将它的设备名称改为"et 200s pn 2"。打开 2 号 IO 设备的设备视图,将电源模块、4DI 和 2DQ 模块插入 1～3 号槽。

　　以后打开网络视图后,右击某个设备的 PN 接口,执行快捷菜单中的命令"高亮显示 IO 系统",IO 系统改为高亮(即双轨道线)显示(如图 12-4 所示)。

2. 分配设备名称

　　用以太网电缆连接好 IO 控制器、IO 设备和计算机的以太网接口。若 IO 设备中的设备名称与组态的设备名称不一致,则连接 IO 控制器和 IO 设备后,它们的故障 LED 亮。此时,右击网络视图中的 1 号 IO 设备,执行快捷菜单命令"分配设备名称"。单击打开的对话框中的"更新列表"按钮(如图 12-6 所示),"网络中的可访问节点"列表中出现网络上的两台 ET 200S PN 原有的设备名称。对话框上面的"PROFINET 设备名称"选择框中是组态的 1 号 IO 设备的名称"et 200s pn 1"。选中 IP 地址为 192.168.0.2 的可访问节点,单击勾选"闪烁 LED"复选框,若 1 号 IO 设备的 LED 闪烁,则可以确认选中的是它。再次单击该复选框,LED 停止闪烁。

　　选中 IP 地址为 192.168.0.2 的可访问节点后,单击"分配名称"按钮,组态的设备名称"et 200s pn 1"被分配和下载给 1 号 IO 设备,可访问节点列表中的 1 号 IO 设备的"PROFINET 设备名称"列出现新分配的名称"et 200s pn 1"(如图 12-6 下部的小图所示)。"状态"列的"设备名称不同"变为"确定"。下载的设备名称与组态的设备名称一致时,IO 设备上的 ERROR LED 熄灭。两台 IO 设备的设备名称分配好以后,IO 设备和 IO 控制器上的 ERROR LED 熄灭。

　　为了验证 IO 控制器和 IO 设备的通信是否正常,在 IO 控制器的 OB1 中编写简单的程序,例如用 I2.0 的常开触点控制 Q2.0 的线圈(如图 12-5 所示)。若能用 I2.0 控制 Q2.0,则说明 IO 控制器和 1 号 IO 设备之间的通信正常。IO 控制器与 IO 设备之间的通信也可以用仿真验证。

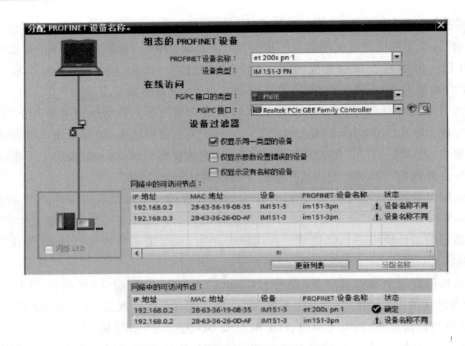

图 12-6　分配 PROFINET 设备名称

12.2.2　S7-1200 作智能 IO 设备

1. 生成 IO 控制器和智能 IO 设备

生成项目"1200 作 1500 的 IO 设备",PLC_1(CPU 1511-1 PN)为 IO 控制器。打开网络视图,将硬件目录的"\控制器\SIMATIC 1200\CPU"文件夹中的 CPU 1215C 拖拽到网络视图,生成站点"PLC_2"。选中网络视图中 PLC_1 的 PN 接口,再选中巡视窗口中的"属性>常规>以太网地址",可以看到 IP 地址为默认的 192.168.0.1,自动生成的 PROFINET IO 设备名称为 plc_1,默认的设备编号为 0。

右击网络视图中 CPU 1511-1 PN 的 PN 接口,执行快捷菜单命令"添加 IO 系统",生成 PROFINET IO 系统。

选中网络视图中 PLC_2 的 PN 接口,再选中巡视窗口中的"属性>常规>以太网地址",可以看到 IP 地址为默认的 192.168.0.1,自动生成的 PROFINET IO 设备名称为 plc_2。选中巡视窗口中的"属性>常规>操作模式"(如图 12-7 所示),勾选"IO 设备"复选框,设置 CPU 1215C 作智能 IO 设备。复选框"IO 控制器"被自动勾选,因为是灰色,不能更改,所以 CPU 1215C 在作它的 IO 控制器的 IO 设备的同时,还可以作 IO 控制器。用"已分配的 IO 控制器"选择框将 IO 设备分配给 IO 控制器 PLC_1 的 PN 接口。PLC_2 的 IP 地址自动变为 192.168.0.2。

2. 组态智能设备通信的传输区

IO 控制器和智能 IO 设备都是 PLC,它们都有各自的系统存储器区,因此 IO 控制器不能用智能 IO 设备的硬件 I、Q 地址直接访问对方的系统存储器区。

智能 IO 设备的传输区(I、Q 地址区)是 IO 控制器与智能 IO 设备的用户程序之间的通信接口。用户程序对传输区定义的 I 区接收到的输入数据进行处理,并用传输区定义的 Q

区输出处理的结果。IO 控制器与智能 IO 设备之间通过传输区自动地周期性地进行数据交换。

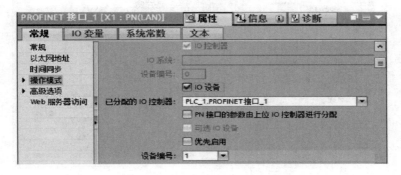

图 12-7　组态 PLC_2 的 PROFINET 接口的操作模式

选中网络视图中 PLC_2 的 PN 接口，然后选中下面的巡视窗口的"属性＞常规＞操作模式＞智能设备通信"（如图 12-8 所示），双击右边窗口"传输区"列表中的＜新增＞，在第一行生成"传输区_1"。

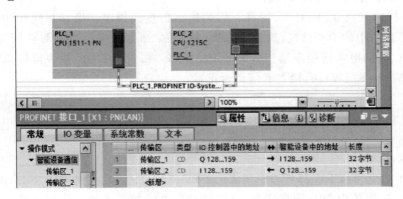

图 12-8　组态好的智能设备通信的传输区

选中左边窗口中的"传输区_1"（如图 12-9 所示），在右边窗口定义 IO 控制器（伙伴）发送数据、智能设备（本地）接收数据的 I、Q 地址区。组态的传输区不能与硬件使用的地址区重叠。

用同样的方法生成"传输区_2"，与传输区_1 相比，只是交换了地址的 I、Q 类型，其他参数与图 12-9 的相同。

选中图 12-8 左边窗口的"智能设备通信"，右边窗口中是组态好的传输区列表，主站将 QB128～QB159 中的数据发送给从站，后者用 IB128～IB159 接收。从站将 QB128～QB159 中的数据发送给主站，后者用 IB128～IB159 接收。在双方的用户程序中，将实际需要发送的数据传送到上述的数据发送区，直接使用上述的数据接收区中接收到的数据。

选中图 12-9 巡视窗口左边的"IO 周期"，可以设置可访问该智能设备的 IO 控制器的个数、更新时间的方式（自动或手动）、更新时间值和看门狗时间等。

3. 编写验证通信的程序与通信实验

在 PLC_1 的 OB100 中，给 QW130 和 QW158 设置初始值 16#1511，将 IW130 和

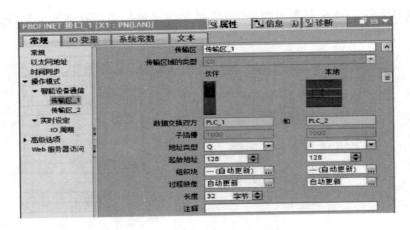

图 12-9　组态智能 IO 设备通信的传输区

IW158 清 0。在 PLC_1 的 OB1 中,用时钟存储器位 M0.3 的上升沿,每 500 ms 将要发送的第一个字 QW128 加 1。PLC_2 与 PLC_1 的程序基本上相同,其区别在于给 QW130 和 QW158 设置的初始值为 16♯1215。

　　分别选中 PLC_1 和 PLC_2,下载它们的组态信息和程序。做好在线操作的准备工作后,右击网络视图中的 PN 总线,执行"分配设备名称"命令。用出现的对话框分配 IO 设备的名称。用以太网电缆连接主站和从站的 PN 接口,在运行时用监控表监控双方接收数据的 IW128、IW130 和 IW158,检查通信是否正常。

12.3　基于以太网的开放式用户通信

　　S7-1200/1500 的 CPU 都有一个集成的 PROFINET 接口,它是 10 Mbit/100 Mbit/s 的 RJ45 以太网口,支持电缆交叉自适应,可以使用标准的或交叉的以太网电缆。这个通信口可以实现 CPU 与编程设备、HMI 和其他 S7 CPU 之间的通信,支持的通信协议和服务包括 TCP(传输控制协议)、ISO-on-TCP(RCF 1006)、UDP(用户数据报协议)、S7 通信(可以作服务器和客户端)和 Modbus TCP。

1. 开放式用户通信

　　基于 CPU 集成的 PN 接口的开放式用户通信(Open User Communication)是一种程序控制的通信方式,这种通信只受用户程序的控制,可以用程序建立和断开事件驱动的通信连接,在运行期间也可以修改连接。

　　在开放式用户通信中,S7-300/400/1200/1500 可以用指令 TCON 来建立连接,用指令 TDISCON 来断开连接。指令 TSEND 和 TRCV 用于通过 TCP 和 ISO-on-TCP 发送和接收数据;指令 TUSEND 和 TURCV 用于通过 UDP 发送和接收数据。

　　S7-1200/1500 除使用上述指令实现开放式用户通信外,还可以使用指令 TSEND_C 和 TRCV_C,通过 TCP 和 ISO-on-TCP 发送和接收数据。这两条指令有建立和断开连接的功能,使用它们以后不再需要调用 TCON 和 TDISCON 指令。上述指令均为函数块。

2. 组态 CPU 的硬件

生成一个名为"1200_1200ISO_C"的项目,单击项目树中的"添加新设备",添加一块
CPU 1215C,默认的名称为 PLC_1。双击项目树的"PLC_1"文件夹中的"设备组态",打开设
备视图。选中 CPU 左下角表示以太网接口的绿色小方框,然后选中巡视窗口的"属性＞常
规＞以太网地址",采用 PN 接口默认的 IP 地址 192.168.0.1 和默认的子网掩码 255.255.255.0。
选中 CPU 后选中巡视窗口的"属性＞常规＞系统和时钟存储器",启用 MB0 为时钟存储器
字节(如图 7-17 所示)。

用同样的方法添加一块 CPU 1215C,默认的名称为 PLC_2。它的 PN 接口的 IP 地址
和子网掩码与 PLC_1 的相同。启用它的时钟存储器字节。

3. 组态 CPU 之间的通信连接

双击项目树中的"设备和网络",打开网络视图(如图 12-10 所示)。选中 PLC_1 的以太
网接口,按住鼠标左键不放,"拖拽"出一条线,光标移动到 PLC_2 的以太网接口上,松开鼠
标,将会出现图 12-10 所示的绿色的以太网线和名称为"PN/IE_1"的连接。PLC_2 的 IP 地
址自动变为 192.168.0.2。

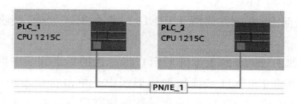

图 12-10　网络组态

4. 验证通信是否实现的典型程序结构

本书的通信程序一般只是用来验证通信是否成功,没有什么工程意义。

(1) 生成保存待发送的数据和接收到的数据的数据块

本例要求通信双方发送和接收 100 个整数。双击项目树的文件夹"\PLC_1\程序块"中
的"添加新块",生成全局数据块 DB1,将它的符号地址改为 SendData。右击它,选中快捷菜
单中的"属性",再选中打开的对话框上左边窗口中的"属性"。去掉"优化的块访问"复选框
中的钩,允许使用绝对地址。在 DB1 中生成有 100 个整数元素的用于保存待发送的数据的
数组 ToPLC_2(如图 12-11 的上半部所示)。再生成没有"优化的块访问"属性的全局数据
块 DB2,符号地址为 RcvData,在 DB2 中生成有 100 个整数元素的用于保存接收到的数据的
数组 FromPLC_2。

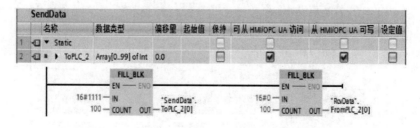

图 12-11　数据块 SendData 与 OB100 中的程序

用同样的方法生成 PLC_2 的数据块 DB1 和 DB2,在其中分别生成有 100 个整数元素的数组 ToPLC_1 和 FromPLC_1。

（2）初始化用于保存待发送的数据和接收到的数据的数组

在 OB100 中用指令 FILL_BLK(填充块)将两块 CPU 的 DB1(SendData)中要发送的 100 个整数分别初始化为 16♯1111(如图 12-11 的下半部所示)和 16♯2222,将用于保存接收到的数据的 DB2(RcvData)中的 100 个整数清零。

（3）将双方要发送的第一个字周期性地加 1

双击打开项目树的"\PLC_1\程序块"文件夹中的主程序 OB1,用周期为 0.5 s 的时钟存储器位 M0.3 的上升沿,将要发送的第一个字 DB1.DBW0 加 1(如图 12-12 所示)。

图 12-12　OB1 中的梯形图

5．调用 TSEND_C 和 TRCV_C

在开放式用户通信中,发送方调用 TSEND_C 指令发送数据,接收方调用 TRCV_C 指令接收数据。

双击打开 OB1(如图 12-13 的上半部所示),将右边的指令列表中的"通信"窗格的"开放式用户通信"文件夹中的 TSEND_C 拖拽到梯形图中。单击自动出现的"调用选项"对话框中的"确定"按钮,自动生成 TSEND_C 的背景数据块 TSEND_C_DB(DB3)。用同样的方法调用 TRCV_C,自动生成它的背景数据块 TRCV_C_DB(DB4)。在项目树的"PLC_1\程序块\系统块\系统资源"文件夹中,可以看到这两条指令和自动生成的它们的背景数据块。

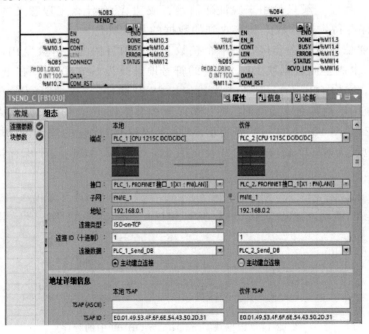

图 12-13　通信程序与组态连接参数的巡视窗口

用同样的方法生成 PLC_2 的程序,两台 PLC 的用户程序基本上相同。

6. 组态连接参数

打开 PLC_1 的 OB1,单击选中指令 TSEND_C,然后选中下面的巡视窗口的"属性>组态>连接参数"(如图 12-13 的下半部所示)。

在右边的窗口中,单击"伙伴"的"端点"选择框右边的按钮,在出现的下拉式列表中选择通信伙伴为 PLC_2,两台 PLC 图标之间出现绿色连线。"连接 ID"(连接标识符,即连接的编号)的默认值为 1。

用"连接类型"选择框设置连接类型为 ISO-on-TCP。单击"本地"的"连接数据"选择框右边的按钮,单击出现的"<新建>",自动生成连接描述数据块"PLC_1_Send_DB"(DB5)。用同样的方法生成 PLC_2 的连接描述数据块"PLC_2_Send_DB"(DB5)。

通信的一方作为主动的伙伴,启动通信连接的建立;另一方作为被动的伙伴,对启动的连接做出响应。图 12-13 用单选框设置由 PLC_1 主动建立连接。

PLC_1 设置的连接参数将自动用于 PLC_2,PLC_2 组态"连接参数"的对话框与图 12-13 的结构相同,只是"本地"与"伙伴"列的内容互相交换。

TSAP(Transport Service Access Point)是传输服务访问点。设置连接参数时,并不检查各连接的连接 ID、TCP 连接的端口编号和 ISO-on-TCP 连接的 TSAP 是否分别重叠。应保证这些参数在网络中是唯一的。

开放式用户通信的连接参数用连接描述数据块 PLC_1_Send_DB 和 PLC_2_Send_DB 保存。可以通过删除连接描述数据块来删除连接。在删除它们时,应同时删除调用时使用它们作为输入参数 CONNECT 的实参的通信指令 TSEND_C、TRCV_C 及其背景数据块,这样才能保证程序的一致性。

7. TSEND_C 和 TRCV_C 的参数

图 12-13 中 TSEND_C 的参数的意义如下。

- 在请求信号 REQ 的上升沿,根据参数 CONNECT 指定的连接描述数据块(DB5)中的连接描述,启动数据发送任务。发送成功后,参数 DONE 在一个扫描周期内为 1 状态。

- CONT(Bool)为 1 状态时建立和保持连接,为 0 状态时断开连接且接收缓冲区中的数据将会消失。连接被成功建立时,参数 DONE 在一个扫描周期内为 1 状态。CPU 进入 STOP 模式时,已有的连接被断开。

- LEN 是 TSEND_C 要发送或 TRCV_C 要接收的数据的字节数,它为默认值 0 时,发送或接收用参数 DATA 定义的所有的数据。

- 图 12-13 中 TSEND_C 的参数 DATA 的实参 P♯DB1.DBX0.0 INT 100 是数据块 SendData(DB1)中的数组 ToPLC_2 的绝对地址。TRCV_C 的参数 DATA 的实参 P♯DB2.DBX0.0 INT 100 是数据块 RcvData(DB2)中的数组 FromPLC_2 的绝对地址。

- COM_RST(Bool)为 1 状态时,断开现有的通信连接,新的连接被建立。若此时数据正在传送,则可能导致丢失数据。

- DONE(Bool)为 1 状态时任务执行成功,为 0 状态时任务未启动或正在运行。

- BUSY(Bool)为 0 状态时任务完成,为 1 状态时任务尚未完成,不能触发新的任务。

- ERROR(Bool)为 1 状态时执行任务出错,字变量 STATUS 中是错误的详细信息。
指令 TRCV_C 的参数的意义如下。
- EN_R(Bool)为 1 状态时,准备好接收数据。
- CONT 和 EN_R(Bool)均为 1 状态时,连续地接收数据。
- DATA(Variant)是接收区的起始地址和最大数据长度。
- RCVD_LEN 是实际接收的数据的字节数。
其余的参数与 TSEND_C 的相同。

8. 硬件通信实验的典型方法

用以太网电缆通过交换机(或路由器)连接计算机和两块 CPU 的以太网接口,将用户程序和组态信息分别下载到两块 CPU,并令它们处于运行模式。

同时打开两块 CPU 的监控表,用工具栏的按钮垂直拆分工作区,同时监视两块 CPU 的 DB2 中接收到的部分数据(如图 12-14 所示)。将两块 CPU 的 TSEND_C 和 TRCV_C 的参数 CONT(M10.1 和 M11.1)均置位为 1 状态,建立起通信连接。由于双方的发送请求信号 REQ(时钟存储器位 M0.3)的作用,TSEND_C 每 0.5 s 发送 100 个字的数据。可以看到,双方接收到的第一个字 DB2.DBW0 的值每 0.5 s 加 1,DB2 中第二个字 DB2.DBW2 和最后一个字 DB2.DBW198 是通信伙伴在 OB100 中预置的值。

	名称	地址	显示格式	监视值	名称	地址	显示格式	监视值
1	"Tag_5"	%M10.1	布尔型	TRUE	"Tag_5"	%M10.1	布尔型	TRUE
2	"Tag_27"	%M11.1	布尔型	TRUE	"Tag_27"	%M11.1	布尔型	TRUE
3	"RcvData"."FromPLC_1"[0]	%DB2.DBW0	十六进制	16#12C1	"RcvData"."FromPLC_2"[0]	%DB2.DBW0	十六进制	16#23F8
4	"RcvData"."FromPLC_1"[1]	%DB2.DBW2	十六进制	16#1111	"RcvData"."FromPLC_2"[1]	%DB2.DBW2	十六进制	16#2222
5	"RcvData"."FromPLC_1"[99]	%DB2.DBW198	十六进制	16#1111	"RcvData"."FromPLC_2"[99]	%DB2.DBW198	十六进制	16#2222

图 12-14 PLC_1 与 PLC_2 的监控表

通信正常时令 M10.1 或 M11.1 为 0 状态,建立的连接被断开,CPU 将停止发送或接收数据。接收方的 DB2.DBW0 停止变化。

也可以在通信正常时双击打开 PLC_1 的数据块 DB2,然后打开数组 FromPLC_2。单击"全部监视"按钮,在"监视值"列可以看到接收到的 100 个整数数据。双方接收到的第 1 个字的值不断增大,其余 99 个字的值相同,是对方 CPU 在 OB100 中预置的值。

9. 仿真实验

PLCSIM V15 SP1 支持 S7-1200 对通信指令 PUT/GET、TSEND/TRCV 和 TSEND_C/TRCV_C 的仿真。

打开项目"1200_1200_ISO_C",选中 PLC_1,单击工具栏上的"启动仿真"按钮,出现仿真软件的精简视图(如图 8-37 所示)和"扩展的下载到设备"对话框(如图 8-38 所示),设置"接口/子网的连接"为"PN/IE_1"或"插槽'1×1'处的方向"。

单击"开始搜索"按钮,搜索到 IP 地址为 192.168.0.1 的 PLC_1。单击"下载"按钮,将程序或组态数据下载到仿真 PLC,将后者切换到 RUN 模式,RUN LED 变为绿色。

选中 PLC_2,单击工具栏上的"启动仿真"按钮,出现仿真软件的精简视图,上面显示"未组态的 PLC[SIM-1200]",IP 地址为 192.168.0.1。程序和组态数据被下载到仿真 PLC,将后者切换到 RUN 模式,仿真 PLC 上显示"PLC_2"和 CPU 的型号,IP 地址变为192.168.0.2。

双击打开两台 PLC 的监控表（如图 12-14 所示），调试的方法和观察到的现象与硬件 PLC 相同。

将项目"1200_1200ISO_C"另存为名为"1200_1200TCP_C"的项目。将图 12-13 中的 "连接类型"改为"TCP"，"伙伴端口"为默认的 2000，用户程序和其他的组态数据不变。

10. 其他开放式用户通信

S7-300/400/1200/1500 可以使用 TSEND/TRCV 指令和 TCP、ISO-on-TCP 进行通信，使用 TUSEND 和 TURCV 指令和 UDP 进行通信，通信双方在 OB1 中用指令 TCON 建立连接，用指令 TDISCON 断开连接。S7-1200 之间使用 TSEND/TRCV 指令的通信可以仿真。

12.4　S7 协议通信

1. S7 协议

S7 协议是专门为西门子控制产品优化设计的通信协议，它是面向连接的协议，在进行数据交换之前，必须与通信伙伴建立连接。面向连接的协议具有较高的安全性。

连接是指两个通信伙伴之间为了执行通信服务建立的逻辑链路，而不是指两个站之间用物理媒体（如电缆）实现的连接。S7 连接是需要组态的静态连接，静态连接要占用 CPU 的连接资源。基于连接的通信分为单向连接和双向连接，S7-1200 仅支持 S7 单向连接。

单向连接中的客户端（Client）是向服务器（Server）请求服务的设备，客户端调用 GET/PUT 指令读、写服务器的存储区。服务器是通信中的被动方，用户不用编写服务器的 S7 通信程序，S7 通信是由服务器的操作系统完成的。因为客户端可以读、写服务器的存储区，单向连接实际上可以实现双向传输数据。

2. 创建 S7 连接

在名为"1200_1200IE_S7"的项目中，PLC_1 和 PLC_2 均为 CPU 1215C。它们的 PN 接口的 IP 地址分别为 192.168.0.1 和 192.168.0.2，子网掩码为 255.255.255.0。组态时启用双方的 MB0 为时钟存储器字节。

双击项目树中的"设备和网络"，打开网络视图（如图 12-15 所示）。单击按下左上角的 "连接"按钮，用选择框设置连接类型为 S7 连接。用"拖拽"的方法建立两个 CPU 的 PN 接口之间的名为"S7_连接_1"的连接。

打开网络视图后，为了高亮（用双轨道线）显示连接，应单击按下网络视图左上角的"连接"按钮，将光标放到网络线上，单击出现的小方框中的"S7_连接_1"，连接变为高亮显示（如图 12-15 所示），出现"S7_连接_1"字样。

选中"S7_连接_1"，再选中下面的巡视窗口的"属性＞常规＞常规"（如图 12-15 所示），可以看到 S7 连接的常规属性。选中左边窗口的"特殊连接属性"，右边窗口中可以看到未选中的灰色的"单向"复选框（不能更改）。勾选"主动建立连接"复选框，由本地站点（PLC_1）主动建立连接。选中巡视窗口左边的"地址详细信息"，可以看到通信双方默认的 TSAP（传输服务访问点）。

单击网络视图右边竖条上向左的小三角形按钮 ▼ 和 ▲，打开从右到左弹出的视图中的"连接"选项卡（如图 12-16 所示），可以看到生成的 S7 连接的详细信息，连接的 ID 为 16♯100。单击图 12-16 左边竖条上向右的小三角形按钮，关闭弹出的视图。

图 12-15　组态 S7 连接的属性

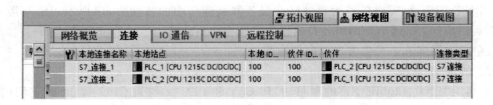

图 12-16　网络视图中的连接选项卡

使用固件版本为 V4.0 及以上的 S7-1200 CPU 作为 S7 通信的服务器，需要做下面的额外设置，才能保证 S7 通信正常。选中服务器（PLC_2）的设备视图中的 CPU 1215C，再选中巡视窗口中的"属性＞常规＞保护安全＞连接机制"，勾选"允许来自远程对象的 PUT/GET 通信访问"复选框。

3. 编写程序

为 PLC_1 生成 DB1 和 DB2，为 PLC_2 生成 DB3 和 DB4，在这些数据块中生成由 100 个整数组成的数组。不要启用数据块属性中的"优化的块访问"功能。

在 S7 通信中，PLC_1 做通信的客户端。打开它的 OB1，将右边的指令列表的"通信"窗格的"S7 通信"文件夹中的指令 GET 和 PUT 拖拽到梯形图中（如图 12-17 所示）。在时钟存储器位 M0.5 的上升沿，GET 指令每 1 s 读取 PLC_2 的 DB3 中的 100 个整数，用本机的 DB2 保存。PUT 指令每 1 s 将本机的 DB1 中的 100 个整数写入 PLC_2 的 DB4。

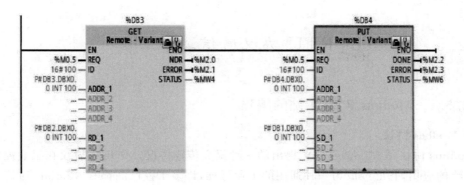

图 12-17　客户端读写服务器数据的程序

　　单击指令框下边沿的三角形符号,可以显示或隐藏图 12-17 的"ADDR_2"等灰色的输入参数。显示这些参数时,客户端最多可以分别读取和改写服务器的 4 个数据区。

　　PLC_2 在 S7 通信中做服务器,不用编写调用指令 GET 和 PUT 的程序。

　　与项目"1200_1200_ISO_C"相同,双方均采用验证通信是否实现的典型程序结构。在双方的 OB100 中,将 DB1 和 DB3 中要发送的 100 个字分别预置为 16♯2151 和 16♯2152,将用于保存接收到的数据的 DB2 和 DB4 中的 100 个字清零。在双方的 OB1 中,在周期为 0.5 s 的时钟存储器位 M0.3 的上升沿,将要发送的第 1 个字加 1。

4. 通信实验

　　将通信双方的用户程序和组态信息分别下载到 CPU,用电缆连接它们的以太网接口。使它们进入运行模式后,从图 12-18 中双方的监控表可以看到双方接收到的第一个字 DB2.DBW0 和 DB4.DBW0 不断增大,DB2 和 DB4 中的 DBW2 和 DBW198 是通信伙伴在首次循环时预置的值。

	名称	地址	显示格式	监视值	名称	地址	显示格式	监视值
1	"RcvData".FromPLC_2[0]	%DB2.DBW0	十六进制	16#234E	"RcvData".FromPLC_1[0]	%DB4.DBW0	十六进制	16#2362
2	"RcvData".FromPLC_2[1]	%DB2.DBW2	十六进制	16#2152	"RcvData".FromPLC_1[1]	%DB4.DBW2	十六进制	16#2151
3	"RcvData".FromPLC_2[99]	%DB2.DBW198	十六进制	16#2152	"RcvData".FromPLC_1[99]	%DB4.DBW198	十六进制	16#2151

图 12-18　PLC_1 与 PLC_2 的监控表

5. 仿真实验

　　选中项目树中的 PLC_1,单击工具栏上的"启动仿真"按钮,出现仿真软件的精简视图。程序和组态数据被下载到仿真 PLC,将后者切换到 RUN 模式。选中 PLC_2,单击工具栏上的"启动仿真"按钮,出现仿真软件的精简视图。程序和组态数据被下载到仿真 PLC,将后者切换到 RUN 模式。用两台 PLC 的监控表监控接收到的数据(如图 12-18 所示),操作方法和观察到的结果与硬件实验的结果相同。

6. 其他 PLC 之间的 S7 通信

　　S7-1200/1500、S7-300/400 和 S7-200SMART 的 CPU 集成的以太网接口都支持它们之间的 S7 单向连接通信。S7-1200 的 CPU 在 S7 单向连接通信中可以作客户端或服务器。S7-1500 CPU 之间还可以进行 S7 双向连接通信。

12.5 Modbus RTU 协议通信

12.5.1 Modbus RTU 主站的编程

1. Modbus 协议

Modbus 协议是 Modicon 公司提出的一种报文传输协议,Modbus 协议在工业控制中得到了广泛的应用,它已经成为一种通用的工业标准,许多工控产品都有 Modbus 通信功能。

根据传输网络类型的不同,Modbus 协议分为串行链路上的 Modbus 协议和基于 TCP/IP 的 Modbus TCP。

Modbus 串行链路协议是一个主-从协议,采用请求-响应方式,总线上只有一个主站,主站发送带有从站地址的请求帧,具有该地址的从站接收到请求后发送响应帧进行应答。从站没有收到来自主站的请求时,不会发送数据,从站之间也不会互相通信。

Modbus 串行链路协议有 ASCII 和 RTU(远程终端单元)这两种报文传输模式,S7-1200 采用 RTU 模式。主站在 Modbus 网络上没有地址,从站的地址范围为 0～247,其中 0 为广播地址。使用通信模块 CM 1241(RS232)作 Modbus RTU 主站时,只能与一个从站通信。使用通信模块 CM 1241(RS485)或 CM 1241(RS422/485)作 Modbus RTU 主站时,最多可以与 32 个从站通信。

报文以字节为单位进行传输,采用循环冗余校验(CRC)进行错误检查,报文最长为 256 B。

2. 组态硬件

在博途中生成一个名为"Modbus RTU 通信"的项目,生成作为主站和从站的 PLC_1 和 PLC_2,它们的 CPU 均为 CPU 1214C。设置它们的 IP 地址分别为 192.168.0.1 和 192.168.0.2,分别启用它们默认的时钟存储器字节 MB0。

打开主站 PLC_1 的设备视图,将右边的硬件目录窗口的文件夹"\通信模块\点到点"中的 CM 1241(RS485)模块拖放到 CPU 左边的 101 号槽。选中它的 RS-485 接口,再选中下面的巡视窗口的"属性＞常规＞IO-Link",按图 12-19 设置通信接口的参数。

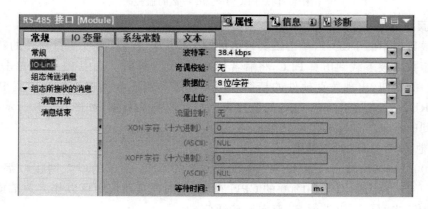

图 12-19 串行通信模块端口组态

3. 调用 Modbus_Comm_Load 指令

在主站的初始化组织块 OB100 中，必须对每个通信模块调用一次 Modbus_Comm_Load 指令，来组态它的通信接口。执行该指令之后，就可以调用 Modbus_Master 或 Modbus_Slave 指令来进行通信了。只有在需要修改参数时，才再次调用该指令。

打开 OB100，打开指令列表的"通信"窗格的文件夹"\通信处理器\MODBUS(RTU)"，将 Modbus_Comm_Load 指令拖拽到梯形图中(如图 12-20 所示)。自动生成它的背景数据块 Modbus_Comm_Load_DB(DB4)。该指令的输入/输出参数的意义如下。

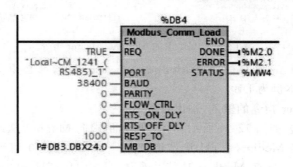

图 12-20　Modbus_Comm_Load 指令

- 在输入参数 REQ 的上升沿时执行该指令，由于 OB100 只在 S7-1200 启动时执行一次，因此将 REQ 设为 TRUE(1 状态)，电源上电时端口被设置为 ModbusRTU 通信模式。
- PORT 是通信端口的硬件标识符，输入该参数时两次单击地址域的＜???＞，再单击出现的按钮，选中列表中的"Local～CM_1241_(RS485)_1"，其值为 256。
- BAUD(波特率)可选 300～115 200 bit/s。
- PARITY(奇偶校验位)为 0、1、2 时，分别为不使用奇偶校验、奇校验和偶校验。
- FLOW_CTRL、RTS_ON_DLY 和 RTS_OFF_DLY 用于 RS-232 接口通信。
- RESP_TO 是响应超时时间，采用默认值 1 000 ms。
- MB_DB 是 Modbus_Master 或 Modbus_Slave 函数块的背景数据块中的静态变量。
- DONE 为 1 状态表示指令执行完且没有出错。
- ERROR 为 1 状态表示检测到错误，参数 STATUS 中是错误代码。
- 生成符号地址为 BF_OUT 和 BF_IN 的共享数据块 DB1 和 DB2，在它们中间分别生成有 10 个字元素的数组，数据类型为 Array[1..10]of Word。
- 在 OB100 中给要发送的 DB1 中的 10 个字赋初值 16♯1111，将用于保存接收到的数据的 DB2 中的 10 个字清零。在 OB1 中用周期为 0.5 s 的时钟存储器位 M0.3 的上升沿，将要发送的第一个字"BF_OUT". To 从站[1]的值加 1。

4. 调用 Modbus_Master 指令

Modbus_Master 指令用于 Modbus 主站与指定的从站进行通信。主站可以访问一个或多个 Modbus 从站设备的数据。

Modbus_Master 指令不是用通信中断事件来控制通信过程，用户程序必须通过轮询 Modbus_Master 指令来了解发送和接收的完成情况。Modbus 主站调用 Modbus_Master 指令向从站发送请求报文后，必须继续执行该指令，直到接收到从站返回的响应。

在 OB1 中两次调用 Modbus_Master 指令（如图 12-21 所示），读取 1 号从站的 Modbus 地址从 40001 开始的 10 个字中的数据，将它们保存到主站的 DB2 中；将主站 DB1 中的 10 个字的数据写入从站的 Modbus 地址中从 40011 开始的 10 个字中。

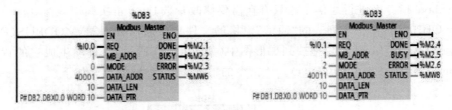

图 12-21　OB1 中的 Modbus_Master 指令

用于同一个 Modbus 端口的所有 Modbus_Master 指令，都必须使用同一个 Modbus_Master 背景数据块，本例为 DB3。

5. Modbus_Master 指令的输入、输出参数

在输入参数 REQ（如图 12-21 所示）的上升沿，请求向 Modbus 从站发送数据。

- MB_ADDR 是 Modbus RTU 从站地址（0～247），地址 0 用于将消息广播到所有 Modbus 从站。只有 Modbus 功能代码 05H、06H、15H 和 16H 可用于广播方式通信。
- MODE 用于选择 Modbus 功能的类型（见表 12-1）。
- DATA_ADDR 用于指定要访问的从站中数据的 Modbus 起始地址。Modbus_Master 指令根据参数 MODE 和 DATA_ADDR 来确定 Modbus 报文中的功能代码（见表 12-1）。
- DATA_LEN 用于指定要访问的数据长度（位数或字数）。
- DATA_PTR 为数据指针，指向 CPU 的数据块或位存储器地址，从该位置读取数据或向其写入数据。DONE 为 1 状态表示指令已完成请求的对 Modbus 从站的操作。
- BUSY 为 1 状态表示正在处理 Modbus_Master 任务。
- ERROR 为 1 状态表示检测到错误，并且参数 STATUS 提供的错误代码有效。

对于"扩展寻址"模式，根据功能所使用的数据类型，数据的最大长度将减小 1 个字节或 1 个字。

表 12-1　Modbus 模式与功能

Mode	Modbus 功能	操作	数据长度（DATA_LEN）	Modbus 地址（DATA_ADDR）
0	01H	读取输出位	1～2 000 或 1～1 992 个位	1～09 999
0	02H	读取输入位	1～2 000 或 1～1 992 个位	10 001～19 999
0	03H	读取保持寄存器	1～125 或 1～124 个字	40 001～49 999 或 400 001～465 535
0	04H	读取输入字	1～125 或 1～124 个字	30 001～39 999
1	05H	写入一个输出位	1（单个位）	1～09 999
1	06H	写入一个保持寄存器	1（单个字）	40 001～49 999 或 400 001～465 535

Mode	Modbus 功能	操作	数据长度（DATA_LEN）	Modbus 地址（DATA_ADDR）
1	15H	写入多个输出位	2～1 968 或 1 960 个位	1～09 999
1	16H	写入多个保持寄存器	2～123 或 1～122 个字	40 001～49 999 或 400 001～465 535
2	15H	写一个或多个输出位	1～1 968 或 1 960 个位	1～09 999
2	16H	写一个或多个保持寄存器	1～123 或 1～122 个字	40 001～49 999 或 400 001～465 535
11	读取从站通信状态字和事件计数器，状态字为 0 表示指令未执行，为 0xFFFF 表示正在执行。每次成功传送一条消息时，事件计数器的值加 1。该功能忽略"Modbus_Master"指令的 DATA_ADDR 和 DATA_LEN 参数			
80	通过数据诊断代码 0x0000 检查从站状态，每个请求 1 个字			
81	通过数据诊断代码 0x000A 复位从站的事件计数器，每个请求 1 个字			

12.5.2　Modbus RTU 从站的编程与实验

1. 组态从站的 RS-485 模块

打开从站 PLC_2 的设备视图，将 RS-485 模块拖放到 CPU 左边的 101 号槽。该模块的组态方法与主站的 RS-485 模块相同。

2. 初始化程序

在初始化组织块 OB100 中调用 Modbus_Comm_Load 指令来组态串行通信接口的参数。其输入参数 PORT 的符号地址为"Local～CM_1241_（RS485）_1"，其值为 267。参数 MB_DB 的实参为"Modbus_Slave_DB".MB_DB，其他参数与图 12-20 的相同。

生成符号地址为 BUFFER 的共享数据块 DB1，在它中间生成有 20 个字元素的数组 DATA，数据类型为 Array[1..20]of Word。在 OB100 中给数组 DATA 要发送的前 10 个元素赋初值 16♯2222，将保存接收到的数据的数组 DATA 的后 10 个元素清零。在 OB1 中用周期为 0.5 s 的时钟存储器位 M0.3 的上升沿，将要发送的第一个字"BUFFER".DATA[1]（DB1.DBW0）的值加 1。

3. Modbus_Slave 指令

在 OB1 中调用 Modbus_Slave 指令（如图 12-22 所示），它用于为 Modbus 主站发出的请求服务。开机时执行 OB100 中的 Modbus_Comm_Load 指令，通信接口被初始化。从站接收到 Modbus RTU 主站发送的请求时，通过执行 Modbus_Slave 指令来响应。

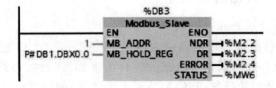

图 12-22　Modbus_Slave 指令

Modbus_Slave 的输入/输出参数的意义如下：

- MB_ADDR 是 Modbus RTU 从站的地址(1～247)。
- MB_HOLD_REG 是指向 Modbus 保持寄存器数据块的指针,其实参的符号地址为 "BUFFER".DATA,该数组用来保存供主站读写的数据值。生成数据块时,不能激活"优化的块访问"属性。DB1.DBW0 对应于 Modbus 地址 40001。
- NDR 为 1 状态表示 Modbus 主站已写入新数据,反之没有新数据。
- DR 为 1 状态表示 Modbus 主站已读取数据,反之没有读取。
- ERROR 为 1 状态表示检测到错误,参数 STATUS 中的错误代码有效。

4. Modbus 通信实验

硬件接线图如图 12-23 所示。用监控表监控主站的 DB2 的 DBW0、DBW2 和 DBW18,以及从站的 DB1 的 DBW20、DBW22 和 DBW38。

用主站外接的小开关将请求信号 I0.0 置为 1 状态后马上置为 0 状态,用 I0.0 的上升沿启动数据的读取。用主站的监控表观察 DB2 中主站的 DBW2 和 DBW18 读取到的数值是否与从站在 OB100 中预置的值相同。多次发出请求信号,观察 DB2.DBW0 的值是否增大。

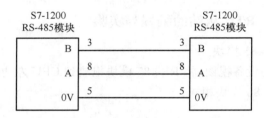

图 12-23　通信的硬件接线图

用主站外接的小开关将请求信号 I0.1 置为 1 状态后马上置为 0 状态,在 I0.1 的上升沿启动数据的改写。用从站的监控表观察 DB1 中改写的结果。多次发出请求信号,观察 DBW20 的值是否增大。

可以将 1 个 Modbus 主站和最多 31 个 Modbus 从站组成一个网络。它们的 CM 1241 (RS485)或 CM 1241(RS422/485)通信模块的通信接口用 PROFIBUS 电缆连接。

5. S7-1200 与其他 S7 PLC 的 Modbus 通信

S7-1200 也可以与 S7-200 和 S7-200 SMART CPU 集成的 RS-485 接口进行 Modbus RTU 通信。S7-300/400 的 Modbus RTU 通信需要高性能的串行通信模块,还需要购买用于 Modbus RTU 通信的硬件加密狗,Modbus RTU 通信的硬件成本较高。相比之下,S7-300/400通过 ET 200S 的串行通信模块实现 Modbus RTU 通信的成本低得多。

12.5.3　S7-1200 其他通信简介

1. 点对点通信

S7-1200 支持使用自由口协议的点对点(Point-to-Point,P2P)通信,可以通过用户程序定义和实现选择的协议。P2P 通信具有很大的自由度和灵活性,可以将信息直接发送给外部设备(如打印机),以及接收外部设备(如条形码阅读器)的信息。

点对点通信使用 CM 1241(RS485)、CM 1241(RS422/485)、CM 1241(RS232)模块和 CB 1241(RS485)通信板。它们支持 ASCII、USS 驱动、Modbus RTU 主站协议和 Modbus RTU 从站协议。CPU 模块的左边最多可以安装 3 块通信模块。串行通信模块的电源由

CPU 提供,不需要外接的电源。选中设备视图中的通信模块后,用巡视窗口组态端口(如图 12-19 所示),可以设置波特率、奇偶校验、数据位、停止位等参数。点对点通信用 Send_P2P 指令发送数据,用 Receive_P2P 指令接收数据。

2. PROFIBUS-DP 通信

PROFIBUS-DP 主站与从站之间自动地周期性地进行通信。S7-1200 作 DP 主站时,将硬件目录中的 CM 1243-5 主站模块拖拽到 CPU 左侧的 101 号槽。将 ET 200S 或 ET 200SP 等分布式 I/O 的 DP 接口模块拖拽到网络视图,生成 DP 从站。双击生成的从站,打开它的设备视图,将模块插入它的插槽。右击 DP 主站模块的 DP 接口,执行快捷菜单命令,生成 DP 主站系统。右击从站的 DP 接口,将它分配给主站。在从站的设备概览中,可以看到分配给它的 S7-1200 的 I、Q 地址。在用户程序中,可以用这些地址直接读、写从站的模块。

CPU 1516-3 PN/DP 作 DP 主站,S7-1200 作 DP 从站时,将 DP 从站模块 CM 1242-5 拖拽到 S7-1200 的 CPU 左侧的 101 号槽。生成 DP 主站系统后,右击 CM 1242-5 的 DP 接口,将它分配给新主站。DP 主站与智能从站通信的传输区与 12.2.2 小节中智能 IO 控制器与 IO 设备通信的传输区的组态方法相同。

3. Modbus TCP 通信

Modbus TCP 是基于工业以太网和 TCP/IP 传输的 Modbus 通信,通信中的客户端与服务器类似于 Modbus RTU 中的主站和从站。客户端设备主动发起建立与服务器的 TCP/IP 连接后,客户端请求读取服务器的存储器,或将数据写入服务器的存储器。若请求有效,则服务器响应该请求;若请求无效,则服务器返回错误消息。

S7-1200 CPU 可以做 Modbus TCP 的客户端或者服务器,实现 PLC 之间的通信。也可以实现与支持 Modbus TCP 通信协议的第三方设备的通信。

4. S7-1200 与变频器的 USS 通信

为了实现 S7-1200 与变频器的 USS 通信,S7-1200 需要配备 CM 1241(RS485)或 CM 1241(RS422/485)通信模块。每个 CPU 最多可以连接 3 个通信模块,建立 3 个 USS 网络。每个 USS 网络最多支持 16 个变频器。每台变频器调用一条 USS_Drive_Control 指令来监控变频器,每个 RS-485 通信端口调用一条 USS_Port_Scan 指令来控制 CPU 与所有变频器的通信。参考文献[1]详细介绍了 S7-1200 与西门子的基本型变频器 SINAMICS V20 的 USS 通信的变频器参数设置、组态与编程的方法,以及 S7-1200 通过 USS 通信监控 V20 和读写 V20 参数的实验过程。

参 考 文 献

[1] 中国标准出版社.低压电器标准汇编[M].北京:中国标准出版社,2007.

[2] 邓则名,等.电器与可编程序控制器应用技术[M].北京:机械工业出版社,2002.

[3] 陈建明.电气控制与PLC应用[M].北京:电子工业出版社,2006.

[4] 方承远.工厂电气控制技术[M].北京:机械工业出版社,2000.

[5] 陈少华.机械设备电器控制[M].广州:华南理工大学出版社,1998.

[6] 陈立定,等.电气控制与可编程序控制器[M].广州:华南理工大学出版社,2001.

[7] 张培志.电气控制与可编程序控制器[M].北京:化学工业出版社,2007.

[8] 熊幸明.电工电子实训教程[M].北京:清华大学出版社,2007.

[9] 熊幸明,等.机床电路原理与维修[M].北京:人民邮电出版社,2001.

[10] 熊幸明.工厂电气控制技术[M].2版.北京:清华大学出版社,2009.

[11] 余雷声.电气控制与PLC应用[M].北京:机械工业出版社,2007.

[12] 邢郁甫.新编实用电工手册[M].北京:地质出版社,1997.

[13] 王仁祥.常用低压电器原理及其控制技术[M].北京:机械工业出版社,2001.

[14] 瞿彩萍.PLC应用技术(三菱)[M].北京:中国劳动社会保障出版社,2006.

[15] 郭宗仁,等.可编程序控制器应用系统设计及通信网络技术[M].北京:人民邮电出版社,2002.

[16] 皮壮行,等.可编程序控制器的系统设计与应用实例[M].北京:机械工业出版社,1994.

[17] 邱公伟.可编程序控制器网络通信及应用[M].北京:清华大学出版社,2000.

[18] 曹辉等.可编程序控制器系统原理及应用[M].北京:电子工业出版社,2005.

[19] 钟肇新,等.可编程序控制器原理及应用[M].4版.广州:华南理工大学出版社,2008.

[20] 钱晓龙,等.智能电器与MicroLogix控制器[M].北京:机械工业出版社,2005.

[21] FX2N系列微型可编程序控制器使用手册.MITSUBISHI,1999.

[22] FX3U系列微型可编程序控制器用户手册.三菱电机,2010.